양자 논쟁의 중심에서
솔베이 회의와 세기의 지성들

" 양자 논쟁의 중심에서
솔베이 회의와 세기의 지성들
"

윤종걸 지음

한울
아카데미

추천의 글

 2025년은 유네스코가 선포한 세계 양자과학기술의 해이다. 하이젠베르크가 양자 이론을 행렬역학으로 정리한 지 100주년이 되는 해이며, 반도체와 레이저 등 물질과 정보통신기술 하드웨어 분야에 양자물리학이 일궈낸 1차 양자혁명을 기념하면서, 한편으로는 양자컴퓨터, 양자통신, 양자센싱 등 현재 진행 중인 2차 양자혁명이 앞으로 100년 동안 인류에게 가져올 풍요에 대한 기대를 담아 그러한 선포를 한 것이다.
 많은 사람들이 양자역학을 낯설어하고 어려워한다. 100년 전에는 아인슈타인과 같은 세계적인 석학도, 양자물리학의 기초에 자신이 큰 기여를 했음에도 불구하고 지금과 같은 형태로 정리된 양자역학의 비결정론적인 특성을 받아들이지 못했다. 나치의 박해를 피해 미국 '고등연구소'로 옮겨 연구하던 1935년, 아인슈타인은 포돌스키, 로젠과 함께 양자 이론이 가진 문제점을 지적하는 세기적인 논문을 발표했다. EPR 역설이라고 불리는 이 논문에서 EPR이라는 별명을 가진 양자 얽힘이 탄생했다.
 혹자가 말하는 대로 아인슈타이이 양자역학을 이해할 능력이 부족해서가 아니라, 오히려 양자역학을 너무나도 잘 알고 있었기에 양자역학의 의

문점을 끝까지 물고 늘어진 것이다. 그 덕분에 양자 얽힘에 대한 실험, 양자역학의 근본에 대한 검토가 이루어지면서 양자 암호, 양자 텔레포테이션, 양자컴퓨터 등에 관한 이론과 실험에 발전이 있었고, 이제 2차 양자혁명 시대에 들어섰다. 윤종걸 교수가 몇 년 전 지은 『생각과 논리의 역사』에 이어, 이 책은 100년 전 양자역학이 형성되던 시절 어떤 일들이 벌어졌나를 흥미진진하게, 천재들의 치열한 논쟁과 삶을 그려내고 있다. 2차 양자혁명의 시대, 꼭 권하고 싶은 책이다.

김재완

고등과학원 석학 교수
국가특임연구원
초연결 확장형 슈퍼양자컴퓨팅 전략연구단장
미래양자융합포럼, 학계 의장

* * *

양자역학의 탄생과 발전을 둘러싼 치열한 논쟁을 생생하게 보여주는 책, 『양자 논쟁의 중심에서』는 역사적 편지와 회의록, 당대 물리학자들의 목소리를 풍부하게 인용해 독자를 마치 논쟁 현장에 있는 듯한 몰입감으로 이끈다. 저자 윤종걸 교수는 보어와 아인슈타인 등 주요 인물들의 철학적 입장을 분석하며, 양자역학이 어떻게 과학적·철학적 충돌 속에서 발전했는지를 흥미롭게 풀어낸다.

이 책은 플랑크의 양자 가설에서 시작해 솔베이 회의, 하이젠베르크와 슈뢰딩거의 행렬·파동역학, 불확정성 원리 등 결정적 사건과 논쟁을 압축적으로 소개하며, 비전공자도 이해할 수 있는 흥미로운 서술로 보어-아인슈타인 논쟁과 양자역학의 해석에 대한 철학적 의미를 설명한다. '얽힘 Entanglement'과 '슈뢰딩거의 고양이' 같은 개념이 원래 해석 논쟁에서 비롯

되었고, 오늘날 양자 이론의 초석으로 자리 잡게 된 과정을 잘 보여준다.

과학 전공자와 일반 독자 모두에게 권할 만한 종합적 저서인 이 책은, 양자역학의 본질과 역사, 그리고 다가올 양자 시대에 대한 통찰을 제공한다. 독자들은 이 책을 통해 양자역학의 본질과 그 태동기의 역사, 그리고 다가올 양자 시대를 준비하는 통찰을 얻을 수 있을 것이다.

오병두

주식회사 쿼드 대표 / 스탠퍼드 대학교 응용물리학 박사
IBM Watson / LG 중앙연구소

* * *

증기, 전기, 전자, 양자는 인류 문명의 전환기를 이끈 네 가지 거대한 흐름이다. 증기와 전기가 에너지의 흐름을 제어하며 인간의 육체노동을 대체했다면, 전자와 양자는 정보의 흐름을 다루며 정신노동을 혁신적으로 바꾸어왔다. 증기는 석탄의 화학에너지를 기계에너지로 전환하여 산업혁명을 열었고, 전기는 에너지 전달의 제약을 극복하며 20세기 문명의 기반을 마련했다. 이어 전자의 제어는 인터넷과 인공지능을 낳으며 현대 정보사회를 가능케 했다.

이제는 양자의 차례다. 전자가 문을 열어젖히면, 양자가 문명의 중심에 들어서게 된다. 전기 시대 이후 우리가 증기를 잊었듯, 머지않아 전자는 양자의 전성기에 가려질 것이다. 앞으로 250년은 양자의 시대가 될 것이다. 양자 컴퓨터와 인공지능이 끌어올리는 새로운 자원의 세계는 인간의 삶을 지구 너머 우주로 확장하는 데 중요한 역할을 할 것이다.

이 책을 통해 양자물리학을 둘러싼 논쟁과 사색의 역사를 살펴보는 일은 단순히 과학 전공자만이 아니라, 오늘을 사는 우리 모두에게 의미 있는

통찰을 준다. 이 책은 관련 분야 연구자에게도, 일상의 독자에게도 시대의 본질을 일깨우는 동반자가 될 것이다.

장준호
인포뱅크 공동대표 / 스탠퍼드 대학교 기계공학 박사
삼성전자 / 삼성SDS

들어가며

1925년부터 1927년까지의 시간은 현대 물리학 역사에서 결정적인 순간이었다. 1925년 여름, 하이젠베르크는 북해의 외딴 섬 헬골란트에서 양자역학의 첫 번째 형태인 행렬역학을 창안했고, 이듬해 슈뢰딩거는 파동방정식을 발표하여 또 다른 이론 체계를 제시했다. 1927년 하이젠베르크의 불확정성 원리가 더해지면서 양자역학은 본격적인 기초를 갖추게 된다. 이어 1927년부터 1932년 사이 불과 5년 동안 양자역학은 눈부시게 발전하며 현대 물리학의 근간을 형성했다.

이후 양자역학은 단순한 학문적 성취를 넘어 인류 문명을 지탱하는 힘으로 자리 잡았다. 오늘날 세계 경제의 3분의 1 이상이 양자역학을 토대로 한 과학기술에 의존한다고 해도 과언이 아니다. 트랜지스터의 발명, 레이저, 자기공명영상MRI과 같은 기술은 모두 양자 이론에서 비롯된 성과다. 그리고 21세기, 세계 강대국의 경쟁은 과학과 기술을 둘러싼 새로운 패권 경쟁으로 이어지고 있으며, 그 최전선에는 양자 정보과학기술이 자리하고 있다.

세상의 모든 사건에는 동기가 있다. 과학적 발견 또한 예외가 아니다.

일상의 사건은 누구나 쉽게 이해하고 공유할 수 있지만, 과학적 발견의 동기는 낯선 개념과 용어 때문에 대중에게 다가가기 어렵다. 특히 눈에 보이지 않는 미시 세계를 다루는 양자역학은 이해의 장벽이 높다. 보어와 아인슈타인 사이의 역사적인 논쟁이 오늘날까지 회자되는 이유도 바로 여기에 있다.

이 책은 양자역학이 어떤 동기와 맥락에서 태동했는가를 추적한다. 새로운 개념이 등장한 배경과 그 의미를 살펴보되, 특히 물리학자들 사이의 대화와 논쟁을 중심에 두었다. 이러한 흐름 속에서 독자는 양자역학을 구성하는 주요 개념들을 조금씩 이해하게 될 것이며, 나아가 난해하게만 보이던 이론에 한 걸음 더 다가갈 수 있을 것이다.

제1장에서는 20세기 초, 전환기를 맞은 물리학의 풍경을 살펴본다. 양자 물리학의 태동과 함께 현대 물리학의 또 다른 축인 아인슈타인의 상대성이론의 성립 과정을 조망하며, 새로운 개념의 등장을 요구하던 시기의 과학자들의 모습을 보여준다.

제2장에서 제4장까지는 1910년 전후로 양자 개념이 어떻게 받아들여졌는지, 원자보다 작은 미시 세계의 구조를 설명하는 데 어떻게 적용되었는지를 다룬다. 보어의 원자 모형과 고전 양자론을 중심으로, 솔베이 회의라는 특별한 학술 무대를 통해 물리학자들의 논의와 충돌을 담아낸다.

제5장에서 제7장은 양자역학이 정립되는 과정에서 벌어진 치열한 경쟁과 관점의 대립을 조명한다. 특히 젊은 물리학자들의 창의적인 이론과 이를 둘러싼 해석 논쟁, 그리고 보어와 아인슈타인 사이의 유명한 양자 대논쟁을 상세히 다룬다. 이 논쟁은 단순한 과거의 사건이 아니라 오늘날 양자정보과학기술의 뿌리가 되었다.

마지막 제8장에서는 오늘날 뜨거운 관심의 대상이 된 양자 얽힘과 그것을 둘러싼 논쟁의 핵심 내용을 다룬다. 오랫동안 철학적 사유의 대상에 머물렀던 양자 얽힘이 실험으로 검증되면서 양자정보과학이라는 새로운 학문과 기술의 영역이 열리게 되었음을 살펴본다.

   21세기의 양자정보과학은 새로운 세대의 도전을 요구한다. 양자역학의 역사가 보여주듯, 미지의 영역은 언제나 과감하고 열린 사고를 필요로 한다. 이 책은 쉽지 않은 내용을 다루지만, 가능한 한 일반인들이 이해할 수 있는 방식으로 서술했다. 특히, 이 책이 미래의 과학자와 청소년 독자들에게 양자정보과학과 기술에 대한 탐구의 동기와 영감을 줄 수 있기를 희망한다.

   끝으로, 책의 출판을 기꺼이 결정하고 힘을 보태주신 한울엠플러스㈜의 김종수 대표님과 윤순현 부장님께 감사드린다. 또한 세심한 편집과 교정으로 함께해 주신 조인순 팀장님께도 깊은 고마움을 전한다. 무엇보다 책을 집필하는 동안 말 없는 응원을 보내준 가족, 아내와 아들, 딸들에게 이 책을 바친다.

차례

추천의 글 | 5
들어가며 | 9

제1장 **파우스트의 악마** ─────────────── 15
어느 물리학자의 죽음 | 17
코펜하겐의 파우스트 | 22
전환기 물리학과 두 개의 구름, 그리고 빛 | 27
천재 스승 볼츠만과 에렌페스트 | 31
양자역학과 상대성이론의 태동 | 36
에테르와 특수상대성이론 | 42
아인슈타인과 에렌페스트 | 47
레이던 대학교의 로렌츠와 아인슈타인 | 52
아인슈타인의 일반상대성이론 | 57
아인슈타인과 힐베르트와의 경쟁 | 62
일반상대성이론의 주요 생각과 에테르 문제 | 68

제2장 **마녀들의 안식일 집회** ─────────── 75
절박한 작용, 플랑크 상수 | 77
네른스트의 솔베이 회의 제안 | 80
초기 양자론과 솔베이 회의 | 86
마녀들의 안식일 집회 | 95
제1차 솔베이 회의의 사람들 | 100

제3장 **미시 세계의 비밀** ──────────── 107
원자보다 작은 세계 | 109
러더퍼드의 원자핵 모형 | 115
X-선의 발견과 물리적 본질 | 120

라우에의 X-선 회절 실험 | 123
브래그 부자(父子)와 X-선 결정학 | 129
보어가 러더퍼드를 만나다 | 135
보어의 원자 모형과 3부작 논문 | 138
양자 원자와 고전 양자론의 시작 | 143
보어의 원자 이론에 대한 반향 | 146
보어 이론의 증명 | 151

제4장 불확실성의 시대 ——————————————— 155

지식의 참호 속에서 | 157
전후 갈등과 아인슈타인 | 162
새로운 도전들 | 166
보어-조머펠트 이론과 고전 양자론의 형성 | 170
서행변화 가설이 맺어준 에렌페스트와 보어의 우정 | 176
제3차 솔베이 물리학 회의 | 180
보어의 양자 이론과 대응원리 | 187

제5장 양자 드라마 ——————————————— 193

젊은 천재들과 물리학의 황금기 | 195
보어가 아인슈타인을 만났을 때-대결의 서막 | 202
보어 축제 | 205
첫 대결의 승부 | 212
전후 갈등 속에 묻혀버린 제4차 솔베이 물리학 회의 | 218
드브로이의 물질파 이론 | 220
고전 양자론을 넘어선 샛별, 파울리와 하이젠베르크 | 225
파울리의 배타 원리 | 232
스핀 개념의 탄생과 고전 양자론의 종말 | 238
하이젠베르크의 행렬역학 | 244
때늦은 애욕의 분출-슈뢰딩거의 파동방정식 | 250
디랙의 양자역학 | 257
파동역학의 학률론적 해서 | 264

제6장 양자 논쟁 ——————————————— 271

새로운 양자역학과 양자 논쟁 | 273
불확정성원리의 기원 | 278

불확정성원리의 해석 | 284
보어의 자연철학과 상보성 원리 | 292
제5차 솔베이 물리학 회의와 양자 논쟁 | 300
관점의 대립 | 307
인식론적 문제와 양자 얽힘의 탄생 | 313
결정론과 인과론 | 322
보어-아인슈타인 논쟁 | 327

제7장 또 다른 도전 — 333

양자장 이론과 디랙의 바다 | 335
아인슈타인의 우주와 새로운 우주관 | 342
제6차 솔베이 회의와 아인슈타인의 재도전 | 347
끝나지 않은 양자 논쟁 | 355
광풍이 불다 | 361
핵물리학의 탄생과 제7차 솔베이 물리학 회의 | 365
중성자와 양전자의 발견 | 370
중성미자 | 376

제8장 얽힘의 수수께끼와 양자정보기술 — 383

프린스턴의 아인슈타인과 EPR 논문 | 385
EPR 논문에 대한 보어의 답변 | 392
얽힘의 등장과 슈뢰딩거의 고양이 | 398
실재와 측정의 문제, 그리고 철학적 믿음 | 402
제2차 세계대전과 물리학의 전환점 | 408
숨은 변수 이론과 벨의 부등식 | 412
두 번째 양자혁명의 씨앗 | 419
여러 광자의 얽힘과 양자 텔레포테이션 | 426
양자 르네상스 | 431
얽히고 연결된 우주 | 437

참고문헌 및 논문 | 441
찾아보기 | 452

제1장

파우스트의 악마

어느 물리학자의 죽음

슬픈 소식이 전해졌다. 1933년 9월 25일 네덜란드 암스테르담의 한 아동병원에서 충격적인 사건이 일어났는데, 에렌페스트Paul Ehrenfest(1880~1933)가 다운증후군 치료를 받고 있던 막내아들 바실리(독일명 바식, Wassik)의 머리를 권총으로 쏜 뒤, 자신도 그 총으로 죽음을 선택한 것이다. 아버지가 자신을 보러 온다는 소식에 들떠 있던 아들을 만난 에렌페스트는 부자간의 만남을 그렇게 비극적으로 끝냈다. 아인슈타인Albert Einstein(1879~1955)과는 형제와 다름없을 정도로 가깝게 지냈던 에렌페스트의 죽음은 아인슈타인은 물론 그를 잘 아는 모든 사람들에게 큰 충격을 안겨주었다.

1931년 무렵부터 에렌페스트는 학문적으로 탈진해 있었다. 그는 친구들에게 자살 가능성에 대해 이미 이야기하고 있었지만, 친구들은 그의 고통을 달랠 수 있는 방법을 찾지 못했다. 끔찍한 계획을 실행하기 몇 달 전에 그는 유서와 같은 편지를 썼다. 수신인은 아인슈타인과 양자역학quantum mechanics*의 거두였던 보어Niels Bohr(1885~1962) 등 그와 친하게 지냈던 동료 물리학자들이었다. 발송되지는 않았던 것으로 보이는 이 편지는 그의 유품에서 발견되었는데, 이런 내용이 들어 있었다.

• 1925년 이후에 물리학의 기초에 급진적인 변화가 일어나는데, 곧 '양자역학'이라고 하는 새로운 이론이 형성되었다. 양자역학이란 용어는 보른(Max Born, 1882~1970)이 논문에서 처음 사용했다.

그림 1-1 에렌페스트가 그의 아들, 아인슈타인과 집에서 함께 한 사진

"최근 몇 년 동안 물리학의 발전을 이해하면서 따라가는 것이 점점 더 어려워졌네. 애를 쓸수록 힘만 더 빠지고 절망감에 젖어 결국 포기하게 된다네. 이런 것들이 나의 삶을 완전히 지치게 해. 나는 단지 자녀들을 돌보기 위한 경제적인 이유 때문에 저주스러운 삶을 살고 있다고 느낀다네. 다른 것을 시도했지만 잠시만 도움이 될 뿐이야. 그래서 나는 점점 더 자살을 할 생각을 굳혀가고 있네. 바식을 먼저 보낸 후 나 스스로 죽는 것 외에는 다른 실질적인 선택의 여지가 없네. 용서해 주게…"[1]

1900년에 잉태된 양자역학은 1920년대 후반에 이르기까지 모든 물리학자들을 혼란스럽게 하는 난해한 주제였다. 무엇보다 파동이라고 믿었던 빛이 양자화 되어 입자 알갱이처럼 보이는 현상을 당시의 물리학자들은 쉽게 이해할 수 없었다. 그러나 1920년대 중반부터 양자 이론 quantum theory은 드브로이Louis de Broglie(1892~1987), 파울리Wolfgang Pauli(1900~1958), 하이젠베르크Werner Heisenberg(1901~1976), 슈뢰딩거Erwin Schrödinger(1887~1961), 디랙Paul Dirac(1902~1984)과 같은 뛰어난 물리학자들을 중심으로 매우 빠르게 발전하기 시작했다. 고전물리학을 뛰어넘는, 이해하기 어려운 개념들과 수학적 이론들이 쏟아져 나왔다.

아인슈타인의 '광양자 이론light quantum theory'*을 접한 드브로이가 1924년 '물질파matter-wave' 이론을 발표하면서 양자 이론은 점점 더 낯설어지기 시작했다. 그는 파동으로 이해했던 빛이 종종 입자처럼 보일 뿐만 아니라, 전자와 같은 입자도 파동의 특성을 보인다고 했다. 파동과 입자의 이중성에 관한 논의가 본격화된 것이다. 1925년에 하이젠베르크는 행렬이란 낯선 수학적 방식을 사용하는 양자역학을 탄생시켰으며, 1926년에는 슈뢰딩거가 전자와 같은 미시 입자의 거동을 파동으로 취급하는 파동방정식을 찾아냈다. 이 방정식은 수소 기체방전관에서 관측되는 선스펙트럼을 수학적으로 자연스럽게 설명할 수 있었다. 그러자 이제는 파동으로 표현되는 물리적 실재를 어떻게 이해할 것인지에 관한 의문이 제기되었다.

1927년에는 하이젠베르크가 입자의 위치와 속도를 동시에 모두 정확하게 측정할 수 없다고 주장했다. 자연에는 '불확정성uncertainty'이 내재되어 있어서 어떤 물리량들을 동시에 정확히 측정할 수 있는 범위가 제한된다는 것이다. 디랙은 1928년에 상대론적 양자역학을 전개하면서 반입자의 존재를 예측했고, 음의 에너지로 가득 찬 새로운 '진공vacuum' 개념을 도입했다. 그리고 이러한 주장들을 정당화하는 논리가 수학적 공식화로 이어졌다. 이런 급속한 변화에 직면한 에렌페스트는 자신이 새로운 물리학의 발진에서 동떨어진 느낌을 받았다.

새로운 물리학의 주류에서 멀어졌다고 생각한 에렌페스트는 어느 동료

• 이 책 제2장 참조.

에게 자신을 이렇게 표현했다고 한다. '주인이 탄 전차를 쫓아가다가 탈진해 버린 개'와 같은 꼴이라고. 에렌페스트는 제자들에게 쓴 1930년 5월 16일 자의 부치지 않은 편지에서 자신의 비통함을 이렇게 토로했다.

"《자이트슈리프트 퓨어 피지크 Zeitschrift für Physik》* 또는 《피지컬 리뷰 Physical Review》**의 새 호가 나올 때마다 나는 알 수 없는 공포에 휩싸인다네. 정말이지 내가 아는 것은 아무것도 없어."²

당시 이론물리학이 나아가는 방향은 그의 생각과는 완전히 반대였다. 1930년대 이후 양자물리학은 수학적 기교와 기술에 집중하고 있었다. 물리 이론을 그림처럼 명확하게 구체화하려던 그가 보기에 이론물리학은 너무 추상화되고, 모든 상상력을 짓눌러버리는 '수학 전염병'에 감염되어 있었다.

절망감에 휩싸인 에렌페스트는 자신이 이론물리학 교수로 일하고 있던 네덜란드의 레이던 Leiden 대학교에서 할 수 있는 것이 아무것도 없다고 느꼈다. 무기력감에 빠진 그는 더 이상 초라해지지 않으려면 레이던의 교수직을 그만두어야 한다고 생각했다. 더욱이 1929년 미국에서 대공황이 시작되자 세계 경제는 침체에 빠져들었다. 히틀러가 집권한 독일에서 확산하던 반유대주의와 장애를 차별하는 '유전병후손예방법' 제정 등의 분위기는 에렌페스트를 불안하게 했다. 그래서 1933년 6월 바실리를 독일 예나에 있는 병원에서 암스테르담의 아동병원으로 옮겼다. 새로운 일자리를 찾던 에렌페스트는 아들 바실리의 보살핌에 필요한 경제적 요구 때문

- • 1920년에 독일에서 창간된 물리학 학술지로 1997년 유럽의 새로운 물리학 학술지인 《유럽 물리학회지(European Physical Journal)》 시리즈에 통합되었다.
- •• 1893년에 창간된 물리학 학술지로 미국물리학회(American Physical Society)에서 발간한다.

에 더 큰 압박감에 시달렸다.

그는 자신의 죽음 뒤에 다른 자녀들이 짊어져야 할 경제적 부담도 염려하고 있었다. 1932년 3월에 그의 연인이었던 미술사학자 넬리Nelly Meyjes (1888~1971)에게 보낸 편지에는 "장애를 가진 저희 형제를 살리기 위해 뼈 빠지게 일하지 않아도 되기를 바라는 내 바람을 분명히 이해하리라 생각해요"라고 적혀 있었다. 그는 미국 세인트루이스에서 의사로 일하던 형에게 편지를 보내 도움말을 구했지만, 형은 무정하게도 그의 쓸모없는 열등감 콤플렉스를 나무라기만 하는 답장을 보냈다. 에렌페스트는 심리적으로 기댈 곳을 찾지 못했다.

이런 상황에서 그를 막다른 골목으로 내몰았던 것은 그가 어려서부터 앓고 있었던 만성 우울증이었다. 자신과 세상을 조화시키지 못했던 에렌페스트는 종종 스스로 비참한 느낌에 빠져들어 우울해하며 가끔씩 자살 충동을 느꼈다고 한다.[3] 그가 지녔던 지적 관심은 아마도 스스로를 보호하려는 몸부림이었는지 모른다. 그런데 그 보호막이었던 지적 관심, 물리학에서도 그는 스스로 절망했다.

에렌페스트가 사망한 지 불과 몇 주 후에 제7차 솔베이 물리학 회의가 열렸다. 여기서 프랑스 물리학자 랑주뱅Paul Langevin(1872~1946)은 그를 "양자물리학이라는 드라마의 중심"에 있었던 인물로 묘사했다. 에렌페스트는 이 드라마 속에 자신의 삶을 투영시켰다. 20세기가 시작되면서 막 형성되기 시작한 양자물리학은 기존의 관념을 뛰어넘는 완전히 새로운 이론이었다. 그래서 모든 것이 뒤죽박죽되는 느낌을 주기에 충분했고, 과학자들도 당연히 혼란 속에 빠져 있었다. 이 혼란스럽고 극적인 물리학의 변화 한가운데에 에렌페스트의 삶과 죽음이 놓여 있었다.

에렌페스트의 충격적인 죽음 한 달 뒤에 발간된 과학 잡지 ≪사이언스Science≫에는 에렌페스트의 인간적인 덕성과 매력을 높이 기리는 기사가 실렸다.[4] 그의 정직한 성품과 다른 사람을 기꺼이 도우려는 강하고도 겸

손한 태도는 모든 사람에게 깊은 인상을 남겼으며, 특히 그의 제자들에게는 학문 외적으로도 큰 귀감이 되었다. 그의 친근한 성격은 레이던 대학교의 콜로키움colloquium을 성공적으로 이끌어 전 세계의 많은 물리학자들이 모이는 장소가 되도록 했다. 그래서 에렌페스트는 중요한 물리학 회의와 학회에 항상 초대받았다.

코펜하겐의 파우스트

에렌페스트의 비극적 선택이 있기 1년 전인 1932년 4월에 덴마크 코펜하겐에 있는 보어의 이론물리학 연구소에 40명 가까운 물리학자들이 모였다. 당시 보어의 이론물리학 연구소는 원자물리학의 성지처럼 여겨졌고, 보어는 그곳의 왕이었다. 연구소는 매년 물리학 분야의 최근 발전과 관련하여 가장 관심이 많은 주제를 다루는 학술회의를 주최했는데, 회의의 폐막 행사로 특별한 촌극을 공연하는 것이 관례였다. 젊은 물리학자들은 가면을 쓰고 선배들을 유쾌하게 놀리면서도 그들이 씨름하고 있던 물리학 문제를 은유적으로 극화하여 즐거운 시간을 보내려고 했다.

양자역학의 대부인 보어는 촌극 공연에 대해 이렇게 설명했다. "너무 심각해서 웃지 않을 수 없는 경우도 있다." 젊은 물리학자들이 경쾌하게 풍자한 유명한 선배들 중 당시 가장 뛰어난 물리학자로 주목을 받았던 하이젠베르크와 파울리, 디랙은 겨우 30대에 불과했다.

1932년 촌극의 제목은 〈코펜하겐의 파우스트Blegdamsvej Faust〉였는데,* 이 해는 독일의 대표적 문호 괴테Johann Wolfgang von Goethe(1749~1832) 서

---

* 블레그담스베이(Blegdamsvej)는 보어의 이론물리학 연구소가 위치한 코펜하겐의 거리 이름이다.

거 100주년이기도 했다. 촌극의 주제는 '파울리의 중성자'였다. 파울리는 1930년에 방사성 붕괴의 일종인 베타(β) 붕괴에서 에너지와 운동량이 보존되려면 질량이 거의 없으면서 전하도 없는 입자가 존재해야 한다고 예측했다. '파울리의 중성자'는 당시 물리학자들 사이에서 열띤 토론의 주제였지만, 완벽을 추구했던 파울리는 자신의 생각이 발표할 만큼 안전하지 않다고 생각해서 논문으로 내지는 않았다.* 파울리는 이 가상의 입자를 당시에 '중성자neutron'라고 불렀지만, 오늘날은 '중성미자neutrino'라고 부른다.**

공교롭게도 코펜하겐 회의 직전인 1932년 2월에 영국 캐번디시 연구소 Cavendish Laboratory의 채드윅 James Chadwick(1891~1974)이 질량은 양성자와 같으면서도 전하가 없는 새로운 입자를 발견하고, 이를 '중성자'라고 했다. 이름에 대한 우선권을 잃어버린 '파울리의 중성자'는 괴테의 『파우스트』를 모델로 한 폐막 촌극의 훌륭한 주제가 될 수 있었다. 중성미자는 파울리가 사망하기 2년 전인 1956년에 실제로 발견되었다.

괴테의 『파우스트』는 신과 악마의 화신 메피스토펠레스Mephistopheles의 대화로 시작된다. 메피스토펠레스는 천국과 지상 세계 사이에서 방황하는 인간 파우스트를 유혹하는 것으로 신과 내기를 한다. 파우스트가 유혹에 빠져 하찮고 덧없는 세상 욕망에 굴복하는 순간 메피스토펠레스는 파우스트의 영혼을 자기 소유로 삼을 수 있다. 모든 학문을 탐구해도 결코 만족을 얻지 못하는 파우스트는 좌절한 채 악마의 힘을 빌린다. 악마와 계

• 파울리는 1930년 12월 4일에 방사능을 연구하는 동료들에게 쓴 편지에서 이를 제안했으며(제7장 참조), 토론은 전적으로 구두나 사적인 서신으로 이루어졌다.
•• 페르미(Enrico Fermi, 1901~1954)는 1934년에 베타붕괴 이론을 발표하면서 중성자와의 혼동을 피하기 위해 파울리의 중성자를 '작은 중성자'라는 의미의 '중성미자'란 이름을 사용했다. '중성미자'라는 용어는 아말디(Edoardo Amaldi, 1908-1989)가 페르미와의 대화에서 처음 사용했던 것으로 알려져 있다.

약을 맺은 그는 우주의 신비를 알아내고, 큰 부를 얻어 향락을 누리며 잠시나마 신과 필적하는 존재가 되려고 한다. 그러나 파우스트는 방황의 끝에서 자신이 더 현명한 사람이 되지 못했다는 사실을 깨닫는다.[5]

풍자극 〈코펜하겐의 파우스트〉에서 보어는 신, 파울리는 악마 메피스토펠레스, 에렌페스트는 파우스트로 등장하는데, 이들은 등장인물의 성격과도 잘 맞았다. 사실 양자역학의 발전에는 꽤 많은 괴짜 물리학자들의 기여가 컸다. 가장 눈에 띄는 사람은 신랄한 비판자 파울리다. 그는 친구인 하이젠베르크와 영국의 이론물리학자 디랙을 포함하여 모든 사람에게 무례했고, 어떨 때는 며칠 동안 아무 말도 하지 않을 정도로 과묵했다. 습관적으로 중얼거리듯 말하는 보어는 많은 젊은 물리학자들에게 아버지 같은 존재였으며, 논문을 쓸 때 자신이 말하는 것을 받아쓰도록 그들을 서기(또는 '노예')로 부리는 것을 좋아했다. 보어는 이론의 명확성을 추구하는 과정에서 에렌페스트의 도움을 받았다.

파울리(메피스토펠레스)는 보어(신)와 내기를 걸고 의심이 많은 에렌페스트(파우스트)에게 자신의 중성(미)자(그레첸) 개념을 납득시킬 수 있다고 한다. 극본을 만든 델브뤼크Max Delbrück(1906~1981)가 파우스트 역에 에렌페스트를 선택한 이유는 그의 타고난 지적 호기심과 명석함, 넓은 범위의 주제에 대한 이해, 진리에 대한 그의 완벽주의 때문이었을 것이다. 에렌페스트에게 토론과 논쟁은 그의 과학적 활동의 필수적인 부분이었고 모호한 점을 명확히 하는 가장 좋은 방법이었다. 파우스트의 우울한 성격과 회의주의도 에렌페스트와 잘 맞았다. 파울리가 처음 '중성자'라는 입자의 존재를 예측했을 때 많은 물리학자, 특히 에렌페스트는 파울리의 생각에 대해 매우 회의적이었다.

1932년 촌극에서 개막 장면은 에렌페스트(파우스트)가 자신이 습득한 방대한 지식에 대해 회의를 품고 있는 것으로 시작된다. "나는 원자의 결합 화학valence chemistry, 군론group theory, 전기장 이론, 1893년에 소푸스 리

Sophus Lie가 밝힌 변환 이론을 배웠지. 그러나 이 모든 지식에도 불구하고 아직 여기 이렇게 서 있네. 전보다 더 현명해지지 않은 채로…" 파울리는 에렌페스트를 설득하려고 시도하면서 물리학 상품을 파는 상인인 척한다. 마지막으로 파울리는 그레첸Gretchen으로 의인화된 그의 중성(미)자를 에렌페스트에게 보여준다. 그러나 처음부터 타협하지 않는 에렌페스트는 그레첸으로 분한 파울리의 중성(미)자를 받아들이지 않고, 결국 그레첸의 죽음으로 이어진다.

풍자극에서 에렌페스트는 두 번의 발푸르기스의 밤Walpurgis Night*을 경험한다. 첫 번째 발푸르기스의 밤에 그는 고전 이론을 포기하고, 두 번째 밤에는 양자 이론을 받아들이면서 과학에 대한 감탄과 황홀경에 빠진다. 양자 이론과의 만남 이후 그는 자신의 존재 이유가 충족되었기 때문에 기꺼이 죽을 수 있다며 기뻐한다. "노년은 모든 물리학자가 걸리는 독감이야! 서른 살이 넘으면 죽은 것이나 마찬가지지!"라는 에렌페스트의 극중 대사는 그의 무기력감을 표현하고 있었다. 촌극은 마치 에렌페스트의 운명을 암시하는 것처럼 그의 죽음에서 절정에 이른다. 파울리(메피스토펠레스)가 말한다. "이제 모든 것이 끝났다. 지식이 그에게 무슨 소용이 있단 말인가?"

에렌페스트의 죽음 뒤에는 실험으로 밝혀진 새로운 입자를 환영하는 마지막 장면이 이어진다. 이 새로운 입자는 진짜 '중성자'인 채드윅의 중성자다. 파울리는 자신의 입자인 중성미자에 대한 확신을 버리지 않으면

• 봄에 열리는 독일의 민속축제로 할로윈 행사와 비슷하다. 괴테의 『파우스트』에는 두 종류의 발푸르기스의 밤이 나온다. 첫 번째는 마녀와 악마가 등장하는 음탕한 축제의 밤인데, 파우스트가 이 축제에 참가하는 사이에 그레첸은 감옥에 갇혀 미쳐버리고 만다. 두 번째 밤은 명랑하고 쾌활한 분위기를 자아내는 가운데 고대 그리스·로마 신화의 인물들과 고대 그리스 자연철학자들이 등장한다. 파우스트는 전설적인 미녀 헬레나를 찾기 위해 이 축제에 참가한다.

서도 새로운 발견을 받아들이고, 이 기쁨을 다른 사람들과 함께 나눈다.

이 풍자극은 1930년대에 이르러 격동적으로 발전하는 물리학의 새로운 지식이 과학계에 수용되는 과정을 다루었다. 과학 자체는 파우스트의 성격과 동일하며, 이는 옛것과 새것 사이에 지속적인 다툼이 있음을 의미한다. 파우스트의 방황은 과학의 숨겨진 얼굴, 즉 진보와 이에 따른 위험의 양면성을 반영한다. 파우스트의 회의와 의심은 과학이 존재할 수 있는 중요한 요소다. 과학적 의심은 불안하지만 항상 미래를 향해 열려 있다.

〈코펜하겐의 파우스트〉를 오늘날 되돌아보면 그 의미는 훨씬 강력하게 다가온다. 1932년은 중성자가 발견되고 최초로 인공 핵변환이 유도된 역사적인 해다. 그러나 물리학자들이 축하했던 이러한 발견은 거대과학의 출발이자, 동시에 핵폭탄 시대의 전조가 되었다. 괴테는 『파우스트』를 통해 탐구정신을 드높이는 동시에 오용된 지식의 위험을 강조했다. 산업혁명이 독일을 변화시키던 시기에 쓰인 괴테의 『파우스트』는 과학과 기술에 대한 몇 가지 핵심 질문을 제기한다. 지식의 목적이 무엇이며, 어떻게 인간에게 고통을 주지 않으면서도 지식의 진보를 이룰 수 있을까? 역설적이게도 당시의 유럽은 전체주의와 제2차 세계대전을 향해 나아가고 있었다. 진정한 과학적 이해는 파괴적이고 착취적이지 않으며, 삶을 긍정적이고 창의적인 것으로 만들어나가야 한다는 괴테의 제안이 무색해지고 있었다.

1932년 당시 반유대주의의 '국가사회주의 독일 노동자당(나치당)'이 승리한 독일에서는 유대인 과학자들이 불안해하며 독일을 탈출하기 시작했다. 자신의 지식에 회의를 느끼며 좌절했던 에렌페스트에게 정치·사회적 불안은 그를 심리적으로 더욱 압박하는 요인이 되었다. 그의 깊은 불안감과 치명적인 우울증은 결국 물리학의 전환기에 새로운 물리학인 양자물리학의 발전을 위해 열정적인 노력을 기울였던 에렌페스트를 죽음으로 몰아넣었다.

전환기 물리학과 두 개의 구름, 그리고 빛

뉴턴Isaac Newton(1642~1727)이 확립한 고전역학과 함께 18세기 이후 발전한 열역학 이론과 전자기학 이론은 물리 세계에 대한 기계론적 관점을 확고하게 했다. 즉, 세상의 모든 물리적 현상을 기계가 톱니바퀴로 서로 맞물려 동작하는 것처럼 인과론적으로 이해할 수 있다는 믿음이 널리 퍼졌다. 19세기 말엽에 물리학은 가능한 모든 영역을 정복한 것처럼 보였다. 맥스웰James Maxwell(1831~1879)이 완성한 전자기학 이론은 뉴턴역학과 함께 고전물리학의 두 기둥으로 확고하게 자리를 잡았다. 이와 더불어 볼츠만 Ludwig Boltzmann(1844~1906)을 비롯한 물리학자들이 에너지와 엔트로피에 대한 근본 원리를 탐구하면서 통계역학 분야를 발전시키고 있었다. 통계역학은 열역학 현상에 대한 기계론적 설명을 추구하고 있었다.

알아야 할 모든 것이 이미 발견되었다고 생각한 물리학자들 사이에는 미래에 대해 약간의 비관론도 일고 있었다. 1899년 마이컬슨Albert Michelson (1852~1931)이 "물리 과학의 근본적인 법칙과 사실은 모두 발견되었으며, 이것들은 이제 매우 확고하게 확립되어 새로운 발견의 결과가 이를 대체할 가능성은 극히 희박하다. … 우리가 앞으로 할 일은 소수점 여섯 번째 자리까지 정확하게 하는 것이다"[6]라고 언급한 것은 이런 비관적 생각과 더불어 당시 물리학에 대한 자신감을 반영하고 있었다. 양자역학의 문을 열었던 플랑크Max Planck(1858~1947)도 학생일 때 어느 교수가 이론물리학을 더 이상 연구할 것이 없는 "완전히 불필요한 과목"으로 여겼다고 그의 자서전에서 회상했다.

이런 분위기 가운데 켈빈 경 톰슨William Thomson(1824~1907)은 1900년의 한 강의에서 "지금의 물리학은 완벽하게 조화로운 전체를 구성하고 있는, 거의 완성된 주제다"라고 하면서 다음과 같이 덧붙였다. "열과 빛을 운동의 형태로 기술하는 동역학 이론의 아름다움과 명확성은 현재 두 개의 구름에 가려져 있다."[7] 그가 언급한 '두 개의 구름'은 '에테르ether'에 관한 이론과 높은 온도로 가열된 물체에서 방출되는 빛의 '복사radiation'에 관한 문제였다. 그러나 '구름'이란 표현은 고전물리학 관점의 표현이었고, 사실은 고전물리학을 뒤흔들 '태풍의 눈'이었다. 바로 상대성이론과 양자 이론의 탄생을 예고하는 것들이었는데, 이 태풍의 눈 한가운데는 전자기파로 이해되던 빛이 자리 잡고 있었다. 과학자들에게 우주의 시공간 구조와 물질의 구조, 그리고 우주 탄생의 신비를 알려주는 전령은 바로 '빛'이었다.

1887년 헤르츠Heinrich Hertz(1857~1894)가 전자기파의 존재를 실험적으로 증명하면서 매우 추상적이고 복잡한 맥스웰의 전자기파 이론은 구체적인 의미를 갖게 되었다. 빛도 전자기파의 일종임을 이해하게 된 것이다. 전기장과 자기장의 역동적 변화가 파동으로 공간을 퍼져 나오는 모습이 전자기학이 밝혀준 빛의 본질이었다. 물체의 운동을 천상계와 지상계의 운동으로 구분한 아리스토텔레스의 관념이 뉴턴의 만유인력 법칙에 의해 통합되었듯이, 중세 그리스도교에서 물질의 반대 개념으로 받아들여졌던 '신성한 본질'의 빛이 이렇게 맥스웰의 전자기학 이론에 통합되었다.

그러나 파동인 빛이 공간을 전파하려면 매질, 즉 빛 에테르가 있어야 한다는 고전물리학의 관점은 문제를 더욱 심각하게 만들었다. 전자기파는 전기장과 자기장이 진동하는 방향에 수직한 방향으로 진행하는 횡파다. 그런데 고전역학의 관점에서는 횡파가 전파하려면 매질은 단단하고 탄성이 있는 물질이어야 했다. 따라서 에테르는 이런 속성을 가지면서도 우주 공간을 움직이는 행성이 어떻게든 에테르의 방해를 받지 않고 쉽게 지나갈 수 있는 무엇이어야 했다. 어떤 면에서 공간 자체인 에테르가 가져야 할 이러한 속성은 19세기 후반 물리학자들이 고민하던 중요한 주제였다. 이것이 켈빈 경이 언급한 두 개의 '구름' 중 첫 번째인 '에테르'에 관한 문제였다.

고전물리학이 직면한 에테르의 본질에 관한 질문은 공간과 시간에 관한 문제다. 그리고 일찍이 갈릴레이가 주장했던 '상대성원리principle of relativity'와 관련된 문제이기도 하다. 상대성원리란 정지해 있는 관찰자에게나 일정한 속도로 움직이는 관찰자에게나 모든 물리현상을 지배하는 법칙은 똑같다는 것이다. 그러나 이 상대성원리는 마이컬슨과 몰리Edward Morley(1838~1923)가 실행한 실험 때문에 큰 어려움에 맞닥뜨렸다.

1887년에 마이컬슨과 몰리는 에테르의 존재를 증명하기 위해 기발하고 정밀한 실험을 진행했다. 움직이지 않는 에테르 속을 지구가 빠른 속도로 움직이면 지구에 대한 에테르의 상대적인 흐름이 생긴다. 따라서 이 흐름 때문에 지구의 운동 방향에 나란한 방향으로 진행한 빛이 거울에 반사되어 되돌아오는 시간과 지구의 운동에 수직한 방향으로 똑같은 거리를 빛이 진행했다가 반사되어 오는 시간 사이에 차이가 있을 것이라는 예측을 했던 것이다. 이 예측은 빛의 속도가 관측자의 운동에 따라 다르게 측정된다는 상대속도 법칙으로 유도한 것이었다. 그러나 실험 결과에서는 아무런 차이를 발견할 수 없었기 때문에 에테르의 존재를 증명하는 데 실패했다. 이 실패는 그 당시 에테르의 존재를 굳게 믿었던 과학자들을 매우 곤혹스럽게 할 수밖에 없었다.

또 하나의 '구름'인 '흑체복사blackbody radiation'*에 관한 문제는 높은 온도의 물체에서 나오는 빛스펙트럼에 관한 것이었다. 뜨거운 물질은 빛을 내며, 뜨거워질수록 더 밝게 빛나면서 여러 가지 색의 빛을 낸다. 온도가 올라갈수록 가장 밝은 빛의 색깔은 빨간색에서 노란색으로, 최종적으로는 파란색으로 변한다. 흑체복사에 관한 연구는 산업혁명 이후 19세기 말에 유럽에서 발전한 제철산업과 백열전구의 발명과 연관되어 있다. 천광석

• 흑체(black body)는 입사한 모든 빛을 전혀 반사하지 않고 완전히 흡수하는 이상적인 물체를 말한다. 그리고 온도가 일정하게 유지되는 열평형 상태의 흑체에서 나오는 빛을 흑체복사라고 한다.

을 녹이기 위해 코크스cokes 등의 연료를 태울 때 보이는 불꽃이나 백열전구의 필라멘트처럼 뜨거운 물체에서 나오는 빛의 색깔은 온도와 관계가 있음을 그 당시에도 경험적으로 알고 있었다. 과학자들은 온도가 높아질수록 겉보기 색깔이 변할 뿐만 아니라, 여러 가지 색깔의 빛이 상대적으로 다른 강도로 나오는 것을 설명해야 했다. 그렇지만 빛깔과 온도와의 관계에 관한 정확한 이론은 아직 나오지 않고 있었다. 이것이 그 당시 물리학자들이 고민하던 '흑체복사' 문제였다.

이 두 가지 '구름'을 걷어내려는 과학자들의 노력은 결국 20세기를 특징 짓는 현대 물리학의 탄생으로 이어졌다. 현대 물리학의 두 기둥인 상대성이론과 양자물리학은 바로 '구름'이라고 표현되었던 문제가 '태풍'이 되어 고전물리학의 틀을 전면적으로 바꾸게 되었다. 상대성이론은 뉴턴의 절대공간과 절대시간의 개념을 몰아내고 공간과 시간이 서로 얽혀 있을 뿐만 아니라, 물질과 에너지의 분포가 공간의 구조를 바꾸는 역동적 시공간 개념을 확립했다. 그리고 우주의 구조와 진화를 설명하는 이론으로 확장했다. 양자물리학은, 비록 지금까지 제대로 이해하지는 못하지만, 원자보다 작은 미시 세계를 지배하는 원리를 밝혀냈다. 양자역학은 세계관의 관점에서도 고전물리학의 기계론적 철학과 결정론적 사고에 결정타를 날렸다.

흑체복사 문제 외에도 물리학 분야에서는 1900년을 전후하여 X-선, 광전효과, 방사선 및 전자를 포함하여 고전물리학의 기초를 흔들 수 있는 새로운 현상들이 발견되고 있었다. 이 현상들을 이해하기 위해 당시의 물리학자들은 맥스웰의 전자기학과 통계역학의 주요 개념들을 사용하여 설명하려 했다. 원자론을 둘러싼 과학자들 사이의 학문적 갈등도 이 과정에서 발생했다. 원자론에 바탕을 두고 통계역학을 확립한 볼츠만Ludwig Boltzmann(1844~1906)은 원자의 존재를 부정하던 학자들의 반론에 직면하여 상처를 입고 자살로 생을 마감했다. 고전물리학의 비극을 상징하는 볼츠만의 죽음은 이해할 수 없는 모습으로 발전하는 양자역학에 절망한 그의 제자 에렌페스트와도 운명적으로 엮여 있었던 것일까?

천재 스승 볼츠만과 에렌페스트

에렌페스트의 박사학위 지도교수였던 볼츠만은 1877년에 획기적인 논문을 발표했다. 그는 역학 법칙과 원자 운동에 관한 확률 이론을 결합하여 열역학 제2법칙, 즉 엔트로피 증가 법칙을 새로운 방식으로 설명했다.* 볼츠만은 많은 수의 원자가 서로 다른 속도로 충돌하면서 에너지를 주고받는 과정에서 원자들이 여러 다른 에너지 상태에 있을 확률을 통계 법칙을 적용하여 계산했다. 그리고 잉크 방울이 물로 퍼져나가는 것처럼, 무질서한 상태로 변화하는 과정이 확률적으로 가장 가능한 사건임을 증명함으로써 엔트로피 증가 법칙을 설명했다.

볼츠만의 묘비에는 엔트로피(S)와 미시 입자들이 가질 수 있는 상태의 수(W) 사이의 관계식 "$S = k \log W$"이 새겨져 있다. k는 '볼츠만 상수'라고 하는데, 입자의 열적 요동thermal fluctuation에 관여하는 상수다. 이 식은 미시적 입자의 역학적 현상이 가역적이더라도 이들의 집합인 거시적 세계에서는 비가역적 현상이 나타날 수 있음을 설명한다. 이렇게 볼츠만은 쉽게 파악하기 어려운 열역학 제2법칙의 미시적 기초를 군건하게 했다. 엔트로피 증가 법칙은 나중에 물리학 분야를 훨씬 넘어서 암호학과 경제학 분야, 심지어 우주의 거대한 구조에도 적용될 정도로 넓은 범위에서 사용되는

• 엔트로피 증가 법칙은 물질과 에너지의 교환이 없는 고립계에서는 사용할 수 없이 버려지는 에너지가 증가하는 방향으로 열역학적 변화가 일어난다는 법칙으로, 열역학 과정의 방향성을 결정한다.

중요한 원리가 되었다.

볼츠만의 원자론에 근거한 통계적 해석과 통계역학적 방법이 수용되는 과정은 양자역학이 등장하는 과정과 간접적으로 연결되어 있다. 볼츠만이 도입한 미시 입자들이 갖는 띄엄띄엄한discrete 에너지 상태는 하나의 수학적 방법에 지나지 않았지만, 양자역학에서는 중요한 개념으로 등장한다. 1900년에 발표된 플랑크의 흑체복사에 관한 새로운 이론은 명시적이지는 않았지만 빛에너지의 양자화 개념을 포함하는데, 이는 띄엄띄엄한 에너지 분포에 관한 볼츠만의 논의를 방법론적으로 받아들인 것이었다.

볼츠만은 열역학 제2법칙뿐만 아니라, 열전도와 전기전도, 점성 등의 거시적 현상을 미시적 관점에서 설명하기 위해 원자의 개념을 물리학적 관점에서 정립한 천재적인 과학자였다. 그러나 그 당시 물리학계에서는 아직 원자나 분자의 존재를 받아들이지 않는 분위기였다. 화학반응과 물질의 다양성을 설명하기 위해 원자설을 주창했던 근대 화학자 돌턴John Dalton(1766~1844)도 원자의 실재성에 관해서는 명확한 생각을 갖고 있지 않았다.

사실 19세기 말까지도 '물질 자체는 무엇으로 만들어졌는가? 물질의 더 깊은 구조는 무엇인가?'라는 질문은 여전히 해결되지 않고 있었다. 어떤 이들은 그것이 원자와 분자로 구성되어 있다고 믿었지만, 마흐Ernst Mach(1838~1916)와 같은 실증주의positivism 과학자들은 눈으로 보고 경험적으로 증명할 수 없는 원자 개념을 받아들이기를 거부했다. 이들은 원자 개념을 강하게 부정하면서 볼츠만의 이론에 대해 매우 비판적이었다. 그들에게 원자는 수학적으로 편리하게 다룰 수 있는 허구에 불과했고 물리적인 실재가 아니었다. 원자의 실재가 부정되면 볼츠만의 이론은 아무 의미를 가질 수가 없었다. 물리학에서 통계역학이라는 새로운 영역을 굳건하게 세운 볼츠만은 자신의 학문적 업적이 올바로 평가받지 못하고 오히려 공박을 당하는 데서 큰 상처를 받았다.

그런 가운데 나이가 들면서 학문적으로 쇠퇴해 가는 것을 우울해하던 볼츠만은 결국 1906년에 가족과 함께 간 휴가지에서 자살로 생을 마감했다. 안타깝게도 자신의 이론이 물리학자들에게 일반적으로 받아들여지기 직전이었다. 시간 대칭성을 깨는 엔트로피 증가 법칙처럼 그의 시간도 되돌릴 수 없는 방향으로 흘러가고 말았다. 이렇게 볼츠만은 고전물리학의 비극을 상징하게 되었다. 그렇지만 통계역학의 상당한 잠재력은 결국 많은 과학자들을 끌어들이면서 지지를 얻었다. 이 새로운 역학은 매우 미묘한 추론을 사용하여 때때로 아주 추상적인 형태를 보이기는 했지만, 그 견고한 기초로 인해 플랑크와 아인슈타인과 같은 20세기 초의 가장 혁신적인 과학자들에게는 중요한 도구가 되었다.

볼츠만의 원자론과 관련해서 아인슈타인은 1905년에 원자의 실재와 입자 운동의 통계적 요동을 바탕으로 액체나 기체 내에서 아주 작은 입자들이 불규칙한 운동을 보이는 현상(브라운 운동)을 설명하는 논문을 발표했다. 아인슈타인은 현탁액에서 원자나 분자들의 충돌이 있을 때, 시간에 따른 입자 위치의 변화 정도를 기체운동 법칙으로 계산했다. 이 계산에 원자 가설을 실험적으로 확인할 수 있는 '아보가드로수Avogadro constant'•가 들어가 있었다. 즉, 실험적으로 측정 가능한 값들을 통해 아보가드로수를 계산할 수 있게 함으로써 분자의 존재에 대한 직접적인 실험적 증거를 제공할 수 있게 했다.

볼츠만이 아인슈타인의 논문에 대해 알고 있었는지는 확인할 수 없으나, 이 이론적 연구는 당시에는 큰 반향을 불러일으키지 못한 상태였다. 더욱이 아인슈타인의 이론도 실험적 증거가 없었다. 그러나 볼츠만이 죽

• 아보가드로(Amedeo Avogadro, 1776~1856)는 1808년 기체반응의 법칙을 설명하기 위해 분자의 개념을 제시했다. 똑같은 온도와 압력에서 같은 부피를 차지하는 기체는 같은 수의 원자나 분자를 포함한다. 아보가드로수는 물질의 양을 나타내는 수로 6.022×10^{23}/mol의 값으로 표현된다.

은 후 1908년에 페랭Jean Perrin(1870~1942)이 브라운 운동에 관한 실험적 연구를 진행하여 아보가드로수를 구함으로써 아인슈타인의 이론을 입증함과 동시에 원자의 실재를 경험적으로 보여주는 데 성공했다.[8]

1913년에 페랭은 『원자들Les atomes』이라는 단순한 제목의 책[9]을 출판했는데, 여기에서 그는 아보가드로수를 측정하는 13가지 방법을 설명했다. 이러한 다양한 측정에서 구한 아보가드로수가 실험 오차범위 내에서 우연히 일치했을 가능성은 극히 낮았다. 페랭은 결론을 내리면서 "원자론이 승리했다. 원자론에 반대하는 이들도 마침내 믿게 되었다. 불과 얼마 전까지만 해도 그들 중 많은 이들이 당당하고도 확고하게 가졌던 의심을 마침내 하나씩 포기하고 있다. 앞으로 조심스러움과 대담함 사이의 갈등은 원자론에서 다른 개념들로 옮아갈 것이다. 이 둘 사이의 균형은 인류가 과학을 점진적으로 진보시키는 데 있어서 핵심적이다"라고 적었다. 그는 1926년에 「물질의 불연속 구조에 대한 연구」로 노벨물리학상을 받았다.

볼츠만의 지도 아래 박사학위를 받은 지 불과 2년 뒤에 발생한 볼츠만의 자살은 에렌페스트에게 큰 충격이었다. 그러나 볼츠만의 사망 이후 에렌페스트는 볼츠만에 대해 어떤 개인적 언급도 하지 않았다. 사실 에렌페스트가 볼츠만의 박사과정 학생으로 들어갔을 무렵에 볼츠만은 우울증을 앓으면서 자기 의심과 자기 연민에 시달리고 있었다. 그래서 에렌페스트는 위대한 발견을 한 지도교수에게 기대한 조언을 제대로 얻지 못했으며, 에렌페스트의 잠재력도 최대한 발휘될 수 없었다.

지도교수와 학생의 학문적 상호작용조차도 복잡하게 꼬이고 얽혔다. 한 이야기에서 에렌페스트는 볼츠만의 논문을 꼼꼼하게 공부하여 이에 대해 볼츠만과 이야기를 나눌 때 볼츠만은 "내가 내 연구를 그렇게 잘 알 수만 있다면 좋겠네"라고 말했다고 한다.[10] 에렌페스트는 볼츠만에게 성가신 존재이기도 했다. 어떤 수업에서 볼츠만은 에렌페스트가 자신을 레몬즙 짜듯이 한다고 불평했다고 한다. 이것은 학생이었던 에렌페스트가 이해가 부족한 어떤 점을 교수에게 끈질기게 질문하며 명확히 하려 했던 것 때문일 것이다. 에렌페스트 특유의 대화와 토론에 대한 강한 욕구가 나이 든 과학자를 불편하게 할 정도로 성가시게 했던 것이다.

에렌페스트와 함께 연구를 해본 사람이면 누구나 그의 '소크라테스' 식 토론을 기억했다. 모호함을 싫어하여 모든 것을 명확하게 하는 것을 즐 긴 그는 토론을 통해 연구자들의 생각을 명확하게 하는 데 도움을 주었다. 아인슈타인은 그가 "모든 토론에서 항상 명확성과 정확성을 추구했다. 그 는 모호하거나 우회적인 표현을 배격했으며, 필요할 때는 번쩍이는 재치 는 물론 노골적인 무례함도 마다하지 않았다"라고 했다.[11]

볼츠만의 자살은 정서적으로 예민했던 에렌페스트에게 어두운 그림자 를 드리운 것임에 틀림없다. 하지만 볼츠만과는 달리 그는 동료들의 비판 때문에 상처를 받은 것이 아니었다. 오히려 에렌페스트는 자신을 무자비 한 자기비판의 희생양으로 삼았다. 그는 자신의 능력과 학문적 성취에 스 스로 만족하지 못했을 뿐만 아니라, 당대 최고의 물리학자들을 친구로 가 지는 행운을 오히려 저주로 바꾸었다. 에렌페스트는 동료 물리학자들과 어깨를 나란히 할 학문적 업적을 자신에게 요구했는지도 모른다. 하지만 불행한 선택에 앞서 자신만의 재능을 정당하게 평가할 수 있어야 했다.

에렌페스트는 통계역학과 양자역학 이론의 발전에 공헌했으며, 그의 학생들과 동료에게서 많은 존경을 받았다. 물리학에 대해 진지하게 생각 하고, 이야기하고 논쟁하며, 물리학을 이해하기 위해 최선을 다했던 그는 학생, 동료, 일반인, 평범한 지인이나 어린이 등 물리학에 관심을 보이는 모든 사람에게 물리학을 가르치고 설명하려고 노력했다. 그랬던 그에게 새로운 물리학 이론이 이해되지 않는 모습으로 발전해 나가는 것을 지켜 보는 것은 어떻게 보면 견디기 어려운 시련이었는지도 모른다.

양자역학과 상대성이론의 태동

19세기에 발전된 전자기파 이론은 빛의 전파와 다른 형태의 복사를 설명하는 데 매우 성공적이었지만, 물질이 어떻게 빛을 내거나 흡수하는지를 설명할 수는 없었다. 전자기파 이론에 따르면, 물질에서 빛이 나오려면 진동하는 전하의 존재가 필요하지만, 그 존재와 작동 방식을 설명할 모형이 없었다. 이때 로렌츠Hendrik Lorentz(1853~1928)가 빛의 방출과 굴절 등 다양한 광학적 현상들을 원자 속에 있는 '전자'들의 운동과 상호작용으로 설명할 수 있다고 주장함으로써 맥스웰의 전자기학 이론을 확장하고 물질의 구조에 관한 연구에 새로운 돌파구를 마련했다. 이 연구는 1897년 실험물리학자 톰슨Joseph J. Thomson(1856~1940)이 전자를 발견하기 직전인 1895년에 이루어졌기 때문에 로렌츠의 이론적인 전자가 톰슨이 실험적으로 발견한 전자와 동일한 것인지는 1899년이 될 때까지 알려지지 않은 채로 있었다.

전자는 처음에는 정체를 알 수 없는 '음극선cathode ray'으로 여겨졌으나 뒤에 모든 물질의 구성 요소임을 알게 되었다. 1836년에 패러데이Michael Faraday(1791~1867)가 진공방전에 관한 연구를 시작한 후, 플뤼커Julius Plücker (1801~1868)는 방전관의 유리벽에서 형광을 방출하는 것을 발견하고 그것을 일종의 방사선radioactive ray이라고 생각했다. 이를 나중에 '음극선'이라고 부르게 되었는데, 자기장에 의해 경로가 휘어지는 것을 관측하고 음전하를 띤 사실을 알았기 때문이다. 그 당시 음극선에 대해서는 두 가지 이론이 있었다. 하나는 '빛을 내는 물질' 입자, 즉 전하를 띤 원자라고 하는 쪽과 새로운 형태의 전자기 복사인 '에테르파'라고 생각하는 쪽이 있었.

이 논쟁은 1897년 톰슨이 음극선의 속도가 전자기파(빛)의 속도보다 훨씬 느리다는 사실을 증명함으로써 음극선이 에테르파라는 주장이 틀렸음을 보였다. 동시에 음극선의 질량을 측정하여 음극선이 입자로 구성되었지만 가장 가벼운 원소인 수소에 비해 약 1/1,000 정도로 훨씬 가볍다는 것을 보여줌으로써 논쟁을 종식시켰다. 즉, 음극선은 원자가 아닌, 원자보다 더 작은 새로운 입자로서 최초로 발견된 입자였다. 톰슨은 이 입자를 '미립자corpuscles'라고 불렀지만, 나중에 스토니George Stoney(1826~1911)가 전하의 기본 단위를 나타내기 위해 제안한 용어를 따라 '전자electron'라고 부르게 되었다.* 톰슨은 이 업적으로 1906년에 노벨물리학상을 수상했다. 원자보다 더 작은 전자의 발견은 원자가 하나의 구조물이며, 그 '내부 구조'가 어떠한지를 알아내야 하는 숙제를 과학자들에게 던졌다.

한편, 볼츠만의 통계역학은 플랑크가 1900년에 흑체복사 문제를 해결하는 데 결정적인 역할을 했다. 플랑크는 열복사 에너지의 분포를 통계역학적 방법으로 유도함으로써 뜨거운 물체에서 나오는 빛의 파장에 따른 강도 분포와 온도와의 관계를 완벽하게 설명할 수 있었다. 그는 흑체복사를 전자기 진동자로 여기고 진동자의 에너지가 연속적인 값이 아니라, "분할할 수 없는 에너지 단위"의 정수배 형태로만 방출된다는 과감한 가정을 도입했다. 플랑크는 기본적인 에너지 단위를 나타내는 상수를 '작용양자quantum of action'라고 불렀는데, 나중에 '플랑크 상수(h)'라는 이름으로 불리게 되었다.

빛 에너지의 기본단위가 [플랑크 상수(h) × 빛의 진동수(ν)]의 값을 가지며, 복사파의 에너지는 이 값의 정수배로 방출된다는 플랑크의 가정은 새로운 개념, 즉 빛에너지가 불연속적인 값을 가진 특정한 값만을 갖고 나온다는 '양자quantum' 개념을 내포하고 있었다. 이 생각은 이제 양자역학과 고전역학을 뚜렷이 구분하는 개념이다. 이러한 생각은 그 당시의 모든 물리학자들로 하여금 기존의 사고방식에서 벗어나 새로운 시각에서 세상을

---

* 1891년에 스토니는 그 당시 화학 반응 분석을 기반으로 전자의 전하가 10^{-20} 쿨롱(C)이라고 계산했다. 이 값은 현재 우리가 알고 있는 전자 전하량의 1/16 정도인 값이다.

제1장 | 파우스트의 악마　**37**

보도록 강요하는 완전히 새로운 것이었다. 플랑크는 에너지 양자의 발견 업적으로 1918년에 노벨물리학상을 수상했다.

그러나 초기에는 플랑크도 흑체에서 나오는 빛이 입자의 성격을 띠는 것은 전자기파 이론과 맞지 않는다고 생각해서 양자적 특성을 받아들이려 하지 않았다. 플랑크가 당연하게 여긴 한 가지 사실은 자신의 가설이 빛의 전파에는 영향을 미치지 않는다는 것이었다. 그는 작용양자 'h'가 물질에 의한 복사의 흡수와 방출에만 관계된다고 보았다. 그는 여전히 빛에 대한 맥스웰-로렌츠 이론과 실험으로 확인된 빛의 연속적이고 파동적인 본질을 믿었고, 이를 마지막까지 지켜내려고 했다. 그래서 그는 양자화 된 복사파의 성질에 큰 의미를 부여하려 하지 않았고, 오히려 부담스러워할 만큼 자신의 발견이 얼마나 중요한 것인지 충분히 깨닫지 못했다. 그는 만년에 스스로 이렇게 평가했다.

"새로운 과학적 진실이 승리하는 것은 반대자들이 개종하고 빛을 보기 때문이 아니라, 오히려 그들이 결국 죽고 새로운 개념에 익숙해진 새로운 세대가 태어나기 때문이다."[12]

사실 플랑크가 찾아낸 흑체복사 법칙은 연속적인 파동을 다루는 전자기학과 확률 분포를 따지는 볼츠만의 불연속적인 통계역학을 결합해야만 제대로 설명할 수 있었다. 그러나 당시 플랑크는 통계역학 자체를 온전히 받아들이지 않았기 때문에 플랑크 상수로 표현되는 '작용양자' 자체는 자신의 새로운 복사 이론에 관한 논의에서 그리 중요한 것이 아니었다. 플랑크에게는 오히려 전자기학과 통계역학을 모두 만족시키는 보편적인 법칙을 찾아내는 것이 더 중요했다. 그래서 플랑크가 흑체복사의 에너지가 플랑크 상수의 정수배 형태를 가진다는 중요한 가정을 처음으로 도입했음에도 불구하고 빛에너지가 불연속인 값을 갖는 입자처럼 행동한다는 양자 개념에 대해서는 부정적인 생각을 갖고 있었다.

물리학계도 그의 이론을 진지하게 생각하지 않았다. 당시 대부분의 물리학자들은 플랑크의 양자론을 선뜻 받아들이지 못하고 임의로 도입한 단순한 수학적 기법의 하나쯤으로 간주했다. 그들은 다른 더 시급한 의문들, 즉 전자의 발견, 신비한 X-선, 그리고 방사성 물질에서 방출되는 수수께끼 같은 방사선 같은 것들에 온통 마음을 빼앗기고 있었다.

빛에너지의 양자화 개념에 대한 실질적이고 중요한 변화는 1905년에서 1906년 사이에 아인슈타인과 에렌페스트가 일으킨 것으로 볼 수 있다. 아인슈타인과 에렌페스트는 플랑크가 수행한 계산 과정에서 확실히 에너지의 불연속성이 필요하다는 것을 파악했다.

플랑크의 양자론을 심각하게 받아들이고, 가장 먼저 획기적인 연구를 시작한 아인슈타인은 전자기파와 에너지 양자가 겉으로는 서로 모순적인 것처럼 보이지만 그 차이가 그렇게 결정적이고 명확하지 않을지도 모른다고 생각했다. 1905년에 '광양자 이론'으로 알려진 「빛의 생성과 변환에 관한 실질적 관점에 관하여On a Heuristic Point of View about the Creation and Conversion of Light」라는 제목의 논문을 발표하면서, 그는 "광선이 전파되는 동안 에너지는 계속 확장되는 공간 전체에 연속적으로 분포되어 있지 않고, 공간의 여러 지점에 국소적으로 몰려 있는 유한한 수의 에너지 양자로 구성된다. 이들은 분할되지 않고 이동하며, 개체로서 흡수되거나 생성될 수 있다"고 주장했다.

에렌페스트는 플랑크의 흑체복사 이론에 관한 분석을 시작하면서 "이 이론에서 온도별로 흑체복사의 에너지 분포를 명확하게 만들어낼 수 있게 하는 독립적인 가정들은 무엇인가?"라고 물으면서 플랑크의 가정에 대해 처음으로 진지하게 의문을 던졌다.[13] 그러고는 플랑크의 가정이 볼츠만 통계역학과는 사뭇 다르다는 사실을 발견했다. 플랑크의 복사 이론에 사용된 에너지 분포는 1924년 이후에 맥스웰-볼츠만 분포와는 다른 보스-아인슈타인 분포라는 사실이 밝혀졌다. 나아가 플랑크의 이론에서는 복사파의 에너지가 양자화 되고 진동수에 따라 달라져야 한다는 가정이 반드시 요구됨을 파악했다.

양자역학의 '불확정성원리uncertainty principle'를 발견한 하이젠베르크는 플랑크의 연구에 대해 "그때까지 알려진 물리의 원리들과 철저히 위배된 이 이론이 30년도 지나지 않아 과학적 포괄성과 수학적 간결함에서 고전 이론물리학 체계에 조금도 뒤지지 않으면서 원자 구조를 설명하는 학설로 발전하게 되리라는 것을 당시의 플랑크는 전혀 예상할 수 없었을 것"이라고 평가했다.[14] 빛에너지가 양자화 되어 있다는 플랑크의 가정은 하나의 수학적 방법에 그친 것이 아니라, 원자보다 작은 미시 세계의 속성에 관한 중요하고 획기적인 무엇을 발견해 낸 것이었다.

이리하여 유럽에서 물리학은 두 가지 다른 노선을 걷는 과학자 집단을 형성하게 되었다. 한 집단은 방사능 및 원자 구조에 대한 실험적 연구에 공헌한 집단으로서 톰슨을 비롯하여 프랑스의 퀴리Pierre Curie(1859~1906), 특히 영국 맨체스터의 러더퍼드Ernest Rutherford(1871~1937)와 같은 물리학자들이 여기에 속했다. 다른 한 집단은 전자기 복사의 열역학적 특성에 대한 연구에서 파생되어 볼츠만, 빈Wilhelm Wien(1864~1928), 플랑크, 아인슈타인과 같이 독일을 중심으로 한 초기 양자론에 공헌한 과학자들이었다. 20세기가 시작될 무렵, 영국의 물리학자들은 일반적으로 이 새로운 양자론을 받아들이지 않거나 무시하고 있었다.

다른 한편, 마이컬슨-몰리Michelson-Morley 실험의 부정적 결과와 수성의 근일점 이동*이 그 당시까지 완벽하게 적용되었던 뉴턴의 역학으로는 설

• 태양 주위를 공전하는 수성의 타원 궤도가 닫히지 않아 수성이 궤도상에서 태양에 가장 가까워지는 점(근일점)이 미세하게 이동하는 것을 말한다. 근대 천문학자들은 이 현상을 뉴턴 역학으로는 도저히 설명할 수 없어서 수성과 태양 사이에 아직 발견되지 않은 행성이 있을 것이라고 생각했다.

명할 수 없는 현상으로 남아 있었다. 뉴턴역학과 맥스웰의 전자기 이론의 성공에 도취되어 물리학에서는 더 이상 추구할 것이 없다고 생각하던 사람들은 이런 실패를 사소한 것쯤으로 여기고 있었다. 사실 마이컬슨-몰리의 실험은 에테르의 존재를 증명하기 위한 실험이었지만, 이 실험의 실패가 오히려 새로운 물리학의 탄생을 도왔다. 바로 절대시간과 절대공간의 개념을 포기하도록 하는 것이었고, 아인슈타인의 상대성이론이 바로 이 문제를 새로운 방식으로 이해하려는 것이었다.

아인슈타인의 상대성이론은 양자물리학과 함께 현대 물리학을 특징짓는 양대 축의 하나다. 아인슈타인은 1905년에 ≪물리학 연보Annalen der Physik≫에 세 편의 논문을 발표했는데, 모두가 현대 물리학의 발전에 큰 공헌을 한 것들이어서 과학계에서는 이 해를 '기적의 해'라고 한다. 첫 번째는 1905년 6월에 발표한 '광양자 이론'에 관한 논문으로 양자역학의 태동기에 양자론 형성에 획기적 공헌을 했다. 1905년 7월에 발표된 두 번째 논문은 브라운 운동에 관한 논문으로 원자의 실재를 알아낼 수 있는 이론을 제시했다. 그리고 또 하나의 획기적 논문이 바로 1905년 9월에 발표된 「움직이는 물체의 전기역학Zur Elektrodynamik bewegter Körper」이란 제목의 특수상대성이론에 관한 논문이다.

아인슈타인의 특수상대성이론은 뉴턴의 고전역학이 가졌던 절대적이고 독립적인 공간과 시간의 개념을 완전히 바꾸어 공간과 시간이 독립적이지 않은, 하나로 엮어져 있는 새로운 시공간 개념을 형성했다. 그리고 $E=mc^2$라는 유명한 공식, 즉 질량-에너지 등가원리도 특수상대성이론에서 나왔다. 이것은 질량이 물질의 근본적인 성질이지만, 더 이상 줄일 수 없는 차원의 무엇이 아니라 에너지라는 성질의 하나임을 의미하는 것이다. 이로써 뉴턴의 고전적인 역학 체계가 완전한 것이 아니라 근사적인 체계였음을 명백히 보여주었다.

그리고 아인슈타인은 특수상대성이론을 발표한 지 10년 만인 1915년에 중력에 관한 일반상대성이론을 발표했다. 여기에는 질량 또는 에너지 분포가 중력장의 세기를 결정하여 공간을 변형시키고, 공간의 변형(곡률)은 다시 질량과 에너지의 분포를 결정하는 반복적 구조를 갖고 있다는 내용이 담겨 있다. 중력은 우주의 탄생과 진화에 있어서 매우 중요한 요소다. 이와 같이 시간과 공간의 개념에 획기적인 전환을 이루고, 우주를 보는 관점도 완전히 바꾸도록 한 아인슈타인의 상대성이론은 양자역학과 함께 인류에게 과학적인 성과는 물론 사고의 틀에서도 큰 변혁을 가져다주었다. 과학의 역사에서 인간의 사고에 큰 영향을 준 여러 발견들이 있었지만, 양자역학과 상대성이론만큼 과학적 사고와 철학적 사고의 모든 측면에서 심오한 영향을 끼친 것은 없다.

에테르와 특수상대성이론

에테르의 어원에 해당하는 아이테르(aither 또는 aether)는 고대 그리스 신화에서 '창공' 또는 '대기'를 의인화한 신으로 등장한다. 그리고 우주를 지상계와 천상계로 구분했던 고대 그리스 자연철학자 아리스토텔레스Aristotle(BC 384~322)는 지상계를 구성하는 물, 불, 흙, 공기의 4원소와 구분하여 천상계를 구성하는 제5원소quintessence를 아이테르라고 불렀다. 그 후 17세기에 이르러서는 전기와 자기, 빛 등을 설명하기 위해 에테르ether 개념이 도입되었다. 빛이 입자들로 이루어져 있다고 본 뉴턴Isaac Newton (1643~1727)은 빛의 굴절 현상을 설명하기 위해 에테르로 채워져 있는 우주공간을 가정했다. 19세기 말에는 빛이 전기장과 자기장이 뒤엉켜 진동하며 진행하는 전자기파임이 밝혀지자 이 파동을 전달해 주는 매질을 에테르라 여겼다. 전자기 현상에 관한 이론을 완성한 맥스웰은 자신의 방정식을 구체적으로 해석하기 위해 굉장히 복잡한 에테르 모델을 제안하기도 했다.

그렇지만 에테르의 존재 여부는 많은 과학자들에게는 큰 숙제였다. 마이컬슨과 몰리의 정밀한 실험이 에테르의 존재를 증명하는 데 실패하자, 에테르의 존재를 믿었던 피츠제럴드George Fitz Gerald(1851~1901)와 로렌츠는 이 실험 결과를 설명하기 위해 물체가 에테르 속에서 운동할 때 길이가 줄어든다는 '길이 수축length contraction' 가설을 내놓았다. 즉, 마이컬슨-몰리 실험에서 에테르에 대한 지구의 상대적인 움직임이 관측되지 않은 것은 지구 위의 측정기구가 수축되어 지구의 속도 효과를 상쇄시켰기 때문이라는 것이다.

1895년에 발표한 로렌츠의 논문 「움직이는 물체의 전기 및 광학적 현상에 관한 이론적 접근Versuch einer Theorie der electrischen und optischen Erscheinungen in bewegten Körpern」에는 정지한 기준계에 대해 일정한 속도로 움직이는 기준계에서는 운동 방향으로 물체의 길이가 줄어든다고 주장하는 내용뿐만 아니라 '시간 지연time dilation'에 해당하는 언급도 들어 있었다.* 로렌츠는 움직이는 기준계에서 측정한 시간을 '국소 시간local time'으로 정의했는데, 국소 시간은 정지한 계의 시간과는 다르다고 했다. 그러나 그는 국소 시간을 마이컬슨-몰리 실험을 설명하기 위해 임의로 도입한 수학적 방편으로 생각했고, 뉴턴이 절대적 시간을 당연한 것으로 여겼던 것처럼 국소 시간은 어디까지나 '진짜 시간'이 아니라고 보았다.

에테르의 존재를 처음 의심한 것은 프랑스의 수학자이자 물리학자인 푸앵카레Henri Poincaré(1854~1912)였다. 푸앵카레는 에테르가 절대적으로 정지해 있다고 본 로렌츠의 가설이 가신 한계를 파악했다. 푸앵카레는 물질의 절내운동, 또는 질량을 가진ponderable 물질과 에테르의 상내운동을 관

---

* 움직이는 계에서 측정한 물체 길이 L은 징지한 계에서의 물체 길이 L_0에 대해 $L = L_0/\gamma$이다. 여기서 $\gamma = 1/\sqrt{1-(v/c)^2}$ 이고, 로렌츠 인자라고 부른다.

측하는 것을 불가능하다고 생각했을 뿐만 아니라, 시간의 측정에서도 동시성에 관한 의문을 제기했다. 그는 1898년에 발표한 논문「시간의 척도 La mesure du temps」에서 물리적 시간의 특성을 논의하면서 동시성은 빛의 속도가 일정하다는 가정이 있어야만 정의될 수 있다고 했다. 이는 아인슈타인의 생각과 같은 것이다. 푸앵카레는 또한 1902년에 발표한『과학과 가설 La Science et l'Hypothèse』에서 절대공간과 절대시간은 존재하지 않는다고 주장했다. 우리는 오직 상대운동만을 인지할 수 있으며, 두 시간 간격이 같다고 말하는 것은 그 자체로는 의미가 없고 관례에 의해서만 의미를 얻을 수 있을 뿐이라고 했다.

사실 특수상대성이론의 핵심적인 내용인 '로렌츠 변환 Lorentz transformation'이라고 부르는 일련의 관계식은 푸앵카레가 제시한 것이다. 그는 1905년 5월에 작성한「전자의 역학에 대하여 On the dynamics of the electrton」란 제목의 논문에서 좌표변환을 하더라도 맥스웰의 전자기 방정식이 똑같은 형태를 갖도록 했다.[15] 이는 1904년에 발표한 로렌츠의 논문에[16] 있는 변환식을 일부 수정하여 최종적인 형태로 만든 것이다.* 푸앵카레의 이 논문은 아인슈타인의 특수상대성이론에 관한 논문과 거의 같은 시기에 작성되었다. 그리고 로렌츠 변환을 구성하는 식에는 아인슈타인의 특수상대성이론의 핵심적인 내용이 그대로 담겨 있다. 그럼에도 불구하고 푸앵카레는 에테르를 포기하지 못했다. 그는 절대시간과 동시성에 대해 의문을 제기하기는 했지만, 뉴턴역학에 함축된 절대시간과 절대공간의 개념을 완전히 버리지 못했다.

결국 로렌츠와 푸앵카레는 변환식의 수학적 의미를 다르게 해석하고 이해했던 것이다. 로렌츠는 에테르의 존재를 밝히려던 마이컬슨-몰리 실

---

* 로렌츠는 나중에 자신의 1904년 논문에서 얻을 수 없었던 일련의 변환식을 푸앵카레가 찾아내고 자신의 이름을 붙여주었다고 언급했다.

험의 부정적 결과를 해석하기 위해 '길이 수축'과 '시간 지연'의 아이디어를 사용하여 로렌츠 변환식을 유도했다. 그러나 정지한 에테르의 존재에 집착하는 바람에 변환식의 의미를 정확히 이해하지 못하고, 결국 시공간이 엮여 있는 특수상대성이론의 핵심에 이르는 데는 실패했다. 에테르가 정지해 있다는 가정은 물리법칙이 일정한 속도로 움직이는 모든 관성계에서 똑같이 성립해야 한다는 갈릴레이의 상대성원리와 명백하게 모순된다. 왜냐하면 이 가정은 물리법칙이 에테르에 대해 등속으로 상대운동 하는 수많은 관성계 중에서 유독 에테르만을 선호한다는 의미인데, 이는 절대공간을 가정한 뉴턴의 사고를 벗어나지 못한 것이었다.

푸앵카레 또한 에테르의 존재와 절대적인 시간과 공간에 대한 의심에 그치고 말았다. 푸앵카레도 로렌츠와 마찬가지로 상대성원리를 전적으로 받아들이지 못했기 때문에 두 관성계의 관측자가 서로 상대방 쪽의 시간이 천천히 가고 길이가 줄어드는 수학적 결론을 실제적인 것으로 받아들이지 못했다. 빛의 속도도 에테르에 대해 상대적으로 정지한 기준계에서만 일정하다고 생각했다. 결국 로렌츠와 푸앵카레는 특수상대성이론의 문턱에는 이르렀으나, 시간과 공간이 서로 얽혀 있다는 변환식의 정확한 의미를 제대로 이해하지 못했던 것이다.

피츠제럴드와 로렌츠, 푸앵카레가 특수상대성이론의 모든 기초를 닦았음에도 불구하고 중요한 핵심에는 이르지 못한 이 역사적 사례는 바로 아인슈타인의 시공간에 대한 통찰이 얼마나 과감하고 혁신적이었는가를 보여주는 것이라고 할 수 있다. 아인슈타인은 단순히 모든 관성계에서 빛의 속도는 일정하다는 가정과 물리법칙이 관성계에 관계없이 모두 성립해야 한다는 상대성원리를 출발점으로 삼아 운동학적 상대성이론을 이끌어냈다. 겁을 모르는 하룻강아지에 불과했던 아인슈타인이었기에 가능했던 일이었다.

그러나 뉴턴의 절대공간과 절대시간의 관념을 몰아내고 시간과 공간이 얽혀 있는 특수상대성이론의 새로운 상대적 시공간 개념이 자리를 잡는 데는 또 얼마간의 시간이 필요했다. 아인슈타인이 특수상대성이론을 발표할 때 물리학에서 에테르에 대한 고려가 필요 없음을 받아들일 준비가 된 물리학자는 거의 없었다. 특수상대성이론이 발표된 이후에도 로렌츠와 푸앵카레는 아인슈타인의 새로운 시공간 개념을 쉽게 받아들이지 못했다.

나중에 로렌츠는 아인슈타인의 특수상대성이론에 대해 언급하면서, "아인슈타인의 이론은 그 출발점의 매혹적인 대담함 외에도 나에 비해 또 다른 두드러진 이점이 있다고 덧붙이지 않을 수 없다. 나는 정지한 계에 적용되는 방정식과 정확히 동일한 형태의 방정식을 움직이는 계에 대해서는 얻을 수 없었지만, 아인슈타인은 내가 도입한 것과는 약간 다른 새로운 변수들을 사용함으로써 이를 이루어냈다"고 긍정적으로 평가했다.[17]

한편, 에테르에 관한 생각은 완전히 정리된 것이 아니었다. 아인슈타인의 특수상대성이론은 절대적으로 정지해 있는 에테르의 존재를 필요로 하지 않았을 뿐, 에테르 자체의 존재 여부는 완전히 다른 문제로 남아 있었다. 아인슈타인은 일반적으로 에테르 개념을 깨뜨린 인물로 여겨지고 있지만, 그의 에테르에 대한 부정적인 생각은 1916년부터 바뀌기 시작하여 1955년 그가 죽을 때까지 에테르에 대한 자신만의 관점을 발전시켜 나갔다. 그의 생각은 소위 "모건 원고Morgan Manuscript"라고 알려진 1920년의 발표되지 않은 원고에 나와 있었다.*

"나는 1905년에 물리학에서 더 이상 에테르에 대해 이야기하는 것이

---

* 아인슈타인, 「상대성이론 전개의 기본 생각과 방법(Grundgedanken und Methoden der Relativitätstheorie in iher Entwicklung dargestellt)」. 일반 독자를 위해 상대성이론에 대해 쓴 원고로 영국 과학지 ≪네이처(Nature)≫에 기고했으나 출판되지는 않았다. 모건 박물관에 소장되어 소위 "모건 원고"라고 불린다.

허용되지 않는다는 의견을 피력했지만, 이 의견은 너무 급진적인 것이었다. 앞으로 일반상대성이론에서 살펴보겠지만, 오히려 그 어느 때보다도 공간 전체를 관통하는 매질의 존재를 받아들이고, 또 이 매질의 상태는 물론이고 전자기장과 물질에 대해서도 주의를 기울일 필요가 있다. 그렇다고 이 매질을 무게가 있는 물질처럼 생각하여 어떤 점에서의 운동 상태라고 보아서는 안 된다. 이 에테르를 시간에 따라 추적할 수 있는 입자와 같은 실체로 여기지는 말아야 한다."

이 새로운 개념에서 에테르는 상대성이론의 시공간 그 자체가 물질적 매질로 인식되기 때문에 결코 기준틀을 구성할 수 없고 상대성 원리도 위반하지 않는다. 에테르의 존재에 관한 아인슈타인의 생각은 1920년 레이던 대학교 특임교수Bijzonder Hoogleraar 취임 강연에서 구체적으로 언급되었다.

아인슈타인과 에렌페스트

아인슈타인과 에렌페스트의 우정은 1912년 초에 시작되었다. 에렌페스트는 1912년 1월부터 유럽에서 일자리를 찾기 위해 독일어권 대학들을 순회하던 중, 같은 해 2월 프라하 독일 대학에 있던 아인슈타인을 처음 만났다. 아인슈타인이 스위스 취리히 연방공과대학교Eidgenössische Technische Hochschule: ETH로 자리를 옮기기 직전이었다. 에렌페스트는 일주일가량 아인슈타인의 집에 머물며 물리학에 대한 토론을 하는 등 처음부터 막역한 우정을 키웠다. 에렌페스트는 일기장에 그 첫 주간의 만남이 무척 행복한 시간이었고 둘은 금방 친구가 되었다고 털어놓았다. 아인슈타인도 1934년 에렌페스트를 추모하는 글에서 "몇 시간 만에 우리는 마치 우리의 꿈과

열망이 서로를 위한 것인 양 진정한 친구가 되었다"라며 처음 그를 만났을 때를 회상했다.[18]

에렌페스트가 비엔나의 공과대학에서 공부할 당시 오스트리아와 독일의 학생들은 일반적으로 전체 학부 과정 동안 한 대학에 머물지 않고 다른 대학으로 옮겨가며 강의를 들었다. 에렌페스트는 1901년에 괴팅겐으로 가서 펠릭스 클라인Felix Klein(1849~1925)과 힐베르트David Hilbert(1862~1943)의 수학 강의를 들었다. 괴팅겐에서 18개월을 보낸 후 비엔나로 돌아온 에렌페스트는 1904년 볼츠만의 지도 아래 그해 6월 고전역학의 주제인 '유체 내 강체의 운동과 헤르츠 역학'에 관한 연구로 박사학위를 받았다.

그는 박사학위를 마친 후 1905년 플랑크의 흑체복사 이론에 관한 논문을 발표하는 등 1912년까지 몇 편의 중요한 논문을 발표했지만 안정적인 직장을 얻는 데 어려움을 겪었다. 에렌페스트는 1907년 러시아의 상트페테르부르크로 옮겨갔는데, 그 당시의 반유대주의 분위기를 피해 러시아 출생의 아내인 타탸나Tatyana Afnasyeva(1876~1964)가 편안하게 느끼는 곳을 찾으려 했기 때문이었다. 타탸나는 그곳의 대학에서 수학을 가르칠 수 있었지만, 에렌페스트는 안정된 직장을 얻지 못했다. 그는 여기서 러시아의 이론물리학자 요페Abram Ioffe(1880~1960)를 친구로 사귀었다. 에렌페스트는 러시아 친구와 동료, 그리고 대학원생들과 비공식 물리학 콜로키움을 조직하고 자신의 집에서 격주로 연구·토론 모임을 가졌다.

다행히 상트페테르부르크에 머물렀던 5년 동안 에렌페스트는 물리학 연구에 깊이 몰두할 수 있었다. 그는 1911년에 ≪물리학 연보≫에 양자 이론의 본질적인 특징에 관한 중요한 논문을 썼다.[19] 이 논문은 흑체복사와 아인슈타인의 광양자 이론 사이의 연관성에 관해 다루면서 양자의 필요성을 증명한 것이다. 이 논문의 첫 번째 문단에서 에렌페스트는 양자 가설이 "열복사 문제와 모호하게만 관련되어 빠르게 커지고 있는 질문들"을 설명하기 위해 나왔다는 사실을 언급했다. 그리고 양자 가설의 운명이 새로운 응용 분야에서 나타나는 실험 결과에 따라 결정될 것이라고 했다. 이 내용은 그해 가을 브뤼셀에서 개최된 제1차 솔베이 회의에서 뜨겁게 논의된 주제였다.

그는 그해 7월에 논문 작성을 끝냈지만 제1차 솔베이 회의 직전인 10월까지 출판되지 않은 상태로 있었다. 에렌페스트의 연구는 분명히 솔베이 회의에서 논의된 몇 가지 문제를 명확히 한 것이었지만 전혀 언급되거나 논의되지 않았다.

에렌페스트는 1912년 1월 일자리를 얻기 위해 돌아다니는 가운데 솔베이 회의에 참석했던 푸앵카레가 거의 동일한 결과의 양자 이론을 최근에 발표했다는 소식을 듣게 되었다. 물론 푸앵카레는 에렌페스트의 논문을 알지 못했기 때문에 그의 논문을 전혀 언급하지 않았다. 일자리를 찾고 있던 에렌페스트는 푸앵카레가 자신의 연구를 알지 못한 채 논문을 발표한 것을 안타까워하면서 일기에 "나는 어떻게 될까?"라고 적었다. 이것은 양자 드라마의 한가운데 있던 에렌페스트의 운명을 암시하는 첫 대사가 되었다.

그러나 그의 미래는 곧 바뀌게 되었다. 그의 지도교수였던 볼츠만은 죽기 직전에 열역학 제2법칙의 통계적 토대에 관한 내용을 저명한 『수리과학 백과사전Encyclopedia of Mathematical Sciences』에 기고하기로 했었다. 그런데 그가 갑자기 자살로 생을 마감하자 저자 교체가 필요했다. 백과사전의 편집자 펠릭스 클라인은 볼츠만의 제자였던 에렌페스트에게 눈을 돌렸다. 클라인은 수학 콜로키움Mathematical Colloquium에서 에렌페스트가 열역학 제2법칙과 같은 악명 높은 주제에 대해 매우 명확한 발표를 하는 것을 인상 깊게 늘었다.

에렌페스트는 어려운 주제를 다른 사람들에게 매우 명확하게 설명하는 재능이 있었다. 그는 지나치게 복잡한 수학을 쓰지 않고, 대신 공을 무작위로 선택하여 두 항아리 사이를 이동하는 '사고실험Gedankenexperiment'을 이용했다. 이로써 입자가 공간 전체에 어떻게 분포되어 있고 시간이 지남에 따라 분포가 어떻게 변하는지를 쉽게 설명할 수 있었다. 이는 에렌페스트의 특징적인 접근 방식이었으며 과학자로서의 그의 특별한 재능을 보여주는 것이었다. 에렌페스트에게는 이것이 기회가 되어 아내와 함께 『수리과학 백과사전』의 논고를 쓸 수 있었다. 그리고 곧 레이던에서 그에게 교수직 제안이 왔다.

에렌페스트는 1912년에 레이던 대학교의 로렌츠 후임으로 이론물리학 교수가 되었다. 로렌츠는 원래 아인슈타인이 자신의 뒤를 이을 것을 원했지만, 아인슈타인이 친구와의 약속을 지키기 위해 취리히 연방공과대학교를 선택하는 바람에 에렌페스트에게 기회가 온 것이다. 이때 아인슈타인은 로렌츠에게 에렌페스트를 추천하는 편지를 보내 그를 지원했다. 사실 에렌페스트의 장점은 양자물리학에 통계역학을 적용하는 것이었고 이 일에 매우 능숙했다. 그는 양자역학에서 측정 가능한 물리량의 기댓값이 고전적인 물리량과 같다는 사실을 입증하는 논문으로 양자역학의 발전에 기여했다.

노벨상 수상자 하이젠베르크와 파울리를 길러낸 조머펠트 Arnold Sommerfeld (1868~1951)는 레이던 대학교에 로렌츠의 후임으로 에렌페스트를 추천하면서 "그는 대가처럼 강의합니다. 저는 다른 사람이 그렇게 매혹적이고 명석하게 말하는 것을 거의 들어본 적이 없습니다. 중요한 문구나 강조할 내용을 재치 있게 표현하고, 논리적인 전개 또한 비범한 방식으로 처리합니다. 그는 매우 어려운 작업을 구체적이고 직관적으로 명확하게 만드는 방법을 알고 있습니다. 수학적 논리는 에렌페스트를 거치면 이해하기 쉬운 그림으로 바뀝니다"라고 적었다.[3]

그리고 에렌페스트는 과학에만 집중하는 다른 과학자들과는 달리 긴밀한 인간적 접촉이 물리학을 연구하는 데 있어서 필요하다고 보았다. 그래서 그의 과학 활동에 포함된 인간적 경험과 감정의 폭은 다른 과학자들과는 많이 달랐다.[20] 에렌페스트는 레이던으로 올 때 상트페테르부르크에서의 토론 모임 전통을 가져오면서 많은 물리학자들과 함께 어울리는 인간적 교류를 시작했다. 그는 매주 콜로키움을 열어 물리학 분야의 최근 동향에 대해 격의 없고 개방적인 토론을 진행함으로써 물리학 이론을 명확히 하는 것을 자신의 사명으로 삼았다. 이 콜로키움은 여전히 왕성하게 이루어지고 있으며, 현재는 '에렌페스트 콜로키움Colloquium Ehrenfestii'이라고 부르고 있다.

에렌페스트는 콜로키움에서 명확성을 요구했으며, 연사가 명확한 설명을 하지 않으면 날카로운 질문이나 제안, 내용의 재구성을 통해 도움을 주기도 했다. 그는 "제가 이해했다면 다른 사람들도 이해했을 것입니다"면서 어리석은 질문을 하는 것을 두려워하지 않았고, 다른 사람들도 그렇게 하도록 격려했다. 콜로키움은 학생들이 배우는 장소라는 사실을 강연자에게 강조했다. 에렌페스트가 하이젠베르크의 강연에서 "아니요, 아닙니다. 파울리가 아니라 저에게 분명히 설명해야 합니다"라고 말한 예처럼, 그는 강연자가 청중 가운데 지식이 많은 사람들을 대상으로 설명하는 것을 싫어했다.

이런 점에서 에렌페스트는 그의 동료들과 학생들에게 가장 도움이 되는 사람이었다. 에렌페스트의 제자로 전자의 '스핀spin' 개념을 도입한 울렌벡George Uhlenbeck(1900~1988)은 콜로키움의 정신에 관해 "에렌페스트가 토론을 요약하고 종종 전체 강연을 요약하는 것을 듣는 것은 큰 교육적 경험이었습니다. 마침내 강연자를 포함하여 모든 사람이 강연이 무엇에 관한 것인지 이해하게 되었습니다"라고 표현했다.

에렌페스트가 이렇게 과학적 토론을 통해 친분을 다졌던 물리학자들 중에 아인슈타인은 그의 가장 가까운 동료이자 친구였다. 아인슈타인은 기발한 아이디어를 내고 핵심적 가정을 세우기는 하지만 세부적인 부분은 다소 엉성했다. 그래서 에렌페스트는 공식의 마지막 세부 사항까지 정리하는 데 도움을 줄 수 있었다. 아인슈타인은 레이던에 갈 때마다 에렌페스트의 집을 방문하여 함께 지낼 정도로 친했으며, 에렌페스트의 자녀들에게는 삼촌이나 다름없었다. 에렌페스트는 보어와도 친하게 지냈는데, 나중에 아인슈타인과 보어가 양자역학을 두고 격렬한 대결을 벌일 때는 에렌페스트는 중간에서 양편을 조화시키느라 애를 먹었다.

레이던 대학교의 로렌츠와 아인슈타인

아인슈타인이 처음 레이던을 방문한 때는 1911년 2월이었다. 아인슈타인은 공식적으로는 학생들로부터 강연 초청을 받아서 간 것이었지만, 로렌츠를 만나고 싶은 열망이 앞섰다. 아인슈타인이 1905년에 발표한 특수상대성이론에 앞서 로렌츠는 1904년에 이미 특수상대성이론의 핵심적인 내용이 유도되는 로렌츠 변환에 관한 논문을 발표했다. 푸앵카레가 완성한 로렌츠 변환은 정작 아인슈타인의 상대성이론과는 관계없이 만들어낸 것이었다. 그러나 나중에 이것을 알게 된 아인슈타인은 이를 특수상대성이론을 보완하는 데 사용했다. 그런 만큼 아인슈타인에게는 로렌츠가 매우 위대한 스승이자 아버지와 같은 존재였다.

아인슈타인은 레이던을 방문하는 동안 로렌츠의 집에서 머물면서 과학적 관심사에 대해 토론하며 친밀한 시간을 보냈다. 아인슈타인의 특수상대성이론과 그의 과학적 재능을 높이 평가한 로렌츠는 자신의 후계 이론물리학 교수로 아인슈타인을 초대하려 했다. 그러나 아인슈타인이 취리히의 대학을 선택함으로써 불발에 그쳤다. 그렇지만 그 후 20여 년 동안 아인슈타인은 자주 레이던을 방문하여 물리학에 관한 관심을 교환하며 인간적 교류를 계속했다.

로렌츠는 물질을 구성하는 기본 요소로서 전자의 개념을 받아들이게 하는 큰 업적을 세웠다. 맥스웰의 전자기파 이론에서는 전자기파가 전하의 진동에 의해 생겨나지만, 빛을 내는 전하에 대해서는 알려져 있지 않았다. 로렌츠는 맥스웰의 전자기 이론을 한층 발전시켜 원자 안에 있는 전하를 띤 입자의 진동이 빛의 원천이라고 가정함으로써 빛에 관한 다양한 현상을 설명할 수 있었다.

로렌츠는 자신의 전자 이론을 확장하여 원자에서 나오는 빛의 선스펙트럼이 자기장 속에서 여러 개로 갈라지는 소위 '제이만 효과Zeeman effect'를 설명할 수 있었다. 강한 자기장은 진동하는 전하에 힘을 작용하여 진동수에 영향을 주게 되고, 따라서 여기에서 나오는 빛의 파장에도 영향을 준다는 것이다. 1890년대는 원자의 내부 구조에 관한 연구가 한창 진행되던 시기로서 제이만Pieter Zeeman(1865~1943)이 1897년에 발견한 이 현상은 원자 안에서 진동하는 음(-)의 전하를 띠는 입자, 즉 전자가 실제로 존재한다는 증거가 되었다. 로렌츠는 이 업적으로 그의 제자인 제이만과 함께 1902년 노벨물리학상을 수상했다.

그리고 레이던 대학교에는 나중에 수은의 '초전도성superconductivity'을 발견하여 노벨물리학상을 수상한 오네스Heike K. Onnes(1853~1926) 교수도 있었다. 오네스 교수는 아인슈타인이 1901년 취리히 대학교를 막 졸업하고 레이던 대학교의 조교로 지원했을 때 답신조차 주지 않았다. 그 당시의 아인슈타인은 완전한 무명의 인물이었다. 오네스 교수와의 이런 섭섭한 인연에도 불구하고 아인슈타인은 매우 낮은 온도에서 금속의 전기적 특성 변화를 연구하던 그의 실험에 관심이 많았다. 아인슈타인이 레이던 대학교를 방문한 1911년 2월은 오네스가 수은의 '초전도성'을 발견하기 직전이었는데, 그해 10월에 개최된 제1회 슬베이 회의에서 수은의 초전도성 발견을 알렸다.

1900년경에 물리학에서 일어난 중요한 변화 중의 하나는 이론물리학과 실험물리학이 명확히 구분되기 시작한 것이다. 근대과학이 발전한 이래 과학자들의 과학 활동에는 이론과 실험이 병행되는 형태가 대세를 이루고 있었지만, 독일에서부터 이론과 실험의 전문화가 시작되었다. 베를린 대학교에서 이론과 실험을 동시에 담당했던 키르히호프Gustav Kirchhoff(1824~1887)가 사망하자 후임으로 플랑크를 이론물리 담당 부교수로 임용했다. 그 이후 베를린 대학교에서는 이론물리학 분야와 실험물리학 분야의 분화가 제도적으로 정착되어 교수 승진과 임용에 적용되었다.

다른 나라에서도 이러한 전문화가 구체화되었다. 영국의 맥스웰과 켈빈 경 톰슨, 프랑스의 푸앵카레는 모두 거의 이론물리학 분야에서만 활동했다. 반면에 러더퍼드, 퀴리, 빈과 같은 과학자들은 전적으로 실험물리학에 집중하고 있었다. 세기가 바뀔 무렵 물리학 수준이 특히 높았던 네덜란드에서도 이런 경향이 분명했다. 로렌츠와 반데르발스Johannes van der Waals(1837~1923)는 이론에서, 제이만과 오네스는 실험물리학에서 유명한 사람들이었다.

이러한 분화는 현대로 접어들면서 실험의 기술적 요소가 예전에 비해 훨씬 전문화되었음을 의미한다. 더욱 정밀하고 정교한 장치와 도구들이 실험에 사용되기 시작하면서 모든 과학자가 이론과 실험을 동시에 연구하기가 힘들어진 것이다. 그렇지만 이론물리학의 제도적 입지는 실험물리학만큼 크지 않았다. 대부분의 물리학자들은 여전히 전통적인 실험 과목 중심으로 교육을 받았고, 대학에 실험실이 생기면서 이러한 경향은 더욱 강화되었다. 1901년부터 시행된 노벨상의 수상자 선정에서도 초기에는 실험 업적을 중시하는 경향을 뚜렷이 보였다. 1902년 로렌츠의 전자 이론이 노벨상을 받을 수 있었던 것은 공동수상자인 제이만의 실험 결과가 있었기 때문이었다.

과학혁명 이후 유럽에서는 근대과학이 급속히 발전하며 거의 모든 학문 분야에서 큰 성과를 거두고 사회도 발전하게 되자 합리성과 이성을 바탕으로 인류의 모든 문제를 해결할 수 있을 것이라는 믿음이 생겼다. 그러나 현실은 엉뚱한 방향으로 흐르고 있었다. 과학과 기술의 발전을 바탕으로 세계의 주도권을 가지게 된 선진국들은 계몽이라는 명분 아래 발전이 늦은 나라들을 지배하는 제국주의적 식민지 정책을 합리화했다. 사실 19세기에서 20세기로 넘어가는 전환기의 특징은 '세기말Fin de siècle'이란 함축적 표현 속에 드러나는데, 이 시기는 정치, 경제, 사회, 문화의 모든 부분이 격변 속에 휘말려 있었다.

정치적으로는 세계열강들이 앞다퉈 제국주의 경쟁에 나서면서 그 여파로 세계대전이 발발했고, 과학계도 이러한 혼란스러운 분위기를 피해갈 수는 없었다. 제1차 세계대전 당시 독일은 침략 전쟁을 정당화하는, 소위 '93인의 성명서'라고 하는 '문명 세계에 대한 선언문'에 유명 지식인들이 서명하게 했다. 플랑크를 비롯해서 다수의 과학자들도 서명을 했는데, 아인슈타인은 이를 거부한 몇 안 되는 저명한 학자 중 한 사람이었다.

아인슈타인은 제1차 솔베이 회의를 계기로 베를린 대학교로 옮기게 되었는데, 그 직전인 1914년 3월에 에렌페스트의 집에서 일주일간 머물며 양자 이론과 통계역학에 관한 문제들에 대해 긴 이야기를 나누었다. 그리고 1914년 8월 제1차 세계대전이 발발하자 에렌페스트는 아인슈타인에게 중립국인 네덜란드로 오라고 초대했다. 하지만 전쟁 중에는 여행이 쉽지 않았기 때문에 1916년 9월에야 레이던에 가서 보름 정도 에렌페스트의 집에 머물 수 있었다. 1915년 11월에 중력에 관한 일반상대성이론을 발표한 바로 이듬해였다.

1916년의 레이던 방문은 아인슈타인에게는 독일 학계의 혐오스러운 민족주의에서 벗어나 잠시 휴식을 취할 수 있는 시간이기도 했다. 이 기간에 아인슈타인은 에렌페스트와 함께 로렌츠를 방문하여 은퇴한 후에도 여전히 과학 활동을 하고 있던 그에게 일반상대성이론의 완성을 기쁘게 알렸다. 방문에서 돌아온 아인슈타인은 그의 오랜 친구 베소Michele Besso(1873~1955)에게 보낸 편지에서 "에렌페스트와 함께, 특히 로렌츠 선생님과 잊을 수 없는 시간을 보냈네. 이분들에게서 자극을 받았을 뿐 아니라 새로운 힘을 얻었으며, 이 두 분을 예전보다 훨씬 더 가깝게 느꼈다네"라고 회상했다.

전쟁 중에는 과학적 생각의 교환도 자유롭지 않았다. 그런 가운데 아인슈타인의 일반상대성이론은 영국으로 전해졌다. 아인슈타인이 1916년에 레이던 대학교를 방문했을 때 천문학 교수였던 드시터Willem de Sitter(1872~1934)를 만나 오랫동안 일반상대성이론과 그 당시까지도 받아들여지고 있던 절대공간과 절대시간 개념의 잔재에 대해 깊이 있는 토론을 했는데, 이것이 상대론적 우주론의 시작이었다. 드시터는 세 편의 논문을 통해 영국의 에딩턴Arthur Eddington(1882~1944)에게 아인슈타인의 일반상대성이론을 알렸다. 이에 지대한 관심을 가졌던 에딩턴은 세계대전이 끝난 후 1919년 5월 일식 관측을 통해 별빛이 태양이 만드는 중력의 영향으로 휘어진다는 사실을 관측했다.

아인슈타인은 에딩턴의 일식 관측 결과에 관한 반가운 소식을 1919년 9월 무렵에 로렌츠가 보낸 전보를 통해 처음 전해 들었다. 그리고 1919년 11월 6일에 열린 영국 런던 왕립 학회와 왕립 천문학회의 연합 학회에서 톰슨이 일식 관측 결과를 공식 발표했다. 애매한 사진도 많았지만, 태양의 중력 때문에 별빛이 미세하게 휜다는 사실을 확인할 수 있는 신뢰할 만한 데이터가 제시되었다. 이는 아인슈타인이 일반상대성이론을 바탕으로 예측했던 것과 일치했고, 곧 ≪런던 타임스≫ 신문은 1면에 "우주의 새 이론: 뉴턴식 사고 폐기되다"라는 제목으로 아인슈타인의 일반상대성이론이 증명되었음을 대서특필했다. 아인슈타인이 일약 슈퍼스타로 등장하는 순간이었다. 이를 두고 아인슈타인이 세계적으로 유명해지는 데는 6분 51초가 걸렸다고도 말하는 이도 있었다. 이는 1919년 5월 29일 달이 태양의 빛을 가리며 떠 있는 시간이었다.

이즈음에 에렌페스트와 로렌츠, 오네스는 모든 유리한 조건을 다 제공할 수 있다면서 다시 아인슈타인을 레이던 대학교 교수로 초빙하려고 했다. 그러나 플랑크가 아인슈타인에게 베를린 대학교에 계속 남아 있기를 간곡히 요청했기 때문에 결국 불발에 그쳤다. 아인슈타인을 전임교수로 초빙하는 데 실패하자 에렌페스트와 오네스는 대신에 그를 '특임교수'로 초빙했다. 일 년에 몇 주만 레이던에서 보내면 되는 조건이었다. 그리고 마침내 1920년 10월 말에 아인슈타인은 레이던 대학교의 특임교수로 취임했다.

그런데 취임 강연의 제목과 그 내용이 자못 흥미롭다. 그는 "에테르와 상대성이론Äther und Relativitätstheorie"이라는 제목의 특임교수 취임 강연을 했는데, 자신의 일반상대성이론이 에테르의 존재를 부정하지 않는다고 한 것이다. 아인슈타인의 특수상대성이론은 에테르의 존재가 필요하지 않은 것이었고, 아인슈타인 자신도 에테르 개념이 특수상대성이론과 부합하지 않는다 말한 것과는 다른 내용이었다. 앞에서도 잠깐 언급되었지만, 중력에 관한 일반상대성이론 발표 이후부터 아인슈타인의 에테르에 대한 생각이 바뀌고 있었다.

아인슈타인의 일반상대성이론

아인슈타인은 일반상대성이론의 기초적인 아이디어를 1907년에 처음 생각해 내고는 '자신의 생애에서 가장 행복한 생각을 해낸 해'라고 회고했다. 일반상대성이론은 특수상대성이론이 관찰자의 상대운동을 등속운동에만 제한한 것을 확장시켜 상대운동의 속도가 시간에 따라 변하는 가속도운동까지 포함시킨 것이다. 그는 이 새로운 상대성이론이 뉴턴역학으로는 설명할 수 없는 수성 궤도의 근일점 이동 문제를 해결할 수 있을 것이라고 기대했다.

그에게 행복감을 주었던 생각은 중력 효과와 가속 효과를 구별할 수 없다는 사실을 통찰한 것이었다. 아인슈타인은 뉴턴의 중력 법칙과 맥스웰의 전자기 이론, 그리고 자신의 특수상대성이론을 같이 생각하기 시작했다. 그는 1921년 ≪네이처≫ 논고에서 이렇게 회상했다.

"중력의 문제를 특수상대성이론과 자연스럽게 연결시키는 것은 불가능하다는 것이 곧 밝혀졌다. 이 점에서 나는 중력이 전자기력과 구별되는 근본적인 속성을 가지고 있다는 사실을 깨닫고 전율을 느꼈다. 모든 물체는 중력장에서 똑같은 가속도로 낙하한다. 다른 말로 표현하면, 물체의 중력질량과 관성질량은 수치적으로 서로 똑같은 것이므로 동일한 사실을 다르게 공식화한 것에 불과하다는 것이다. 이 수치적 동등성은 특성이 갖는 정체성을 암시한다. 중력과 관성력은 같을 수 있는가? 이 질문은 곧바로 일반상대성이론으로 이어졌다."[21]

중력질량과 관성질량을 구분할 수 없다는 아인슈타인의 생각은 '등가원리equivalence principles'라고 부르는 법칙으로 구체화되었다. 여기서 중력질량은 뉴턴의 만유인력의 법칙에 따라 중력을 결정하는 양이고, 관성질량은 뉴턴의 운동 제2법칙에 의해 가속이 잘 되지 않으려는 성질에 해당하는 양이다. 그런데 고전역학의 관점에서 뉴턴의 만유인력 법칙과 힘의 법칙은 직접적인 연관성이 없기 때문에 중력질량과 관성질량의 동등성을 설명할 방법이 없었다.

결국 아인슈타인은 중력도 관성력의 일종이라고 생각했고, 이를 정리하여 '균일한 중력장 아래서 기술되는 물리법칙은 그 중력장에 해당하는 등가속도 운동을 하는 기준계에서 기술되는 물리법칙과 동일하다'고 했다. 즉, 등가원리란, '가속되는 좌표계에서의 자연법칙은 중력장 안에서의 법칙과 동일하다'는 것이다.

관성력은 실제로 작용하는 힘은 아니지만, 가속도를 갖고 움직일 때 나타나는 것처럼 보이는 힘이다. 버스가 정지해 있다가 갑자기 출발하면 사람들이 넘어지는 것이 관성력에 의한 것이다. 관성력은 실제로는 없는 것이지만, 버스의 가속도 때문에 나타난 것이다. 이와 같이 지구로 인해 생기는 중력과 중력가속도와 같은 크기의 가속도로 움직이는 계에서 느끼는 관성력은 구분할 수 없다. 일반상대성이론에서는 중력보다는 가속도가 더 근본적인 양이고, 가속도가 주는 효과는 중력과 동등하다는 것이다.

그렇지만 아인슈타인은 일반상대성이론을 완성시킬 때까지 8년이라는 시간을 고심하며 보냈는데, 때로는 스스로 낙담하고 좌절하며 고통스러운 시간을 보낸 흔적이 동료들에게 쓴 편지에서 발견된다. 그는 에렌페스트와의 편지에서 상대론 문제를 푸는 것이 유황불을 견디는 것과 같다며 고통을 토로했다. 리만기하학과 텐서 해석 등 현대수학 이론에 정통했던 친구 그로스만Marcel Grossmann(1878~1936)에게는 "자네가 나를 도와줘야만 하겠네. 그렇지 않으면 나는 미쳐버릴 것 같다네"라며 도움을 요청했다. 아인슈타인은 1912년 취리히 연방공과대학교로 오면서 같은 대학의 친구 그로스만과 함께 연구를 진행했다. 그로스만과의 공동 연구로 얻은 일반상대성이론의 초기 형태를 '개요 논문Entwurf'이라고 하는데, 논문은 1913년 「일반화된 상대성이론 및 중력이론의 개요Entwurf einer verallgemeinerten Relativitätstheorie und einer Theorie der Gravitation」라는 제목으로 발표되었다.

아인슈타인에게는 취리히에서 대학을 다닐 때 친하게 지냈던 동료들이 있었는데, 그로스만과 베소가 대표적이다. 그중에 그로스만은 수학에 타고난 재능을 갖고 있었다. 성격도 차분하고 치밀한 유형이어서 공상적이고 기발한 성격의 아인슈타인을 중요한 순간마다 도와주었다. 전해지는 이야기로는 수업에 자주 빠졌던 아인슈타인이 시험을 통과할 수 있었던 것도 그로스만의 강의 노트를 빌려보았던 덕택이라고 한다. 또 그로스만의 아버지는 아인슈타인이 1902년에 베른에 있는 특허청에 자리를 잡도록 도와주기도 했다.

아인슈타인은 대학을 다니는 동안 수학 자체에는 관심을 두지 않고 공부를 게을리했다. 그의 수학 교수였던 민코프스키Hermann Minkowski(1864~1909)는 아인슈타인이 '게으른 강아지'였다고 회상했다. 아인슈타인의 고백에 따르면, 그는 수학을 싫어한 것이 아니라, 물리학의 기본 원리에 대한 깊은 지식에 이르려면 매우 복잡한 수학을 알아야 한다는 사실을 그때까지 깨닫지 못했다고 했다. 아인슈타인은 그 후 수년간의 연구에서 '제대로 된 수학 공부'를 열심히 하지 않은 것을 후회하면서 이를 힘들게 깨달았던 것이다.

베소는 아인슈타인과 함께 특허청 일을 했는데, 참고 논문조차도 없는 1905년 특수상대성이론 논문에서 함께 토론을 해주었다며 감사의 말을 전한 유일한 사람이 베소였다. 베소는 다소 자유분방하고 잡잡한 성격이었지만, 아인슈타인이 일반상대성이론을 전개시켜 나가는 과정에서 수성 궤도의 근일점 이동 계산이나 중력장 방정식의 공변성 문제에 관해 결정적인 도움을 주었다.

일반상대성이론에 관한 '개요 논문'이 발표된 직후인 1913년 7월에 베를린의 유명한 물리학자인 플랑크와 네른스트Walther Nernst(1864~1941)가 취리히로 아인슈타인을 찾아왔다. 그들은 1911년 10월 말에 개최된 제1차 솔베이 회의에서 아인슈타인의 발표와 토론을 듣고 그의 과학적 재능을 발견했던 것이다. 그들은 아인슈타인에게 보수가 좋고 강의 부담도 없는 연구교수직을 제안하며 베를린의 프로이센 과학아카데미로 올 것을 설득했다. 그리고 베를린 대학교의 교수직도 동시에 제안했다. 일반상대성이론 연구에 몰두할 환경이 필요했던 아인슈타인은 1914년 3월에 이 제안을 수락하고 받아들였다.

그러나 플랑크와 네른스트에게 중력의 문제는 시급한 관심사가 아니었고 오히려 아인슈타인이 양자론 분야에서 무언가를 해줄 것을 기대하고 있었다. 그런 가운데 1914년 제1차 세계대전이 발발했고, 베를린의 과학자들은 아인슈타인의 개요 논문에 전혀 관심을 보이지 않았다. 다행히 네덜란드 레이던의 로렌츠와 에렌페스트와 같은 다른 곳의 동료들은 이 논문에 관심을 보여 서로의 의견을 주고받을 수 있었다.

좋은 일에는 나쁜 것도 많이 붙어 다닌다는 속담처럼 아인슈타인이 베를린으로 자리를 옮긴 직후 혼란스러운 일이 터졌다. 아인슈타인은 2년 전에 시작되었다가 중단되었던 그의 사촌 엘사Elsa Einstein(1876~1936)와의 관계를 다시 시작했다. 엘사는 온정이 많아 아인슈타인에게 어머니 같은 애정과 조언을 주었고, 아인슈타인은 상대적으로 냉정했던 밀레바Mileva Marić(1875~1948)와의 결혼 생활에 불만을 가지고 있었다.

아인슈타인은 베를린에 온 후 말 한마디 없이 며칠 동안 사라지곤 하다가 아예 집에서 나가버렸다. 그는 밀레바에게 몇 가지 요구 조건을 제시하며 그 조건을 받아들이면 집을 돌아오겠다고 했다. 아인슈타인은 엘사에게 "내게 아내는 해고할 수 없는 직원이나 다름없어"라고 말했다고 하는데, 그의 요구는 정말 그러했다. 자신의 뒷바라지에 충실할 것과 집안 청소와 정리를 요구하는 한편, "나에게 친밀감을 기대하지 말고 어떤 식으로든 나를 비난하지 말 것, 내가 요청하면 내게 말을 걸지 말 것, 내가 요청하면 내 침실이나 사무실에서 나갈 것"이라는 준수 사항도 빼놓지 않았다.

밀레바는 처음에 그의 요구에 동의했지만, 그것은 지속될 수 없었다. 밀레바에게 이런 상황은 견딜 수 없는 고통이었고, 결국 아인슈타인의 결혼 생활은 무너지기 시작했다. 베를린에서 단 3개월을 보낸 후, 결국 밀레바는 어린 두 아들과 함께 취리히로 돌아갔다. 아인슈타인과 밀레바는 결국 1919년 2월에 이혼했다. 아인슈타인의 일반상대성이론이 일식 관측으로 증명되기 직전이었다.

베를린에서 중력이론 연구에 집중한 아인슈타인은 1915년 11월 25일

프로이센 과학아카데미에「중력장 방정식Die Feldgleichungen der Gravitation」이라는 제목의 논문을 발표했다. 1913년의 개요 논문과 비교할 때, 이 논문이 이루어낸 진보는 물질이 어떻게 공간을 변형시키는지를 결정하는 중력장 방정식에 있다. 1915년의 논문은 개요 논문과는 달리 중력장 방정식이 관측계의 선택에 관계없이 모든 경우에 방정식의 형태가 변하지 않는 '공변성covariance'을 가지게 되었다.

아인슈타인은 일반상대성이론의 최종본을 제출한 다음 날인 1915년 11월 26일 취리히 대학교의 생리학 교수이자 법의학 연구소 소장인 장거Heinrich Zangger(1874~1957)에게* 편지를 썼다. 아인슈타인은 이 편지에서 자신의 이론이 가진 "비교할 수 없는 아름다움"에 대해 만족감을 표현했다.

"일반상대성이론이 마침내 완성되었네. 그것은 수성 궤도의 근일점 이동을 훌륭하게 설명한다네. 관찰을 통해 천문학자들은 수성의 궤도가 100년에 45±5초의 각도로 회전한다는 사실을 발견했는데, 이론상으로는 43초의 각도를 얻었네. 이는 이론이 잘 적용된다는 것을 확인하는 상당히 좋은 결과지. 별에 의한 빛의 휘어짐에 대해서도 이 이론은 내가 이전에 도출한 빛의 편향각의 두 배가 될 것을 예측하네. … 이론은 비교할 수 없는 아름다움을 갖고 있다네."[22]

아인슈타인과 힐베르트와의 경쟁

장거에게 쓴 편지에는 아내 밀레바에 대한 비난과 함께 일반상대성이

---

* 장거는 1912년에 아인슈타인이 취리히 연방공과대학교(ETH)의 이론물리학 교수로 임용되는 데 중요한 역할을 했다.

론으로 경쟁했던 괴팅겐의 수학자 힐베르트에 대한 부정적 감정도 표현되어 있다. 이는 아인슈타인이 중력장 방정식에 관한 논문을 프로이센 과학 아카데미에서 발표하기 직전에 힐베르트가 거의 같은 내용의 논문을 다른 학술지에 투고했기 때문이었다. 그는 힐베르트라고 명시하지는 않았지만, 그가 자신의 이론을 표절했다고 생각하는 듯 불편한 감정을 숨기지 않았다.

"단 한 명의 동료만이 내 이론을 진정으로 이해했지만, 그는 오히려 능숙하게 그것을 '자신의 것으로 만들려고$_{nostrifizieren}$' 애쓰고 있다네. 내 개인적인 경험으로 이 이론과 관련하여 인간의 비참함$_{Jämmerlichkeit}$을 이보다 더 잘 알게 된 적이 거의 없네."

아인슈타인은 1915년 6월에 볼프스켈 강연$_{Wolfskehl-Stiftung}$ 프로그램*의 일환으로 힐베르트의 초청을 받아 괴팅겐을 방문했다. "중력에 관하여$_{On\ Gravitation}$"라는 제목으로 여섯 차례에 걸쳐 자신의 일반상대성이론 연구에 관해 강연한 아인슈타인은 힐베르트와 깊은 토론의 기회를 가졌다. 여기에서 힐베르트는 '최소작용의 원리$_{principle\ of\ least\ action}$'**로 중력장 방정식을 이끌어낼 것을 제안했고, 실제로 힐베르트 자신이 직접 중력의 작용량을 유도했다. 괴팅겐에서 힐베르트의 집에 머물렀던 아인슈타인은

---

* 페르마의 마지막 정리에 매료되었던 의사 볼프스켈(Paul Wolfskehl, 1856~1906)은 자신의 유산을 괴팅겐 아카데미에 기부하여 페르마 정리를 해결하는 사람에게 상을 주도록 했다. 볼프스켈 재단은 이 기금으로 1908년부터 괴팅겐 대학의 과학자 초청 강연 프로그램을 운영했다.
** '최소작용의 원리'는 뉴턴역학이나 전자기학을 비롯하여 모든 동역학 이론을 작용량이라 부르는 수학적 함수로부터 도출할 수 있는 근본적인 원리다. 작용량을 찾아낼 수 있으면 동역학의 기본방정식을 정확하게 유도해 낼 수 있다.

그 이후에도 편지를 주고받으며 일반상대성이론에 관한 의견을 교환했다. 이렇게 아인슈타인은 힐베르트와 일반상대성이론에 대해 생각을 교환하면서도 경쟁하게 되었다.

1912년 이전까지 거의 순수 수학자였던 힐베르트는 친구 민코프스키의 영향으로 물리학에 몰두하게 되었다. 힐베르트의 과학적 관심은 1912년 말쯤에 물질의 구조에 대한 질문으로 옮겨왔다. 힐베르트가 아인슈타인의 일반상대성이론에 대해 관심을 가진 것은 이보다 나중이었다. 그는 아인슈타인의 일반상대성이론의 '개요 논문'을 출발점 중 하나로 삼아 미에Gustav Mie(1868~1957)의 물질 이론과 아인슈타인의 중력이론을 통합하려고 했다.

사실 아인슈타인의 1913년 '개요 논문'은 일반상대성이론의 완성에 중요한 역할을 했지만, 학계에서는 거의 주목을 받지 못했다. 오히려 힐베르트를 중심으로 한 수리물리학자 그룹의 연구가 주류를 이루고 있었다. 20세기에 접어들면서 중력의 문제와 전자기학을 통합하려는 노력이 본격적으로 이루어지지 시작했는데, 당시의 새로운 중력이론으로서 미에와 노르트슈트룀Gunnar Nordström(1881~1923)이 각각 제안한 중력이론을 유력한 것으로 보고 있었다. 그래서 당시 독일어권에서 아인슈타인의 이론에 관심을 가진 물리학자는 극소수였다.

물리학 연구의 핵심적 흐름을 파악하는 데 천재적인 감각을 가졌던 아인슈타인은 힐베르트와 경쟁하는 과정에서 한 가지 어려운 문제를 갖고 있었다. 그를 당황하게 한 것은 1913년 개요 논문의 방정식이 회전하는 관측계에 대해 공변성을 갖지 않는다는 사실이었다. 이 사실은 그의 친구 베소가 일찌감치 지적했던 부분이었고, 아인슈타인 자신도 이에 불만을 갖고 있었다. 1913년 8월 아인슈타인이 로렌츠에게 보낸 편지에서 이 부분에 대한 우려를 표시하고 있는데, "우리가 얻은 중력장 방정식은 일반좌표변환에 대해 공변성을 갖고 있지 않습니다. 단지 선형변환에 대한 공변성만 확인되었을 뿐입니다"라면서 이론의 불완전성을 걱정하고 있었다.

힐베르트가 자신을 앞서갈까 봐 걱정한 아인슈타인은 개요 논문의 방정식을 과감히 버리고 1915년 11월 4일에 프로이센 과학아카데미에서 서둘러 새로운 방정식을 발표했다. 일반공변성을 갖도록 수정한 논문은 11일에 다시 발표되었고, 18일의 발표에서는 수성 궤도의 근일점 이동 계산 결과를 제시했다. 11월 25일 네 번째로 발표한 후속 논문에서 중력장 방정식은 또다시 수정이 되었다. 네 번에 걸친 발표 내용은 모두 프로이센 과학아카데미 회보proceeding에 출판되었다. 이렇게 하여 완성된 중력장 방정식은 마침내 일반공변성을 갖게 되었을 뿐 아니라, 수성 궤도의 근일점 이동이 100년에 43초각인 계산 결과를 도출하여 관측 결과와 일치함을 보임으로써 일반상대성이론의 합당성을 확보하게 되었다.

흥미로운 사실은 힐베르트가 아인슈타인보다 5일 앞선 1915년 11월 20일에 중력장 방정식에 관한 논문 원고를 「물리학의 기초Die Grundlagen der Physik」라는 제목으로 ≪괴팅겐 과학학회 소식Nachrichten von der Gesellschaft der Wissenschaften zu Göttingen≫에 투고했다. 그리고 논문을 투고하기 전인 11월 16~17일 즈음에 논문의 내용을 담은 편지를 아인슈타인에게 보냈던 것으로 보인다(편지는 남아 있지 않다). 아인슈타인은 11월 18일에 이 편지에 대한 답신을 힐베르트에게 보냈다. 그는 힐베르트의 연구 결과가 자신이 지난주(11월 11일)에 발표한 내용과 일치한다고 하면서 방정식의 공변성과 수성 궤도의 근일점 이동 계산을 언급했다. 아인슈타인은 중력장 방정식의 공변성을 이끌어내는 것이 어려운 것이 아니라, 중력장 방정식이 뉴턴의 만유인력 법칙을 간단하고 자연스럽게 일반화한 것임을 인식하는 일이 오히려 어려운 일이라고 했나.[23]

아인슈타인은 일반상대성이론을 만들 때 자신의 중력이론이 뉴턴의 만유인력 법칙도 잘 설명할 수 있어야 한다고 생각했다. 만유인력의 법칙이 300여 년 동안 태양계 수준에서 아주 잘 적용되는 이론이었기 때문이다.

그래서 만유인력의 법칙이 새로운 중력이론의 한 특수한 경우가 되어야 한다는 것은 중요한 요구 사항이었다. 즉, 적절한 조건에서는 뉴턴의 중력이론으로 환원되어야 했고, 아인슈타인은 결국 이 조건을 만족하는 중력장 방정식을 찾아냈던 것이다.

이에 대해 힐베르트는 11월 19일 자 편지에서 수성 궤도의 근일점 계산에 성공했음을 축하한다고 하면서 "내가 자네만큼 빨리 계산할 수 있다면, 전자는 나의 방정식 앞에 굴복해야 할 것이고, 동시에 수소 원자는 자신이 빛을 방출하지 않는 것을 해명해야 할 것"이라고 아인슈타인의 빠른 계산을 놀라워했다. 힐베르트가 부러워했던 아인슈타인의 빠른 계산은 사실 1913년의 개요 논문에서 유사한 계산을 했기 때문에 가능한 것이었다. 그리고 전자와 수소에 대한 힐베르트의 언급은 자신의 이론이 지향하는 방향을 암시하고 있었다.[24] 힐베르트는 중력을 물질 및 전자기 이론과 통합하려는 야심 찬 시도에서 출발하여 중력장 방정식을 얻어냈던 것이다. 힐베르트는 그다음 날인 20일에 자신의 논문을 괴팅겐 과학학회에 제출했다. 이렇게 1915년 11월은 두 사람에게는 촌각을 다투는 매우 긴박한 시간이었다.

그런데 아인슈타인이 프로이센 과학아카데미에서 발표한 최종 논문은 12월 2일에 먼저 출판된 반면, 힐베르트의 논문은 다음 해인 1916년 3월 31일에 출판되었다. 그리고 아인슈타인은 1916년 3월 20일에 체계적으로 정리된 논문을 「일반상대성이론의 기초」라는 제목으로 ≪물리학 연보≫에 투고했다. 이 때문에 일반상대성이론의 중력장 방정식을 누가 먼저 완성했느냐에 대한 과학사적 논쟁이 벌어지기도 했지만, 적어도 힐베르트는 자신이 중력장 방정식을 먼저 유도했다고 주장했던 일은 없었다. 전반적인 연구 진행 과정을 보면 일반상대성이론은 실제로 아인슈타인의 고유한 업적이라고 볼 수 있다.

아인슈타인의 일반상대성이론 논문이 출판된 직후인 1915년 12월 20

일에 아인슈타인은 힐베르트에게 보낸 편지에서 그간의 불편한 감정을 불식시키려는 듯 이렇게 적고 있다.

"선생님과 저 사이에 불편한 감정이 있지만, 그것에 대해 따지고 싶지는 않습니다. 저는 그러한 감정에 엉켜 붙은 씁쓸한 기분을 다스리려 노력했고, 이제 아무렇지도 않습니다. 저는 다시 한 번 순수하고 따뜻한 마음으로 선생님을 생각합니다. 선생님께서도 그렇게 해주시길 부탁드립니다. 이 덧없는 세상에서 어느 정도 벗어난 진정한 동료인 우리 두 사람이 서로에게 기쁨을 주지 못한다는 것은 객관적으로 부끄러운 일입니다."

그리고 1915년 12월 22일, 아인슈타인에게 편지 한 통이 도착했다. 러시아 전선에서 복무 중이던 슈바르츠실트Karl Schwarzschild(1873~1916)가 보낸 이 편지에는 중력장 방정식에 정확한 해가 존재한다는 사실이 담겨 있었다.[25] 사실 아인슈타인은 직교좌표계를 사용하여 중력장의 근사적인 해만을 구했고, 수성의 근일점 이동도 근사적 방법으로 계산한 것이었다. 반면에 슈바르츠실트는 극좌표계를 선택하여 정확한 해를 얻어낼 수 있었다. 이에 대해 1916년 1월 9일에 아인슈타인은 "저는 문제에 대한 정확한 해가 이렇게 쉽게 공식으로 찾아질 것이라고는 예상하지 못했습니다. … 다음 주 목요일에 저는 몇 마디 설명을 덧붙여 이 결과를 프로이센 아카데미에 전달하려고 합니다"라는 답신을 슈바르츠실트에게 보냈다.

힐베르트는 1916년 3월에 출판된 자신의 논문에 아인슈타인의 최종 논문을 참고문헌에 추가하고, 자신의 미분방정식이 "아인슈타인이 최근 논문에서 확립한 위대한 일반상대성이론과 일치하는 것 같다"는 내용을 저자 확인 과정에서 덧붙였다. 이로써 그는 방정식에 관한 우선권을 아인슈타인에게 양보했다. 보는 시각에 따라 일반상대성이론의 아이디어는 아인슈타인이 먼저 창안했고, 최종 방정식의 도출은 힐베르트가 먼저 했다고 볼 수도 있다. 그러나 일반상대성이론의 우선권에 관한 불미스러운 논쟁은 없었다. 뉴턴이 미적분학에 관한 아이디어를 먼저 창안했지만, 논문은 라이프니츠Gottfried W. Leibniz(1646~1716)가 먼저 발표하는 일이 벌어지면서 수십 년에 걸쳐 공방을 벌이며 개와 고양이의 관계처럼 되었던 상황과는 대조적이었다.

아인슈타인이 공식화한 일반상대성이론은 고전역학, 전기역학, 특수상대성이론과 천문학은 물론 비유클리드 기하학을 비롯한 수학적 지식을 모두 녹여낸 것이다. 그리고 새로운 시공간 및 중력의 개념을 중심으로 이 지식을 하나의 일관된 개념 체계로 통합했다. 이러한 지식의 통합이 일반상대성이론의 뿌리를 이루며, 이는 아인슈타인뿐만 아니라 다른 많은 과학자들이 함께 협력하고 경쟁하며, 때로는 갈등하면서 이루어낸, 길고 긴 여정의 결과로 볼 수 있다. 뉴턴이 이야기했던 것처럼, 아인슈타인의 역사적인 업적도 과학의 다른 많은 혁신적 연구와 마찬가지로 많은 과학자로 대변되는 '거인의 어깨' 위에 서 있었기에 가능했다. 천재는 자신만의 능력으로 천재가 되는 것이 아니었다.

일반상대성이론의 주요 생각과 에테르 문제

아인슈타인의 일반상대성이론은 상대적인 시공간의 변형이 중력을 만들어내는 원인이라는 것을 밝혀낸 것이다. 즉, 시공간이 휘어진 정도가 중력의 크기와 관계가 있다는 것이다. 일반상대성이론이 예상하는 흥미로운 현상 중의 하나는 중력이 작용하는 계에서는 빛도 휘어서 진행한다는 것이다. 이것은 질량을 가진 물체가 다른 질량을 가진 물체에 힘을 작용한다는 뉴턴의 중력이론과는 근본적으로 다른 관점에서 출발한 것의 결과여서 우주 관측으로 증명되기 전까지는 그 당시에 쉽게 받아들여지지 않았다.

중력에 의해 자유낙하 하는 폭이 넓은 승강기에서 수평 방향으로 물체를 던지는 사고실험을 해보자. 그러면 승강기 안에 있는 관찰자는 낙하 가속도가 중력장을 상쇄시켜 중력장의 존재를 느끼지 못하고, 이 관찰자는 물체가 수평 방향으로 진행하는 것을 보게 된다. 그러나 승강기 바깥에 있는 관찰자는 승강기가 중력가속도로 낙하하고 있어서 승강기 안에서 던져진 물체는 포물선을 그리며 휘어진 경로를 이동하는 것으로 보인다. 즉, 물체를 빛이라고 하면 중력장이 없는 곳에서는 빛이 직진하지만, 중력장이 있는 곳에서는 빛이 휘어서 진행하는 것으로 보인다. 이 예측은 일식이 일어날 때 먼 곳에 있는 별에서 나온 빛이 태양 근처를 지나면서 실제로 휘어지는 것이 관측됨으로써 증명되었다.

아인슈타인의 1913년 개요 논문에서는 중력에 의해 빛이 휘는 정도가 1915년 논문의 절반 정도였다. 중력이 빛의 진행에 미치는 효과를 측정하려는 첫 시도는 1914년 8월 21일 러시아의 크리미아(크림반도)에서 관측될 개기일식 동안에 이루어질 예정이었다. 그러나 이 계획은 제1차 세계대전의 발발로 무산되었다. 독일의 일식 관측진이 망원경과 사진촬영 장비를 갖추어 미리 크리미아에 도착해 있을 때 하필 독일이 러시아에 선전포고를 하는 일이 벌어졌다. 이들이 즉각 스파이 혐의를 받고 억류되면서 일식 관측은 좌절되고 말았다.

그러나 이 관측 계획의 무산은 어떤 면에서 운이 좋았다고 볼 수 있다. 아인슈타인의 첫 번째 잘못된 예측을 측정과 비교했더라면 아마 큰 실망으로 이어졌을 것이다. 그러나 1919년 에딩턴이 일식 관측을 할 무렵에 전쟁은 끝났고, 상대성이론이 예측한 빛의 휘는 각도는 1913년 논문 예측의 두 배로 수정되어 있었다. 에딩턴은 일식이 일어날 때 16장의 사진을 찍었지만, 쓸 만한 사진은 단 2장뿐이었다. 비록 관측상의 불확실성이 컸지만, 빛의 휘어짐을 확증하고 아인슈타인의 일반상대성이론을 증명하기에는 충분했다.

일반상대성이론이 갖는 어려움과 신비로움에 대해 당시 런던 왕립학회 회장이었던 톰슨은 "아마도 아인슈타인은 인간의 사고에 있어서 가장 위대한 업적을 이뤘을 것이다. 그러나 아직까지 아인슈타인의 이론이 실제로 무엇인지 언어로 명확하게 설명하는 데 성공한 사람은 아무도 없다"라고 했다. 그럼에도 불구하고 아인슈타인은 1916년 말에 자신의 특수상대성이론과 일반상대성이론 모두에 관한 최초의 대중적인 책을 출판했다.[26]

그렇다면 빛의 직진성과 중력 공간에서 빛이 휘어진다는 것을 어떻게 이해해야 할까? 아인슈타인은 이 문제를 새로운 방식으로 정리했다. 물질이 공간을 변형시켜 휘어지게 한다는 것이다. 이제 중력이 작용하는 곳에서 빛이 휘어져 진행한다는 것을 다른 표현으로 나타내면, 빛은 휘어진 공간에서 가장 **빠른 경로**°를 따라 진행한다고 말할 수 있다. 마치 지구 표면의 두 위치를 가장 빠르게 이동하는 직선 경로가 휘어진 경로인 것과 마찬가지다. 좀 더 나아가면, 물질이 공간을 휘게 만들고, 시간과 공간은 엮여 있으므로 물질은 시공간을 휘게 만든다는 생각을 금방 하게 된다. 이것이 일반상대성이론의 내용이다.

중력장 방정식을 살펴보면, 한쪽 변은 시공간의 휘어짐을 나타내는 항으로 구성되고, 방정식의 다른 변에는 시공간에서의 물질 또는 에너지 분포를 나타내는 항이 포함되어 있다. 따라서 아인슈타인 방정식은 물질과 에너지의 분포가 시공간의 휨에 어떻게, 얼마나 영향을 끼치는가를 나타낸다. 특별히 시공간에서의 물질과 에너지의 분포를 나타내는 항에 뉴턴의 중력 상수가 들어가 있다. 이것은 중력이 약하고, 시간에 대해 변하지 않으며, 물체의 속도가 빛의 속도에 비해 아주 느린 고전적 극한에서는 뉴

• 기하학적으로 두 점을 잇는 가장 짧을 경로를 직선이라고 한다.

그림 1-2 네덜란드 레이던의 부르하베(Boerhaave) 박물관 벽에 있는 아인슈타인의 중력장 방정식
에딩턴의 일식 관측에서 별에서 나오는 빛의 경로가 태양의 중력에 의해 휘어지는 현상이 그려져 있다.

턴의 만유인력의 법칙이 되도록 맞춤형으로 정해진 값이다.

4차원 시공간을 시각적으로 이해하기 쉽도록 나타내는 것은 어렵지만, 근사적으로는 어느 정도 가능하다. 아인슈타인은 중력을 상대적 시공간이 변형되어 생기는 구덩이 때문에 나타나는 것으로 생각했다. 질량을 가진 물체는 주위의 시공간을 변형시켜 구덩이를 만들고, 구덩이가 만드는 경사진 곡면에 움직이는 다른 질량체가 있으면 구덩이 안쪽으로 끌려들어가거나 주위를 돌게 되는 것으로 이해한 것이다. 이런 관점을 받아들이면 결국 우주 천체 현상을 관측한다는 것은 우주에 분포된 물질과 에너지, 그리고 휘어진 시공간 사이의 역동적 상호작용을 관측하는 것이다.

시공간에서의 물체의 존재는 서로 영향을 준다. 변형된 시공간의 모양은 물체의 운동에 영향을 주고, 동시에 물체는 시공간을 변형시킨다. 아인슈타인의 중력장 방정식에 대해 존 휠러John Wheeler(1911~2008)*는 "시공간은 물질에게 어떻게 운동해야 할지를 말해 주고, 물질은 시공간에게 어떻게 휘어야 할지를 말해 준다"라고 표현했다. 시공간의 변형은 물체의 운동뿐만 아니라 시간의 흐름도 바꾼다. 시공간이 변형되어 휘어 있다는 것은 시공간 내에서의 위치에 따라 시간의 길이가 같지 않다는 것이다. 질량이 지구보다 훨씬 무거운 중성자별의 표면에서는 중력이 너무 강해 시간이 지구보다 30% 정도 느리게 간다. 빛조차도 빠져나오지 못한다는 매우 큰 중력을 만드는 블랙홀**은 시간이 느리게 가는 가장 극단적인 예인데, 블랙홀 표면에서는 시간이 거의 멈춘 상태라고 생각할 수 있다.

아인슈타인이 1921년 미국을 처음 방문했을 때, 그는 언론과의 인터뷰에서 상대성이론에 대해 이렇게 요약했다. "예전에는 모든 물질이 우주에서 사라지면 시간과 공간만 남을 것이라고 믿었다. 그러나 상대성이론에 따르면 시간과 공간은 사물과 함께 사라진다."

이렇게 일반상대성이론에서 물질과 에너지가 시공간의 구조와 밀접하게 연결되어 있음을 밝히면서 아인슈타인의 에테르에 대한 생각도 다른 방식으로 확장되었다. 아인슈타인은 1905년의 특수상대성이론에 관한 논문에서 빛 에테르의 존재가 불필요하다고 했다. 그리고 1907년에 출판된 『상대성원리와 이로부터 도출되는 결론들Relativitätsprinzip und die aus demselben gezogenen Folgerungen』에서도 "전기력과 자기력을 매개하는 빛 에테르라는 개념은 여기에서 기술한 이론과 부합하지 않는다"라고 주장했다.

---

* '블랙홀'이라는 용어를 대중화한 것으로 가장 잘 알려져 있다.
** 중성자별과 블랙홀은 별의 진화 과정 마지막 단계에서 형성되는 것들로 질량이 매우 크다.

그렇지만 레이던 대학교의 특임교수로 초빙된 아인슈타인은 1920년 10월 27일 "에테르와 상대성이론"이란 제목의 취임 강연에서 에테르에 관한 자신의 새로운 생각을 밝혔다.* 이 강연에서 아인슈타인은 다음과 같이 말했다.

"특수상대성이론에서는 에테르가 시간에 따라 추적 가능한 입자로 이루어져 있다는 가정을 부정하지만, 에테르 가설 그 자체가 특수상대성이론에 위배되는 것은 아닙니다. 단지 에테르에 운동 상태를 부여하지 않도록 해야 한다는 것뿐입니다. … 확실히 특수상대성이론의 관점에서 보면 에테르 가설이 처음에는 공허한 가설처럼 보입니다. … 그러나 다른 한편으로는 에테르 가설을 지지한다고 볼 수 있는 중요한 주장이 있습니다. 에테르를 부정하는 것은 궁극적으로 텅 빈 공간이 여하간의 물리적 성질을 전혀 지니지 않는다는 가정과 같습니다. 역학의 기본 사실은 이러한 견해와 조화를 이루지 못합니다. … 일반상대성이론에 따르면 공간에는 물리적 특성이 부여되어 있다고 말할 수 있습니다. 따라서 이런 의미에서 에테르는 존재합니다. 일반상대성이론에 따르면 에테르가 없는 공간은 상상할 수 없습니다. 그러한 공간에서는 빛이 전파될 수 없을 뿐만 아니라 공간과 시간의 표준(자와 시계)이 존재할 가능성도 없고, 따라서 물리적 의미의 시공간 간격도 존재하지 않을 것이기 때문입니다."[27]

아인슈타인은 일반상대성이론을 발전시키면서 에테르가 존재하지 않는다고 주장했던 이전의 생각을 버렸다. 경험을 쌓으면서 아인슈타인의 사고는 점점 확장되어 에테르 개념 자체도 확대되었다. 특수상대성이론

---

* 취임 강연 원고는 1920년 4월 7일 이전에 완성되었지만, 취임은 10월에 했다.

의 단계에서는 에테르를 단지 전자기파의 매질쯤으로 협소하게 생각하여 그 존재를 불필요하게 보았지만, 일반상대성이론에서는 에테르 개념이 물질과 상호 작용하는 동역학적 시공간을 포괄하는 것으로 보게 된 것이다. 그리고 중력과 전자기력을 통합하려는 통일장이론을 연구하던 시기에는 에테르를 전자기력과 중력이 만들어지는 기하학적 시공간 구조 그 자체로 보았다.[28]

제2장

마녀들의 안식일 집회

절박한 작용, 플랑크 상수

흑체복사에 관한 실험과 플랑크의 이론은 기계론적인 고전역학의 확실성을 근본적으로 뒤엎게 되는 중요한 계기가 되었다. 플랑크는 양자 가설을 통해 물질의 세계와 빛의 세계를 새롭게 연결하는 데 성공했다. 플랑크가 1900년 독일 물리학회에서 흑체복사 이론을 발표할 때 강조한 것이 바로 이것이었다. 반면, 그는 이 업적을 위해 치러야 했던 대가에 대해서는 자세히 설명하지 않았다. 즉, 고전역학 법칙과 분명하게 모순되는, 즉 물질 진동자들의 에너지가 양자화 되었다는 가설을 자신의 이론의 토대로 삼아야 했다는 것이다.

플랑크는 당시에 열역학 법칙을 만족하면서도 흑체복사 스펙트럼을 성공적으로 설명하기 위해 어떤 대가라도 치러야 했고, 결국 이를 위해 어쩔 수 없이 작용양자를 도입했다. 이 때문에 그는 작용양자를 '절박한 작용 action of desperation'이라고 부를 만큼 이것이 도전적이라는 것을 알았다. 비록 자신의 이론이 실험적 사실을 완벽히 설명할 수는 있지만, 에너지가 불연속적인 값을 가져야 하는 이유를 설명할 수가 없었다. 그래서 1908년 스웨덴 왕립과학원은 1905년에 발표된 '광전효과 photoelectric effect'*에 관한 아인슈타인의 '광양자 이론'에도 불구하고 플랑크의 이론이 '받아들일

• 독일 물리학자 헤르츠(Heinrich Hertz, 1857~1894)가 처음 발견한 이 현상은 1897년에 그의 조수 레나르트(Philipp Lenard, 1862~1947)가 금속 표면에 빛(자외선)을 쬐였을 때 나오는 광선이 음극선, 즉 전지와 유사하다는 것을 알아냈다. 그리고 전자의 에너지가 빛의 강도에는 무관하며, 파장에 반비례한다는 것을 발견했다.

수 없는 가설'에 기초하고 있다는 이유로 플랑크에게 노벨 물리학상 수여를 거부했다.

플랑크의 흑체복사 이론은 그 성공에도 불구하고 초기에는 그다지 주목을 받지 못했다. 플랑크의 연구에 대한 첫 번째 반응은 1903년 로렌츠의 논문을 통해 나왔다. 로렌츠는 긴 파장 영역에서 금속이 방출하는 복사에너지의 분포가 플랑크가 제시한 것과 같다는 것을 깨달았다.[29] 복사에너지를 금속 내 전자의 운동과 연관시킨 로렌츠의 이론적 추론은 플랑크의 방식과 완전히 달랐기 때문에 결과는 놀라운 것이었다. 그는 진동자의 에너지에 대한 플랑크의 작용양자 가설을 언급하면서, 이것이 이론의 필수 요소로 간주되어야 한다고 했다. 그러나 로렌츠도 작용양자의 중요성에 대해서는 파악하려고 하지 않았다.

플랑크의 작용양자(플랑크 상수)의 중요성을 가장 심각하게 생각한 사람은 아인슈타인이었다. 아인슈타인은 플랑크 상수 h의 역할과 흑체복사 이론의 다른 필수적 요소에 관해 연구를 진행하여 '광양자 이론'을 제안했다. 그는 플랑크 상수를 단순한 수학적 도구가 아닌, 자연의 에너지가 본질적으로 불연속적임을 보여주는 물리적 실체로 받아들였다. 아인슈타인은 불연속적인 원자의 관점에서 물질을 설명하는 것과 연속적인 전자기파의 관점에서 빛을 설명하는 것에서 어떤 부조화를 느꼈다. 그리고 고전적 개념을 흑체복사에 적용하면 제한된 공간 내에 무한한 양의 복사에너지가 존재해야 한다는 터무니없는 결과가 발생한다는 결론에 도달했다. 짧은 파장 영역에서 에너지가 무한대로 발산되는 이런 모순적 상황을 에렌페스트는 "자외선 파탄ultraviolet catastrophe"이라고 불렀다.

고전적 이론을 적용할 수 없었던 아인슈타인은 짧은 파장 영역에서의 복사에너지가 주파수에 비례하는 '양자 기체'처럼 행동한다는 결론을 내렸다. 연구 결과는 명확했지만, '에너지 양자'의 존재가 빛의 파동적 특성과 어떻게 조화를 이룰 수 있는지는 여전히 알 수 없었다. 광양자 가설은 빛의 '입자' 개념을 의미하기 때문에 더욱 불안했다. 따라서 아인슈타인은 기존의 이론적 틀에서 간단한 설명을 찾을 수 없는 현상에 광양자 가설을 적용하여 검증해 보기로 결정했다. 그는 전자가 자외선의 영향으로 금속에서 방출되는 현상인 '광전효과'를 선택했고, 이 가설이 광전 현상의 설명으로 이어질 수 있음을 보여주었다.

아인슈타인은 한 점에서 나온 빛의 에너지가 점점 확장되는 공간 전체에 퍼진다고 생각하는 것이 논리적으로 맞지 않다고 본 것이다. 그는 자신의 논문 마지막에 광전효과를 광양자 이론으로 간단하고도 완벽하게 설명할 수 있음을 보였다. 진동수가 작은 긴 파장의 빛(붉은색 빛)은 아무리 강하게 쬐어주어도 전자가 튀어나오지 않지만, 진동수가 큰 짧은 파장의 빛(파란색 빛)은 아주 약하게 쬐어주어도 전자가 튀어나오는 것은 바로 빛이 진동수에 비례하는 값을 가진 에너지 알갱이처럼 행동하기 때문이라는 것이다. 이 빛 알갱이를 나중에 '광자photon'라고 부르게 되는데, 무려 15년이란 시간이 지난 뒤인 1920대 무렵이 되어서야 일반적으로 받아들여졌다.

광전효과는 마치 오목한 홈에 들어 있는 구슬(전자)을 바깥으로 쳐내기 위해 충분한 에너지를 가진 다른 구슬(광자)을 던져 넣는 것과 같다. 던져 넣는 구슬의 에너지가 오목한 홈 속의 다른 구슬이 빠져나올 수 있게 할 정도로 에너지가 충분해야 하는데, 구슬의 에너지는 빛의 진동수에 비례한다. 그리고 빛의 세기는 던져 넣는 구슬의 수와 관계된다. 에너지가 충분하지 않으면 아무리 많은 광자가 들어가도 전자가 튀어나오지 않으나, 충분한 에너지의 광자는 단 한 개만 들어가도 전자를 튕겨낼 수 있다. 그리고 입사되는 광자의 에너지와 튕겨져 나오는 전자의 에너지를 비교하면, 오목 홈의 깊이에 해당하는 금속의 '일함수work function'와 적용양자의 크기를 계산해 낼 수 있었다. 이로써 광전효과를 광양자 이론으로 완벽하게 설명할 수 있었다.

그러나 플랑크의 흑체복사 이론이 나온 지 10년이 지난 1910년 무렵에도 에너지의 양자화 개념을 받아들이는 분위기는 여전히 조성되지 않았다. 플랑크 자신도 양자화 개념의 수용을 꺼려했지만, 미래의 물리학 이론이 불연속적인 에너지의 근본적인 특성을 수용하고 통합해야 한다는 확신은 갖고 있었다. 그리고 문제의 중요성에 대한 자신의 평가가 널리 공유되지 않고 있는 사실도 알고 있었다. 그래서 1910년 네른스트가 이 문제를 집중적으로 토의할 솔베이 회의를 처음 제안했을 때에도 플랑크는 양자 개념을 받아들일 만큼 분위기가 아직 무르익지 않았다고 생각했다.

플랑크의 관점에서는 모든 이론물리학자들이 현재의 물리 이론에 결함이 있음을 인지하고, 더 이상 기존의 이론을 고집할 수 없다는 '긴급성'을 널리 공유하는 것이 먼저였다. 플랑크는 작용양자가 물질의 미시적 세계와 관계될 것이라는 사실은 분명하다고 생각했다. 그는 네른스트에게 쓴 편지에서 "지난 10년 동안 물리학의 어떤 것도 이 작용양자만큼 끊임없이 나를 자극하고, 흔들고, 흥분시킨 것은 없었다고 과장 없이 말할 수 있네"라고 적었다. 그는 아인슈타인, 로렌츠, 빈과 같은 소수의 사람들만이 이러한 문제의 시급함을 알고 있다고 생각했다. 그래서 플랑크는 분위기가 무르익을 때까지 솔베이 회의를 연기할 것을 제안했지만, 네른스트는 이에 개의치 않고 계획대로 회의 조직을 강행했다.

네른스트의 솔베이 회의 제안

양자론을 둘러싼 이런 시대적 상황을 배경으로 제1차 솔베이 회의가 준비되었다. 네른스트는 그의 벨기에인 제자 골드슈미트Robert Goldschmidt(1877~1935)를 통해 과학 발전에 관심이 많은 솔베이Ernest Solvay(1839~1922)·

• 솔베이는 벨기에의 화학자로, 그의 형제와 함께 1863년에 솔베이 화학회사를 공동으

에게 연락해 전 세계에서 엄선된 물리학자들을 국제회의에 초대하자는 제안을 했다. 그는 플랑크의 흑체복사 이론과 아인슈타인의 양자 이론 등 물리학의 새로운 이론에 대해 토론하고, 이를 열역학에서의 기체운동론과 조화시키는 데 초점을 맞춘 회의를 구상했다.

네른스트가 자신의 분야에서 접한 초기 양자론의 최신 결과는 아인슈타인이 1907년에 발표한 고체의 비열*에 관한 연구였다. 아인슈타인은 물질에 열에너지를 주었을 때 온도가 어떻게 변하는지를 설명하기 위해 고체 안에서 열에너지를 얻어 진동하는 원자를 플랑크 진동자로 취급하는 양자 가설을 적용했다. 즉, 원자의 에너지가 플랑크 상수에 원자의 진동수를 곱한 값을 가진다고 가정했다. 이리하여 아인슈타인은 낮은 온도에서의 비열이 온도에 따라 변해야 함을 보여줄 수 있었다. 이 결과는 비열이 온도와는 관계없이 일정한 값을 갖는 고전적인 뒬롱-프티Dulong-Petit 법칙과는 완전히 달랐다.

네른스트는 양자론에 대한 솔베이 회의를 자신이 1905년에 도입한 '열 정리heat theorem' 또는 '열역학 제3법칙'을 확인하는 기회로 삼으려 했다. 열역학 제3법칙이란 절대 0도에서 엔트로피가 0이 된다는 법칙이다.** 이 이론에서는 온도에 따라 비열이 감소하며, 절대 0도에서 비열도 0으로 수렴하는 것을 예측했다. 네른스트는 자신의 연구 결과에 대한 증거를 찾기 위해 1909년에 비열 측정 연구를 시작했다. 그리고 액체수소 온도(-253℃)까지 온도를 내리면서 비열의 변화를 측정하여 1910년부터 좋은 결과를 얻어내기 시작했다. 그리고 이것이 아인슈타인의 비열에 관한 양자 이론과 정성적으로 일치하는 것을 확인함으로써 아인슈타인의 양자 이론에 대

로 세웠으며, 솔베이 연구소 설립을 통해 지금까지 과학 활동을 지원하고 있다.
* 물체의 온도를 1도 올리기 위해 공급해야 하는 단위 질량당 열에너지의 크기를 나타내는 물리량.
** 현대에는 절대 0도에서 엔트로피의 값이 상수가 된다는 내용으로 일반화되었다.

한 확신을 키웠다. 네른스트는 야심 찬 과학자였다. 그는 자신의 비열 연구 결과를 통해 노벨상을 거머쥘 기회를 찾으려했으며, 실제로 열화학 분야에 대한 기여로 1920년에 노벨화학상을 수상했다.

네른스트는 1910년 3월 초쯤에 당시로는 아직 무명이었던 아인슈타인을 만나기 위해 프라하로 찾아갔다. 베를린 대학교의 권위 있는 인물인 네른스트의 방문은 아인슈타인의 동료들에게 큰 인상을 남겼다. 아인슈타인은 네른스트에게 비열 공식의 기원, 즉 양자 가설에 대해 이야기해 주었다. 네른스트는 아인슈타인과의 만남이 매우 고무적이고 흥미로웠다고 하면서 물리학의 발전과 관련하여 '볼츠만의 환생'이라고 할 만큼 독창적인 젊은 과학자를 찾아냈다고 전했다. 그리고 "아인슈타인의 '양자 가설'은 아마도 지금까지의 것 중 가장 놀라운 생각 중의 하나일 것이다. 만약 그의 이론이 옳다면, 소위 '에테르의 물리학'과 분자 이론 모두에 대해 완전히 새로운 길을 보여주는 것이다"라면서 아인슈타인의 천재성을 칭찬했다.[30]

이런 네른스트의 노력으로 1911년 6월에 유럽에서 가장 저명한 23명의 물리학자들이 솔베이로부터 국제회의에 초대한다는 편지를 받았다. 이 편지에는 회의의 목적을 "양자 이론이 불러일으킨 과학적 위기에 대응"하기 위한 것이라고 적혀 있었다. 초대장에 대한 답신은 네른스트에게 보내라고 되어 있었기 때문에 이 회의를 누가 주도했는지를 금방 알 수 있었다. 초대를 받은 아인슈타인은 네른스트의 역할에 대해 인지하고 그에게 답장을 보내며 "저는 이 학회가 매우 매력적이라고 생각합니다. 그리고 선생님께서 중심적이고 핵심적인 역할을 하고 있음을 믿어 의심하지 않습니다"라고 적었다.

이렇게 솔베이가 과학 발전을 위해 재정적으로 후원하면서 탄생한 솔베이 회의는 20세기 물리학의 발전에 중요한 역할을 했다. 사실 19세기에 확산된 민족주의는 과학에도 영향을 미쳤다. 영국, 독일, 프랑스는 서로를 경쟁자로 여겼기 때문에 어느 한 나라에서의 혁신적 변화는 곧 다른 나라에 영향을 주었다. 1850년 이후에는 국가 간 경쟁에도 불구하고 대규모 과학 및 기술 박람회를 개최하면서 다양한 방식으로 자기 나라의 위상을 드러냄과 동시에 서로 협력하는 분위기도 만들어졌다.

활발하지는 않지만 과학 분야의 국제 협력은 국민의 정서와 국위 측면에서 매우 중요했다. 진정한 의미에서의 최초의 국제학술회의는 1860년 카를스루에Karlsruhe에서 열린 화학학술회의였다. 이 학술회의에서는 유럽 12개국의 화학자 126명이 모여 3일 동안 화학 명명법과 표기법, 그리고 원자량과 분자량에 관한 문제들을 토론했다. 라부아지에Antoine-Laurent de Lavoisier(1743~1794)가 완성한 화학혁명 이후 이 회의 전까지는 화학자마다 화학식을 제멋대로 적는 등 큰 혼란이 있었는데, 여기서 아보가드로의 분자설이 본격적으로 논의되고 받아들여져 화학식 표기의 혼란이 해결되었다. 그러나 이런 경우는 상당히 드물었고, 오히려 국가적 상황이 여전히 과학자들의 활동에 더 큰 영향을 미쳤다.

물리학 분야에서의 국제학술회의는 솔베이 회의 이전에 단 한번 프랑스 물리학회 주관으로 1900년에 파리에서 열린 적이 있었다. 이 학회가 과학적 문제의 성공적인 해결에 대한 보고서를 공유하기 위해 조직되었다면, 이와는 달리 벨기에의 브뤼셀에서 열린 솔베이 회의는 당시 물리학에서의 뜨거운 주제이자 비정상적으로 어려운 과학적 문제를 해결하기 위해 국제과학위원회에서 정한 특정 주제에 대해 토론하는 형태로 조직되었다. 그래서 제한된 수의 특출한 물리학자로 인정된 전문가들만 초청했다.

그래서 제1차 솔베이 회의가 열린 1911년은 현대 물리학의 전환점으로 간주될 만큼 물리학의 역사에서 특별한 해로 기억된다. 물리학의 변혁을 몰고 올 양자 개념을 공론의 장으로 끌어냄으로써 그때까지 조그만 소용돌이로 머물러 있던 양자역학의 씨앗이 크게 성장할 수 있는 분위기를 만들어낸 것이다. 제1차 솔베이 회의에 참석한 과학자들의 면면을 살펴보면, 이 회의가 얼마나 중요한 회의가 되었는지를 알 수 있다.

참석자 중 로렌츠는 전자기학에서 로렌츠 힘과 특수상대성이론의 핵심인 로렌츠 변환 등을 발표하고 전자 이론으로 제이만 효과를 설명함으로써 1902년 노벨물리학상을 수상했다. 마리 퀴리Marie Skłodowska-Curie(1867~1934)는 방사선 연구로 남편과 함께 1903년 노벨물리학상을 받았고 1911년에는 노벨화학상도 수상했다. 러더퍼드는 방사능 붕괴에서 나오는 알파/베타선 발견으로 1908년 노벨화학상을 수상했고, 1911년에는 알파 입자의 후방산란으로 원자핵의 존재 가능성을 찾았다. 빈Wilhelm Wien(1864~1928)은 흑체복사에 관한 변위법칙을 발견하여 1911년 노벨물리학상을 수상했다. 그리고 양자역학의 서막을 열고 플랑크 상수를 발견하여 1918년 노벨물리학상 수상자가 된 플랑크, 수은의 초전도 현상 발견으로 1913년 노벨물리학상을 수상한 오네스, 네른스트의 열 정리를 발표하여 1920년 노벨화학상을 수상한 네른스트, 광양자 이론으로 1921년 노벨물리학상을 수상했지만 상대성이론으로 더 유명한 아인슈타인, 아인슈타인의 브라운 운동에 관한 원자 이론의 실험적 증명으로 1926년 노벨물리학상 수상자가 된 페랭 등 노벨상을 수상했거나 수상할 과학자들이 제1차 솔베이 회의 참가자의 절반 가까이를 차지했다.

11개의 보고서 가운데 5개는 흑체복사에 관한 것이고 6개는 물질의 특성에 관한 것이었다. 보고서 발표자는 로렌츠, 크누센Martin Knudsen(1871~1949), 페랭, 진스James Jeans(1877~1946), 플랑크, 아인슈타인, 조머펠트, 네른스트, 바부르크Emil Warburg(1846~1931), 루벤스Heinrich Rubens(1865~1922) 및 랑주뱅이었다. 골드슈미트, 모리스 드브로이Maurice de Broglie(1875~1960), 린데만Frederick Lindemann(1886~1957)은 총무 역할을 했다. 레일리John Rayleigh(1842~1919)와 반데르발스는 초대는 받았지만 참석하지는 않았다. 회보 proceeding는 『복사 이론과 양자The theory of radiation and quanta』라는 제목으로 1912년에 출판되었고, 레일리의 편지가 여기에 포함되어 있었다.

그림 2-1 1911년 메트로폴(Metropole) 호텔에서 열린 제1회 솔베이 회의 참가자들
앉은 사람(왼쪽에서 오른쪽으로): 네른스트, 브릴루앙, 솔베이, 로렌츠, 바부르크, 페랭, 빈, 마리 퀴리, 푸앵카레. 서 있는 사람(왼쪽에서 오른쪽으로): 골드슈미트, 플랑크, 루벤스, 조머펠트, 린데만, 모리스 드브로이, 크누센, 하세뇌를, 호스텔레, 헤르첸, 진스, 러더퍼드, 오네스, 아인슈타인 및 랑주뱅. 솔베이는 촬영 당시 자리에 없었기 때문에 누군가가 대신 자리에 앉아 촬영을 했고, 나중에 얼굴을 합성해 넣어 머리가 유난히 크게 보인다.

회의에 참석한 과학자들에 대한 예우도 당시로서는 매우 특별했다. 참가자들은 모두 여행 경비로 1,000프랑을 지원받았다. 회의 둘째 날, 조머펠트는 그들이 머무는 호텔이 놀라울 정도로 우아하다고 아내에게 편지를 썼는데, "우리 각자는 자기 방에 전용 욕실과 화장실이 있어서 아침마다 목욕을 해요. 우리는 솔베이의 손님으로 대접을 받습니다. 매일 저녁 식사에는 5개 이상의 요리가 나와요. 환상적입니다!"라고 적어 회의에 초대된 과학자들이 어떻게 예우 받았는지를 전해주었다.[31]

무엇보다 토론 중심의 국제회의 분위기는 그에게 깊은 인상을 남겼다. 조머펠트는 회의의 참신함에 대해 "어제 저녁에 내 오른편에는 프랑스인이, 왼편에는 영국인이 앉았는데, 나는 그들 모두와 이야기를 나누었어요!"라고 전했다. 러더퍼드도 이 회의의 특징이 실험가와 이론가를 포함한 "모든 참가자들이 같은 호텔에 머물며 함께 식사를 하는 유난히 즐거운 사교적 분위기" 아래서 "현대 물리학의 많은 문제에 대한 의견을 교환"하는 것이라고 했다. 그리고 이것은 "문제점에 대한 훨씬 더 명확한 이해로 이어졌다"고 적었다.[32] 이렇게 솔베이 회의는 과학 연구에 새로운 방식을 만들어냈다. 정치적 고려에서 벗어나 독일, 프랑스, 영국 학자들이 같은 탁자에 둘러앉아 유쾌하게 학문을 교류하는 일은 그 당시에는 쉬운 일이 아니었다.

초기 양자론과 솔베이 회의

고전물리학의 기초가 완전히 흔들린 시기였던 1911년 10월 말에 개최된 첫 번째 솔베이 회의의 주제는 '복사와 양자Radiation and the Quanta'였다. 이 회의에서는 흑체복사의 양자 이론에 대한 토론이 일주일 동안 이루어졌다. 초청장에는 논의할 주요 주제가 제시되어 있었고, 주제를 발표할 물리학자들에게는 이에 대한 논고를 준비하도록 요청했다. 이 논고들은 회의에 참가하는 모든 구성원에게 회의 훨씬 전에 미리 배포되어 토론이 효과적으로 이루어질 수 있도록 준비했다.

제1차 솔베이 회의는 초기 양자 이론의 근본적인 측면에 초점이 맞추어져 있었는데, 두 가지 접근 방식, 즉 고전물리학의 이론과 양자 이론의 적용을 통해 복사와 양자에 관한 문제를 다루려 했다. 양자역학에 대해 그 당시의 여러 물리학자들이 가졌던 견해 차이는 주로 로렌츠, 플랑크, 아인슈타인의 발표 내용에서 두드러진다.

회의 개회사에서 로렌츠는 이렇게 언급했다.

"우리는 현재 막다른 골목에 이르렀다는 느낌을 가집니다. 이전의 이론은 우리를 뒤덮고 있는 것처럼 보이는 어두운 그림자를 걷어낼 능력을 점점 잃고 있습니다. 이런 상황에서 에너지 양태에 관한 아름다운 가설이 소중한 빛줄기로 다가왔습니다. 이 가설은 플랑크가 처음 제안하고 아인슈타인, 네른스트와 같은 학자들이 여러 문제에 적용했습니다. 이것은 놀랍게도 예상치 못한 지평을 드러냈고, 이를 불신의 눈으로 보는 사람들조차도 이것의 중요성과 잠재력을 인정해야 합니다. 따라서 이 가설은 확실히 우리가 집중적으로 논의할 가치가 있습니다. (비록) 이 새로운 개념이 그 자체로는 아름답지만, 반대로 심각한 반대도 불러일으킬 수도 있기 때문입니다."

그리고 흑체복사를 "여전히 가장 불가사의하고, 가장 밝혀내기 어려운 현상"이라고 하면서 참가자들에게 "양자 가설의 필요성과 가설이 성립할 가능성에 대해 생각을 명확하게 할 것"을 촉구했다.

솔베이 회의의 진행에서 눈에 띄는 것은 동일한 주제를 고전 이론과 양자 이론으로 접근하는 방식이 짝을 이루도록 한 것이다. 로렌츠는 고전적인 에너지 등분배 법칙*을 흑체복사에 적용하여 레일리-진스Rayleigh-Jeans 복사식**이 어떻게 유도될 수 있는지에 관해 발표했고, 이와 짝을 이루어 플랑크는 자신의 양자 가설에 기초한 흑체복사 이론을 발표했다. 비슷하게 진스는 고전적인 비열 이론에 대해, 아인슈타인은 비열의 양자 이론에

- • 고전적인 에너지 등분배 법칙에 따르면, 온도 T에서 열평형을 이루고 있는 계에서, 계를 구성하는 개체의 각 자유도에 분배되는 평균 에너지는 $kT/2$로 주어진다. k는 볼츠만 상수이다.
- •• 레일리-진스 복사식은 흑체복사 스펙트럼의 긴 파장 영역에서는 비교적 잘 맞지만, 자외선 영역의 짧은 파장에서는 전혀 맞지 않아서 '자외선 파국'이라고 불리게 되었다.

대해 발표했다. 비열의 문제는 복사에 관한 아인슈타인의 급진적인 생각이 구체적으로 드러나지 않는 주제였지만, 어떤 부분에서는 흑체복사보다 더 오래 수수께끼로 남아 있었던, 특히 네른스트가 크게 관심을 보였던 주제였다.

복사 이론이 갖는 어려움과 문제의 심각성은 레일리 경이 보낸 편지에도 나타나 있었다. 린데만이 읽은 그의 편지에서는 진스의 제안을 신중하게 고려할 것을 권고했지만, 로렌츠의 발표를 통해 진스의 주장은 지지를 받을 수 없음이 곧 분명해졌다. 로렌츠가 회의의 첫 번째 주제로 발표한 내용은 「복사에 대한 에너지 등분배 정리의 적용On the application of the equipartition theorem of energy to radiation」에 관한 것이었다. 로렌츠는 복사 문제에 통계역학을 어떻게 적용할 것인지를 논의하면서 고전 이론에서는 어떤 방식을 쓰더라도 빛의 방출과 흡수가 레일리의 공식으로 귀결됨을 보여주었다.

이러한 자세한 검토를 통해 내린 결론은, 만족스러운 복사 공식은 명백히 고전적인 영역을 벗어나며, 플랑크의 작용양자 h는 완전히 다른 방식으로 설명해야 한다는 것이었다. 푸앵카레도 후속 토론에서 "로렌츠의 추론은 고전 이론이 모두 똑같은 결과로 이어진다는 것을 보여준다"라고 했다. 이처럼 고전 이론은 흑체복사를 제대로 설명할 방법이 없다는 것이 명백해졌다. 솔베이 회의 참가자들은 나중에 에너지 등분배 법칙을 '우아하지만 부적절한 유산'이라고 부르기 시작했다.

플랑크는 「흑체복사 법칙과 기본적인 작용량에 대한 가설The law of black body radiation and the hypothesis of the elementary quantities of action」이란 주제로 발표했다. 그는 단순히 흑체에서의 빛의 방출과 흡수 문제에 국한하지 않고 양자 가설의 본질에 관한 훨씬 더 큰 문제로 초점을 옮겼다. 플랑크는 "고전 동력학의 틀은 이제 일상적 인식으로는 쉽게 이해할 수 없는 물리적 현상을 수용하기에 너무 좁다는 것을 깨달아야 한다. … 이런 사실을 의문의 여지가 없이 보여주는 첫 번째 현상은 흑체복사에 관한 실험과 고전 이론 사이의 현저한 모순이다"라고 언급했다.

이때부터 본질적인 문제는 플랑크 상수 h의 물리적 성질을 더 면밀히 검토하는 것이 되었다. 플랑크는 "무엇보다도 이것은 원리에 대해 의문을 제기한다. 이 작용 요소가 진공에서 복사 에너지의 전파에 있어 물리적인 의미를 가지는가? 아니면 본질적으로 빛의 방출과 흡수로 복사 에너지가 생성되고 소멸하는 현상에서만 발생하는 것인가? 이론이 어떻게 전개될지는 이 질문에 어떤 대답을 내놓는지에 따라 달라진다. 첫 번째 관점은 아인슈타인이 채택한 것으로 빛의 양자 가설이다. 이 가설에 따르면, 진동수 v인 빛줄기의 에너지는 공간 전체에 연속적으로 분포하는 것이 아니라, 뉴턴의 방출 이론에 나오는 빛 알갱이처럼, 크기 hv의 양자로 직선으로 전파된다"고 했다. 이는 광전효과를 설명하는 아인슈타인의 광양자 이론을 말하는 것이었다.

아인슈타인은 「비열 문제의 현황The current status of the problem of specific heats」이라는 제목으로 솔베이 회의 보고서를 작성하고 발표를 했다. 사실 아인슈타인은 비열에 관한 자신의 1907년 논문 이후 비열 문제에 관해 많은 시간을 투자하지 않고 있었다. 일단 고체 내에서의 원자나 분자의 진동 운동에 양자 가설의 적용 필요성을 확립한 후, 그는 더 근본적인 문제, 즉 복사의 양자 구조와 일반상대성이론 쪽으로 관심을 돌리고 있었다. 그렇지만 이 문제를 완전히 무시하지는 않았기 때문에 아인슈타인은 1911년 초까지 고체의 비열에 관한 2편의 논문을 추가로 발표했다. 그는 분자진동이 광흡수 스펙트럼과 관련이 있다는 사실을 비열의 문제로 연결시켰고, 네른스트와 린데만의 비열에 관한 실험식을 보고 고체 내에는 여러 가지 진동수를 가진 진동자가 있을 것이라는 자신의 생각에 확신을 가졌다. 그러나 성공적인 결과를 얻지는 못했다.*

아인슈타인은 고체의 비열에 관한 이론이 물리학에 새로운 기초를 마련하는 길을 보여줄 가능성이 있을 것으로는 보지 않았지만, 대신에 더 깊은 통찰을 했다. 양자 이론으로 설명할 수 있는 현상의 범위가 물질의 성질과 복사의 성질을 모두 포함한다는 생각을 한 것이다. 즉, 그의 비열에 관한 논문은 양자가 존재하고, 또 존재해야만 한다는 것을 보여주었다. 솔베이 회의에서 복사의 구조에 대한 아인슈타인의 생각은 의제에 포함되지 않았지만, 아인슈타인은 비열에 관한 주제를 양자 문제의 더 큰 맥락 속에 넣어 발표했다. 이로써 그는 고전물리학의 기초가 얼마나 심각하게 허물어지고 있는지를 새로운 방식으로 보여주었다.

1905년의 광전효과에 관한 논문에서 볼 수 있듯이, 아인슈타인은 고전물리학에서 나온 복사식이 틀릴 수밖에 없다는 사실을 일찍부터 인식했다. 그리고 플랑크를 포함하여 다른 어느 누구보다 플랑크의 정확한 복사식이 어떤 의미를 갖는지를 훨씬 더 깊이 들여다보았다. 플랑크는 자신의 이론과 관련하여 아인슈타인을 걱정할 필요가 없다고 말했지만, 사실은 그렇지 않았다. 그는 아인슈타인의 견해에 대해 염려했고, 아인슈타인의 견해가 너무 멀리 나아갔다고 생각했다. 플랑크는 자신이 도입한 작용양자 h가 의미하는 에너지의 불연속성이 미래의 기본 이론에 반드시 들어갈 것이라는 것을 의심하지는 않았지만, 빛의 입자성과 같은 아인슈타인의 과감한 생각을 받아들일 준비는 전혀 되어 있지 않았다.

플랑크가 아인슈타인의 생각이 너무 급진적이라고 생각하고 쉽게 받아들이지 못했다는 사실은 제1차 솔베이 회의 후 1년 반쯤 지난 시기에 프로이센 과학아카데미에 제출한 아인슈타인에 관한 추천서에서 엿볼 수 있다. 이 추천서는 당시 겨우 34세였던 아인슈타인을 프로이센 과학아카데

- 진동 스펙트럼에 관한 이론은 나중에 디바이(Peter Debye, 1884~1966)가 근사적인 방법으로 성공적인 결과를 얻었다. 이 논문은 아인슈타인의 1911년 논문 2편을 모두 인용했다.

미 정회원으로 선출하고 연구교수직에 초빙하기 위한 것이었다. 아인슈타인의 특수상대성이론과 양자론 등 물리학의 발전에 기여한 업적을 설명한 추천서의 말미에 플랑크는 "가장 엄밀한 과학 분야에서도 때때로 위험을 감수하지 않고는 참으로 새로운 아이디어를 도입하는 것이 불가능합니다. 그렇기 때문에 가끔씩, 예를 들어 광양자 가설처럼 그의 추론이 논점을 놓치는 경우가 있지만, 그것이 큰 흠이 될 수는 없습니다"라고 덧붙임으로써 광양자 이론에 여전히 부정적이었음을 드러냈다.

회의에서 양자화 개념은 다양한 측면에서 논의되었다. 네른스트는 기체 분자의 회전이 양자화 되어 있다고 했다. 그의 생각은 나중에 적외선 흡수선의 미세구조 측정에서 확인되었다. 그리고 랑주뱅은 온도에 따른 물질의 자기적 특성 변화를 설명하기 위해 플랑크의 작용양자를 사용하여 각운동량의 양자화 개념을 제안했다. 여기에서 그는 바이스Pierre Weiss(1865~1940)가 도입한 '마그네톤magneton'* 개념을 특별히 언급했다. 바이스는 실험 결과 분석에서 추론한 원자들의 자기 모멘트가 서로 정수비를 보임을 발견하고는 마그네톤 개념을 도입했다. 랑주뱅은 원자 안의 전자가 플랑크의 작용양자에 비례하는 각운동량을 갖고 회전한다는 가정을 함으로써 마그네톤의 값을 근사적으로 계산할 수 있었다.

물질의 다양한 특성에서 양자적 특징을 탐구하려는 다른 기발한 실험적 시도도 있었다. 조머펠트는 빛을 쬐거나 전자 충격에 의한 원자의 이온화와 관련된 문제를 다루었으며, 특히 고속의 전자가 발생시키는 X-선에 관해 논의했다. 이어지는 긴 토론에서 X-선이 펄스인지 연속적인 파동인지에 대한 합의에도 이르지 못했다. 파동일 경우 파장은 매우 짧을 것이라고 모두가 생각했다.

• 마그네톤은 바이스가 실험적으로 구한 자기 모멘트의 기본 단위로서 자석의 성질을 띠는 정도에 해당하는 양이다.

원자의 이온화 문제에 대해서 조머펠트는 자신의 생각 중 일부가 1910년 하스Arthur Haas(1884~1941)가 제안한 것과 유사하다는 점에 주의를 환기시켰다. 하스는 톰슨의 원자 모형을 기초로 전자들이 원자 안에 묶여 있는 현상에 작용양자 개념을 적용하여 빛스펙트럼의 진동수와 동일한 전자의 진동수를 계산했다.[33] 하스의 원자 모형은 회의 진행 중에 17번이나 언급되었는데, 1913년에 제안된 보어의 원자 모형에도 영향을 주었다. 그러나 하스의 모형은 기본적으로 플랑크의 작용양자 값을 구해내기 위한 것이었다.

이와 관련하여 조머펠트는 작용양자를 추론하려는 하스의 시도 대신 거꾸로 작용양자를 기초로 원자와 분자의 구조 문제에 접근하는 방식을 취하는 편이 더 낫다고 덧붙였다. 당시의 물리학 발전 추세를 배경으로 볼 때, 이 언급은 거의 예언적인 성격을 띠고 있었다. 조머펠트의 견해는 1913년 보어의 원자론에서 채택되었다고 볼 수 있는데, 여기서 플랑크 상수 h는 원자의 구조를 설명하는 데 사용하는 근본적인 상수로 등장하게 된다.

주제 발표 이후의 토론은 자유로웠지만 치열했으며, 매우 예리한 비판도 있었다. 예를 들어, 푸앵카레는 진스가 고전 이론으로 설명할 수 없는 명백한 사실들을 양자 개념을 전혀 고려하지 않은 채 설명하려는 시도를 일축했다. 그는 "그것은 물리 이론의 역할이 아닙니다. 설명해야 할 현상의 수만큼 임의의 상수를 도입해서는 안 됩니다. 물리 이론의 목적은 무엇보다도 다양한 실험 사실들 사이의 연결 고리를 확실하게 찾아내고, 무엇보다 예측을 가능하게 해야 합니다"라고 지적했다. 진스는 이 비판을 전혀 나쁘게 받아들이지 않았고, 자신의 주장을 고집하지도 않았다. 그리고 나중에 양자 이론을 지지하는 방향으로 입장을 바꾸었다.

그리고 아인슈타인은 플랑크가 볼츠만 관계Boltzmann relation를 이용하는 방식이 '다소 충격적'이라고 하면서 플랑크의 접근 방식은 물리적 내용 사이의 관계를 없애버리는 것이라고 했다. 이것은 볼츠만의 엔트로피 계산으로부터 추론한 플랑크의 복사식이 실제로 근본적인 방식으로 유도된 것이 아니었기 때문이었다. 사실 연속체 이론에 집착했던 플랑크는 불연속적 상태를 가정한 볼츠만의 방식에 대해서 거부감을 갖고 있었다. 그는 자신이 찾아낸 에너지 분포식의 물리적 정당성을 찾기 위해 많은 노력을 기울였지만 다른 방법을 찾지 못하자 어쩔 수 없이 볼츠만의 접근법을 사용했던 것이다.

플랑크는 흑체복사 법칙을 뒷받침하는 실험적 증거를 보고한 바르부르크와 루벤스의 발표 뒤에 작용양자가 고전물리학의 개념적 틀과 조화되기 어렵다는 점을 논평했다. 핵심적인 것은 에너지 양자에 대해 새로운 가설을 도입하는 것이 아니라, 작용이라는 개념 자체를 재구성하는 것이라고 강조했다. 그러면서 '최소작용의 원리'가 앞으로 양자 이론의 발전에도 지침이 될 것이라는 확신을 보였다. 이미 확립된 물리학 이론의 구조를 포기하고 싶지 않았던 플랑크에게 작용양자는 흑체복사 법칙을 찾아내기 위한 충분조건에 불과했던 것이다. 반면에 아인슈타인은 작용양자가 필요조건이라는 견해를 가지고 있었다.

이같이 솔베이 회의 참가자들은 고전 이론의 근본적인 토대가 위험에 처해 있음을 깨달았지만, 고전물리학의 재구성 필요에 대해서는 의견이 일치하지 않았다. 회의 중에 푸앵카레는 "여기에서 논의된 새로운 연구는 역학의 기본 원리에 의문을 제기할 뿐만 아니라, 지금까지 (동역학에 관한) 자연법칙의 개념에 내재된 (연속성의) 가정을 심각하게 뒤흔드는 것으로 보입니다. 이들 법칙을 계속 미분방정식의 형태로 표현할 수 있을까요?"라고 물있다. 그리고 "겉으로만이 아니리 본질적인 것으로서 불연속성을 자연법칙에 도입할 필요가 있는지를 묻는 것입니다"라고 지적했다. 푸앵카레는 아인슈타인의 생각이 모순적이라고 생각하고 받아들이지 못하는 듯했다.

이 질문에 대해 아인슈타인은 복사 법칙이 양자의 존재를 요구한다고 주장했다. 아인슈타인에게는 복사의 양자 구조가 불가피한 것이었다. 즉, 에너지 양자의 존재는 필요한 귀결로서 특정 유형의 진동자가 가진 특별한 속성이 아니라, 복사의 기본적인 구조를 나타내는 것이라고 보았다. 조머펠트도 플랑크의 작용양자가 다른 물리량에서 파생되어서는 안 된다고 했다. 그는 원자의 특수한 모형에 기반을 두기보다는 일반적인, 모형과는 무관한 상수여야 한다는 생각을 가지고 있었다.

그런 점에서 솔베이 회의는 아직 에너지 양자에 대한 개념이 제대로 받아들여지지 않고 있으며, 이를 심각하게 고려하는 과학자들 사이에도 시각차가 여전히 존재하고 있음을 명백히 보여주었다. 최연소 물리학자로 당대의 유명한 물리학자들과 함께 이 회의에 참석했던 32세의 아인슈타인은 적어도 전자기장이 갖는 파동-입자 이중성에 관한 혁신적 생각에 있어서는 완전히 고립되어 있었다.

아인슈타인은 플랑크의 이론에 기초하여 빛이 파동과 입자(또는 양자) 모두로 행동할 수 있다는, 당시로서는 급진적인 생각을 갖고 있었다. 우리는 지금 파동과 입자의 이중성에 대해 익숙해져 있지만, 당시로서는 이 결론을 뒷받침할 강력한 증거가 없었다. 회의에 참석한 많은 과학자들은 물결이 바다를 이동하는 것처럼 빛의 파동을 전달하는 매개체로 빛 에테르라는 고전적 개념을 완전히 버리지 못하고 있었다. 반면에 아인슈타인은 이미 자신의 특수상대성이론에서 에테르의 존재 필요성을 부정하고 있었다.

고립감을 느낀 아인슈타인은 결국 1911년 솔베이 회의 이후 광양자 가설을 유보하고 빛에 대한 파동론적인 해석을 부분적으로 수용했다. 광양자의 실재 여부를 주장하는 데 지친 아인슈타인은 지금까지의 노력으로 충분하다고 판단했다. 그리고 양자 문제는 일단 미뤄두고 중력에 집중하기 시작했다. 그리고 1915년에 마침내 일반상대성이론 완성의 대업을 이루어냈고, 그 이후에 아인슈타인은 양자에 관한 논의를 다시 시작했다.

마녀들의 안식일 집회

아인슈타인은 솔베이 회의 초대를 수락한 후 그의 친구 베소에게 보낸 편지에서, 브뤼셀에서의 회의를 위해 쓰는 비열에 관한 자신의 '씨잘데 없는 보고서' 작성 부담 때문에 다른 일에 열중할 수 없는 자신의 상황을 설명했다.[34] 회의에 참석하기 일주일 전쯤에 보낸 또 다른 편지에서 아인슈타인은 회의에서 발표할 보고서 작성을 마무리했다고 하면서 '마녀들의 안식일witches' sabbath'이란 표현을 사용했다.[35] 자신의 보고서를 지칭하는 이 표현은 두 가지 의미로 해석될 수 있다. 아인슈타인은 복사의 양자 구조에 대한 자신의 생각, 즉 파동-입자의 이중적 특성이 얼마나 이단적이고 혁신적인 생각인지를 알고 있었다. 자신의 생각을 발표할 브뤼셀의 회의는 곧 '기존 질서를 어지럽히는 이단적 모임'을 의미하는 '마녀들의 안식일 집회'가 될 것으로 생각했을 것이다.

브뤼셀에서의 회의가 끝난 뒤 1911년 12월 26일에 아인슈타인은 다시 베소에게 편지를 보내 전자 이론에 관해 이렇다 할 진전을 이루지 못했다고 하면서 "브뤼셀에서도 마찬가지로 해결책을 찾지 못한 채 이론이 실패한 것을 한탄했다"고 했다.[36] 이 회의에서 긍정적인 결과가 나오지는 않았다고 평가한 그는 이 회의가 '폐허가 된 예루살렘 성전에서의 탄식'과 비슷했다고 했다. 여기서 많은 참석자들이 탄식한 파괴된 '성전'은 이전 세기의 과학적 사고를 지배했던 고전물리학 이론이었다. 고전물리학은 행성의 움직임, 전자기 현상, 물질의 상태 등 많은 물리현상을 잘 설명할 수 있었지만, 새롭게 관찰된 현상은 고전물리학으로는 설명할 수 없는 문제들이었다. 그러고는 "나는 이미 내가 알고 있는 것 외에 다른 새로운 어떤 것도 듣지 못했다네. 회의는 내게 큰 자극을 주지는 않았네"라고 언급함으로써, 적어도 아인슈타인 자신은 솔베이 회의의 학문적 성과에 대해서 큰 의미를 찾지 못했음을 보여주었다.

이 회의의 최연소 참가자로서 솔베이 회의의 학술 총무 역할을 했던 린데만의 편지도 비슷한 분위기를 전해주었다. 린데만은 네른스트의 학생이자 동료로 저온 비열 실험을 통해 아인슈타인의 비열 이론에 합당성을 부여한 물리학자였다. 나중에 처칠 수상의 과학 보좌관이 된 그는 자신의 아버지에게 보낸 편지에서 "토론은 대부분 흥미로웠지만 결과적으로는 그 어느 때보다 더 깊은 혼란의 수렁으로 빠져드는 것 같습니다. 온통 모순으로 뒤덮인 것처럼 보입니다"라면서 당시 물리학자들이 양자 이론을 대하는 태도의 혼란스러운 모습을 전했다.[37]

아인슈타인은 1911년 11월 15일 솔베이 회의에서 프라하로 돌아오자마자 친구 장거에게 또 다른 편지를 쓰면서 회의에 대한 논평을 계속했다.[38] 그는 동료 참석자들의 학문적 보수주의에 문제를 제기했다. 푸앵카레에 대해서는 "전반적으로 부정적이었고, 그의 모든 통찰력에도 불구하고 상황을 거의 파악하지 못하고 있었다"라고 썼다. 푸앵카레는 아인슈타인의 특수상대성이론에 매우 근접한 수학적 구조를 제시한 인물이지만, 솔베이 회의 동안은 두 사람은 서로의 존재를 인정하지 못하는 듯했다. 그러나 이 만남 후 몇 주 뒤에 푸앵카레는 교수직을 구하는 아인슈타인에게 매우 호의적인 추천서를 써 주었다.

아인슈타인은 플랑크에 대해서 "의심할 여지 없이 잘못된 선입견을 거둘 줄 모르는 고집 센 사람"이라고 하면서 양자 개념의 수용에 있어서 자신과 다른 태도를 취했음을 내비쳤다. 아인슈타인이 이보다 일주일 전쯤에 보낸 편지에서는 대부분의 경우 플랑크에게 자신의 생각이 옳다는 것을 설득할 수 있었다고 한 것을 염두에 두면, 플랑크를 설득하는 것이 쉽지 않았던 것으로 보인다.

편지의 마지막에는 "제대로 아는 사람은 한 사람도 없었다네. 회의의 전체적인 흐름은 사악한 예수회 교부들에게 희열을 안겨주는 모양새였네"라고 적었다. 중세 말기에 예수회 교부들은 종교개혁의 거친 물결 속에서 가톨릭교회를 수호하기 위해 개신교의 확산을 저지하는 것을 활동 목표로 내세웠다. 그러면서 수도사들에게 절대적인 헌신과 복종을 요구하며 때로는 무리한 방법을 사용하기도 했다. 이와 비슷하게 솔베이 회의에서 노장 과학자들이 보인 보수적인 태도가 아인슈타인에게는 이들이 고전물리학을 고집하면서 양자 이론을 거부하는 것처럼 보였는지도 모른다. 그러나 아인슈타인의 이러한 평가는 그의 동료들을 잘못 판단한 것이었다.

제1차 솔베이 회의는 원래 의도한 만큼의 성공을 거두지는 못했지만, 다른 시각에서는 풍부한 결실을 거두었다고 할 수 있다. 그 첫 번째 열매는 무엇보다 당면한 양자 문제를 명확하게 인식시킨 것이었다. 플랑크가 네른스트에게 드러냈던 염려, 즉 작용양자의 문제를 다루어야 할 '긴급성'을 거의 느끼지 않을 것이라는 두려움을 이제는 거둘 수 있었다. 회의를 지켜본 브릴루앙Marcel Brillouin(1854~1948)과 같은 물리학자는 회의에 참석한 젊고 대담한 과학자들에게 자신들이 매우 소심하게 보일 수 있음을 인정했다. 그는 마지막 세션에서 "이제부터 우리는 몇 년 전에는 전혀 알지 못했던 불연속성, 불연속적으로 변화하는 무언가를 물리 및 화학적 개념에 도입해야 할 것 같습니다"라는 결어를 보탰다. 랑주뱅도 광흡수 스펙트럼이나 비열과 같이 분명히 구별되는 현상들 사이에서 완전히 예상치 못한 관계를 발견하는 양자 이론의 힘을 인정해야 한다고 언급했다.

사실 아인슈타인은 광전효과에 대해 상세한 예측을 했지만, 무명의 물리학자였던 아인슈타인의 낯선 이론을 확인하려는 시도는 거의 없었다. 그리고 실험 자체가 어려웠기 때문에 1916년 밀리컨Robert Millikan(1868~1953)의 광전효과 실험이 나오기까지 이론을 입증할 실험은 제대로 이루어지지 않았다. 흥미로운 사실은 밀리컨이 광전효과 실험에 처음 시작할 때에도 그는 아인슈타인의 광양자설이 틀렸을 것이라 생각을 가지고 있었다. 그래서 자신의 실험이 아인슈타인의 이론을 반박할 수 있을 것으로 기대했다. 그리고 실험으로부터 플랑크 상수를 결정해 내고 나서도 광양자설이 무모한 생각이라고 하면서 미심쩍어 했다.* 실험 결과가 광양자설을 지지하는 쪽으로 나오는 데도 선뜻 입장을 바꾸지 못했던 것이다.

그만큼 복사의 입자적 특성에 관한 아인슈타인의 견해는 그 당시 너무 이단적이었다. 브뤼셀에서의 회의 마지막에 솔베이는 참석 과학자들에게 "양자 가설이 실험적 증거와 과학적 논쟁을 통해 진정한 이론으로 확고히 자리를 잡기까지는 적어도 20년이 걸릴 것입니다"라고 말했는데, 실제로 파동-입자 이중성에 관한 실질적 논의는 1924년 드브로이의 물질파 이론이 나온 이후에야 본격적으로 이루어지기 시작했다.

그러나 '마녀들의 안식일 집회'는 결과적으로 양자 문제의 중요성을 인식하는 많은 과학자 집단을 형성하는 계기가 되었다. 그중 한 사람이 바로 아인슈타인이 부정적으로 평가했던 푸앵카레였다. 57세의 노장이었던 푸앵카레는 솔베이 회의에 참가할 당시 양자 개념에 대해서 전혀 모르고 있었다. 그가 고전물리학의 거장이었던 점을 감안할 때, 푸앵카레가 쉽게 양자 개념을 받아들이리라고는 생각할 수 없었다. 하지만 푸앵카레는 큰 열정을 보였고 토론에 가장 적극적으로 참여했다. 로렌츠는 "토론에서 보여 준 푸앵카레의 자세는 그가 얼마나 활기차고 통찰력이 넘치는 지성의 소유자인지를 보여주었다. 그가 물리학의 어려운 의문점, 비록 그것이 생소한 것이어도 자신 있게 뛰어드는 소탈함에 감탄했다"고 회상했다.

---

* 밀리컨은 유명한 '기름방울 실험'을 통해 전자의 비전하(e/m)를 구한 업적으로 1923년 노벨물리학상을 수상한 것으로 알려져 있지만, 광전효과에 대한 실험도 노벨상 업적에 포함되어 있었다.

푸앵카레는 자신이 죽기 1년 전에 열린 솔베이 회의에서 처음 양자론을 알게 되었지만, 이것이 틀림없이 고전역학을 혁신적으로 바꾸게 될 것을 금방 확신할 수 있었다. 그는 솔베이 회의 직후 파리로 돌아가 곧바로 양자 문제에 몰두하여 1911년 12월 4일 자신의 연구 결과를 파리 과학아카데미에서 발표했다. 여기서 푸앵카레는 플랑크의 복사법칙이 본질적으로 양자 불연속성을 도입할 수밖에 없다는 증거를 제시했다.

결국 다른 물리학자들이 고전적인 연속성 개념을 계속 만지작거리고 있는 동안, 푸앵카레는 관측된 복사 법칙을 설명하기 위해 양자 불연속성이 절대적으로 필요한지 여부를 스스로 증명했던 것이다. 1912년 1월에 발표한 『양자 이론의 측면에서Sur la théorie des quanta』라는 제목의 이 연구는 양자 가설이 플랑크의 법칙이나 다른 복사 법칙의 충분조건이자 필요조건임을 결정적으로 증명했다.[39] 즉, 불연속적인 양자의 성질은 필수적이고 또 불가피한 것임을 보였다.

사실 푸앵카레의 논문은 에렌페스트가 1911년 7월에 ≪물리학 연보≫에 투고한 논문과 거의 같은 내용이었다. 물론 푸앵카레는 에렌페스트의 논문에 대해 전혀 모르고 있었다. 푸앵카레는 에렌페스트가 보낸 논문 사본을 받아 보고는 "다른 사람이 다른 경로로 동일한 결과에 도달한 것을 발견하게 되어 기쁩니다"라고 답했다. 그렇지만 푸앵카레가 1912년 7월에 병으로 사망했기 때문에 에렌페스트를 공개적으로 인정해 줄 시간이 없었다. 흑체복사 법칙이 성립하려면 양자 가설이 필요하다는 사실은 에렌페스트가 먼저 입증했지만, 공식적으로 공로를 인정받은 것은 푸앵카레였다. 에렌페스트의 전기 작가 마딘 클라인Martin Klein(1924~2009)은 이 일을 이렇게 요약했다.

"…푸앵카레의 논문은 동시대인들의 태도에 깊은 영향을 미쳤다. 에렌페스트는 무시될 수 있었고 아인슈타인은 받아들여지지 않았지만, 푸앵카레의 권위는 의심의 여지가 거의 없었다. 그의 주장은 흑체복사가 유한한 에너지를 가지려면 에너지의 불연속성이 절대적으로 필요하다는 사실의 증거로 받아들여졌다."[3]

그리고 제1차 솔베이 회의에 참석했던 러더퍼드가 브뤼셀에서 돌아온 지 몇 주 후에 보어가 그를 방문했다. 이때 러더퍼드는 보어에게 브뤼셀에서의 토론에 대해 상세하게 전해주었다. 케임브리지의 톰슨 연구실에서 이렇다 할 연구 진전이 없었던 보어는 러더퍼드에게로 갈 수 있는지를 타진하기 시작했다. 그리고 마침내 1912년 3월에 맨체스터로 옮겼다. 이로써 보어는 1913년에 플랑크의 작용양자를 사용하여 성공적인 원자 모형을 제시할 수 있었다.

드브로이도 제1차 솔베이 회의에서 학술 총무 역할을 한 그의 형 모리스가 기록한 회의록을 읽고 자극을 받아 양자역학에 대한 열정을 키웠다. 당시 열아홉 살이었던 그는 회의에서 논의된 문제에 매혹되었고, 플랑크가 도입한 신비한 양자의 본질을 이해하는 데 자신의 젊은 열정을 모두 바칠 것을 다짐했다.

제1차 솔베이 회의의 사람들

제1차 솔베이 회의가 성공적인 결실을 거두는 데 결정적인 역할을 한 것은 솔베이의 선견지명과 주도성, 네른스트의 조직력, 과학적 권위를 가진 로렌츠의 노련한 회의 진행이었다. 아인슈타인은 제1차 솔베이 회의에 대해 '폐허가 된 예루살렘 성전에서의 탄식'이란 표현을 썼지만, 오직 로렌츠에 대해서만 "그분은 놀라운 지성과 훌륭한 재치를 가진 살아 있는 예술작품"이라고 찬사와 경의를 표했다. 또 다른 편지에서는 "로렌츠 선생님은 어느 누구와도 비교할 수 없을 정도의 재치와 놀랄 만한 능숙함으로 회의를 주재했다네. 그분은 세 가지 언어를 모두 똑같이 잘 구사하며, 독특한 과학적 통찰력을 소유하신 분이야"라고 적었다.[38]

로렌츠의 업적은 대부분 맥스웰의 전자기 이론과 관련이 깊다. 로렌츠의 가장 큰 공헌 중 하나는 1896년 원자에서 나오는 빛 스펙트럼이 자기장 안에서 여러 개로 분리되는 '제이만 효과'를 자신의 전자 이론을 확장하여 설명한 것이다. 아인슈타인은 로렌츠의 업적을 이렇게 요약했다. "세기의 전환기에 로렌츠는 모든 나라의 이론물리학자들에게 선구적 정신을 가진 분으로 여겨졌다. 그러나 젊은 세대의 물리학자들은 로렌츠가 이론물리학의 근본 원리를 정립하는 데 결정적인 역할을 했다는 사실을 제대로 깨닫지 못한다. 이 기묘한 사실의 이유는 그들이 로렌츠의 근본적인 생각을 너무나 완벽히 흡수해서 이러한 생각의 대담함과 물리학의 기초에 가져온 단순화를 온전히 깨닫지 못하기 때문이다."[40]

명망이 높았던 로렌츠는 1928년 그가 사망할 때까지 처음 다섯 번의 솔베이 회의의 조직위원장으로서, 그리고 회의의 의장으로서 헌신했다. 특히 프랑스어, 독일어 및 영어를 유창하게 구사했으며 회의 동안 통역자 역할을 했다. 로렌츠는 솔베이에게 보낸 편지에서, 과학 연구는 일차적으로 연구자 개인이 수행할 수도 있지만 "연구자들 사이의 의견 교환은 매우 유익합니다"라고 자신의 견해를 명확히 했다.

그런데 솔베이 회의가 끝나갈 무렵 프랑스 보수언론 일간지 ≪르 저널 Le Journal≫에 "퀴리 부인이 사라졌고, 랑주뱅씨도 어디에 있는지 아무도 모른다"는 기사가 나왔다. 그 당시 어느 신문도 제1차 솔베이 회의에 대해 구체적으로 언급하지 않았다. 당시 언론의 관심은 브뤼셀에서의 회의가 물리학의 미래에 어떤 의미를 가지는지에 있지 않았고 오직 한 남녀의 추문에 관한 것이었다. 두 과학자가 동료 과학자들과 함께 브뤼셀에서 양자 문제에 대해 토론하고 있는 동안 신문은 엉뚱한 기사를 썼다.

언론은 사실과는 상관없이 추문을 퍼트리고, 심지어 반유대주의 독자들을 이용하여 폴란드 출신의 마리 퀴리가 유대인 태생이라고 몰아세우는 터무니없는 언론 폭력을 저질렀다. 그런 가운데 11월 7일에 마리 퀴리가 두 번째 노벨상 수상자로 선정된 사실이 발표되었다. 추문 기사 작성자는 공개적으로 사과를 함으로써 이 사건이 무마되기는 했지만, 마리 퀴리가 받았던 고통과 상처는 치유될 수 없었다.

나중에 아인슈타인은 퀴리 부인에게 덧씌워진 그릇된 일에 분노를 느낀다면서 우정 어린 편지를 보냈다. 아인슈타인은 "교수님의 지성과 열정, 존엄함을 얼마나 많이 존경하게 되었는지, 그리고 브뤼셀에서 교수님과 인간적으로 만날 수 있었던 것을 행운으로 생각한다는 말씀을 드리고 싶습니다"라면서 "만약 무가치한 인간들이 여전히 교수님에 대해 헛소리를 계속한다면 그런 것들은 무시하십시오. 그런 헛소리를 지껄이는 자들은 독사들의 몫입니다"라고 그녀를 위로했다.[41] 마리 퀴리는 프랑스의 보수성과 유명한 사람의 사생활에 대한 뒷담화를 좋아하는 언론의 공세, 그녀가 폴란드 출신의 외국인이라는 점, 그리고 여성이라는 성차별적 문제로 노벨상을 두 번이나 수상했음에도 불구하고 파리 과학아카데미의 회원이 되지 못했다.

제1차 솔베이 회의는 어떻게 보면 풋풋한 신진 과학자인 아인슈타인에게 큰 기회를 제공했다. 그는 자신의 뛰어난 과학적 재능을 유럽의 저명 과학자들 앞에서 생생하게 보여줄 수 있었고, 이들과의 인간적 교류도 시작할 수 있었다. 아인슈타인은 특히 마리 퀴리와의 만남을 자랑스럽게 생각했다. 솔베이 회의에서 프라하로 돌아오자마자 친구 장거에게 쓴 11월 7일의 편지에는 "나는 브뤼셀에서 페랭, 랑주뱅, 퀴리 부인과 함께 많은 시간을 보냈고, 이 사람들과 함께 즐겁게 지냈다네. 퀴리부인은 심지어 딸들과 함께 우리를 방문하겠다고 약속했다네"라고 적고 있다.[42]

특히 플랑크의 작용양자가 고전물리학의 그림자에서 벗어나게 함으로써 양자 불연속성이 양자역학의 기본적인 개념으로 자리 잡도록 하여 초기 양자론에서 파동-입자 이중성의 문제를 열었다. 페랭은 아인슈타인의 브라운 운동에 관한 이론을 증명하는 아보가드로수의 결정과 기본 전하의 값에 관한 최근 연구 결과를 요약해 발표함으로써 아인슈타인을 지지하고, 원자의 존재와 관련된 논란을 종식시켰다. 이로써 솔베이 회의는 아인슈타인이 국제적인 물리학자로서 두각을 드러내는 데뷔 무대가 되었다.

솔베이 회의는 아인슈타인의 학문적 경력에도 큰 영향을 미쳤다. 1912년 프라하에서 취리히 연방공과대학교로 옮길 때, 마리 퀴리와 푸앵카레는 그를 강력하게 추천했다. 마리 퀴리는 "저는 아인슈타인 박사가 명석한 정신의 소유자이며, 수많은 자료를 섭렵하여 깊은 지식을 가지고 있음을 느낄 수 있었습니다. … 그에게 큰 기대를 걸어도 좋고 미래의 선도적인 학자가 될 것이라는 말씀을 감히 드릴 수 있습니다"라고 적었다. 푸앵카레도 "그가 가진 가장 큰 장점은 새로운 개념을 받아들이고 그로부터 가능한 모든 결론을 끌어내는 방법을 아는 능력입니다. 그는 고전적 원리에 집착하지 않았으며, 물리학의 문제에 맞닥뜨렸을 때 모든 가능성을 재빨리 생각해 냈습니다. … 장래에는 아인슈타인 박사의 가치가 점점 더 크게 부각될 것이며, 이 젊은 대가를 초빙할 만큼 우수한 대학은 분명 큰 명예를 얻게 될 것입니다"라고 그를 추천했다. 1913년 독일 프로이센 과학아카데미 연구교수직을 제안받은 것도 솔베이 회의에서 그가 보여준 명석함이 플랑크와 네른스트의 호감을 샀기 때문이었다. 강의 부담 없이 연구에 전념할 수 있는 환경을 제공받은 아인슈타인은 베를린에서 1915년에 일반상대성이론을 완성할 수 있었다.

조전도체의 발견에 관한 오네스의 보고서는 네른스트의 발표와 토의 후에 발표되었다. 오네스는 물질의 원자론적 이론에 대한 실험적 증거 수집을 목표로 연구하고 있었다. 그 당시 레이던 대학교의 동료 교수였던 반 데르발스는 이상기체의 상태방정식이 고압에서는 적용되지 않는 이유를 설명하기 위해 분자들이 서로 약하게 끌어당긴다고 가정하고, 기체가 액화하는 임계 온도를 알면 기체를 완전히 설명할 수 있다는 원리를 공식으로 세웠다. 오네스는 저온에서 반데르발스의 이론을 실험적으로 확인하려고 했다.

오네스는 이 과정에서 1908년에 처음으로 액체 헬륨을 만들었다. 그리고 솔베이 회의가 열렸던 1911년에 액체 헬륨 온도(섭씨 -272.4도)에서 물질의 특성을 연구하면서 수은과 같은 금속이 낮은 온도에서 전기 저항이 영(0)이 되는 초전도 현상을 발견하게 되었다. 매우 낮은 온도에서 특정 금속에서 나타나는 초전도 현상은 물리학자들에게 큰 수수께끼 문제를 던져 주었다. 오네스는 이 업적으로 1913년에 노벨 물리학상을 받았다.

그리고 제1차 솔베이 회의 참석자 가운데 직접 보고서 발표는 하지 않았지만, 큰 비중을 차지한 물리학자가 있었다. 바로 러더퍼드인데, 그는 알파 입자의 후방산란 실험을 통해 원자핵의 존재를 예측한 업적으로 잘 알려져 있다. 그는 박사학위를 마친 후 캐나다 몬트리올의 맥길McGill 대학교에서 첫 직장 생활을 하면서 화학자 소디Frederick Soddy(1877~1956)와 함께 방사성 물질에 관한 연구를 진행하면서 방사성 원소가 안정되어 있지 않고 다른 성질의 원소로 변환될 수 있음을 보였다.

러더퍼드의 방사성 붕괴에 관한 연구는 돌턴의 원자론 이래 원소의 불변성에 관한 믿음을 깨뜨리고 한 원소가 다른 원소로 변환될 수 있음을 보여주었다. 방사선은 원자 내부의 붕괴 과정에서 발생하며, 알파(α)선과 베타(β)선이라고 부르는 적어도 두 가지 서로 다른 종류로 있다는 사실도 알게 되었다. 러더퍼드는 이 업적으로 1908년에 노벨 화학상을 수상하게 되었는데, 그는 물리학자인 자신이 노벨 화학상 수상자로 선정되었다는 소식을 듣고 "내가 물리학자에서 화학자로 바뀐 것은 원소의 변화보다 더 놀라운 일이다"라고 말했다고 한다. 그 당시에는 방사능이란 새로운 분야를 두고 물리학과 화학이 다투고 있었기 때문에 1903년 베크렐Antoine

Henri Becquerel과 퀴리 부부가 노벨물리학상 수상자가 되자, 화학자들이 이에 질세라 1908년에 러더퍼드를 노벨화학상 수상자로 선정했다.

유럽 물리학의 중심인물로 부상한 러더퍼드가 초대 솔베이 회의에 영국 대표로 초청된 것은 당연했다. 그러나 이 회의에서 플랑크와 조머펠트가 보고서를 발표하면서 원자 모형을 논의했음에도 불구하고 러더퍼드는 1909년에 이루어진 자신의 알파 입자의 후방산란 실험 결과, 즉 물리학의 발전에 아주 깊이 영향을 미칠 원자핵 발견에 관한 언급은 전혀 하지 않았다. 그의 원자핵 모형은 겨우 1년도 채 되지 않았고, 여전히 몇 가지 가능성 중 하나에 불과했다. 뿐만 아니라 여러 가지 문제점을 갖고 있었기 때문이었다. 사실 그 당시 원자의 구조에 관한 논의는 앞으로 10년 이상 계속 논의될 큰 주제였다.

솔베이는 제1차 솔베이 회의의 성공에 힘입어 재단을 설립하고 물리학 분야와 화학 분야를 분리하여 격년으로 각각의 분야에 관한 정기적인 국제학술회의를 개최하기로 결정했다. 과학자들에게 연구비를 지원하는 정책도 병행했다. 연구비 지원은 제1차 세계대전이 발발할 때까지 계속되어 40명의 수혜자 중 6명이 노벨물리학상을 수상하게 되었다. 솔베이 국제과학위원회의 핵심 인물이 된 러더퍼드가 1913년 '물질의 구조structure of matter'에 초점을 맞추었던 제2차 솔베이 회의의 조직에서 주도적인 역할을 하는 것은 당연했다.

그리고 1911년 솔베이 회의가 진행되는 동안 참가자들은 물리학에서 실험과 이론 사이의 긴밀한 연결이 중요하다는 인식을 공유하게 되었다. 이러한 인식은 곧바로 맨체스터 대학교의 러더퍼드 실험실에 이론물리학자인 보어가 합류하는 결과로 이어졌다. 더욱이 1913년 제2차 솔베이 회의 개최 직전에 보어가 러더퍼드의 원자핵 이론을 발전시켜 새로운 원자 모형을 제시하면서 양자 이론은 새로운 국면으로 접어들기 시작했다.

제3장

미시 세계의 비밀

원자보다 작은 세계

20세기 초 많은 물리학자들은 전자에 몰두했는데, 이는 분명히 새롭고 매혹적인 발견이었다. 그 당시 영국과 프랑스에서는 주로 방사능과 원자 구조에 대한 이론 및 실험적 연구가 이루어지고 있었고, 독일 쪽에서는 흑체복사와 관련된 초기 양자론 연구가 활발히 이루어지고 있었다. 흥미롭게도 처음에는 두 흐름 사이의 상호작용이 거의 없었다. 20세기 초에는 국경을 넘는 과학적 의사소통이 오늘날보다 상당히 느렸기 때문에 얼마 동안은 원자의 구조에 관한 연구는 영국의 전문 분야로 남아 있는 반면, 양자론은 독일 지역의 관심사로 남아 있었다.

이러한 경향과 태도의 차이는 러더퍼드가 1911년 말에 헨리 브래그William H. Bragg에게 보낸 편지에서도 나타난다. 그는 첫 번째 솔베이 회의에 대해 언급하면서 "브뤼셀에서 대류 사람들이 플랑크 이론의 기초에 대한 물리적 개념을 세우는 데 그다지 관심이 없어 보이는 사실에 오히려 충격을 받았습니다. 그들은 어떤 가정을 하고 이에 따라 모든 것을 설명하는 데 만족할 뿐, 사물의 실제 원인에 대해 크게 고민하지 않는 것 같아요. 저는 영국의 관점이 훨씬 더 물리적이고 좋다는 말을 할 수밖에 없습니다"라고 했다. 사실 복사의 문제와 원자의 구조에 관한 문제는 밀접한 관계가 있었기 때문에 두 지역의 경향과 관심이 만나는 접점에서는 풍부한 영역이 펼쳐질 수가 있었다.

1911년 제1차 솔베이 회의는 다른 노선을 걷던 두 연구 집단이 중요한 연구 관심사를 공유하고 확산하는 계기가 되었다. 원자보다 작은 미시 세계에 불연속성의 원리를 도입할 새로운 물리학의 필요성은 분명해졌다. 그리고 이 회의 이후 물질의 구조, 특히 원자의 구조를 이해하는 데에도 상당한 진전이 있었다. 특히 러더퍼드의 알파 입자 후방산란 실험은 톰슨의 원자 모형이 수정될 수밖에 없는 강력한 실험적 증거가 되었다. 다른 한편으로는 주로 보어의 과감한 시도와 드브로이의 통찰력을 통해 양자론에 새로운 내용이 조금씩 더해지기 시작했다. 이리하여 1925년까지 "고전 양자론old quantum theory"이라고 불리는 새로운 체계가 형성될 수 있었다.

두 번째 솔베이 물리학 회의의 주제는 '물질의 구조'였다. 1913년 10월 27일부터 31일까지 브뤼셀에서 개최된 제2차 솔베이 물리학 회의에서는 9개국에서 온 약 30명의 과학자들이 원자 구조, 결정구조 및 고체의 분자 이론을 중심으로 발표와 토론을 했다. 주요 관심은 원자의 구조에 관한 톰슨의 논문을 포함하여 X-선의 파동적 특성의 확립, 그리고 이를 이용한 물질의 구조 연구에 관한 것에 모아졌다.

톰슨의 원자 모형은 물질의 구조를 이해하는 출발점이자 기초였다. 톰슨은 전자를 발견한 후 자신의 원자 모형을 꾸준히 발전시켰는데, 현재 일반적으로 알려져 있는 소위 '건포도 빵plum-pudding 모형'은 초기 모형이다. 1897년에 톰슨이 음극선에서 나오는 미립자(전자)에 대해서 알 수 있었던 것은 단지 이것의 전하 대 질량의 비(e/m)밖에 없었다. 2년 후인 1899년에 미립자의 전하량 측정에 성공했을 때 비로소 이 미립자가 원자보다 작은 입자임이 확인되었다. 이때부터 원자의 구조가 어떻게 되어 있는지가 과학자들의 관심 속으로 들어왔다. 원자핵의 존재를 몰랐던 당시에는 원자의 질량이 모두 전자에서 나온다고 보았기 때문에 간단한 수소 원자 조차도 1,000개 이상의 전자가 모인 복잡한 구조였다.

그는 이후 몇 년 동안 정교하게 정량적인 원자 모형을 발전시켰다. 1904년에 톰슨이 제안한 원자 모형은 양전하가 균일하게 분포한 구체 내부에 다수의 전자가 회전하는 동심원 고리 위에 있는 모양이었다. 양전하 구체는 질량도 없고 마찰도 없는 가상적인 것으로, 단지 탄성력으로 전자들을 원자에 묶어두는 기능을 했다. 톰슨은 자신의 목표가 "미립자의 안정된 배치가 실제 원자들의 속성과 많은 공통성을 가질 것임을 보여주는 것"이라고 하면서 간단한 경우에 이를 예시해 보이려고 했다.[43] 그는 전자의 배치로 원소의 주기적 성질을 설명하려는 의도를 가지고 있었다.

원자의 구조는 먼저 전기동역학 문제부터 검토해야 했다. 가상적 구체 내부에 양전하가 균일하게 분포되어 있다고 해도 효과적인 측면에서는 중심에 양전하가 모여 있는 것처럼 전자가 느끼게 된다. 물론 구체 내부의 전자 위치에 따라 중심 양전하의 크기는 다르게 느껴지지만, 전자가 양전하가 만드는 전기장에 의해 중심 방향으로 끌려가지 않으려면 원운동을 해야 했다.

그런데 원운동은 가속도 운동이기 때문에 전자기학 이론에 따라 음전하의 전자는 전자기파를 내놓으면서 에너지를 잃게 되어 안정된 구조를 가질 수가 없다. 이에 톰슨은 고리에 있는 전자의 수가 많아지면 에너지 손실이 급격히 줄어든다는 사실을 보임으로써 원자의 안정성을 확보하려고 했다. 예를 들어, 단일 전자에서 나오는 복사에너지를 1이라고 할 때, 빛의 속도의 1/1,000의 속도로 움직이는 6개의 전자로 구성된 원에서 나오는 복사에너지는 $1/10^{16}$에 불과하다는 것을 발견했다. 물론 전기동역학적 안정성을 확보하기에는 부족한 결과였다.

톰슨은 원자 모형을 굉장히 복잡한 수학적 형태로 제시했는데, 평면에서의 전자 고리의 역학적 안정성이 전자의 배치 형태와 전자의 운동에 의해 결정된다고 했다. 톰슨은 자신의 원자 모형을 이렇게 기술했다.

"균일한 양전하를 띤 구의 내부에는 일련의 평행한 고리 모양으로 배열된 많은 미립자가 있으며, 고리 속의 미립자의 수는 고리마다 다르다. 각 미립자는 자신이 위치한 고리의 원주를 따라 고속으로 운동하며, 많은 수의 미립자를 포함하는 고리는 구의 표면에 가까이 있고, 미립자의 수가 적은 고리는 구의 내부에 더 많이 위치하도록 배열되어 있다."[44]

톰슨의 원자 모형은 1910년까지 영국과 유럽 대륙에서 원자 이론에 대한 최상의 제안으로 여겨졌다. 당시에 톰슨의 원자 모형은 여전히 설명할 수 없는 것들이 많았지만, 물리학자들이 새로운 실험이나 이론을 이끌어 내는 데 도움이 되었다. 톰슨 원자 모형의 흥미로운 점은 동심원 고리들에 속한 전자배치가 주기적으로 달라져, 마치 주기율표와 비슷한 형태라는 점이다.

1909년 괴팅겐의 보른은 톰슨 모형에 대해 "빛을 내는 원자의 위대한 교향곡에 있는 피아노 선율과 같다. 여러 면에서 조잡하고 부정확해 보일 수 있지만 이 강력한 음악을 이해하기 위한 출발점을 제공한다"고 평가했다.[44] 보른이 주목했던 것은 모형의 세부 사항이 아니라, 모형에 담겨 있는 정신이었다. 그것은 원자의 구조를 이해함으로써 주기율표와 같은 원소의 성질과 방사선 등의 여러 현상을 이해하려는 시도였다.

그런데 톰슨은 1910년경에 조용히 자신의 원자 모형을 버리고 양전하와 관련된 연구로 관심을 옮겼다. 이것은 1909년 맨체스터 대학교의 러더퍼드 연구실에서 수행한 알파(a) 입자 산란 실험 결과 때문인 것으로 추측할 수 있다. 톰슨의 원자 모형은 처음부터 양전하를 띤 질량 없는 구체를 가정하는 등 여러 가지 문제들을 안고 있기는 했지만, 이 새로운 실험 결과를 설명할 수 없는 중대한 어려움에 직면했던 것이다. 궁극적으로 톰슨 원자 모형의 쇠락은 1909년에 발표된 알파선 산란 실험에서 시작되었다고 할 수 있다.

방사선 계수기를 발명한 가이거Hans Geiger(1882~1945)와 학부생이었던 마스던Ernest Marsden(1889~1970)은 러더퍼드의 실험실에서 알파 입자의 산란을 연구하고 있었다. 그들은 얇은 금박gold foil에 알파선을 쏘았을 때,

90° 이상의 각도에서 상당한 확률로 산란이 일어나는 현상을 관찰했다.[45] 이를 알파 입자의 '후방산란back scattering'이라고 하는데, 러더퍼드는 이 결과에 무척 놀랐다. 전하들이 넓게 퍼져 있는 원자에서는 그러한 강한 편향 현상이 일어날 수 없기 때문이다. 러더퍼드의 비유를 사용하면, 마치 휴지에 15인치 포탄을 쏘았을 때, 포탄이 튕겨 나온 것과 같은 현상이었다.

어려움에 처한 톰슨은 1913년에 「원자의 구조에 관하여On the structure of the atom」라는 제목의 논문을 통해 새로운 모형을 제시했다.[46] 이 원자 모형에서는 원자 내부의 전하를 띤 입자들이 두 종류의 힘, 즉 원자 중심으로부터의 거리의 세제곱에 반비례하는 반발력과 제곱에 반비례하는 인력을 가정했다. 인력은 여러 개의 반지름 방향의 관을 통해서만 제한적으로 작용한다는 이상한 가정을 하고 있었다. 제2차 솔베이 물리학 회의에서 톰슨이 발표한 내용은 1913년의 원자 모형에 바탕을 둔 것이었다.

톰슨은 고전물리학의 원리에서 벗어나지 않는 범위에서 원자의 안정성과 원소의 주기성에 해당하는 전자배치를 설명하려 했다. 그리고 가시 영역에서의 원자 스펙트럼, 광전효과, X-선의 특성, 방사선까지 정성적으로 설명하려고 했다. 톰슨은 이 과정에서 플랑크의 양자 개념은 전혀 사용하지 않았다.

이러한 톰슨의 시도에 대해 랑주뱅, 린데만, 로렌츠를 포함한 몇몇 물리학자들이 이의를 제기했다. 로렌츠는 "제안하신 가정은 … 반론의 여지가 있습니다. 우리는 어떤 모형이든지 일반 역학 법칙을 따르는 것은 모두 (자외선 파국으로 이어지는) 흑체복사에 관한 레일리 경의 공식으로 귀결될 것이라는 사실을 확인한 바가 있습니다. 톰슨 경께서 제안한 모형에는 역학 법칙과 양립할 수 없는 것이 포함되어 있지 않기 때문에 그 모형에서 올바른 복사 법칙을 추론할 수 있을 것 같지 않습니다"라고 언급했다. 이 무렵 보어는 이미 원자에 관한 양자 이론을 발표했지만, 톰슨은 러더퍼드는 물론 보어의 이론에도 동의하지 않았다.

톰슨은 러더퍼드의 알파 입자 산란 실험에 대해서도 언급하면서 알파 입자가 큰 각도로 산란되는 현상의 발견이 원자핵nucleus*의 존재를 증명하는 것은 아니라고 했고, 이 언급은 활발한 토론을 불러일으켰다. 토론에서 러더퍼드는 원자핵 존재의 기초가 되는 풍부한 실험적 증거와 실험의 정확성에 대해 설명했다. 원자핵에 대한 개념이 국제 무대에서 공식화되는 첫 순간이었다. 러더퍼드는 토론에서 알파선 후방산란 실험과 원자핵에 관해 이렇게 언급했다.

"알파(a)-입자가 때때로 큰 각도로 방향이 휘어진다는 것은 잘 알려진 사실이며, 이것은 많은 원자와 여러 번 충돌한 결과가 아니라, 단일 원자에 거의 접촉할 정도까지 접근한 결과임이 분명합니다. a-입자의 엄청난 속도와 에너지를 고려한다면, 이러한 엄청난 휘어짐이 일어나기 위해서는 원자 내부의 강한 전기장을 지나가야 한다는 결론을 내릴 수밖에 없습니다. 원자는 크기가 매우 작고 양전하를 가지며 원자 질량의 대부분을 포함하는 중심핵으로 구성되어 있다고 할 수 있습니다. 원자가 전기적으로 중성이 되게 하려면 이 핵은 여러 개의 전자로 둘러싸여 있어야 합니다. (…) 가이거와 마스던은 실험 결과를 이론과 비교한 결과, 이론적 추론이 실험 결과와 완벽하게 일치하는 것으로 밝혀졌습니다."

러더퍼드는 단순한 역학적 개념을 사용하여 원자핵과 원자 구조에 대한 증거를 명백하게 보여주었다. 동시에 원자계의 안정성과 관련된 문제에 고전적 개념이 적용될 수 없음을 보여주기도 했다. 그의 발견은 당시

---

* '핵'이라는 단어는 러더퍼드가 아니라 니콜슨(John Nicholson, 1881~1955)이 처음 사용했다. J. W. Nicholson, "A Structural Theory of the Chemical Elements," *Phil. Mag.* 22, 864-889(1911).

양자물리학 발전의 지침 역할을 했을 뿐만 아니라, 그 뒤에도 여전히 과제로 남을 문제였다.

다른 한편, 제2차 솔베이 물리학 회의에서 러더퍼드가 원자핵에 관한 자신의 발견을 언급했을 때는 이미 보어가 원자에 관한 양자 이론을 발표한 후였다. 그렇지만 그는 보어의 이론을 구체적으로 언급하지 않았다. 그것은 보어의 이론에 대한 자신의 의구심을 완전히 걷어내지 못했기 때문인 것으로 추측할 수 있다.

톰슨 원자 모형의 폐기는 알파선 산란 실험이 매우 중요한 계기가 되기는 했지만, 단순히 이 실험만으로 이루어진 것은 아니었다. 고전적인 톰슨의 원자 모형이 거부되는 과정은 과학철학자 쿤이 말한 패러다임의 전환 과정과 비슷하다. 즉, 설명할 수 없는 현상과 개념적 문제가 축적되어 톰슨 자신을 포함한 대부분의 물리학자들이 톰슨의 원자 모형이 만족스러운 형태로 발전될 수 없다는 것을 깨닫게 될 때, 비로소 그 체계가 무너지고 새로운 대안을 찾는 과정이 시작된다는 것이다. 이제 보어가 그 대안을 제시할 것이다.

러더퍼드의 원자핵 모형

1907년 캐나다 몬트리올에서 영국 맨체스터로 돌아온 러더퍼드는 훨씬 좋은 연구 환경에서 새로운 방사능radioactivity 분야 연구를 계속했다. 그는 알파선의 특성을 조사함으로써 알파 입자가 이온화된 헬륨 원자라는 증거를 찾아냈으며, 1911년에는 원자가 전하를 가진 작은 중심핵을 가지고 있다고 생각할 수 있음을 보여준 알파 입자 후방산란 실험 등 새로운 과학의 다양한 측면을 정교하게 밝혀나가는 일련의 중요한 논문들을 발표했다.

원자 중심에 있는 전하에 관한 개념은 러더퍼드가 처음 제시했다. 러더퍼드의 원자핵 개념은 매우 이상한 경험에서 나왔다. 1908년에 그는 알파 입자가 2개의 양전하를 띤 헬륨 원자와 동일하다는 것을 알고 두께가 약 1/800mm 두께에 불과한 금박에 알파 입자를 쏘아 입자의 경로를 추적하는 작업을 하고 있었다. 러더퍼드는 이 무렵까지 톰슨의 원자 모형을 받아들이고 있었으며, 특별히 원자 모형에 대해 관심도 두지 않았다. 대부분의 알파 입자는 톰슨의 '건포도 빵' 모형이 예상하는 형태로 금박을 통과했다. 그러나 이따금씩, 약 8,000개 알파 입자 중의 한 개꼴로 단단한 물체에 부딪힌 것처럼 뒤로 튕겨져 나갔다. 이 이상한 거동은 러더퍼드가 원자에 깊은 관심을 기울이는 계기가 되어 그는 1910년부터 진지하게 원자 이론으로 관심을 돌렸다.

러더퍼드는 많은 알파 입자의 궤적을 추적하고 형태를 조사한 끝에 양전하를 띠면서 원자보다 크기가 약 1/10,000 정도로 작은 중심핵이 원자의 거의 모든 질량을 가져야 한다고 추론했다. 음전하를 가진 전자는 대양 주위의 행성처럼 밀도가 높은 핵 주위에 있어야 했다. 톰슨 모형에 따르면 알파 입자는 원자 크기를 갖고 여러 개의 전자를 포함하는 것이었지만, 이와 달리 러더퍼드는 알파 입자가 전자와 같은 점 입자로 간주되어야 한다는 결론에 도달했다. 러더퍼드는 점과 같은 알파 입자에 대한 생각을 기반으로 산란 이론을 개발하기 시작했다. 그리고 1911년 5월 가이거와 마스던의 산란 실험을 기반으로 새로운 원자에 관한 획기적인 논문을 발표했다.[47]

원자의 구조에 관한 러더퍼드의 행성 모형이 제시된 이 논문은 1904년에 나가오카Hantaro Nagaoka(1865~1950)가 주장한 토성형 모형Saturnian model을 언급하고 있다. 토성형 모형은 토성처럼 양전하로 이루어진 구가 중심에 있고, 전자가 토성의 고리처럼 양전하 구를 둘러싸고 있는 형태다. 러더퍼드가 이 토성형 모형에서 영감을 얻었는지는 알 수 없지만, 원자핵이 아주 작은 크기를 갖는다는 점에서 큰 차이가 있다. 그렇지만 러더퍼드의 행성 모형은 여전히 문제를 안고 있었다. 그것은 톰슨의 원자 모형에서도 언급했지만 바로 전자의 배치에 관한 문제였다.

만약 전자가 원자핵 주위를 원운동을 하면, 전자기 유도에 의해 전자기파를 방출하면서 에너지를 잃고 금방 붕괴하기 때문에 원자의 안정성을 설명할 수 없다. 더욱이 이렇게 나오는 빛은 연속적인 스펙트럼의 형태를 보여야 한다. 왜냐하면, 전자의 회전 반지름은 연속적으로 감소해야 하며, 운동에너지 또한 연속적으로 감소하기 때문이다. 그러나 원자에서 나오는 빛은 불연속적인 선스펙트럼의 형태를 분명히 보였다. 러더퍼드는 이러한 전자배치 문제와 산란 계산을 모두 해결해야 했는데, 결과적으로 원자의 안정성 문제는 해결할 수 없었다.

이런 문제 때문에 러더퍼드는 1911년의 논문에서 자신의 이론을 주로 산란 이론으로 제시했다. 러더퍼드 논문은 가이거와 마스던이 얻은 알파 입자의 산란 실험 결과를 설명했을 뿐, 다른 것은 거의 설명하지 않았다. 그는 자신의 이론이 새로운 원자 모형으로 이어질 수 있을 것으로는 생각했지만, 문제점도 여전히 많아서 원자 구조에 관한 이론으로서는 매우 불완전하다는 것을 깨달았던 것이다.

무엇보다도 원자 모형의 중심이 되는 문제, 즉 전자가 어떻게 배열되는지에 대해서는 아무것도 제시하지 못했다. 그는 "제안된 원자의 안정성에 대한 문제는 이 단계에서는 고려할 필요가 없다. 이는 분명히 원자의 미세 구조와 구성 전하들의 운동에 따라 달라지기 때문이다"라고 썼을 뿐이다. 당연히 그의 원자 모형은 원자가 및 주기율과 같은 화학적 문제에 관해서 아무것도 말할 수 없었고, 원자 스펙트럼의 규칙성 및 분산과 같은 물리적 문제에 관해서도 별로 나을 것이 없었다. 이 때문에 그의 논문은 큰 주목을 받지 못했고, 사람들은 여전히 톰슨의 원자 모형에 익숙해 있었다.

이런 상황이었던 만큼 러더퍼드의 원자 모형은 무시되었다고 여길 만큼 거의 무관심 속에 묻혀 있었으며, 원자 구조에 대한 새로운 이론으로도 간주되지 않았다. 1911년 가을에 러더퍼드가 참석한 제1차 솔베이 회의에서도 원자에 관한 논의가 있었음에도 불구하고 러더퍼드의 모형은 전혀 언급되지 않았다.

러더퍼드도 자신의 발견을 획기적인 사건으로 여기지 않은 것처럼 보인다. 그가 1913년에 저술한 『방사능 물질과 방사능Radioactive Substances and their Radiations』이란 제목의 책에서도 핵 원자와 그 의미에 대해 중요하게 다루지 않았다. 주목할 만한 부분은 이 책에서 원자핵을 안정하게 존재하게 하는 핵력에 관한 언급이 최초로 발견된다. 그의 말을 빌리면,

"실질적으로 원자의 총 전하와 질량은 중심에 집중되어 있으며, 아마도 반지름이 10^{-12}cm 이하인 구체 내부에 갇혀 있을 것이다. 의심할 바 없이 원자의 양전하 중심은 부분적으로 전하를 띤 헬륨과 수소 원자로 구성되어 움직이는 복잡한 계다. 물질의 양전하를 띤 원자들은 아주 작은 거리에서 서로 끌어당기는 것처럼 보인다. 그렇지 않으면 중심에 있는 구성 요소들이 어떻게 결합되어 있는지 알기 어렵기 때문이다."

제2차 솔베이 물리학 회의에서 러더퍼드의 원자핵에 관한 언급 후에 랑주뱅이 먼저 그의 모형에 대해 질문했다. 랑주뱅은 이 중심핵이 방사성 현상의 기원이라고 볼 수 있는지를 묻고, 그렇다면 중심핵이 방사성 변환이 일어날 때 β-선으로 나오는 전자를 포함해야 할 것이라고 했다. "이 β-선들이 원자의 중심 깊은 곳에서 기원했다는 사실을 거부하는 것이 어려워 보입니다. β-선이 중심핵에서 나온다고 가정하면 원자에 존재하는 전자의 총수는 주변 전자의 수보다 많아야 합니다."

랑주뱅의 언급에 대해 마리 퀴리는 원자를 구성하는 전자가 두 종류라는 것을 받아들여야 한다고 언급했다. 그리고 β-선을 구성하는 전자와 관련하여 "이런 종류의 전자는 원자의 파괴를 수반하는 분리 없이는 원자

에서 떨어져 나올 수 없는 것이 특징입니다. … (원자에 있는 두 가지 유형의 전자 사이의) 구분은 첫 번째로 분리 가능성과 관련하여 원자 내에서 이들이 하는 역할과, 두 번째로 두 경우에서 관찰되는 속도의 크기로 판단할 수 있습니다"라고 말했다. 이러한 생각은 1930년대에 원자핵이 양성자와 중성자로 구성되고, 중성자가 붕괴하면서 β-선이 나온다는 사실을 이해하기 전까지 물리학자들에게 일반적으로 받아들여졌다.

사람들은 분명히 원자에서 나오는 빛스펙트럼이나 음극선은 방사선과는 성질이 다름을 인식하고 있었다. 물질의 구조를 다루는 이론은 이들을 충분히 설명할 수 있어야 했다. 1911년 제1차 솔베이 회의에서 마리 퀴리가 흑체복사 문제와 관련해서 언급했던 내용에도 이런 생각이 포함되어 있었다. 마리 퀴리는 방사성 현상이 흑체복사와는 다른 현상이라고 하면서 이렇게 말했다.

"여기에서의 논의는 정말 놀라운 다양한 분자 현상(열, 광학, 탄성, 자기 등) 사이의 연결을 밝혀냈습니다. 이것은 이러한 모든 현상이 원자를 구성하는 동일한 요소에 의한 것임을 분명히 보여줍니다. … 방사성 현상은 이전에 알려진 어떤 현상과도 관련이 없는 별개의 세계입니다. 따라서 이러한 방사성 현상은 원자의 더 깊숙한 곳에서 발생하는 것으로 보입니다. 가능성으로 따져보았을 때, 원자 폭발의 순간을 제외하고는 어떠한 실험이나 관찰 방법으로도 직접 접근할 수 없는 부분입니다."

결국 원자의 구조를 밝히는 일은 원자의 안정성 문제를 해결하고 원자 스펙트럼과 원자핵의 구조, 방사성 현상을 제대로 이해할 수 있어야만 가능한 것이었다. 이 문제들을 해결하고 관련된 현상들을 제대로 이해하는 데는 1913년 제2차 솔베이 물리학 회의가 끝난 후 다시 20년의 시간이 필요했다.

X-선의 발견과 물리적 본질

1913년에 열린 제2차 솔베이 회의에서 큰 관심을 끈 또 다른 주제는 1912년 라우에Max von Laue(1879~1960)가 고체 결정crystal에서 X-선의 회절 현상을 발견한 것이었다. 아인슈타인은 이 발견에 대해 나중에 "돌 하나로 두 마리 새를 잡았다"고 표현했는데, 한편으로 X-선이 파장이 매우 짧은 빛의 한 형태라는 증거를 보인 것이고, 다른 한편으로 결정 내의 원자 배열을 체계적으로 밝혀낼 수 있는 길을 연 것이다.

현대 물리학의 역사는 발견된 현상을 탐구하고, 새로운 현상을 발견하기 위해 발명한 장치와 도구의 역사이기도 하다. 이러한 새로운 장치에 관한 관심은 19세기 말부터 음극선이나 X-선, 방사선 등 여러 가지 '선ray'을 만들어내고 이에 대한 연구를 가능하게 했다. 이것들은 과학자들의 상상력을 자극하고 원자보다 작은 세계를 탐구하는 도구가 되었다. 그리고 1912년 라우에가 결정에서 X-선의 회절을 발견함으로써 물질의 구조 연구에 중요한 획을 그었다.

1895년 뢴트겐Wilhelm Röntgen(1845~1923)은 진공관에서 생성된 음극선을 진공관 외부로 끌어내어 그 효과를 알아보는 연구를 수행하고 있었다. 그러던 중 우연히 투과력이 매우 큰 광선을 발견했다. 진공관에서 나오는 광선과 음극선을 모두 차단하기 위해 두꺼운 검은 종이로 덮었을 때에도 진공관에서 약간 떨어진 화면에 형광이 나타나는 것을 우연히 발견한 것이다. 이 새로운 광선은 보통의 빛이 투과되지 않는 물질을 통과할 수 있었고, 사진 건판에 이미지를 남기기도 했다.

뢴트겐은 이 광선을 연구하기 위해 7주 동안 실험실에 틀어박혀 있다가 마침내 이 소식을 전 세계에 알렸다.[48] 이 소식은 전 세계의 물리학자들이 X-선 연구에 몰두하게 하는 돌풍을 일으켜 불과 몇 달 만에 수백 개의 논문이 쏟아져 나왔다. 그가 연구 결과를 처음 발표했을 때 외과 의사인 친구의 손을 촬영한 영상을 보여주었는데, 반지와 손가락뼈의 모양이 완벽하게 나타나 있었다. 의료계와 일반 사람들도 모두 X-선의 엄청난 잠재력을 즉시 이해할 수 있었다. 뢴트겐은 이 발견으로 전 세계적으로 유명해졌고, 1901년 첫 번째 노벨 물리학상 수상의 영예를 얻었다. 그리고 이 X-선의 발견으로 원자의 중심에 숨겨진 세계가 존재한다는 사실도 곧 밝혀지게 되었다.

뢴트겐이 이 투과력이 강한 광선을 발견했을 때, 이것의 정체를 알 수 없어서 그 이름을 X-선이라고 지었다. 실제로 이 광선의 본질을 이해하는 데는 거의 20년이 걸렸다. X-선의 발견은 이것에 뒤이은 라듐의 발견과 함께 19세기 말의 2대 발견으로 불릴 만큼 과학에서는 큰 사건이었다. X-선은 원자의 구조를 알아내는 데 중요한 돌파구를 마련했으며, 물질의 구조 연구에도 응용되면서 큰 힘을 발휘하여 물리학의 발전에 크게 기여했다. 실제로 X-선의 특성과 응용에 관한 연구는 1914년 라우에, 1915년 아버지 브래그William Henry Bragg(1862~1942)와 아들 브래그William Lawrence Bragg(1890~1971), 1917년 바클라Charles G. Barkla(1877~1944), 1924년 시그반Kai M. Siegbahn(1886~1978), 1927년 콤프턴Arthur H. Compton(1892~1962) 등 양자역학의 탄생 초기부터 노벨물리학상을 낳는 황금알과 같은 주제였다.

조머펠트는 X-선 발견 이후 10년이 되도록 X-선의 본질이 밝혀지지 않은 채 남아 있다는 사실을 부끄럽게 여겨야 한다면서 1905년 무렵부터 이 일에 몰두하고 있었다. 그는 전자가 금속에 충돌할 때 전자기파가 펄스 형태로 소나기처럼 쏟아져 나오는 것이 X-선이라고 생각했다. X-선이 빛처럼 편광이 될 수 있음을 보여주었던 바클라는 1908년에 X-선의 성질에 관한 새로운 증거를 제시했다. 그는 X선에는 두 가지 종류가 있다는 결론을 내렸다. 한 종류는 가속된 전자가 금속과 부딪칠 때 전자의 감속 효과에 의해 발생하는 '제동 복사Bremsstrahlung'로 연속적인 스펙트럼을 가진 것이고, 다른 하나는 원소의 이온화 현상과 관련된 '특성 복사characteristic radiation'였다. 바클라는 이 업적으로 1917년 노벨상을 수상했다.

특성 복사는 제동 복사와는 달리 균일한 성질의 X-선으로, 발견 당시에는 그 원인을 정확히 알지 못했다. 그러나 보어의 원자론이 확립되면서 1차 X-선을 흡수한 원소가 이온화된 후 원소의 바깥 쪽 궤도의 전자가 비어 있는 전자궤도로 전이하면서 에너지 차이에 해당하는 전자기파를 방출하는 것으로 밝혀졌다. 특성 X-선은 원소의 종류에 따라 다른 특징을 갖고 있기 때문에 나중에 원자의 구조를 밝히는 중요한 도구가 되었다.

1911년 초에 조머펠트는 거의 빛의 속도로 움직이는 전자가 원자 크기 정도의 거리에서 정지하게 되면 맥스웰-로렌츠 이론에 따라 전자의 운동 방향 주변의 매우 좁은 동심원뿔 영역으로 전자기파가 방출된다는 것을 보여주었다. 조머펠트는 이러한 복사 에너지가 국소적으로 집중되어 미립자 또는 양자와 구분되기 힘들다고 주장했다. 이와 같이 조머펠트는 음극선의 전자가 금속과 부딪쳐 감속되면서 나오는 제동 복사가 전자기파의 일종라고 생각했지만 결정적인 실험적 증거가 없었다.

X-선이 전기적으로 중성이고, 빛처럼 입자와 부딪쳐 흩어지며, 형광물질이 X-선을 흡수하여 빛을 방출할 수 있게 한다는 것은 잘 알려져 있었지만, X-선의 파장이 매우 짧아서 간섭이나 회절과 같은 파동의 특징적인 현상은 관찰할 수 없었던 것이다. 문제의 해결을 위해 조머펠트는 1909년 플랑크의 학생이었던 라우에를 뮌헨으로 불렀다. 그리고 1912년 마침내 라우에는 X-선의 간섭현상을 발견함으로써 X-선이 전자기파의 일종임을 확인하게 되었다. 라우에는 이 업적으로 1914년 노벨물리학상을 수상했다.

라우에의 X-선 회절 실험

파동이 간섭현상을 일으키려면 파동이 통과하는 틈새slit가 파동의 파장과 비슷한 크기여야 한다. 틈새가 파장보다 훨씬 크면 간섭 효과가 약하거나 사라진다. 가시광선의 경우에는 얇은 종이에 규칙적으로 좁은 간격의 틈새를 만들어 간섭 효과를 관찰할 수 있다. 그러나 에너지가 큰, 따라서 파장이 매우 짧은 X-선의 간섭을 연구하려면 충분히 좁은 틈새를 만들어야 한다. 이를 어떻게 만들 수 있을까?

라우에는 1913년 제2차 솔베이 물리학 회의에서 「결정의 3차원 구조물에 의해 생성된 뢴트겐선의 간섭현상Les phénomènes d'interférence des rayons de Röntgen, produits par le réseau tridimensional des cristaux」이라는 제목의 보고서를 발표했다. 1909년 조머펠트 연구진에 합류한 라우에의 결정적인 아이디어는 회절 현상을 연구하기 위해 결정crystal을 사용하는 것이었다. "결정으로는 광학에서와 같이 단순한 주기를 가진 창살gratings로 연구하는 것이 아니다. 적어도 3차원적인 주기를 가진 창살이 공간에 배열되어 있다는 사실은 분명히 회절 현상에 영향을 주지만 회절이 생기지 않는 것은 아니다."

라우에는 1912년 1월 조머펠트의 박사과정 학생이었던 에발트Paul Ewald (1888~1985)와의 산책 중에 그의 학위 논문에 관한 이야기를 들었다. 에발트는 고체의 광학적 특성에 대해 연구하고 있었는데, 결정 내에서 공진기(원자)들은 규칙적인 방식으로 배열되어 있다고 가정했다. 라우에가 공진기 사이의 거리가 얼마인지를 묻자, 에발트는 가시광선 파장의 1/500에서 1/1000 정도일 것이라고 대답했다. 이에 라우에는 곧 결정질 고체가 원자의 3차원 배열로 구성된다고 생각했고, 결정 내의 원자 간 거리가 대략 X-선의 파장에 해당한다는 사실에 '번쩍이는 영감'을 얻었다. 결정에 X-선을 쬐면 회절 패턴을 생성할 수 있을 것으로 생각했다. 아직 물질의 구조에 대한 지식이 없었던 당시로서는 완전히 새로운 생각이었다.

라우에는 자신의 생각을 확인하기 위해 조머펠트의 조수인 프리드리히 Walter Friedrich(1883~1968)와 크니핑Paul Knipping(1883~1935)의 도움을 받았다. 그들은 곧바로 실험에 착수하여 그해 6월에 첫 실험 결과를 보고했다. 라우에는 "이 실험에서 뢴트겐 광선이 결정을 통과하자 그 뒤에 놓인 사진판에 회절 무늬가 기록되었다. 그 결과는 놀라울 정도로 아름답고도 비교적 단순했다"라고 실험에서의 놀라운 발견에 대해 언급했다.

X-선 회절 실험에서 결정적인 역할을 한 프리드리히의 회고에 따르면, 처음에는 이 실험이 가능하지 않으리라 보았다고 한다. 왜냐하면 결정 내 원자들의 진동 때문에 관측할 수 있는 간섭무늬를 만들기 어려울 것으로 생각했기 때문이다. 그러나 노출 시간을 길게 하면 어떤 결과가 있을지도 모른다고 생각하고 결정을 10시간 동안 X-선에 노출시켰다. 저녁 늦게 사진을 꺼내서 현상했을 때, 놀랍게도 X-선이 만든 불규칙한 고리 모양의 무늬가 나왔다.

이 결과에 고무된 조머펠트는 프리드리히에게 주어졌던 연구 과제를 중단하고 모든 노력을 집중하여 실험을 진행하도록 했다. 연구 진행은 전적으로 프리드리히와 크니핑에게 맡겨졌고 2주도 채 되기 전에 X-선 장치를 보완했다. 그때쯤 결정 방향에 맞게 절단하고 가공된 섬아연광(황화아연, ZnS) 단결정 판이 도착했다. 처음 실험에 사용한 물질은 실험실에서 쉽게 구할 수 있었던 불규칙한 모양의 황산구리 결정이었고, 방향도 제대로 맞추지 않고 X-선에 노출되어 회절 무늬도 상당히 불규칙했기 때문이었다.

다시 실험에 착수해서 얻은 결과는 놀라웠다. 매우 깨끗하고 주기적으로 배열된 간섭무늬를 얻을 수 있었고, 방향에 따라 무늬의 모양도 달라짐을 명확히 관찰할 수 있었다. 조머펠트는 1912년 5월 4일 이 발견의 우선권을 확보하기 위해 바이에른 과학아카데미 수리-물리학부 월례회의에서

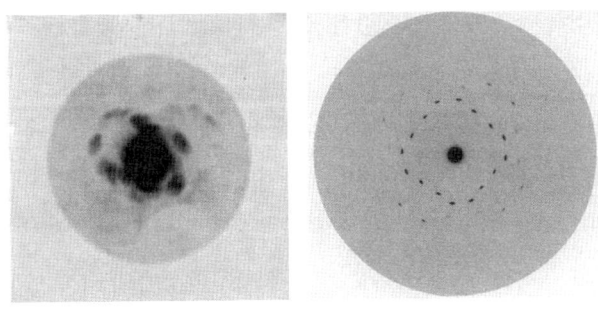

그림 3-1 라우에 반점 사진
(왼쪽) 불규칙한 황산구리 덩어리가 만든 회절 무늬, (오른쪽) 황화 아연 단결정이 만든 회절 무늬

이를 발표하고, 새로운 장치로 얻은 가장 초기의 사진 두 장과 실험 배경에 관한 개념 설명을 담은 논문을 제출했다. 이 발견은 결정적으로 X-선이 전자기파라는 사실을 밝혔을 뿐만 아니라, 물질의 구조를 원자 수준에서 조사하는 연구를 촉발했다.

당시 라우에는 이것이 회절 현상임을 직감했지만 아직 이론은 만들어져 있지 않았기 때문에 회절 무늬가 어떻게 생겼는지 전혀 몰랐다. 더욱이 회절 무늬가 흐릿할 것이라고 예상했던 것과는 달리 모든 방향으로 매우 또렷하게 간섭무늬가 만들어지는 지점이 있다는 것에 놀랐다. 라우에는 이 현상을 설명해야 했지만 제대로 된 이론을 만들 수 없었고, 대신에 3차원 회절격자에 관한 이론을 논문에 포함시켜 정성적인 설명을 시도했다.[49] 라우에는 이 업적으로 1914년 노벨물리학상 수상자로 선정되었다. 제1차 세계대전의 발발로 1920년으로 연기된 노벨상 수상 강연에서 라우에는 조머펠트를 의미하는 '과학의 대가master'와 의견 충돌이 있었음을 밝혔다.

사실 X-선 회절 실험에 관한 라우에의 첫 번째 보고서는 실제로 초기 실험이 오해에 기초했다는 것을 보여준다. 라우에는 처음에 결정을 회절

격자로 인식하지 않았고, 단지 1차 X-선이 결정의 원자를 자극하여 2차적으로 특성 복사선을 방출할 것으로 예상했다. 이 특성 복사를 '형광 복사 fluorescence radiation'라고 부르는데,* 첫 번째 보고서에 "처음에 우리는 형광 복사선을 다루고 있다고 생각했기 때문에 상당히 큰 원자량의 금속 성분을 함유한 결정을 사용해야 했다"라고 기술하고 있다. 즉, 규칙적인 공간 배열을 하고 있는 원자에서 나오는 형광 복사가 간섭무늬를 만들 것이라고 생각했던 것이다.

그러나 이 경우 결정의 서로 다른 지점에서 방출되는 특성 X-선 사이에는 특별한 위상 관계가 없으므로 동일한 위상을 가져야 하는 간섭 조건이 충족되지 않는다. 만약 라우에가 이런 생각을 바탕으로 실험을 계획했다면 조머펠트는 당연히 프리드리히가 이미 진행하고 있던 과제를 중단하면서까지 라우에를 돕도록 허락하지 않았을 것이다.

조머펠트의 반대에 직면한 라우에는 프리드리히가 실험에 참여하도록 설득하기 위해 뢴트겐의 박사과정 학생인 크니핑을 끌어들이는 '외교' 전략을 폈다. 그리고 실험을 감행했다. 첫 번째 실험에서 그들은 아무 결과도 얻지 못했다. 사실 처음에 그들은 1차 X-선의 영향을 피하고 결정에서 나오는 2차 특성 복사선의 간섭무늬를 얻기 위해 사진 건판 면을 X-선이 지나가는 방향과 나란하게 두거나 심지어 X-선관과 결정 중간쯤에 두기도 했다. 첫 번째 실패 후 프리드리히와 크니핑은 결정을 투과 격자처럼 생각하여 결정 뒤쪽에 사진 건판을 놓을 생각을 했고, 그 결과는 성공적이었다.

이 과정에서 프리드리히를 실험에 끌어들이기 위한 라우에의 '외교'는

---

* 높은 에너지의 X-선이 물질의 원자에 닿으면, 내부 전자가 튀어나가고 상위 궤도전자가 그 자리를 메우면서 특정 에너지의 X-선(형광선)을 방출한다. 이 형광선의 에너지와 강도를 측정하면, 물질의 구성 원소와 농도를 분석해 낼 수 있다.

조머펠트와의 심각한 불화로 이어졌다. 1912년 프리드리히와 크니핑이 실제로 회절 무늬를 얻어냈을 때, 조머펠트는 라우에를 빼놓고 이 발견을 축하했다. 이에 대해 라우에는 1920년 노벨상 수상 강연 후 조머펠트에게 보낸 편지에서 자신이 올바로 처신하지 못했던 점에 대해서 사과하면서도 조머펠트가 항상 자신의 문제에 대해 인내심을 보여주지 않았다고, 당시의 힘들었던 상황에 대해 언급했다. 그리고 "프리드리히와 크니핑, 그리고 젊은 동료들과 함께 X-선 회절의 발견을 축하할 때 왜 저를 따돌리셨습니까?"라며 서운했던 감정을 털어놓았다.[50]

그러나 이러한 불화에도 불구하고 라우에는 조머펠트에게 "과거는 잊어버리고 서로 '괜찮다'고 말해요. 저는 훌륭한 일을 하신 분과 불편한 관계에 있다는 것에 대해 항상 마음이 아팠습니다. 이제 이런 상황이 변한다면 저는 마음이 무척 가벼워지겠습니다"라면서 화해를 청했다. 그리고 조머펠트는 몇 년 후에 라우에의 발견을 "연구소 역사상 가장 중요한 과학적 성취"라고 칭찬했다. 1914년 노벨물리학상을 수상한 라우에는 상금을 프리드리히와 크니핑 모두와 함께 나누었다.

그런데 실험 결과에 대한 라우에의 처음 해석은 틀린 것이었기 때문에 라우에 반점이 어떻게 나타날 수 있는지는 그 당시 물리학자들에게 수수께끼였다. 사실 사진 건판에 나타난 라우에 반점들은 결정의 격자 상수와 특정 파장의 X-선에 의해 만들어진 것이다. 그러나 발견이 있은 지 6개월이 지나도록 간섭을 일으킬 수 있는 특정 파장의 단색 X-선이 어디서 나오는지를 몰랐다. 결국 그것은 결정이 만드는 특성 X-선이 아니라 1차 X-선에서 나온 것이라는 사실이 분명해졌다. 브래그의 아들인 로렌스*가 이 수수께끼를 풀이냈는데, 결정은 3차원 회절격자로 작용하여 1차 X-선

• 아들 윌리엄 로렌스 브래그는 아버지 윌리엄 헨리 브래그와 혼동을 피하기 위해 로렌스라고 불러주기를 원했다.

제3장 | 미시 세계의 비밀   127

스펙트럼에서 단색 X-선을 선택하여 회절 무늬를 만든 것이었다.

제2차 솔베이 물리학 회의에서 라우에는 2부로 나누어 자신의 연구에 대한 전반적인 보고를 했다. 전반부는 라우에의 회절 조건과 브래그의 법칙, 회절 강도에 관한 표현식을 포함하여 결정에 의한 X-선 회절 이론에 대해 발표했다. 그리고 자신의 처음 가정이 성립할 수 없었던 이유를 설명함으로써 자신의 오류를 인정했다. 그리고 X-선이 '선택적 반사'를 일으키는 예리한 특성선과 연속적인 백색 스펙트럼으로 구성되었다고 기술했다. 후반부에는 X-선 회절 현상에 대한 열적 동요agitation의 영향을 다루었다. 이어진 토론에서 조머펠트는 원자나 분자들은 X-선 산란을 일으키는 점원으로 간주되어야 한다면서 회절 각도가 증가하면서 X-선 강도가 감소하는 것은 열적 동요 때문이라고 했다.

조머펠트는 라우에와 브래그의 보고에 이어진 발표에서 열적 동요의 영향에 대한 세부적인 내용을 발표했다. 특히 섬아연광에서의 X-선의 산란강도를 설명하기 위해서는 아연(Zn)과 황(S)의 산란능scattering power 차이와 두 원자에서 산란된 X-선의 위상 차이를 고려해야 한다면서 소위 '구조 인자structure factor'에 대한 표현식을 처음으로 제시했다. 이와 관련하여 핵 주위의 전자밀도를 고려하여 X-선 산란을 설명하는 문제는 1915년 아버지 브래그의 논문에서 다루어졌다.

라우에의 발견에 대해 아인슈타인은 "지금까지 물리학이 본 것 중 가장 놀라운 것 중의 하나"라고 평가했다. 사진 건판에 나타난 또렷하고 규칙적인 반점들의 배치는 결정 내의 원자가 공간격자를 구성하여 규칙적으로 배열되어 있다는 사실의 결정적인 증거로 여겨졌다. 그래서 결정학자들로부터 열렬한 호응을 얻었다. 그들은 결정의 공간격자 구조를 이제 우리 눈으로 보게 되었다며 원자 수준의 분해능으로 물질 내부를 들여다볼 수 있게 된 것을 놀라워했다.

돌이켜보면 처음에는 라우에의 '번쩍이는 영감'이 낳은 훌륭한 발견처럼 보였던 것이 사실은 오해와 시행착오, 그리고 많은 사람들의 생각이 복잡한 미로를 통과하면서 걸러진 결과였다. 이렇게 과학은 우연한 발견이나 설익은 생각, 또는 오류가 포함된 착상에서 비롯된 것이라고 하더라도 그것이 명백한 자연현상의 일부라면 결국 올바른 논리적 해석에 이르는 경로를 찾게 된다. 그 과정에서 일어나는 과학자들 사이의 갈등과 경쟁, 학문적 논쟁은 발견의 과정을 흥미진진하게 만들기도 한다.

브래그 부자(父子)와 X-선 결정학

1913년 제2차 솔베이 물리학 회의에서 라우에의 발표와 이에 대한 토론이 있은 후 헨리 브래그는 「X-선의 반사와 X-선 분광계The reflection of X-rays and the X-ray spectrometer」라는 제목의 보고서를 발표했다. 여기서 브래그는 암염rock-salt의 벽개면에 의한 X-선 반사를 이용하여 X-선관의 음극에서 나온 전자가 여러 표적 금속에 부딪치면서 나오는 X-선의 파장을 측정한 결과를 보고했다. 그리고 X-선을 이용하여 탄산칼슘($CaCO_3$)의 구조를 밝혀낸 것을 비롯하여 알칼리 할로겐화물과 다이아몬드 등의 결정구조를 알아낸 것에 대해 설명했다.

브래그의 보고서는 기본적으로 아들 로렌스가 찾아낸 '브래그의 법칙Bragg's Law'을 이용한 것이었다. 브래그의 법칙은 회절 무늬가 나타나는 위치가 결정 내의 원자들이 배열된 면 사이의 거리와 X-선의 파장과의 관계에 의해 결정된다는 법칙이다. 따라서 X-선 회절 현상을 이용하면 물질의 구조를 알아낼 수 있을 뿐 아니라, 설성번 사이의 거리를 알면 X-신의 파장을 결정할 수도 있다. 이리하여 라우에와 브래그의 발견은 X-선 결정학X-ray crystallography과 X-선 분광학X-ray spectroscopy이라는 두 가지 새로운 과학을 탄생시켰으며, 1년의 시간 차이로 라우에는 1914년 '결정에 의한 X-

선 회절 발견'으로, 브래그 부자는 1915년 'X-선을 이용한 결정구조 분석에 기여한 공로'로 각각 노벨상을 수상하게 되었다. 아버지와 아들이 각각 노벨 수상자가 된 예는 여럿 있지만, 함께 노벨상을 받은 것은 이때가 유일했다.

브래그의 가족은 아버지 헨리 브래그가 1909년 리드 대학교Leeds university의 물리학 교수로 임명되면서 호주에서 영국으로 옮겨왔다. 로렌스는 같은 해에 케임브리지의 트리니티 대학교에 입학했다. 대학을 졸업하고 캐번디시 연구소에 들어간 로렌스는 1912년 여름 아버지와 함께 휴가를 갔다가 라우에의 X-선 회절 연구 결과를 전해 들었다. 당시 X-선이 입자인지 파동인지에 대한 논란이 17년째 계속되고 있었는데, 브래그는 입자설을 지지하고 있었다. 그러나 라우에의 발견은 X-선이 파동임을 증명한 것이었고, 당연히 브래그는 큰 충격을 받았을 것이다.

휴가를 마친 뒤 브래그는 아들과 함께 X-선 회절 연구에 집중하기 시작했다. 당시 라우에는 실험 결과를 제대로 해석하지 못하고 있었기 때문에 로렌스는 라우에의 X-선 회절 무늬를 해석하는 데 몰두했다. 로렌스에게는 회절 무늬가 어떻게 만들어졌는지 알아내는 것이 물리학자로서 성공하는 '절호의 기회'였다. 그러던 중 문득 기발한 생각을 떠올렸다. 결정을 구성하는 원자는 각각 X-선을 산란시키는 중심 역할을 하지만, 하위헌스의 원리Huygens' principle•를 적용하면 원자들의 2차원적 배열 면은 X-선의 반사면으로 간주할 수 있다는 생각이었다. 그리고 평행한 결정면들에 반사된 X-선이 만든 간섭무늬가 라우에의 회절 무늬일 수 있다는 착상이었다. 그리고 이 무늬를 잘 분석하면 결정을 구성하는 원자의 배치, 즉 구조를

• 영어식 발음으로 '호이겐스의 원리'라고도 한다. 하위헌스(Christiaan Huygens, 1629~1695)가 빛의 반사, 굴절 그리고 회절과 같은 현상을 설명하기 위해 도입한 이 원리는 파동의 위상(phase)이 같은 지점들을 파원으로 간주한다. 따라서 일정 시간 동안 퍼져나간 파동들이 접하는 면에서는 모두 위상이 같다.

밝힐 수 있음을 깨달았다. 로렌스는 나중에 이 착상에 대해 "관련 없는 지식의 조각들이 모여 새로운 생각"이 떠오른 것이라고 했다.

1912년 11월 11일 케임브리지 철학학회Cambridge Philosophical Society에서 발표하고 제출된 로렌스의 논문[51]에는 특정한 조건에서 결정면에 반사된 X-선이 보강간섭을 일으켜 회절 무늬를 만든다는 간단한 식이 포함되어 있었다.• 그 식이 '브래그의 법칙'이다. 솔베이 물리학 회의에서 브래그가 전한 아들 로렌스의 생각은 이렇게 표현되어 있다.

"X-선을 산란시키는 점이 포함된 면에 평면파가 입사하면 일반적인 반사법칙에 따라 진행 방향이 정해지는 반사파가 만들어진다. 입사파가 계속 진행하면 첫 번째 원자층과 평행한 두 번째 원자층에서 두 번째 반사파를 만든다. 이런 식으로 또 다른 파가 다른 평면에서 반사될 수 있다. 입사파의 파장이 λ이고, 결정면 사이의 거리가 d인 경우, 입사각 θ가 $n\lambda=2d\sin\theta$의 관계식을 만족하면(여기서 n은 정수) 반사파는 동일한 위상을 갖는다. 이 방향에서 반사된 광선의 세기는 매우 클 수 있으며, X-선은 결정의 평행한 평면에서 거의 완벽하게 반사될 수 있다."

브래그의 법칙을 구성하는 식에서 $2d\sin\theta$는 두 평행한 결정면에서 반사된 X-선의 경로 차이에 해당한다. 이 경로 차가 X-선 파장의 정수배가 되면 위상이 같아져서 보강간섭이 일어난다. 즉, 브래그 조건이 만족되면 결정의 평행면에서 반사된 X-선은 보강간섭을 일으켜 매우 강한 반사파가 만들어진다는 내용이다. 식의 조건을 만족하지 않는 방향으로 입사된

• 로렌스는 그 당시 아버지 브래그가 X-선을 입자라고 보는 관점을 존중하여 제목에 'X-선'을 명시적으로 넣지 않고 그냥 '짧은 전자기파(short electromagnetic waves)'라는 표현을 썼다. 이 논문은 로렌스가 직접 발표하지 않고 톰슨이 대신 읽었으며 1913년에 인쇄되었다.

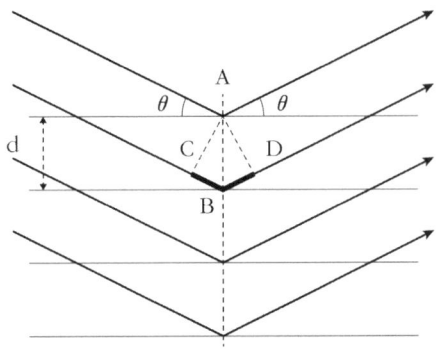

그림 3-2 브래그의 조건을 설명하는 도식
굵은 선에 해당하는 길이가 X-선의 경로 차이에
해당한다.

X-선은 보강간섭이 일어나지 않아 강도가 약하므로 사진 건판에 무늬를 만들지 않는다.

브래그의 법칙은 1차 X-선에 포함된 특정한 파장만이 회절 무늬를 만드는 데 기여한다는 것을 의미하는 것으로서, 라우에의 회절 무늬가 특정 파장을 선택한 결정 평면이 만들어낸 것임을 입증해 보인 것이다. 이는 1912년 라우에가 발견한 결정에 의한 X-선의 회절 현상을 재해석한 것이다. 나중에 브래그의 접근 방식은 결국 라우에의 것과 동일하다는 것이 밝혀졌다. '브래그의 법칙'은 섬아연광 결정구조를 밝히는 데 곧바로 적용되었다. 로렌스가 겨우 22세의 대학원생일 때의 일이었다.

그러나 라우에는 여전히 브래그의 설명을 받아들이는 것을 주저했다. 연속적인 제동 복사에는 모든 파장의 X-선이 포함되므로 간섭에 관한 브래그의 공식은 모든 각도에서 충족될 것이며, 결과적으로 사진 건판은 완전히 검게 변할 것이기 때문이다. 그러나 나중에 조머펠트와 에발트가 제동 복사 스펙트럼에 임의의 짧은 파장의 X-선이 포함될 수 없음을 보여주었고, 이러한 제한 때문에 라우에의 발견에 대한 해석이 좀 더 명확해질 수 있었다. 1913년 모즐리Henry Moseley(1887~1915)와 다윈Charles Darwin(1887~1962)은 로렌스와 마찬가지로 1차 X-선에 예리하고 강한 특성 X-선이 포함되어 있음을 보임으로써 로렌스의 생각에 대한 추가적인 증거를 확보했다. 모즐리는 라우에의 해석에 대해 "실험을 수행한 사람들은 그것이 의미하는 바를 이해하지 못했고 명백히 잘못된 설명을 했다"라고 평가했다.

브래그의 법칙을 따르면, 결정에 입사시키는 X-선의 방향(θ)에 따라 보강간섭 조건을 만족하는 d와 λ의 값이 달라진다. 결정구조를 최종적으로 결정하기 위해서는 X-선의 파장 λ를 정확히 알아야 한다. 거꾸로 결정면 간 거리 d의 정확한 값을 알면 X-선의 파장 λ를 알아낼 수 있다. 아버지인 헨리 브래그는 1913년 원하는 세기의 단색광을 만들어낼 수 있는 X-선 분광기를 처음으로 만들었고, 로렌스는 아버지에게 연구를 제안하여 함께 문제를 해결했다. 1913년에 로렌스는 혼자 염화나트륨(소금)의 구조를 알아냈고, 같은 해 아버지 브래그와 함께 다이아몬드의 구조를 밝혀냈다. 브래그 부자는 이후 점점 더 복잡한 결정의 원자 구조를 밝혀냈고, 1916년에는 흑연의 구조를 밝혀 똑같이 탄소로 된 물질이면서도 다이아몬드와 흑연의 성질이 왜 그렇게 다른가를 명쾌하게 설명했다.

이런 성과에 대해 로렌스는 "매주 짜릿한 새로운 결과를 얻으면서 금을 덩어리째로 주울 수 있는 노다지 광맥을 찾은 것과 같았다"고 했다. 아버지는 아들이 가졌던 직관의 중요성을 이해했고, 아들은 아버지의 새로운 분광기의 가치를 깨달았던 것이다. 이들은 새로운 분광기를 이용해 결정구조를 알아내는 다양한 방법들을 찾아냈다. 여러 방향에서 입사시킨 X-선에 대한 회절 데이터를 분석함으로써 결정 내에서의 원자 배치, 즉 결정구조를 밝힐 수 있었던 것이다. 이렇게 해서 'X-선 결정학'이라는 새로운 분야가 탄생했다.

브래그 부자父子는 이 업적으로 함께 1915년 노벨 물리학상을 수상했는데, 이때 로렌스의 나이는 25세로 역대 노벨상 수상자 중 최연소의 기록을 얻었다. 어린 나이에 노벨상을 수상하는 것은 영광이기도 했지만, 동료 수상자가 저명한 과학자일 뿐만 아니라 자신의 아버지였기 때문에 또 다른 문제도 생겼다. 로렌스는 아버지의 후광을 입은 것으로 인식되어서인지 X-선 결정학이라는 과학 분야를 탄생시키는 데 중요한 기여를 한 업적을 제대로 인정받기까지 몇 년이 더 걸렸다.

브래그 부자가 1915년 봄에 과학 발전에 기여한 공로로 수여하는 바너드 메달Barnard Medal for Meritorious Service to Science을 받았을 때도 러더퍼드는 헨리 브래그에게 "자네의 아들이 이러한 영예를 얻기에는 너무 이르네"라고 말했다. 그럼에도 불구하고 아버지 브래그는 항상 X-선 결정학이라는 새로운 과학 분야를 탄생시키는 데 도움이 된 법칙을 공식화한 로렌스의 공로를 강조했다. 결국 로렌스는 1927년 제5차 솔베이 물리학 회의에 초대되어 물리학의 다른 거장들과 당당하게 어깨를 나란히 할 수 있었다.

그러나 X-선과 빛이 실제로 파동인지 아니면 입자의 흐름인지에 대한 혼란스러운 생각은 여전히 남아 있었다. 왜냐하면 그것은 둘 모두의 성질을 가진 것처럼 보였고, 왜 그런지는 아무도 알 수 없었기 때문이다. X-선의 입자설을 주장했던 헨리 브래그는 1912년 말 통합적인 전망을 보여주는 글을 ≪네이처≫에 썼는데, "그렇다면 문제는 X-선에 대한 두 가지 이론 중에서 어느 하나를 결정하는 것이 아니라, … 두 가지 특성을 모두 갖고 있는 하나의 이론을 찾는 것이라 생각한다"고 했다. 파동과 입자의 이중성에 관한 생각이 싹트고 있었다.

그리고 X-선 결정학 자체는 물리학의 영역이었지만 물질을 대상으로 했기 때문에 화학 분야에 커다란 충격을 주었다. 당시 화학자들은 소금이 단순히 분자들의 집합이라고 생각했다. 그런데 X-선 결정학은 소금이 구조적으로 나트륨 양이온과 염소 음이온이 일정한 간격으로 주기적 배열을 하고 있음을 밝혔다. 런던 화학학회의 회장이었던 암스트롱Henry

Armstrong(1848~1937)은 1927년 ≪네이처≫에 쓴 글에서 소금에 있는 원자가 "바둑판 모양chess-board pattern"으로 배열된다는 것이 상식에 어긋나고 터무니없는 생각이라며 원색적인 공격을 가하기도 했다.[52] 그러나 이후 수십 년 동안 브래그의 방정식과 분광계는 X-선 결정학의 초석이 되었다.

보어가 러더퍼드를 만나다

1911년 러더퍼드의 원자핵 발견 이후 원자번호 및 동위원소isotope*와 같은 개념이 확립되면서 이 분야에 많은 진전이 이루어졌다. 19세기 당시 화학자들은 가장 가벼운 수소의 질량을 1로 보았을 때 다른 원소들의 질량이 수소의 정수배에 매우 가까운 사실을 알았다. 그래서 수소를 모든 원소의 기본 구성체로 보고, 다른 원소들의 질량을 수소의 배수라고 추론하여 이를 원자량으로 정의했다. 그리고 멘델레예프Dmitri Mendeleev(1834~1907)의 주기율표에서 원자량의 증가 순서에 따라 원자번호를 매겼는데, 러더퍼드는 원자번호가 원자량의 약 절반에 해당한다는 사실을 발견했다.

원자번호는 원자핵에 속한 전체 양전하의 수와 같아서 중성인 원자에 속한 전자의 수와 같다는 사실도 밝혀졌다. 그리고 원소의 화학적 성질은 원자량이 아니라 원자번호에 따라 달라지며, 원자번호는 같지만 원자량이 다른 '동위원소'의 발견은 원자의 성질에 많은 의문을 던졌다. 양성자와 중성자의 발견 이전에는 이런 모든 것이 수수께끼였다. 이런 발선은 결국 '양자역학'의 출현으로 이어지는 새롭고 엄청난 연구를 촉발시켰다.

---

* 동위원소의 개념은 1913년 소디가 처음 사용했으며, 소디는 1921년 노벨화학상을 수상했다.

밀리컨은 자신의 자서전에서 1912~1914년 기간을 "중요성에 있어서는 약 300년 전 갈릴레이-뉴턴 역학의 법칙이 등장한 기간과 비교할 만하다"고 했다. 그 주된 이유는 보어의 원자에 관한 양자 이론이 나왔기 때문이었다. 보어가 러더퍼드의 실험실 연구에 합류하면서 원자의 구조는 행성 모형과 같은 역학적 모형에서 양자 모형으로 바뀌게 된다. 밀리컨은 "분광학의 광대한 영역은 본질적으로 보어의 이론이 나오기 전에는 탐험되지 않은 암흑대륙이었다. 보어의 원자 이론은 그 이후로 수백 명의 탐험가들이 그 대륙을 구석구석 뒤져 지금은 놀랍도록 세밀하게 그려진 지도로 만들어질 때까지 통과해야 할 관문이었다"고 했다.[53]

보어는 덴마크의 코펜하겐 대학교에서 1911년 금속의 전자 이론으로 박사학위를 받았다. 연구를 계속하기 위해 전자를 발견하고 원자 모형을 발전시키고 있던 영국 케임브리지 대학교의 톰슨에게로 갔다. 그러나 큰 기대를 걸었던 보어와는 달리 톰슨은 보어의 연구에 별로 관심을 두지 않았다. 톰슨은 너무 바빴고, 영어에 서툰 보어와 충분한 시간을 내어 이야기할 수도 없었다. 연구 주제도 보어의 열정을 불러일으킬 수 있는 것이 아닌, 그저 그런 것이었다.

실망에 빠져 있던 보어는 주말에 친구를 만나러 맨체스터로 갔다가 러더퍼드를 만나게 되었다. 보어는 러더퍼드에게서 '복사와 양자'란 주제로 열렸던 제1차 솔베이 회의에 관한 흥미로운 이야기를 전해 들을 수 있었다. 당시 39세였던 러더퍼드의 학문적 열정에 매력을 느낀 보어는 러더퍼드와 함께 일할 수 있는 기회를 찾았고, 러더퍼드도 보어에게 호감을 느껴 그를 초청했다.

러더퍼드와 보어는 여러 면에서 매우 달랐다. 러더퍼드는 솔직하고 외향적이며 직설적이었다. 그는 단순한 것을 좋아했고, 연구 내용을 단순하고 간결한 언어로 설명했다. 러더퍼드의 크게 울리는 목소리는 그가 연구실에 들어갈 때마다 소음에 민감한 장비에 영향을 줄 정도였다. 계단을 오를 때도 한꺼번에 세 계단씩 뛰어올랐다. 또 쉽고 확고하게 결정을 내리며, 한번 결정하면 더 이상 생각하지 않았다. 때로는 불합리하거나 심지어 무례하게 행동할 때도 있었지만, 냉정해지면 정중하게 사과하여 사태를 바로잡았다.

반면에 보어는 중얼거리듯 조용한 목소리로 말했고, 듣는 사람들은 그의 말을 제대로 이해하기가 어려웠다. 그는 항상 누군가의 감정을 상하게 할까 봐 조심했고, 계획을 세우는 데 큰 어려움을 겪었으며, 결정을 내리더라도 바로 계획을 바꾸는 경우가 많았다. 보어가 말하거나 쓴 글을 보면, 어떤 진술의 타당성을 제한하는 여러 요소를 항상 생각하고 있었음을 알 수 있다. 그는 나중에 "진리와 명확성은 상호 보완적이다"라는 말을 했는데, 무언가를 더 명확하게 진술하려 할수록 실제 진리와는 더 멀어질 수 있다는 의미였다.

그러나 이런 차이에도 불구하고 중요한 유사점도 많았다. 둘 다 물리학에 대한 엄청난 열정을 가지고 있었다. 중요하지 않은 것들은 과감하게 생략하고, 중요한 것들은 세부 사항까지 세심한 주의를 기울였다. 둘 다 수학을 물리법칙을 세우고 적용하는 중요한 도구로 여겼지만, 결코 그 자체가 목적은 아니었다. 러더퍼드는 수학 형식에 너무 집착하는 이론가들을 무시하는 말을 자주 했기 때문에 때로는 이론을 거부하는 것처럼 보이기도 했다. 보어도 자신의 연구에서 최소한의 수학만을 사용했다. 강연도 둘 다 어수선해 보였지만, 청중을 매료시키고 자극하는 특징이 있었다.

보어는 1912년 3월부터 7월까지 맨체스터에서 러더퍼드와 함께 연구를 신행했다. 보어는 러더퍼드가 세안한 원사핵 모형에 영감을 얻어 원자의 구조, 나아가 물질의 구조에 관한 이론으로 관심을 옮겼다. 이 과정에서 보어는 원자의 안정성 문제를 심각하게 들여다보면서 고전 이론이 원자의 구조를 설명하는 데는 적절치 않다고 생각했다. 사실 보어는 자신의 학위 논문에서 뉴턴역학과 맥스웰의 전자기학이 전자의 발견을 통해 드러난

미시 세계를 설명하는 데는 개념적으로 적합하지 않다는 생각을 갖고 있었다. 그는 플랑크의 작용양자를 도입해야만 한다는 쪽으로 기울기 시작했다.

보어의 원자 모형과 3부작 논문

보어는 플랑크와 아인슈타인이 제안한 양자 가설, 즉 양자화 된 복사에너지를 전자의 회전 주기와 연결시킴으로써 다양한 원소에 관한 실험적 사실을 설명하려고 했다. 이런 생각을 보여주는 보어의 논문 초고는 결혼을 위해 코펜하겐으로 떠나기 전에 작성되었다. 보어는 1912년 6월 중순쯤 동생 헤럴드에게 보낸 편지에서 "아마도 원자의 구조에 대해 조금 알아낸 것 같아. 이에 대해 아무에게도 말하지 말아줘"라고 썼다. 보어는 모든 과학자가 꿈꾸는 진리의 베일을 벗겨낼 꿈에 부풀어 있었다.

신혼여행에서 돌아온 보어는 코펜하겐 대학교에서 강사 자리를 얻어 전자기학 강의를 시작했다. 코펜하겐은 영국과 프랑스, 독일이 만나는 위치에 있어서 막 시작된 원자론과 양자론의 다른 조류의 학문을 조화시킬 수 있는 지리적 이점이 있었다. 그는 러더퍼드와 계속 편지로 연락을 하면서 양자 개념을 자신의 원자 이론에 적용할 새로운 생각을 계속 발전시켜 나갔다. 그렇지만 보어의 연구는 과중한 강의 부담 때문에 생각보다 느리게 진행되었다. 이를 걱정하는 보어에게 러더퍼드는 "서두르지 말게나. 다른 사람이 이런 연구를 하고 있을 것 같지 않으니까"라고 다독였다.

보어의 획기적인 이론은 총 71쪽에 달하는 '3부작trilogy'* 논문으로 이

---

* 벨기에의 물리학자이자 보어의 조수였던 로젠펠트(Léon Rosenfeld, 1904~1974)는 보어의 연속된 세 편의 논문을 '위대한 3부작'으로 불렀다.

루어졌다.[54] 보어는 1913년 4월부터 세 편의 논문을 「원자와 분자의 구성에 관하여On the constitution of atoms and molecules」라는 제목으로 연속적으로 발표했다. 이 3부작은 새로운 원자 모형뿐만 아니라, 물질의 구조를 밝히려는 보어의 큰 구상을 보여준다. 오늘날 세 논문 중 가장 중요한 것으로 간주하는 논문은 「양전하 핵에 의한 전자의 속박Binding of Electrons by Positive Nuclei」이라는 부제가 붙은 원자의 양자 이론에 관한 첫 번째 논문이다. 보어의 새로운 원자론은 양자역학의 형성뿐만이 아니라 원소의 주기율표에 대한 현대적인 이해를 제공하는 초석이 되었다.

보어가 생각한 원자 모형의 윤곽은 1911년에 '복사와 양자'를 주제로 열린 제1차 솔베이 회의에서 희미한 형태로 나타났다. 플랑크는 보고서에서 "진동자(분자 또는 원자)가 방정식에 따라 복사선을 내놓으려면 처음에 이미 말했듯이 작용양자를 도입해야 한다. 이 특별한 물리적 가설은 명시적이든 암묵적이든 근본적으로 고전역학과 모순되는 것이다"라고 말했다. 플랑크의 보고서 발표 후에 로렌츠는 복사의 방출 및 흡수에 관한 논평을 포함하여 톰슨의 원자 모형을 기반으로 한 원자의 구조에 대한 문제를 제기하며 하스가 제안한 원자 모형을 중심으로 토론을 이끌었다. 토론에서는 원자처럼 작은 크기의 계를 기술하는 데는 고전적 전기동역학이 적절하지 않으며, 양자 가설이 원자 이론에 도입될 필요가 있다는 것이 논의되었다.

원자 모형에 관한 보어의 첫 번째 논문은 1911년 솔베이 회의의 보고서를 각주에 넣어 자신의 생각을 어떻게 구체화했는지를 보여준다. 그는 플랑크의 말을 거의 그대로 인용하여 "전자의 운동에 관한 법칙이 어떻게 바뀌든, 그 법칙에는 고전 전기동역학에는 낯선 양, 즉 플랑크 상수, 또는 종종 기본적인 작용양자라고 불리는 양을 도입하는 것이 필요한 것 같다"라고 했다. 여기서 과학의 역사를 되짚어보면, 원자 모형에 양자를 최초로 도입한 것은 1910년 하스의 제안이었다.[33] 하스는 흑체복사 문제를 연구하던 중 복사 에너지가 원자의 보편적 성질에서 나올 것이라는 생각을 하고 원자 구조에 작용양자의 개념을 최초로 적용했다. 하스는 그 과정에서 플랑크의 물리 진동자를 실제 원자로 대체하고 전자의 위치에너지(E_{pot})에 양자 규칙 $E_{pot}=hv$의 관계식을 사용했다. 그러나 하스의 원자 모형은 근본적으로 톰슨의 원자 모형을 기반으로 작용양자의 역할과 본질을 파악하려는 목적으로 도입한 것이었다.

보어의 3부작에서 제시되는 개념들은 처음에는 논문 출판 순서와는 다르게 도입되었다. 논문의 2부와 3부는 나중에 출판되었지만 사실상 먼저 쓴 원고였다. 이 부분에서 보어는 톰슨의 영향을 받아 원소의 주기적 성질과 X-선의 발생, 방사성 현상, 분자 결합을 설명하려는 정성적 모형에서 출발했다. 이러한 논문의 구상은 「원자와 분자의 구성에 관하여」란 전체 제목에 드러나 있다. 그러나 외부적인 요인에 의해 수소 원자의 스펙트럼에 관한 유명한 첫 번째 논문부터 발표했다. 그 외부적인 요인이란 다름 아닌, 보어와 비슷한 모형을 제시했던 니콜슨John Nicholson(1881~1955)과의 경쟁과 수소 원자의 선스펙트럼의 설명에 관한 요구였다.

보어는 캠브리지의 톰슨 연구실에 있을 때 니콜슨을 처음 만났지만, 그 당시에는 니콜슨의 원자 이론을 알지 못했다. 니콜슨은 보어에 앞서 러더퍼드의 핵 원자가 제안되었던 1911년에 일종의 양자 원자 모형을 제안했다. 그의 견해는 영국에서 상당한 지지를 받았는데, 작은 양전하를 중심으로 전자가 고리 모양으로 배치된 형태였다. 러더퍼드의 핵원자 모형과 톰슨 모형을 섞어놓은 듯했다.

니콜슨은 태양 및 성운 스펙트럼에서 보이는 알 수 없는 흡수선들을 설명하기 위해 전자가 고리 평면에 수직으로 진동한다고 생각했다. 평면에서의 진동과는 달리 수직 진동은 안정적일 수 있었다. 이렇게 스펙트럼의 진동수에서 전자의 각운동량을 계산할 수 있었던 그는 1912년 7월에 출판된 논문에서 플랑크 상수(h)를 사용하여 전자의 각운동량이 $L=nh/2\pi$

($n=1, 2, 3, \cdots$)와 매우 비슷한 값을 가진다는 발견을 보고했다.[55] 이 발견은 제1차 솔베이 회의에서 논의되었던 빛에너지의 양자 가설을 받아들인 것이었으며, 각운동량의 양자화 개념이 들어 있었다.

확실히 니콜슨의 연구는 보어의 초기 양자 원자 이론에 충분히 위협적이었다. 내용을 비교해 보면, 둘 다 원자핵을 기초로 한 원자 모형이었던 데다가 양자화 개념을 사용하고 있었다. 니콜슨은 풍부한 정량적 결과를 제공했지만 보어의 초기 이론에서는 그렇지 못했다. 니콜슨의 원자 모형은 스펙트럼 문제를 다루고 있었지만 보어의 초기 모형은 이를 다루지 않았다. 더욱이 니콜슨에게는 우선권이 있었다.

당시에 처음 제안된 원자의 양자 이론들은 공통적으로 필요에 따라 임의로 선택한 가정들이 뒤죽박죽된 형태였다. 보어는 자신의 생각에 낙관적이었지만, 논문은 스펙트럼 문제를 다루지 않고 적당히 타협하는 방향으로 진행되고 있었다. 만약 그의 첫 번째 논문을 그런 형태로 발표했다면 논문은 그다지 관심을 받지 못했을 것이다.

보어가 자신의 첫 번째 논문에서 수소 스펙트럼 문제를 고려하게 된 것은 1913년 2월 무렵이었다. 동료였던 분광학자 한센Hans Hansen(1886~1956)은 보어의 양자 원자 이론이 수소 원자 스펙트럼에 관한 발머 공식*을 설명할 수 있는지 물었다. 그의 질문은 보어에게 준 새로운 자극이자 전환적 기회를 제공했다. 보어는 처음에 복잡한 선스펙트럼을 설명하는 것은 그의 이론 범위를 넘어선 것이라고 생각했다. 이때 한센은 파장이 아닌 주파수의 관계로 제시된 발머 공식보다 더 간단한 것은 없다고 지적했다. 선스펙트럼에 관한 발머 공식에서 빛의 진동수는

$$v_n = R_{II}(1/2^2 - 1/n^2)$$

• 발머(Johann Balmer, 1825~1898)는 1885년에 수소 스펙트럼에 관한 간단한 산술 공식을 찾아냈다.

로 표현된다. R_H은 수소에 대한 뤼드베리Rydberg 상수*다. 이 식을 본 보어는 금방 이것의 중요성을 이해했다. 양변에 플랑크 상수를 곱하면 발머 공식은 에너지 보존법칙을 나타내는 것이었다. 방출된 복사 에너지 hv는 원자에 의한 내부 에너지 손실이었는데, 이 에너지는 니콜슨의 전자 고리에 있는 전자의 진동에서 나온 것이 아니라, 핵에서 더 먼 궤도에서 더 가까운 궤도로 전이할 때 나오는 불연속적인 것이었다.

보어는 원자 내의 전자가 일련의 들뜬 상태를 차지하고 있다가 핵에 가까운 바닥상태로 떨어질 때 에너지를 방출한다고 생각했다. 그러고는 전자가 갖는 에너지의 크기를 나타내기 위해 6개월 전에 만들었던 자신의 모형에 정수(n)를 도입했다. n번째 궤도의 운동에너지를 궤도 진동수의 n배에 비례하게 함으로써 보어는 각운동량의 양자화에 관한 니콜슨의 결과뿐만 아니라, 양자화 비례 상수가 $h/2$라는 추가 정보를 쉽게 얻을 수 있었다.

20세기의 획기적인 논문은 이렇게 탄생했다. 여기에는 러더퍼드의 원자핵 모형과 원자 구조 및 빛의 방출에 대한 양자 규칙 등의 내용이 포함되어 있다. 그는 양자 규칙을 사용하여 전자를 1개 갖고 있는 수소 원자 모형에서 발머 계열 스펙트럼을 훌륭하게 설명하고 일반화했으며, 경험적으로 결정되었던 뤼드베리 상수를 더 기본적인 상수의 조합(즉, $R=2\pi^2 me^4/h^3$)으로 나타냈다. 그리고 소위 피커링-파울러 선Pickering-Fowler lines이라고 하는 수수께끼의 해결 방법도 제공했다.** 보어의 모형에서는 전자의 궤도가 특정한 조건을 충족시키는 것만 허용되는데, 이는 각운동량이 양자화 되어 있다는 의미다. 그리고 아인슈타인의 광전효과에 관한 방정

---

* 스웨덴의 물리학자 뤼드베리(Johannes Rydberg, 1854~1919)는 1888년 수소 원자가 방출하는 빛의 파장을 예측하는 뤼드베리 공식을 실험적으로 발견했다. 이 공식에 뤼드베리 상수가 포함된다.
** 뒷부분의 '보어 이론의 증명' 참조.

식도 재현해 낼 수 있었다.

양자 원자와 고전 양자론의 시작

보어는 자신의 3부작 첫 번째 논문에서 니콜슨의 모형을 상당히 많이 언급하는데, 이는 니콜슨의 모형과 자신의 원자 모형의 차이를 강조하기 위함이었다. 보어는 자신의 이론이 매우 다른 기초 위에 놓여 있음을 강조하면서, "니콜슨의 계산에서 선스펙트럼의 진동수는 명확히 구분되는 평형 상태에 있는 역학계의 진동수와 동일하다"라고 함으로써 자신의 선스펙트럼 해석과 다르다고 했다. 또한 니콜슨의 이론은 자신의 이론과 달리 발머 계열 선스펙트럼의 규칙성과 뤼드베리 상수를 설명할 수 없다고 지적했다. 반면에 니콜슨과 경쟁하면서 급하게 작성된 첫 번째 논문에는 보어가 시간을 더 갖고 검토했더라면 없앨 수도 있는 모순과 중복이 다수 포함되어 있었다.

보어의 논문 원고를 받은 러더퍼드는 논문의 내용이 많은 실험 사실과 일치한다는 것에 감탄했다. 그러나 금방 그의 양자 이론이 갖는 문제의 핵심을 찾아냈다. 그의 질문은 원자의 선스펙트럼과 관련된 내용으로 "전자가 방출할 빛의 진동수를 어떻게 결정하는가?"였다. 이것은 원자의 양자 이론에 있어 핵심적인 부분으로서 보어의 이론이 받아들여지기까지 논쟁의 중심에 놓인 문제였다. 이는 원인이 없는 '양자뜀quantum jump'에 관한 문제로서 고전적 인과론의 원칙을 깨뜨리는 것이었다.

또 다른 지적 사항은 보어의 논문 서술 방식에 관한 것이었다. 러더퍼드는 "논문의 내용을 명확하게 하려고 너무 길게, 반복적으로 서술하는 경향이 있네. 긴 논문은 독자를 질리게 하네"라고 하면서, 논문은 명확성을 떨어뜨리지 않고도 짧게 쓸 수 있어야 한다고 충고했다. 그러나 보어가 수정 보완한 논문에서 러더퍼드의 충고는 수용되지 않았다. 러더퍼드는 다시 "보완한 내용은 훌륭하고 합리적이지만, 논문이 너무 길어 보이네. 토론 중 일부는 짧게 정리해야 하네. 알다시피 영국에서는 장황하게 결론으로 끌어가는 독일 방식과 달리 매우 짧고 간결하게 내용을 정리하는 것이 관례라네"라고 지적했다.

러더퍼드의 이런 충고는 사실 보어의 글쓰기 태도를 잘 이해하지 못한 것이었다. 보어는 자신의 생각을 글로 나타내는 데 매우 조심스러워했다. 그래서 나름대로 한 단어 한 단어를 매우 신중하게 사용했기 때문에 정리하는 것이 쉽지 않았다. 보어의 첫 번째 논문은 1913년 4월 보어가 직접 맨체스터를 방문하여 러더퍼드와 마지막 토론을 한 뒤에야 마무리될 수 있었다. 중복된 설명이 있었지만 잘려나간 부분은 거의 없었다. 러더퍼드는 이 논문을 ≪철학 잡지Philosophical Magazine≫의 7월호에 게재될 수 있게 했다.

1913년 9월에 나온 두 번째 논문은 본격적으로 원자의 양자 이론과 주기율표에 관한 이론을 다루고 있다. '단일 핵만 포함하는 원자계Systems Containing Only a Single Nucleus'란 부제를 가진 이 논문은 여러 개의 전자가 하나 이상의 고리에 배열된 원자계에 중점을 두었는데, 이러한 계에서의 역학적 안정성에 관한 계산을 포함하고 있다. 보어는 최대 24개의 전자가 있는 원자계에 대해 원소의 화학적 성질에 따라 원소들이 배열된 주기율표를 설명할 수 있는 이론을 제시했다. 그는 X-선 스펙트럼의 특성선이 만들어지는 원리를 제안했고, 논문 마지막에서 동위원소와 방사능에 대한 질문을 다루면서 베타선이 주변 전자계가 아니라 핵에서 나오는 것이라고 주장했다. 보어는 두 번째 논문부터 러더퍼드의 충고를 의식하고 간략하게 요지를 작성하려고 애썼다. 1913년 7월에 세 번째 논문을 보내면서는 "논문을 간결하게 쓰는 능력이 좀 더 나아졌기를 바랍니다"라고 편지에 썼다.

≪철학 잡지≫ 11월호에 게재된 3부작의 마지막 논문은 대부분 분자 구조에 할애되었다. 보어는 공유결합의 전자구조를 제안했으며, 이를 바탕으로 수소 분자의 에너지와 크기, 생성열을 계산했다. 또한 더 많은 수의 전자를 가진 분자들을 검토하면서 분자가 어떻게 결합하는지를 설명하려고 했다. 분자와 여러 개의 전자로 구성된 원자에 대한 그의 이론은 기본적으로 고전적이며, 첫 번째 논문에서 제안한 양자 규칙을 피상적으로만 적용했다. 실제로 1부의 접근 방식을 2부와 3부의 문제에 대해 성공적으로 확장하는 데는 그 후 10년이 걸렸으며 많은 물리학자들의 협력이 필요했다.

보어는 3부작을 마무리하며 첫 번째 논문에서 도입한 이론의 기본 가정을 다시 설명했다. 그는 "이 가정들을 도입하여 러더퍼드의 원자 모형에 적용하면 원소의 선스펙트럼에서 서로 다른 선들에 해당하는 복사선 진동수 사이의 관계를 보여주는 발머와 뤼드베리의 법칙을 설명할 수 있다. 또한, 원소 원자의 구성과 분자의 화학결합에 관한 이론의 개요를 제공했으며, 몇 가지 점에서 실험과 거의 일치하는 것으로 나타났다"라고 자신의 이론을 요약했다. 보어의 원자 모형에 포함된 양자 개념에 대해 보어는 1922년 노벨상 수상 강연에서 직접 이렇게 언급했다.

"러더퍼드의 원자핵 발견은 고전적 개념만으로는 원자의 가장 본질적인 특성을 이해하는 것이 불가능하다는 것을 분명히 했습니다. 따라서 우리는 원자 구조의 안정성과 원자에서 방출되는 복사선의 특성을 즉시 설명할 수 있는 양자 이론의 원리를 공식화하려고 했으며, 이것은 관찰된 물질의 특성과 잘 맞았습니다. 저는 이러한 공식화를 위해 다음과 같이 말할 수 있는 두 가지 가정을 도입했습니다.

(1) 원자계에서 생각할 수 있는 가능한 운동 상태 중에는 다음과 같은 성질을 갖는 소위 정상상태stationary state가 여러 개 있습니다. 이런 정상상

태에서 입자의 운동은 상당한 부분 고전역학의 법칙을 따른다는 사실에도 불구하고, 역학적으로 설명할 수 없는 이상한 안정성을 가집니다. 즉, 계에서의 운동의 모든 영구적인 변화는 한 정상상태에서 다른 정상상태로의 완전한 전이로 이루어진다는 것입니다.

(2) 고전적인 전자기 이론과 모순되게 정상상태에 있는 원자에서는 전자기파가 나오지 않지만, 두 정상상태 사이에서 전이가 일어나는 과정에서는 전자기파 방출이 동반될 수 있습니다. 이 전자기파는 고전 이론에 따라 일정한 진동수로 조화진동을 하는 대전 입자가 내놓는 것과 같은 성질을 갖습니다. 그러나 진동수 v는 원자 안의 입자의 운동과는 관계없이 이렇게 주어집니다.

$$hv = E' - E''$$

여기서 h는 플랑크 상수이고 E'와 E''은 복사파 방출 과정의 처음 및 나중의 정상상태에 있는 두 원자의 에너지 값입니다. 반대로, 이 진동수의 전자기파를 원자에 쬐어주면 흡수 과정이 일어나 원자가 나중의 정상상태에서 처음의 상태로 다시 전환합니다."[56]

그렇지만 보어의 원자에 관한 양자 이론은 1913년에 발표된 이후 몇 년 동안 물리학자들과 일부 화학자들 사이에서만 알려졌을 뿐, 대중적인 관심은 거의 받지 못했다. 유년기에 머물러 있던 보어의 이론은 1916년 조머펠트가 확장하여 발전시킴으로써 좀 더 일반화되고 더 강력한 힘을 얻을 수 있었다.

보어의 원자 이론에 대한 반향

플랑크의 작용양자와 보어의 새 이론에서 불연속성의 필요성을 받아들인 물리학자들에게도 관찰된 양과 이론적 양 사이, 원인과 결과 사이의 연결 고리가 끊어지는 것은 힘든 문제일 뿐만 아니라 무기력에 빠지게 하는 것이었다. 이 어려움은 보어의 이론이 플랑크의 이론과 비슷하면서도 다르다는 사실에 있었다. 플랑크 이론에서는 원자가 방출하는 빛의 진동수는 조화진동자의 진동수와 같았다. 그렇지만 보어의 이론에서는 원자가 방출하는 빛의 진동수는 전자의 궤도운동 진동수와는 명백히 달랐다. 보어의 이론에서 원자가 방출하거나 흡수하는 빛은 다른 에너지 상태에 있는 전자들의 '양자뜀'과 관계된 양이었다.

'양자뜀'과 관련된 반응은 보어에게 조언을 주었던 러더퍼드에게서 맨 먼저 나왔다. 러더퍼드는 보어의 논문이 발표되기 전 논문 원고를 논평한 편지에서 보어의 이론에 포함된 '물리적 개념physical idea'이 갖는 "중대한 어려움"에 대해 이야기했다. 러더퍼드는 "플랑크의 양자론과 고전역학을 섞어놓은 것 때문에 이론의 토대가 되는 물리적 개념이 무엇인지 파악하는 것이 매우 어렵네. 내 생각에는 자네의 가설에 한 가지 중대한 어려움이 있는 것 같네. 전자가 한 정상상태에서 다른 정상상태로 이동할 때 어떤 진동수로 진동할지를 어떻게 결정하나? 전자가 어디에서 멈출지 미리 알고 있다고 가정해야 할 것 같네"라고 언급한 것이다. 러더퍼드는 직감적으로 보어의 원자 이론이 갖는 비인과론적인 요소를 감지했던 것이다. 양자뜀에 대해 다른 영국 물리학자들도 똑같은 반응을 보였다.

보어의 원자 구조에 대한 생각의 전개 과정을 면밀히 지켜보았던 러더퍼드는 당연히 자신의 초기 핵원자 이론을 보완하고 정당화한 보어의 새로운 원자 이론을 지지하고 옹호했다. 그러나 원자 스펙트럼과 양자 가정을 다루는 이론의 핵심 부분에 대해 논평하는 것은 꺼려하면서 신중한 태도를 보였다. 무엇보다 러더퍼드의 연구 관심은 보어의 이론이 주로 다루는 전자계가 아니라 방사능과 원자핵이었기 때문에 더욱 그러했다.

제2차 솔베이 물리학 회의에서도 러더퍼드는 자신의 핵원자 모형이 톰슨의 모형에 비해 장점을 갖고 있다고 주장하면서도 보어의 이론은 중요하게 언급하지 않았다. 그에게 보어의 이론은 단지 자신의 핵원자 모형을 원자계 전체로 확장하여 보완하고 완성한 정도로만 여겼을 뿐이었다. 결과적으로 보어의 이론에 대해 러더퍼드가 보인 초기의 명시적 지원은 몇 가지 일반적인 부분에만 제한되었다. 그 후에도 그는 보어의 이론이 간단한 원자와 분자의 구조 및 스펙트럼을 설명하려는 최초의 시도로서 매우 흥미롭고도 중요한 의미를 갖는다는 정도로만 언급했다.

에렌페스트도 1913년 8월에 로렌츠에게 보낸 편지에서 보어의 원자 이론에 대해 불만을 표현했다. 그는 "(≪철학 잡지≫에 나온) 발머 공식의 양자 이론에 대한 보어의 논문은 저를 절망에 빠뜨립니다. 목표에 도달하기 위해 이런 방식을 취한다면, 저는 물리학을 포기해야 합니다"라고 표현했다.[54] 에렌페스트는 양자론을 잘 알고 있었지만, 보어가 양자 개념을 원자 구조에 적용하는 방식이 황당하게 느껴졌던 것이다. 보어의 이론은 에렌페스트에게 전혀 호소력을 가지지 않았고, 그가 보어의 접근 방식을 받아들이기까지는 몇 년이 걸렸다. 1916년 봄에 조머펠트에게 보낸 편지에서도 그는 보어의 원자 모형을 '완전히 괴상한 것 completely monstrous'으로 표현했다.

보어는 자신의 3부작 첫 번째 논문을 발표한 후 논문 사본을 조머펠트에게 보냈다. 조머펠트는 보어에게 답신을 보내면서 "매우 흥미로운 연구 논문을 보내주어서 고맙네. 나는 그 논문을 ≪철학 잡지≫에서 이미 읽어 보았다네. 뤼드베리-리츠 상수를 플랑크 상수 h로 나타내는 문제는 나도 오랫동안 생각하고 있었던 것이라네"라고 했다. 그리고 "원자 모형에 대해서는 지금으로서는 전체적으로 다소 회의적이지만, 뤼드베리 상수를 계산한 것은 의심할 여지 없이 대단한 업적이네. … 10월에 만날 러더퍼드 교수에게서 자네의 연구에 대해 더 자세히 알아볼 것이네"라고 적었다.[54] 10월의 러더퍼드와의 만남은 제2차 솔베이 물리학 회의를 말하는 것이었다.

조머펠트의 회의적 생각은 금방 없어지지는 않았지만, 1914년 말부터는 오히려 적극적으로 이 새로운 양자 이론을 들여다보기 시작했다. 그리고 마침내 보어의 이론을 일반화하고 확장하여 보어-조머펠트 이론을 완성하기에 이르렀다. 그는 보어에게 보낸 답신에서 제이만 효과에 대해서도 원자 모형을 적용해 볼 계획이 있는지 물었는데, 이 질문은 그 당시 조머펠트가 가지고 있었던 관심을 보여주고 있었다. 조머펠트는 나중에 보어의 이론을 확장할 때 이 문제를 염두에 두었다.

보어가 자신의 이론을 공식적인 자리에서 소개한 것은 제2차 솔베이 물리학 회의 개최 직전인 1913년 9월에 버밍햄에서 개최된 영국과학진흥협회British Association of the Advancement of Science*의 연례 모임에서였다. 러더퍼드는 보어가 이 학회에 초대받도록 주선했고, 보어는 논문 발표는 하지 않았지만 복사 이론에 대한 진스의 발표에 이은 토론에서 자신의 이론을 소개할 기회를 가졌다. 과학 학술지 ≪네이처≫는 학회 소식을 전하면서 보어의 설명을 이렇게 적었다.

"수소 원자에 대한 보어 박사의 모형은 원자에 대해 몇 가지 정상상태를 가정하고 한 상태에서 다른 상태로 이동할 때 하나의 양자가 생성된다고 했다. 보어 박사는 또한 물질과 복사체를 구분하는 데 있어서 로렌츠의 이론 체계가 갖는 어려움을 강조했다. … 로렌츠 교수는 보어의 원자 모형을 역학적으로 어떻게 설명할 수 있는지를 물었다. 보어 박사는 자신의 이론이 그 부분에서 완전히 않다는 것을 인정했지만, 양지

---

* 과학의 진흥과 발전을 돕기 위해 1831년에 설립된 영국과학진흥협회(BAAS)는 현재의 영국과학협회(BSA)의 전신으로서 '다양한 견해와 의견을 모으고, 더 많은 사람들이 과학에 더 쉽게 접근할 수 있게 하는 것'을 창립 원칙으로 삼았다.

이론이 받아들여지고 있기 때문에 제안된 형태의 체계가 필요하다고 했다."[57]

진스는 보어의 이론에 대해 회의적이었던 많은 물리학자들 가운데 맨 처음으로 진지한 관심을 보인 사람이었다. 진스는 보어의 이론에 대해 "복사 스펙트럼에 관한 법칙을 설득력 있게 설명하는, 매우 독창적이고 의미 있는 이론"이라고 평가했다. 물론 진스도 보어의 양자 이론이 전제한 두 가지 가정에 대해서는 "이러한 가정에 대한 유일한 정당성은 이것이 매우 성공적이라는 사실"이라면서 그 토대가 만족스럽지 못하다고 보았다.

진스는 이듬해에 나온 「복사와 양자 이론에 관한 보고서Report on Radiation and the Quantum Theory」에서 보어의 이론에 대해 훨씬 더 긍정적으로 자세히 언급했다. 보어의 "매우 놀랍고 흥미로운 논문"에서 원자에 대한 새로운 양자 이론이 취한 기본 가정은 "양자 이론과 모순되지 않으며 이와 밀접하게 관련되어 있다"고 했다. 그는 보어 이론이 좀 더 복잡한 원자에도 적용될 수 있을지에 대해서는 약간의 의구심을 표명했지만, 양자론을 원자 구조 문제에 적용함으로써 풍부한 분야를 열었다고 칭찬했다. 더욱이 그는 아인슈타인의 광전효과 이론이 이제 보어 이론의 논리적 확장으로 보인다고까지 했다.[58]

보어의 이론은 어떤 의미에서 1911년의 첫 솔베이 회의와 1913년 두 번째 회의의 주제를 통합한 것이었다. 그럼에도 불구하고 '물질의 구조'를 주제로 1913년 10월 말에 개최된 제2차 솔베이 물리학 회의에서 보어의 새로운 이론은 발표나 토론 어디에서도 구체적으로 언급되지 않았다. 참가자 중에서 러더퍼드와 조머펠트, 로렌츠, 톰슨, 아인슈타인 등은 모두 보어의 양자 원자에 대해 잘 알고 있거나, 최소한 알고는 있었다. 톰슨이 자신의 발표에서 보어를 언급했지만, 그것은 보어의 원자 이론에 관한 것은 아니었다.

아인슈타인도 원자에서 나오는 선스펙트럼 문제를 중요하게 여겼으나, 문제의 해결에는 실패했다. 아인슈타인은 보어의 이론이 발표되었을 때 큰 충격과 깊은 인상을 받았다. 반세기가 지난 후에 그는 이렇게 회상했다.

"나의 모든 시도는 … 완전히 실패했다. 이는 마치 땅이 밑바닥에서부터 뒤집히는 것 같았고, 견고한 토대는 어디에서도 찾아볼 수 없었다. 이 불안정하고 모순된 토대에도 불구하고 보어가 특유의 직관력과 섬세함으로 스펙트럼선뿐만 아니라 화학에서 중요한 원자의 전자껍질에 관한 주요 법칙을 발견할 수 있다는 사실은 나에게는 기적처럼 보였다. 그리고 지금도 여전히 기적처럼 보인다. 이것은 사고의 영역에서 보여줄 수 있는 최고의 음악성이다."[59]

보어 이론의 증명

3부작 논문이 발표된 후 보어의 양자 원자 모형에 대한 반론도 만만찮았다. 특히 양자 모형의 경쟁자였던 니콜슨의 반응은 집요했다. 그는 자신의 원자 모형을 고수하려고 하지는 않았지만, 보어의 이론 자체의 전제 또는 전제라고 생각한 것을 검토함으로써 보어 이론의 결정적인 약점을 찾아내려고 했다. 니콜슨은 보어의 이론에 대한 깊은 지식을 가지고 있었고, 보어가 생각한 것보다 더 많은 세부 사항을 지적하기도 했다. 그는 보어의 이론이 헬륨의 스펙트럼을 설명할 수 없는 것으로 보인다고 했다. 보어는 니콜슨이 제기한 이의에 대해 논의의 중요성을 기꺼이 인정하면서도 그의 계산 근거가 그의 결론을 정당화할 만큼 자체적으로 충분하지 않다고 보았다. 보어는 니콜슨의 반론에 대해 일일이 대응하려 하지 않았지만,

에반스Evan Evans(1882~1944)가 헬륨 이온(He^+)의 스펙트럼선을 관찰하여 발견한 새로운 계열의 선스펙트럼에 관한 니콜슨의 주장에는 주의를 기울였다.[60]

보어의 이론에 대한 실험적인 검증은 일차적으로 피커링-파울러 선에 대한 스펙트럼 연구로 이루어졌다. 1896년에 피커링Edward Pickering(1846~1919)은 고물자리에 있는 제타별Zeta Puppis*의 스펙트럼에서 이전에 알려지지 않은 4686Å 파장의 스펙트럼선을 관측하고, 이를 수소에서 나온 것이라고 했다. 1912년에는 파울러Alfred Fowler(1868~1940)가 수소-헬륨 혼합물에서 유사한 선스펙트럼을 만들어내면서 피커링의 주장을 지지한 만큼, 피커링-파울러 선은 수소 원자에서 나온 것이라는 주장이 대세였다. 그러나 보어는 원자 구조에 관한 그의 논문에 이 스펙트럼 분석을 포함시켰고, 피커링과 파울러의 주장과 달리 스펙트럼선이 이온화된 헬륨에서 발생한다고 결론지었다.

보어의 이론에 따르면, 스펙트럼선의 위치는 핵의 전하가 수소 전하의 두 배이거나 정확히 헬륨 핵의 전하인 경우의 발머 공식에 해당했다. 보어의 제안에 따라 러더퍼드 연구실의 에반스는 1914년에 전자 하나를 잃은 헬륨 이온(He^+)의 스펙트럼선을 관찰하여 피커링 선과 일치함을 보였다. 마침내 보어의 이론이 실험으로 증명된 것이다. 그리고 1914년 4월 파울러가 베이커리언Bakerian 강연에서 "4686 계열은 수소가 아니라 보어 박사의 이론에서 처음 제안한 것처럼 헬륨에 의한 것이라고 결론지어야 한다"라고 보어 이론에 동의함으로써 큰 성공을 거두었다.

보어의 이론은 1914년 프랑크James Franck(1882~1964)와 헤르츠Gustav Hertz(1887~1975)가 수행한 수은 원자와 전자의 충돌 실험으로 더 강력한 지지를

• 남반구 하늘의 고물자리에 있는 별로 나오스(Naos)라고도 한다. 질량은 태양의 22.5배에서 55배, 반지름은 태양의 14배 정도로 추정되는 청색 초거성이다.

받게 되었다.[61] 이 실험은 정상상태에 있는 궤도전자의 에너지 준위에 관한 정보를 제공했다. 그러나 사실 프랑크-헤르츠 실험은 보어의 이론과는 전혀 상관없이 이루어진 것이었다. 그들은 실험을 할 당시에 보어의 이론에 대해서 알지도 못한 상태였고, 해석도 원자의 이온화 과정과 관련지었기 때문에 보어의 이론과는 전혀 상관이 없어 보였다.

1914년 5월 아인슈타인은 에렌페스트에게 쓴 편지에서 프랑크-헤르츠의 실험에 대해 언급하면서 "프랑크와 헤르츠의 실험에서 전자들은 수은 원자와 충돌할 때 4.9볼트의 속도(여기서는 운동에너지를 의미)에 이르기까지는 탄성충돌을 하며 튕긴다네. (원자와 충돌할 때) 그 속도에 이르면 전자는 운동에너지 전부를 잃고 단색광을 방출하는데, 운동에너지=$h\nu$의 관계가 몇 퍼센트 이내로 맞아 들어간다네. … 놀라운 광전효과의 반대 현상이며 … 양자 가설을 훌륭하게 확인하는 것이네"라고 전했다.

그렇지만 보어는 1915년에 이 실험 결과가 원자의 정상상태에 관한 자신의 이론을 확증하는 것으로 이해할 수 있음을 지적했다. 그는 논문에서 "프랑크와 헤르츠는 4.9볼트가 수은 원자에서 전자를 제거하는 데 필요한 에너지에 해당한다고 가정하지만, 그들의 실험은 이 전압이 중성 원자의 한 정상상태에서 다른 상태로의 전이에 해당한다는 가정과 일치하는 것으로 보인다"고 했다.[62]

프랑크와 헤르츠는 잠시 동안 보어의 제안을 거부했지만, 가속된 전자가 특정한 속도에서 급격히 에너지를 잃어버리는 현상이 충돌로 인한 원자의 이온화가 아니라 원자 내 전자의 들뜸 상태로의 변화와 관계가 있음을 받아들이게 되었다. 그리고 단색광을 내어놓는 현상은 들뜬 상태에서 원래 상태로 되돌아오면서 에너지 차이에 해당하는 빛이 나온 것이었다. 이것은 원자 내에 양자화 된 에너지 준위가 존재함을 보여주는 강력한 증거였다.

양자론에 기초한 보어의 원자 이론을 확증한 프랑크-헤르츠 실험은 곧 보어의 이론을 받아들이게 하는 데 결정적으로 기여하면서 물리학의 새로운 시대를 열었다. 이 실험은 원자 내 전자들의 에너지가 양자화 되어 있음을 간결하고 명확하게 보여준다. 이 실험은 원자의 구조를 이해할 수 있게 한 중요한 업적으로 인정되어 1925년 그들에게 노벨상을 가져다주었다.

그러나 보어의 원자론은 고전 전자기학과 새로운 양자론을 필요에 따라 임의적으로 섞어놓은, 불완전한 것이었다. 보어의 모형이 제대로 설명할 수 없는 것을 조머펠트가 좀 더 개선된 형태로 보완할 때에도 이러한 성격은 그대로 유지되었다. 그럼에도 불구하고 보어의 이론은 양자 상태에 관한 개념의 형성과 파울리의 '배타 원리exclusion principle' 출현에 결정적인 역할을 했으며, 무엇보다도 원자의 스펙트럼을 설명하는 데는 매우 성공적이었다. 이리하여 '고전 양자론'의 중심이 된 보어의 원자론은 1925년 하이젠베르크의 행렬역학matrix mechanics과 1926년 슈뢰딩거의 파동역학wave mechanics에 의해 대체될 때까지 과도기적 이론으로서 큰 역할을 했다.

제4장

불확실성의 시대

지식의 참호 속에서

제2차 솔베이 물리학 회의 이후 1913년에서 1924년의 기간은 제1차 세계대전이란 끔찍한 전쟁의 여파로 물리학자들 사이의 관계도 고통스러운 상처로 얼룩진 황폐화된 시기였다. 과학 분야는 전통적으로 20세기 초까지 지식의 지평을 넓히려는 과학자들 사이에서 새로운 정보와 과학적 발견에 관한 소식, 논문이나 창의적 생각이 국경을 넘어 자유롭게 오가는 분위기 속에 있었다. 어떻게 보면 20세기 초는 과학에서 이상적인 환경과 분위기가 만들어지기 시작한 시기였다. 개인적으로는 경쟁에서 자유롭지 못하면서도 분위기는 낭만적이었다. 과학자들은 모두 국가를 대표하는 경쟁자가 아니라 더 높은 진리를 추구하는 학문적 동료였으며, 과학 활동은 국제적 형제애의 한 형태로 여겨졌다. 그러나 전쟁은 이 모든 것을 심하게 훼손했다.

식민지 영토 확장을 통해 자원을 착취하려 했던 신제국주의가 초래한 제1차 세계대전은 1914년 7월 오스트리아-헝가리 제국이 세르비아를 침공하면서 시작되었다. 독일은 중립국인 벨기에를 침공하고 루뱅 대학교 도서관에 불을 지르는 야만적 행위를 저질렀다. 전쟁이 발발하자 마리 퀴리와 러더퍼드 같은 저명한 과학자들을 포함하여 수많은 과학자들이 최전선의 양편에서 동원되었다. 과학 새내기들도 미처 꽃을 피우기도 전에 젊은 나이로 전장에서 희생되었다. X-선을 이용하여 원자번호 순서로 원소를 배열함으로써 주기율표를 완성한 러더퍼드의 제자 모즐리는 1915년 갈리폴리 전투에서 저격수의 총에 맞아 사망했다. 그의 연구는 노벨물리학상을 수상할 수도 있는 정도의 업적이었다.

　제1차 세계대전의 영향은 곧바로 노벨상 수상자 선정에도 영향을 미쳤다. 노벨상 위원회는 1914년 7월까지 노벨물리학상 후보자로 라우에, 라우에와 브래그(공동), 아인슈타인 등을 포함하여 23명의 명단을 받았다. 물리학 위원회는 라우에를 추천했고, 스웨덴 학술원은 이를 받아들였으나 전쟁이 터지자 공식적인 결정은 미루었다. 전쟁 중이었던 1915년의 노벨물리학상 수상 후보자에도 라우에와 브래그 부자(공동), 브래그 부자(단독), 플랑크, 모즐리 등이 거론되었다. 플랑크의 양자 이론은 너무 어렵다고 간주되었고, 모즐리의 연구는 너무 최근의 것이어서 적절한 평가가 이루어지지 않았다는 이유로 제외되었다. 라우에는 1914년에 수상자로 이미 선택되었기 때문에 위원회는 독일과 영국의 정치적 균형을 고려하여 브래그 부자를 1915년 노벨물리학상 수상자로 결정했다. 그러나 수상식은 전쟁 이후로 미루어야 했다.

　노벨상 수상식은 전쟁이 끝난 1920년 6월 스웨덴의 스톡홀름에서 열렸다. 이 수상식에 라우에는 참석했지만, 브래그 부자는 참석하지 않았다. 브래그는 전쟁 중에 작은 아들인 로버트를 잃었고, 그 슬픔에서 벗어나지 못하고 있었다. 이 수상식에 몇몇 독일 과학자들이 참석할 것으로 생각한 브래그 부자는 수상식 불참을 결정했다. 실제로 독일의 플랑크와 슈타르크Johannes Stark는 각각 1918년과 1919년의 노벨상 수상자로, 전쟁 중 독가스 등 화학무기를 개발한 하버Fritz Haber(1868~1934)는 1918년 노벨화학상 수상자로 선정되어 수상식에 참석했다. 아버지 헨리 브래그는 그 후에도 노벨상 수상 강연을 거부했고, 아들 로렌스는 1922년에야 노벨상 수상 강연을 했다.

　솔베이 회의도 전쟁으로 인해 많은 영향을 받았다. 1914년부터 전면적으로 중단되었던 솔베이 과학위원회의 활동은 종전이 된 1919년에 다시 시작되었다. 1913년 제2차 솔베이 물리학 회의 보고서도 1921년에야 발행되었다. 그리고 전쟁 기간에 국제적 성격의 회의는 가능하지 않았기 때문에 제3차 솔베이 물리학 회의는 제1차 세계대전 직후인 1921년 4월에야 열릴 수 있었다.

전쟁은 근대 휴머니즘과 합리적 지성의 이상을 산산조각 내면서 인간에게 더 심한 삶의 위기와 불안을 가져다주었다. 더욱이 전쟁의 비참한 위생 조건 아래서 확산한 독감 바이러스는• 전 세계에서 전쟁에서 희생된 사람보다 훨씬 더 많은 사람들의 목숨을 앗아갔다. 경제가 좋지 않았던 상황에서 전쟁에 참여했던 러시아는 전쟁 비용을 감당하지 못하게 되자 막대한 양의 루블화를 발행했다. 물가가 치솟고 노동자의 삶이 처참해지자 '빵'과 '전쟁 반대'를 외치며 일어난 노동자 시위는 마침내 1917년 공산주의 혁명으로 이어졌다. 공산주의 혁명은 1918년에는 독일로 확산하며 폭력적인 대립을 일으켜 동서 냉전의 단초가 되었다. 이러한 전후의 환멸적 상황은 현대 세계의 진보에 대한 희망을 산산조각 냈고, 과학과 기술에 대한 불신으로도 이어졌다.

전쟁의 후유증은 과학자들 사이의 관계에도 심각하게 나타났다. 독일은 제1차 세계대전 초기인 1914년 10월에 전쟁의 책임을 미루면서 독일 유수의 과학자, 예술가, 철학자, 작가들이 독일 제국의 군사행동에 찬성한다는 뜻을 밝힌, 소위 '93인의 성명서Manifest der 93'에 서명하게 했다. 물리학자들 중에는 플랑크와 네른스트, 뢴트겐 등도 서명인에 포함되었다. 특히 빈, 슈타르크, 레나르트 등은 극단적인 민족주의 성향을 보였다. 빈은 "영국 물리학의 영향력에 맞서 싸우자"고 했고, 레나르트는 다른 나라의 연구를 표절이니 날조한 연구로 폄하하면서 독창적인 독일 물리학을 지킬

• 1918년 무렵에 기승을 부린 독감은 스페인에서 시작된 것이 아님에도 '스페인 독감'이란 이름을 얻었다. 전쟁 중이었던 나라들은 적국에 이로운 상황이 알려지지 않도록 전시 검열을 했는데, 당시 제1차 세계대전 참전국이 아니었던 스페인은 언론에서 이 사태를 깊이 있게 다루었기 때문에 오명을 덮어쓰게 되었다.

필요가 있다고 주장하기도 했다. 결국 이 선언문은 독일에 대한 매우 강한 적대감을 불러일으키는 데 한몫을 하여 전쟁 후 프랑스와 벨기에 과학자 및 기관들과 독일의 과학적 교류 재개를 가로막았다.

이런 분위기는 1921년 제3차 솔베이 물리학 회의에 독일과 오스트리아 과학자 모두를 배제하는 쪽으로 확산했다. 제1차 세계대전에서 중립을 지켰던 네덜란드의 로렌츠는 이 문제를 중재하기 위해 모든 노력을 기울였는데, 1919년 초에 솔베이에게 다음과 같은 편지를 썼다.

"독일에 대해 어떤 태도를 취해야 할까요? 그들이 전 세계에 가져다 준 비참함과 고통, 정부와 군대가 저지른 불의와 잔학 행위는 품위 있는 모든 사람들이 마땅히 혐오하는 것으로, … 매우 깊고 고통스러운 인상을 남겼습니다. 또한 벨기에와 프랑스 과학자들이 당분간 그들과 더 이상 관계를 맺지 않으려는 것도 충분히 이해할 수 있습니다. … 그러나 독일인에 대해 이야기할 때 개별적으로는 모두 다르다는 사실을 간과해서는 안 됩니다. 위대하고 심오한 물리학자인 아인슈타인과 같은 사람은 현재 사용되는 단어의 의미에서 전혀 '독일인'이 아닙니다. … 수치스러운 93명의 선언문에 서명하지 않으려 했던 몇몇 물리학자들도 있었습니다. … 저는 그들 중 많은 사람들이 … 이 선언문에 경솔하게 자신의 이름을 써넣은 것을 이제 깊이 후회한다고 확신합니다. … 저는 우리가 공식적으로 독일인을 배제해서는 안 되며, 간단히 말해서 그들에게 영원히 문을 닫아서는 안 된다는 점을 말씀드려야 한다고 생각합니다."[63]

이와 같은 로렌츠의 중재 노력과는 달리 솔베이 국제과학위원회 위원들 중에는 독일 과학자들의 초청을 맹렬히 반대하는 사람들도 포함되어 있었다. 브릴루앙은 심지어 '친독일' 과학자도 제외되어야 한다고 주장했다. 친독일 과학자들이 솔베이 회의에 참가하려면 독일 동료들을 계몽하고, 소름 끼치고 거짓된 93명의 성명서 서명을 뉘우치는 정치적 노력을 기울인 후에야 가능하다고 했다. 전쟁 기간 내내 베를린에 머물렀던 아인슈타인도 그의 천재성과 반군국주의적 입장에도 불구하고 '친독일' 과학자 명단에 올랐다. 결국 독일과 오스트리아의 우수한 물리학자들은 1921년 제3차 솔베이 물리학 회의에 초대받지 못했다.

이 결정은 전쟁 전에 개최된 두 차례 솔베이 회의의 정신에 크게 어긋나는 것이었다. 솔베이 회의는 부유한 사업가 솔베이가 모든 국가의 뛰어난 물리학자와 화학자가 모여 중요한 과학적 문제를 논의하는 일련의 회의를 후원했기에 가능했다. 솔베이는 이것이 물리 과학에 대한 자신의 깊은 관심뿐만 아니라 국제주의적 신념을 더욱 발전시키는 가장 좋은 방법이라고 생각했기 때문이다. 1911년과 1913년의 처음 두 회의에서 빛을 보았던 이 이상은 전쟁으로 인해 산산조각이 났다.

전쟁 후 독일은 솔베이 회의뿐만 아니라 대부분의 국제과학기구와 회의에서 제외되었는데, 1919년에 설립된 가장 영향력 있는 조직인 국제연구위원회International Research Council: IRC*에서도 완전히 배제되었다. 독일 과학자들에 대한 배제 조치는 1924년 제4차 솔베이 물리학 회의까지 이어졌다. 독일과의 과학적 교류는 독일이 국제연맹에 가입한 1926년 이후에야 다시 시작되어 1927년 제5차 솔베이 물리학 회의부터 독일 과학자들이 다시 초대되었다.

• 전쟁 중에 없어진 일부 국제 과학 단체들을 대체하기 위한 이 위원회는 다양한 과학 분야에서 국제적 협력을 조정하는 것을 목적으로 조직되어 1931년까지 운영되었다.

전후 갈등과 아인슈타인

솔베이 회의의 독일 과학자들에 대한 배제 조치는 곧 과학자들 사이의 갈등으로 번졌다. 이 결정의 유일한 예외는 오스트리아인이지만 네덜란드의 레이던에 남아 있었던 에렌페스트였다. 그는 로렌츠의 후계자로 전쟁 내내 레이던에서 활동했다. 그리고 아인슈타인도 초청에서 배제되지는 않았다. 사실 아인슈타인은 1901년에 이미 독일 시민권을 포기하고 스위스 국적을 가지고 있었다. 국제주의자이며 평화주의자였던 아인슈타인은 독일의 불의한 행동에 반대하여 '93인의 성명서' 서명에 참여하지도 않았고, 이 때문에 독일 내에서 주변의 따가운 시선을 받는 고통을 겪기도 했다.

아인슈타인에게는 오히려 전쟁 이후 독일의 분위기가 더 위협적이었다. 아인슈타인의 국제적 명성과 그의 평화주의 입장은 쉽게 증오 캠페인의 표적이 되었다. 그러나 전쟁 후 독일 과학자들이 국제회의에서 배제되고 있었고, 바이마르 공화국의 정치 지도자들은 아인슈타인이 얼마나 큰 자산인지 잘 알고 있었다. 문화부 장관은 그를 안심시키기 위해 독일이 "과거에도 그랬고, 앞으로도 영원히 존경하는 교수님을 우리 과학계의 가장 훌륭한 보물로 모시는 것을 자랑스럽게 생각할 것"이라는 편지를 보냈다.

사실 세계대전의 공포에서 완전히 벗어나지 못한 1920년의 유럽은 정치적·사회적 격변으로 불안한 분위기 속에 있었다. 이런 가운데 물리학의 기초를 뒤흔든 상대성이론의 등장은 창시자인 아인슈타인과 더불어 언론의 주목을 끌었고, 점점 커지는 대중매체의 관심은 상대성이론에 대한 전 세계적 관심을 불러일으켰다. 일반 대중이 거의 이해하지 못하는 상대성이론은 전쟁과 혁명의 폐허와 격변 속에서 나타나는 불확실한 시대의 새로운 상징처럼 여겨졌다.

독일의 군사적 패배와 독일 제국의 붕괴에 따른 정치, 사회, 경제, 문화 등 모든 분야에서의 격변은 독일인에게 큰 상실감을 주었다. 독일의 극단적인 민족주의 실험 물리학자들은 잃어버린 명성에 대한 불만을 유대계 이론물리학자인 아인슈타인과 상대성이론에 대한 적대감으로 드러냈다. 일부 물리학자들은 영국의 일식 관측 결과를 아인슈타인 이론에 대한 유효한 증거로 받아들이지 않았다. 그들에게 아인슈타인과 상대성이론은 새롭게 부각된 전후 시대의 모든 혼란을 그대로 보여주는 것처럼 보였다.

1920년에 아인슈타인에 대한 적대감은 많은 독일 보수 물리학자들 사이에서 새로운 형태와 강도를 띠며 터져 나왔다. 상대성이론에 반대한 가장 유명한 실험 물리학자는 X-선관을 발명하고 음극선 연구로 노벨물리학상을 받은 레나르트였다. 그는 처음에는 개인적으로, 나중에는 공개적으로 상대성이론을 '비독일적'이고 불쾌한 '유대인의 물리학'이라고 비난했다. 그리고 진정한 독일 물리학은 정직하고 세련된 기술을 바탕으로 실험실에서 이루진 것이라는 주장을 했다. 독일 물리학은 실험과 정밀 측정을 바탕으로 물리적 실재에 대한 상식적인 통찰을 제공하는 반면에 상대성이론으로 대표되는 유대인의 물리학은 추상적이고 지나치게 수학적이며 추측에 의존하기 때문에 실제 현실과 거의 관련이 없다고 비판했다.

1920년 8월 이전에는 아인슈타인을 반대하는 세력의 대중적 형태는 과학적 문제에 초점을 맞추는 경향이 있었다. 그렇지만 민간 언론은 점점 더 반동적인 정치적·반유대주의적 적대 행위에 가담하기 시작했다. 반대자들은 아인슈타인과 상대성이론에 쏠린 특별한 관심에 대해 유대인 소유의 자유주의 베를린 언론 및 과학 출판사들, 그리고 아인슈타인을 지지하는 플랑크와 라우에와 같은 베를린의 동료 과학자들이 함께 작당한 음모라고 비난했다.

이런 핍박에도 불구하고 아인슈타인은 솔베이 국제과학위원회가 독일 물리학자들을 초대하지 않는다는 배제 조치에는 반대했다. 아인슈타인은 처음에는 회의 초대를 수락했지만 1921년 4월에 '원자와 전자Atoms and Electrons'를 주제로 열린 제3차 솔베이 물리학 회의에 결국 참석하지 않았다. 유럽에서 반유대주의가 대두되고 있던 가운데 아인슈타인은 회의 기간에 세계 시온주의 기구World Zionist Organization 의장인 바이츠만Chaim Weizmann(1874~1952)과 함께 예루살렘의 히브리 대학교 실립 기금 마련을 위해 미국으로 떠났다.

전쟁 후 독일 동료를 배척하는 분위기가 유럽 물리학자들 사이에 널리 퍼져 있었지만, 모두가 그랬던 것은 아니었다. 중립국 덴마크의 국민이었던 보어는 로렌츠와 마찬가지로 멀어진 독일 동료들과의 관계를 가능한 한 빨리 회복하려고 애썼다. 그는 먼저 자신의 이론을 확장시킨 조머펠트를 코펜하겐으로 초대했다. 조머펠트의 방문 직후인 1920년 4월에는 플랑크가 양자 원자와 원자 스펙트럼 이론에 대한 강의를 위해 보어를 베를린으로 초대했고, 보어는 이를 흔쾌히 수락했다. 보어와 아인슈타인과의 첫 만남도 이 베를린 방문에서 이루어졌다. 두 과학자 사이의 역사적인 우정과 전쟁의 관계도 시작되었다. 나중에 보어는 베를린에서의 시간을 "아침부터 밤까지 이론물리학을 토론"하며 보냈다고 회상했다. 보어의 방문 후 아인슈타인은 여섯 살 아래의 보어에게 이렇게 적힌 편지를 보냈다.

"제 인생에서 단지 한 사람의 존재만으로 교수님만큼 큰 기쁨을 준 경우는 흔치 않았습니다. 에렌페스트가 교수님을 그토록 사랑하는 이유를 이제 이해하게 되었습니다. 저는 지금 교수님의 훌륭한 논문을 공부하고 있으며, 이해가 되지 않아 막히는 부분에서는 제 앞에서 웃으며 설명하는 교수님의 친절하고 소년 같은 얼굴을 떠올리는 즐거움을 누리고 있습니다. 저는 교수님에게서 많은 것을 배웠습니다. 특히 과학적인 문제를 어떻게 생각하는지를 말이지요."

그리고 에렌페스트에게도 편지를 보내 "보어 교수가 여기 왔었는데, 나도 자네만큼 그를 좋아하게 되었네. 그는 매우 감수성이 예민한 사람이고 황홀경에 빠진 것처럼 이 세상을 살고 있네"라고 했다.

보어도 아인슈타인에게 매료되었다. 그는 아인슈타인의 편지에 답장을 보내며, "교수님을 만나 대화를 나눈 것은 저에게는 최고의 경험 중 하나였습니다. 베를린을 방문하는 동안 교수님께서 저에게 보여주신 다정함과 친절한 편지에 대해 얼마나 감사한지 말로 표현할 수 없습니다. … 저를 사로잡고 있던 문제들에 대해 교수님의 의견을 개인적으로 들을 수 있는, 오랫동안 고대했던 기회를 가진 것이 저에게 얼마나 큰 자극이 되었는지 모릅니다. 저는 달렘에서 교수님의 댁으로 가는 길에서 나눈 대화를 결코 잊지 않을 것입니다"라고 인사했다. 이렇게 두 사람은 서로에게 물리학자로서, 그리고 인간으로서 무한한 찬사를 보내면서도 양자역학을 어떻게 이해할 것인가에 대한 관념적 차이로 향후 논쟁의 대척점에 서게 된다.

독일 과학자들에 대한 적대적 분위기를 극복하려는 과학자 중에는 프랑스의 랑주뱅도 있었다. 랑주뱅은 상대성이론에 대한 '쌍둥이 역설'로 잘 알려져 있다. 그는 1922년 이전까지 프랑스에서 아인슈타인의 상대성이론을 지지한 유일한 사람이었다. 랑주뱅과 아인슈타인 두 사람은 지적·과학적 유대뿐만 아니라 국제주의와 평화주의의 태도에 있어서도 서로 일치했다. 랑주뱅은 1922년 아인슈타인을 파리로 초청하면서 "과학의 발전을 위해 독일 과학자들과 우리 사이의 관계를 새로 일으켜야 합니다. 교수님이 (프랑스에 오기로) 동의한다면 교수님은 누구보다 이 일을 더 잘 도울 수 있고, 독일과 프랑스 동료 모두에게, 그리고 무엇보다도 우리의 공동된 이상에 큰 봉사를 하는 것입니다"라고 편지에 썼다.

그렇지만 랑주뱅이 여러 반대에도 불구하고 그를 파리로 초청했을 때 프랑스 과학아카데미 회원 대다수는 그를 받아들이지 않겠다고 했다. 독일 군국주의에 반대했던 아인슈타인이었지만 독일에서 활동했다는 이유로 그의 파리 방문은 극우파의 맹렬한 시위의 원인이 되었다. 전쟁은 이렇게 독일과 프랑스 양쪽에서 천재 물리학자를 반대하는 모양새를 만들어냈다. 아인슈타인은 이런 어려움을 천진난만한 미소로 이겨냈다.

새로운 도전들

전쟁의 소용돌이 속에서도 천재적인 물리학자들은 새로운 세기에 제기된 문제들을 해결하기 위한 노력을 중단하지 않았다. 제1차 솔베이 회의 이후 양자론에 대한 관심을 일반상대성이론으로 돌린 아인슈타인은 1916년에 중력장 방정식을 완성했다. 그리고 다시 양자론의 기초를 근본적으로 탐구하면서 복사의 양자 구조를 밝혀내는 작업을 시작했다. 아인슈타인은 1917년 그의 논문「복사의 양자 이론에 관하여On the quantum theory of radiation」에서 보어의 원자 모형과 플랑크의 양자 이론을 결합했다. 그리고 전자의 궤도 변화가 한 개의 광양자를 흡수하거나 방출한다고 보고 플랑크의 복사 공식을 유도했다. 아인슈타인 스스로 "놀랍도록 간단하게 플랑크의 공식을 유도했다"고 할 만큼 새롭고도 훌륭한 결과였다.

아인슈타인의 새로운 업적은 복사의 유도방출을 새롭게 도입했기 때문에 가능했다. 아인슈타인은 전자가 광자를 방출할 때 주변의 다른 전자를 자극하여 더 많은 광자를 방출하게 할 수 있다는 복사의 유도방출을 가정했는데, 이는 거의 40년 후 레이저LASER, Light Amplification by the Stimulated Emission of Radiation 발명의 기본 원리가 되었다. 특히 복사의 방출 및 흡수 과정에서 에너지와 운동량의 보존에 관한 분석은 향후 양자역학 발전의 초석이 되었다.

아인슈타인은 복사의 자발방출과 유도방출에 관한 논의를 전개하면서 두 상태 사이의 복사 전이에 대한 일반적인 확률 법칙을 독창적인 방식으로 공식화하고 결론 부분에서 광양자가 존재해야 하는 이유를 다시 거론했다. 그는 분석을 통해 에너지 방출(또는 흡수)이 운동량 양자의 방출(또는 흡수)을 동반한다는 결론을 내렸다. 이는 원자가 방출하는 에너지가 공간 전체로 퍼지지 않고 마치 입자에 의해 전달되는 것처럼 방향성을 갖고 방출된다는 의미다. 즉, 들뜬 원자가 에너지($h\nu$)를 잃으면서 광양자를 방출하면, 운동량 보존법칙에 따라 원자는 $h\nu/c$에 해당하는 운동량을 갖고 되튄다는 것이다.

그러면서 자신의 이론이 갖는 어려움에 대해서도 언급했다. 그는 논문에서 "이러한 특성으로 인해 복사에 대한 적절한 양자 이론의 공식화가 거의 불가피해 보인다. 이론의 약점은 … 파동 이론과의 연결이 쉽지 않다는 사실과 … 기본 과정의 시간과 방향을 '우연'에 맡긴다는 것이다"라고 지적했다. 아인슈타인이 사용한 '우연'이란 표현은 고전물리학의 엄격한 인과율이 적용되지 않음을 의미한다. 이 때문에 아인슈타인은 고민에 빠진다. 원자의 전자가 다른 에너지 준위의 정상상태 사이를 이동할 때, 원인이 없이 그냥 자발적으로 이런 현상이 생기는 문제를 해결할 수 없었다. 단지 확률만을 계산할 수 있었을 뿐이다.

아인슈타인이 1920년 1월에 보른에게 쓴 편지에는 이 문제에 대한 고민이 드러나 있다.

"인과관계 문제는 나에게도 골칫거리라네. 광양자의 흡수 및 방출을 인과관계로 완전히 이해할 수 있을까? 아니면 통계적인 찌꺼기로 남게 될까? 확신할 용기가 없음을 인정할 수밖에 없네. 그러나 완전한 인과관계를 포기한다는 것이 성발이시 내세는 무척 힘든 일이네. … 엄밀한 인과관계가 있는지 없는지에 대한 질문에 명확한 답을 제시할 수는 없지만 분명한 의미를 갖고 있네."

그의 이런 고민은 1917년 논문에서 "그럼에도 불구하고 나는 여기서 선택한 접근 방식이 신뢰할 수 있는 접근 방식이라고 확신한다"라고 덧붙인 글에서도 엿보인다. 이 문제는 1920년 베를린에서 이루어진 보어와의 첫 논쟁에서도 표출되었다.

하지만 1926년에 양자 충돌 이론을 연구하던 보른은 바로 아인슈타인의 이 논문을 근거로 자신의 양자역학에 관한 통계적 해석을 전개했다. 아인슈타인이 스스로 발견한 것을 인정하지 않고 자신의 이론 내에서 극복되어야 할 약점으로 본 것을 보른은 실험적 사실에 바탕을 둔 '이론적 실재'로 보면서 양자역학에 대한 통계적 해석을 제창하게 된 것이다.

그는 논문을 발표한 후 친구 베소에게 보낸 편지에서 복사의 양자 구조에 대해 오랜 시간 숙고한 소회를 밝혔다. 광양자에 대한 부정적인 생각이 걷히지 않았던 당시의 분위기에 대해 "나는 복사 문제에서 양자의 실재를 더 이상 의심하지 않는다네. 비록 나 혼자만 이러한 확신을 갖고 있지만 말이야. 어떤 성공적인 수학적 이론이 나오기 전까지는 여전히 그럴 것이고, 내가 언젠가는 이러한 주장을 명확하게 제시하고 싶다네"라고 했다. 광자라고 불리는 아인슈타인의 광양자 개념은 파동-입자 이중성을 의미하는 것으로 1920년대까지 물리학계에서 거의 받아들여지지 않은 혁명적 생각이었다. 빛의 운동량 개념은 1922년 콤프턴Arthur Compton(1892~1962)의 X-선 산란 실험에 의해 입증되면서 광양자 가설이 비로소 본격적으로 받아들여지기 시작했다.

특히 보어의 원자 구조에 관한 이론은 1916년에 조머펠트가 더욱 확장하여 사실상 모든 원자에 적용될 수 있는 체계적인 이론으로 발전시켰다. 조머펠트와 그의 동료들은 원자 내의 전자들이 갖는 양자화 된 정상상태를 보다 완벽하게 분류함으로써 원자 스펙트럼의 구조, 특히 전기장에 의해 스펙트럼선이 미세하게 갈라지는 슈타르크 효과의 많은 부분을 설명할 수 있었다.

'미세구조fine structure'란 스펙트럼선을 자세히 들여다보면 하나의 선이라고 생각했던 것이 미세하게 갈라져 있다는 것이다. 보어는 처음에 이를 실험의 문제로 보고 무시했으나, 선스펙트럼의 측정이 정밀해지면서 이는 점차 사실로 확인되었다. 특히 자기장이나 전기장을 걸어주면 원자에서 나오는 빛스펙트럼의 선들이 미세하게 갈라지는 현상을 뚜렷이 볼 수 있는데, '제이만 효과'는 자기장에 의한 미세구조로 로렌츠가 초기 설명을 제공했다. 그리고 보어의 이론이 나온 1913년에 슈타르크Johannes Stark(1874~1957)는 전기장 속에서도 수소 원자의 선스펙트럼이 갈라지는 것을 발견했다. 이 현상을 '슈타르크 효과Stark effect'라고 부르는데, 이는 원자의 내부구조와 관련이 있는 현상임이 틀림없었다.

슈타르크 효과 발견 직후 레이던을 방문한 슈타르크는 오네스의 집에서 열린 저녁 파티에 참석했는데, 이 파티에서 오네스의 부인이 우연히 슈타르크와 제이만 사이에 앉게 되었다. 그러자 함께 참석한 에렌페스트가 오네스 부인에게 재치 넘치는 농담을 건넸다. "자, 오네스 부인, 이제 선택을 하실 수 있습니다. 전기적으로 분리되시겠습니까? 아니면 자기적으로 분리되시겠습니까?" 농담의 주제로 언급된 스펙트럼의 미세구조는 당시 물리학자들 사이에서 중요한 문제로 인식되고 있었다. 조머펠트가 해결해야 할 주요 문제는 바로 제이만 효과와 슈타르크 효과에 관한 것이었고, 이를 위해 보어의 원자 모형을 확장하게 되었다.

제이만과 슈타르크는 원자 스펙트럼의 미세구조 발견으로 각각 1902년과 1919년에 노벨상을 수상했다. 슈타르크가 노벨상을 받기 3년 전인 1916년에 엡슈타인Paul Epstein(1883~1966)과 슈바르츠실트는 각가 독립적으로 슈타르크 효과를 조너펠드가 확장힌 보어 이론으로 설명할 수 있음을 보여주었다. 노벨상은 슈타르크에게만 수여되었지만 슈타르크 효과의 중요성은 의심할 바 없이 보어-조머펠트 이론을 뒷받침하는 것이었다. 그러나 정작 슈타르크는 보어-조머펠트 이론을 완강하게 반대했고, 노벨상

수상 강연에서도 보어-조머펠트 이론에 대해 자신의 물리학적 직관과 모순된다는 이유로 믿기 어렵다는 회의적인 태도를 보였다.

보어-조머펠트 이론과 고전 양자론의 형성

1913년에 발표된 보어의 이론은 수소 원자처럼 전자를 한 개만 가진 원자의 선스펙트럼은 잘 설명할 수 있었지만, 아직 모든 원자 현상을 설명하는 완전한 이론은 아니었다. 특히 그 당시에 알려져 있던 선스펙트럼의 미세구조에 대한 설명도 불가능했다. 조머펠트가 보어에게서 논문 사본을 받은 후 보낸 답신에서 보어의 이론을 제이만 효과*에 적용할 계획이 있는지를 물었던 질문이 바로 이 문제였다.

조머펠트는 처음에는 제이만 효과를 설명한 로렌츠의 이론을 일반화해서 정상normal 제이만 효과는 물론 슈타르크 효과까지 설명해 보려고 했지만 실패했다. 그러다가 보어의 원자 모형에 관심을 쏟으면서 보어의 이론을 확장하기 시작했다. 조머펠트는 원자의 선스펙트럼에서 미세구조가 나타나려면 원자 모형이 갖는 양자화 조건이 바뀌어야 한다는 결론을 내렸다. 그리고 1914년~1915년 겨울 '제이만 효과와 스펙트럼선The Zeeman effect and spectral lines'이라는 제목의 강의에서 이러한 생각을 언급했다. 조머펠트가 고려한 것은 두 가지였다. 하나는 원자에 있는 전자의 운동을 타원 궤도로 일반화하는 것이고, 다른 하나는 상대성이론의 효과를 고려하는 것이었다. 출판되지 않은 상태로 있었던 이 생각은 제1차 세계대전으로 인해 구체화되는 것이 계속 늦어졌다.

그러던 중 1915년 2월에 보어가 「수소의 스펙트럼 계열과 원자의 구조

• 이 책의 제1장 참조.

On the Series Spectrum of Hydrogen and the Structure of the Atom」라는 논문을 발표했다. 그는 자신의 이론을 확장하여 이온화된 헬륨의 선스펙트럼 관측 결과를 더 잘 설명할 방법을 찾고자 했다. 보어는 이를 위해 타원형 전자궤도와 전자 질량의 상대론적 변화를 고려했다. 사실 보어는 3부작 논문을 쓸 때부터 이 문제를 염두에 두었으나 구체적인 이론을 만들지는 못하고 있었다. 1915년의 수정 이론에서는 한 개의 스펙트럼선 대신 좁게 갈라진 두 개의 스펙트럼선을 얻을 수 있었다. 실험과 완전히 일치하지는 않았지만, 보어는 미세구조가 어떤 식으로든 이 결과와 관련이 있을 것이라고 생각했다.

조머펠트를 더욱 자극한 것은 그해 가을의 또 다른 보어의 연구 결과와 아인슈타인의 편지였다. 보어는 「복사의 양자 이론과 원자의 구조On the quantum theory of radiation and the structure of the atom」란 논문에서 X-선 영역의 스펙트럼에 관해 발표했다. X-선 분광학은 조머펠트에서 가장 중요한 연구 주제였기에, 이 논문은 조머펠트에게 자신의 영역에 대한 침범으로 느껴졌을 것이다. 아인슈타인의 편지는 플랑크도 비슷한 연구를 하며 스펙트럼 문제를 해결하려 애쓰고 있다고 알렸다. 이에 조머펠트는 제대로 다듬어지지 않은 이론을 1915년 12월과 1916년 1월 두 번에 걸쳐 급히 바이에른 과학아카데미에 발표했다.

조머펠트는 플랑크를 의식하고 자신의 아카데미 논문을 그에게 보냈다. 이에 대해 플랑크는 "지금까지 내가 거의 들어가지 않았던 영역에서 잠시 '외도side-trip'를 한 것뿐이며… 이제 나는 이것이 불필요하다는 것을 알았어요. 이 문제는 최고의 전문가인 당신이 다루고 있으니까요"라면서 경쟁을 걱정하지 않아도 된다는 답신을 주었다. 사실 플랑크는 보어의 모형이나 스펙트럼선에는 큰 관심이 없었고, 1차원 진동자를 복사원radiation source으로 하는 자신의 흑체복사 이론이 가진 결함을 해결하는 것이 우선이었다.

플랑크의 '외도'는 1911년 제1차 솔베이 회의에서 푸앵카레가 플랑크에게 제기했던 질문 때문이었다. 그때 푸앵카레는 양자화 조건이 한 개 이상의 자유도를 갖는 계로 확장될 수 있는지에 대해 질문했다. 플랑크와 조머펠트가 각자의 문제에 접근하던 방식은 다소 다르게 표현되었지만, 본질적으로는 동일했다. 플랑크는 1915년 12월에 '여러 자유도를 가진 분자의 양자 가설The Quantum Hypothesis of Molecules with Several Degrees of Freedom'에 관한 논문을 발표하면서 조머펠트와 같은 양자화 개념을 사용했다. 그렇지만 스펙트럼의 상세한 분석과 관련된 부분에서는 조머펠트의 결과에 미치지 못했다.

반면에 조머펠트는 보어의 이론이 선스펙트럼의 분리 문제를 제대로 설명하지 못하는 것은 양자화 조건에서 단 한 개의 자유도만 포함된다는 사실과 관계있을 것으로 생각했다. 그래서 그는 원자 내 전자의 운동을 원이 아니라 타원 궤도로 일반화하면서 양자화 조건을 한 개 이상의 자유도를 가진 계로 확장하고, 동시에 상대성이론의 효과를 고려하는 두 가지 방향에서 문제를 해결하려고 했다.

전자의 궤도가 일반적으로 타원이라는 의미는 원과 타원의 두 가지 모양의 궤도가 같은 에너지를 가질 수 있다는 것이다. 그리고 타원궤도의 이심률이 연속적으로 변할 경우에는 선스펙트럼의 미세구조를 설명할 수 없기 때문에, 조머펠트는 타원궤도의 모양과 관련된 '타원의 양자화' 또는 '이심률의 양자화 조건'을 제시했다. 그러나 전기장에 의해 변하는 궤도에 양자 조건을 적용하는 방법을 몰라서 처음에는 슈타르크 효과에 관한 정량적 이론을 제시할 수가 없었다.

또 다른 어려움은 두 개 이상의 전자를 가진 원자에 대한 적용 가능성 문제였다. 이런 문제의 해결을 위해 조머펠트는 상대론적 접근법을 사용하고 공간 양자화에 해당하는 세 번째 양자수를 도입해야만 했다. 결국 원자 안의 전자를 기술하기 위해서 보어가 제안했던 각운동량의 양자화와 관련된 주양자수principal quantum number 외에 부양자수subordinate quantum number와 자기 양자수magnetic quantum number라는 두 개의 양자수를 더 도입하게 되었다.

전자의 타원궤도 운동에 대한 상대론적 이론이라고 정리할 수 있는 조머펠트의 이론은 전자의 양자 상태를 주양자수와 부양자수, 자기 양자수로 나타낸다. 이들 양자수는 각각 궤도의 크기, 궤도의 모양 및 궤도면의 방향을 기술한다. 특히, 궤도면의 방향을 가리키는 세 번째 양자수는 공간이 양자화 되어 있다는 의미이며, 자기장이 있을 경우에는 방향에 따라 각각 다른 에너지 상태를 가진다. 조머펠트는 이 세 가지 양자수를 기반으로 전자가 한 궤도(또는 에너지 준위)에서 다른 궤도로 양자뜀을 할 때 따라야 할 새로운 규칙을 제시했다. 그리고 타원궤도의 에너지에 관한 식을 도출했다.

전자의 에너지는 오직 주양자수에 의해 결정되는데, 같은 에너지를 가지는 궤도상태가 여러 개 존재할 수 있다. 여기에 전기장과 같은 외부 효과가 궤도를 찌그러뜨리면 궤도들의 에너지가 달라진다. 부양자수에 따라 전자궤도의 모양이 달라지므로, 전자의 속도도 궤도마다 달라져 상대론적 효과도 달라진다. 따라서 상대성이론의 효과를 포함하면 전자의 에너지 준위 값은 부양자수에 따라 조금씩 달라진다. 결국 전자의 에너지가 서로 다른 양자수의 각 쌍에 대해 달라지므로, 서로 다른 에너지 상태 사이의 전이를 통해 선스펙트럼의 미세구조를 설명할 수 있었다.

보어-조머펠트 이론이 슈타르크 효과를 포함하여 원자 스펙트럼선의 미세구조를 훌륭하게 설명할 수 있음을 명백하게 보여준 것은 슈바르츠실트와 엡스타인의 연구였다. 그들은 1916년 3월, 거의 동시에 같은 결과를 얻었다. 조머펠트의 제자였던 엡스타인이 교수 자격을 얻기 위해 제출하려던 논문은 슈바르츠실트보다 3일 늦었지만 그의 결과에서 빠져 있는 스펙트럼선의 계산을 포함했다. 엡스타인의 논문은 1916년 3월 29일 ≪물리학 저널Physikalische Zeitschrift≫에, 슈바르츠실트는 1916년 3월 30일 프로이센 과학아카데미에 각각 자신의 이론을 발표했다. 그러나 슈바르츠실트는 전장에서 얻은 질병이 악화되어 1916년 5월 11일에 사망했기 때문에 자신의 업적이 알려지는 기쁨을 누리지 못했다. 그는 전쟁터에서 아인슈타인의 중력장 방정식에 대한 정확한 해를 최초로 계산해 낸 천재였다.

그들이 슈타르크 효과를 계산하고 있는 동안, 조머펠트는 프랑스 북부 서부전선에 있던 그의 또 다른 학생인 렌츠Wilhelm Lenz(1888~1957)에게서 편지를 받았다. 그는 조머펠트의 이론을 또 다른 측면에서 정교하게 다듬었는데, 수소의 스펙트럼선에 대한 상대론적 계산에서 조머펠트가 근사적으로 복잡하게 이끌어낸 공식보다 더 간단한 형태를 제시했다. 여기서 렌츠는 수소 선스펙트럼의 미세구조를 설명하는 소위 '미세구조 상수 fine structure constant'를 정확히 구했다. 조머펠트는 1916년 7월 ≪물리학 연보≫에 보완된 논문을 발표하면서 렌츠의 중요한 기여를 명시적으로 인정했다. 그는 자신의 아카데미 논문이 너무 일찍감치 근사계산에 의존함으로써 "스펙트럼 공식의 명확성과 정확성을 잃어버렸다"고 했다.[64]

수소 스펙트럼선의 미세구조에 나타나는 전자의 미세한 에너지 준위의 차이는 대략 미세구조 상수($a=2\pi e^2/hc$)에 비례한다. 미세구조 상수는 상대론적 효과를 나타내는 것으로서 물리적으로는 첫 번째 보어 궤도의 전자 속도와 빛의 속도의 비율로 해석될 수 있다. 따라서 $a \rightarrow 0$인 경우 미세구조 공식은 보어 모형의 간단한 공식이 된다. 이렇게 렌츠가 구해낸 미세구조 상수는 "스펙트럼 법칙"의 정확한 형태를 되살렸고, 조머펠트의 미세구조 이론에서 기본적인 분광 상수로 나타나게 되었다.

이렇게 나온 미세구조 상수는 나중에 양자 세계 신비의 상징이 되었다. 미세구조 상수는 빛의 속력이나 전자의 전하량, 플랑크 상수와 같은 우주 기본 상수로 표현되기 때문에 어떤 경우에도 달라질 여지가 없다. 그리고 그 값은 단위 없이 1/137의 값을 가진다. 배타 원리로 유명한 파울리는 소수인 137을 포함하는 이 상수에 대해 매우 깊이 생각했다. 그는 "내가 죽으면, 악마에게 물을 나의 첫 번째 질문은 미세구조 상수의 의미일 것이다"라고 했다고 한다. 하이젠베르크는 "상수의 값에 대한 진정한 이해는 아직 먼 미래의 일"이라고 했으며, 파인먼Richard Feynman(1918~1988)도 이것을 "인간이 이해하지 못하는 마법의 숫자로서 물리학의 가장 큰 미스터리 중 하나"라고 여겼다.

1916년 조머펠트의 논문이 나올 무렵, 보어도 자신의 이론을 확장하고 있던 중이었다. 보어는 조머펠트의 논문을 읽고 "이렇게 커다란 즐거움을 주는 논문을 읽게 되리라고는 생각도 못했습니다"라는 찬사를 편지로 보냈다. 그리고 자신이 진행하던 연구에 대해 설명한 후, "이 글을 쓰는 의도는 단지 저의 논문이 출판되기 전에 교수님의 논문을 받게 되어 얼마나 기뻤는지 알려드리기 위한 것입니다. 교수님의 논문이 제 눈을 뜨이게 했기에 저는 즉시 제 논문의 출판을 연기하고 모든 것을 다시 생각하기로 결정했습니다"라고 적었다.* 출판을 연기했던 논문은 충실하게 보완되어 2년 후인 1918년에 출판되었다.[65] 서문에서 보어는 조머펠트의 논문과 엡스타인 및 슈바르츠실트의 연구를 언급하면서 궁극적으로 이것이 양자역학의 길을 닦은 원자 이론 연구의 새로운 출발점이 되었다고 했다.

이후 보어-조머펠트 원자 모형은 보어 모형의 대안으로 널리 받아들여졌다. 1916년 파셴Louis Paschen(1865~1947)의 헬륨 스펙트럼 측정은 조머펠트의 예측과 일치했다. 조머펠트는 1919년에 그의 유명한 저서 『원자 구조와 스펙트럼선Atombau und Spektrallinien』에서 자신의 생각을 더욱 발전시켰는데, 이 책은 1916~1917년에 뮌헨 대학교에서 강의한 내용을 기반으

• 보어는 「주기적인 계에 대한 양자 이론의 적용(On the application of quantum theory to periodic systems)」이란 제목의 논문을 ≪철학 잡지≫ 1916년 4월호에 게재할 예정이었으나 철회했다.

로 주로 원자물리학을 공부하는 학생과 비전문가를 위해 쓴 것이었다. 이 책은 매년 개정이 거듭되면서 1920년대 이론물리학자들에게는 '성경'처럼 받아들여졌다.

그러나 조머펠트의 이론은 전반적으로 보어의 원자 모형을 보완하고 확증하는 것으로 인식되었다. 이런 분위기는 아인슈타인이 조머펠트에게 보낸 축하 인사에서 "보어의 생각은 당신의 스펙트럼 분석을 통해서만 완전한 설득력을 얻게 됩니다"라고 한 표현에 그대로 녹아 있었다. 아직 모형이 성공할 때마다 부분적인 실패나 이론에서 벗어나는 현상은 여전히 있었다. 보어-조머펠트 모형은 관찰된 많은 스펙트럼선을 모두 설명할 수는 없었기 때문에 성공에는 한계가 있었다. 보어-조머펠트 모형은 근본적으로 원자 속의 전자가 어떻게 행동하는지에 대한 역학적 법칙을 기술하는 것이 아니라, 원자 속의 전자의 상태를 기술하는 방법을 찾아낸 것에 불과했다. 고전물리학과 양자 이론을 임의로 꿰어 맞춘 것 같은 고전 양자론의 한계는 새롭게 등장한 양자역학에 의해서만 극복될 수 있었다.

서행변화 가설이 맺어준 에렌페스트와 보어의 우정

조머펠트의 1915/1916년 논문이 발표되자 에렌페스트는 조머펠트의 결과가 자신이 1914년에 발표한 '서행변화 가설adiabatic hypothesis'과 일치한다는 사실을 확인하고 자신의 논문을 정교하게 다듬어 1916년에 다시 발표했다.[66] 서행변화 가설만을 다룬 에렌페스트의 1914년 논문은 매우 거칠게 작성되어 ≪암스테르담 아카데미 회보Proceedings of the Amsterdam Academy≫에 게재되었다. 당시는 제1차 세계대전으로 어수선하기도 했고, 논문의 개략적인 성격 때문에 논문은 거의 관심을 받지 못했다.

서행변화 가설은 어떤 계의 외부 조건을 매우 천천히 변화시키면, 그

계가 지닌 양자 규칙은 변하지 않는다는 것이다. 에렌페스트는 이로부터 양자화 조건을 유도하려고 했다. 에렌페스트는 논문을 작성한 후 조머펠트에게 편지를 써서 자신의 알려지지 않았던 연구를 알렸다. 보어의 원자 모형과 이론에 대해 거부감을 가지고 있었던 에렌페스트는 편지에서 조머펠트의 결과가 보어 이론의 성공을 도운 것에 대한 유감을 특유의 풍자적 방식으로 표현했다.

"교수님의 연구와 엡스타인의 후속 연구가 보여준 성공은 저와 제 동료들에게 매우 큰 기쁨을 안겨주었습니다. 비록 교수님의 성공이 임시적이고 사람 잡아먹을 것 같은 보어의 모형에 새로운 승리를 가져다주는 데 도움이 될 것이라는 사실을 끔찍하게 생각하지만, 뮌헨의 물리학이 이 길에서 더욱 성공할 것을 기원합니다!"

그러나 조머펠트의 답신은 보어가 이미 에렌페스트의 서행변화 가설을 알고 있었고, 또 이를 적극적으로 활용했음을 알려주었다. 1916년 초에 보어는 에렌페스트의 '서행불변량adiabatic invariant'을 사용하여 자신의 원자 이론을 정교화하고 일반화하는 데 활용했다. 그러던 중 조머펠트의 논문이 나오자 인쇄 직전의 논문을 취소하기로 결정했던 것이다. 보어는 조머펠트에게 쓴 편지에서 자신의 작업에 대해 설명하면서 "저에게는 매우 중요하고 근본적인 것처럼 보이는 서행변환adiabatic transformation에 대한 에렌페스트의 생각을 상당히 활용했습니다"라고 적어 놓았다.

양자 이론 발전에 있어서 에렌페스트의 가장 중요한 공헌은 '서행불변성'에 관한 이론이다. 1913년 보어가 각운동량의 양자화를 가정한 원사 모형을 발표하자, 에렌페스트는 아무런 과정 없이 전자궤도에 양자화 조건을 갖다 붙인 보어의 이론을 터무니없는 것으로 생각했다. 그래서 그는 열역학 개념을 바탕으로 기존 양자 이론의 임의적인 양자화 규칙을 일반화하려고 했다. 이론의 결함에 예민했던 에렌페스트는 일반적 논증을 위해 서행변화 가설을 도입하여 보어의 정상상태에 적용했다. 1916년에 발표된 에렌페스트의 논문은 2년 후 보어가 선스펙트럼의 양자 이론에 관한 논문에서 이를 활용한 후에야 주목을 받았다.

조머펠트의 논문 출판으로 철회했던 보어의 논문은 다시 정리되어 1918년 5월에 발표되었다. 논문은 서행변화 가설과 관련된 에렌페스트의 거의 모든 논문을 인용했고, 서행변화 가설의 가장 완전한 수학적 형태를 제시했다. 그리고 선스펙트럼에 관한 양자 이론을 포괄적으로 설명했다. 그런데 여기서 에렌페스트의 서행변화 가설은 '역학적 변환 가능성의 원리principle of mechanical transformability'로 이름이 바뀌어 있었다. 보어는 에렌페스트에게 이 논문을 보내면서 동봉한 편지에 명칭을 달리 쓴 이유를 이렇게 설명했다.

"아시겠지만 제가 염두에 두고 있는 것들은 대부분 교수님의 '서행변화 불변성'이라는 중요한 원칙에 기초하고 있습니다. 그러나 제가 이해하는 한, 저는 이 문제를 교수님의 관점과 다소 다른 관점에서 고려하기 때문에 교수님의 논문에 나오는 원래 용어를 그대로 사용하지는 않았습니다. 제 생각에는 정상상태들 안에서 운동이 연속적으로 변환될 수 있는 조건은 이런 상태들의 안정성의 필요조건과 직접적으로 연관되어 있을 수 있습니다. 따라서 주된 문제는 계의 연속적인 변환 효과를 계산함에 있어서 일반적인 '역학'을 사용하는 것의 정당성에 관한 것이라고 생각합니다."

보어의 이론을 싫어했던 에렌페스트는 그 당시 황달에 시달리며 연구에 전념하지 못하고 있었다. 그는 보어의 편지에 3개월이 지나서야 답장을 보냈고, 그 후에도 보어의 논문을 주의 깊게 읽지 않았다. 그는 답신에서 보어의 의견에 전적으로 동의한다고 했지만, '역학적 변환 가능성의 원리'라는 표현에 대해서는 유보적인 의견을 보냈다.

이것이 계기가 되어 에렌페스트는 한 번도 만난 적이 없었던 보어를 1919년 4월 말에 레이던으로 초대하여 강연을 부탁했고, 보어는 이를 수락했다. 보어는 에렌페스트의 집에서 2주 동안 머무르며 많은 이야기를 주고받았다. 두 사람은 서로 깊은 인상을 받았고, 곧 친구가 되어 우정을 키우기 시작했다. 아인슈타인은 이 세미나에 참석할 수 없었지만, 그해 10월에 에렌페스트를 방문했을 때, 에렌페스트는 보어의 방문이 얼마나 즐겁고 유익했는지 말해주었다.

에렌페스트는 보어와의 개인적 만남 이후 보어의 원자 이론에 몰두하여 보어의 이론을 다듬고 발전시키는 논문들을 발표했다. 때로는 보어의 대응원리를 독창적으로 적용하기도 했다. 에렌페스트의 연구 관심이 보어의 연구 관심과 동화된 가장 인상적인 사건은 1921년 봄에 열린 제3차 솔베이 물리학 회의였다. 보어는 그해에 코펜하겐 대학교에 이론물리학 연구소를 설립하면서 너무 과로하여 솔베이 회의에 참석할 수 없었다. 보어는 에렌페스트에게 자신의 보고서를 대신 읽고 발표할 것을 부탁했다. 에렌페스트는 회의에서 보어의 논문을 읽은 후 '대응원리correspondence principle'에 깔려 있는 함의와 가정을 분석한 내용을 추가적으로 요약해서 발표했다.

보어는 1920년부터 1923년까지 1913년에 발표한 3부작 2부와 3부의 논의를 더욱 확장시키면서 다시 '서행변화 원리adiabatic principle'라는 이름을 사용하여 양자 이론의 일반 원리를 다루었다. 이후 보어는 '서행변화 원리'와 '대응원리'를 근본적인 것으로 생각하고, 이를 바탕으로 좀 더 심화된 원자 모형에 관한 논의를 전개했다.

제3차 솔베이 물리학 회의

　물리학자들 사이의 관계에 고통스러운 상처를 남긴 제1차 세계대전이 끝났다. 그리고 '원자와 전자Atoms and electrons'라는 주제로 제3차 솔베이 물리학 회의가 1921년 4월 초에 열렸다. 혹독한 전후 분위기 속에서 독일에서 활동했던 물리학자로 유일하게 초대받은 아인슈타인은 회의에 참석하지 않았다. 그는 예루살렘에 설립될 히브리 대학교의 기금 마련을 돕기 위해 바이츠만과 함께 미국으로 갔다. 보어도 양자 이론의 최근 발전을 전체적으로 개괄할 것을 요청받았지만, 건강상의 문제로 솔베이 회의에 참석할 수 없었다. 그렇지만 원자의 구조에 관한 1913년 3부작 논문의 요점을 다룬 보어의 보고서는 에렌페스트가 회의에서 대신 읽었다.

　제1차 솔베이 회의 이후 10년 동안 이루어진 중요한 발전은 두 가지로 요약할 수 있다. 한편으로는 러더퍼드의 연구로 원자핵과 전자로 구성된 원자의 구조를 이해하는 데 상당한 진전이 있었으며, 다른 한편으로는 원자에서 나오는 빛스펙트럼을 설명하기 위한 것으로, 주로 보어가 발전시킨 '고전 원자구조 이론'이라고 부를 수 있는 것이다. 그래서 제3차 솔베이 물리학 회의에서는 러더퍼드의 핵 원자 모형과 보어의 이론이 논의의 중심에 있었다.

　제3차 솔베이 물리학 회의에서는 두 가지 유형의 주요 질문을 다루었다. 첫 번째는 새로운 원자 모형의 정당성을 논의하는 것이고, 두 번째는 새로운 이론으로 광전효과나 초전도성과 같은 현상을 만족스럽게 설명할 수 있는지 여부였다. 회의는 로렌츠가 고전적인 전자 이론에 대해 설명하는 것으로 시작되었는데, 원자에서 나오는 빛스펙트럼의 근원이 원자 안에 있는 전자의 운동임을 직접적으로 가리키는 제이만 효과의 본질적인 특징을 설명했다. 다음 연사로 나온 러더퍼드는 「원자의 구조La structure de l'atome」라는 제목의 보고서를 통해 지난 10년간 이루어진 진전들을 요약했다. 원자의 구조를 이해하는 데 크게 기여한 그는 그동안 자신의 핵 원자 모형으로 설득력 있는 해석을 할 수 있었던 수많은 현상을 설명했다. 특히 방사성 변환과 동위원소의 존재에 대한 핵심적인 특징을 어떻게 이해할 수 있는지를 설명했다.

원자의 구조와 주기율표와의 관계는 원자 이론에서 중요한 자리를 차지한다. 톰슨은 전자의 배치로 원소의 주기적인 성질을 설명하려고 시도함으로써 다른 원자물리학자들에게 크게 영향을 미쳤다. 보어도 자신의 원자 모형이 주기율표에 나타나는 원소의 물리적 성질을 설명할 수 있어야 한다고 생각했다. 제3차 솔베이 물리학 회의에서 러더퍼드는 "이 관계의 증거는 다양한 원소의 X-선 스펙트럼에 대한 모즐리의 놀라운 연구를 통해 나왔다"고 요약했다.

당시 대부분의 물리학자들은 주기율표에서 원소의 자리, 또는 원자번호를 물리적 성질로 생각하지 않았다. 그런데 반덴브룩Antonius van den Broek (1870~1926)이라는 네덜란드 변호사이자 아마추어 물리학자는 멘델레예프 주기율표에 있는 원소의 순서, 즉 원소의 원자번호가 전하에 비례한다고 제안했다. 그리고 모즐리는 반덴브룩의 제안을 확인하는 실험을 하여 원자번호가 실제로 핵의 전하라는 물리적 특성과 관련이 있음을 밝혔다.

모즐리는 다양한 원소에서 나오는 X-선의 진동수가 원자번호의 제곱에 비례한다는 사실을 관찰했다. 방출되는 X-선의 진동수는 전자의 에너지와 관계가 있고, 전자의 에너지는 핵의 전하에 따라 달라지므로 원자번호의 함수여야 했던 것이다. 이 놀라운 연구를 통해 모즐리는 원소의 화학적 성질을 결정하는 것이 원자량이 아닌 원자번호, 즉 원자핵의 전하임을 밝혀내어 원자 물리학 발전에 결정적으로 기여했다.

모즐리는 이를 바탕으로 알려지지 않은 원소를 X-선 스펙트럼만으로 간단히 구분할 수 있었다. 더욱이 원자번호가 아직 없는, 관찰되지 않은 원소의 존재도 예측할 수 있었으며, 거꾸로 원소의 정확한 원자번호를 결정함으로써 주기율표의 해당 위치에 있어야 할 모든 원소가 제대로 발견되었는지도 확인할 수 있었다. 모즐리가 제1차 세계대전에서 전사하지 않았더라면 틀림없이 노벨상을 받았을 것이다.

러더퍼드는 그의 보고서에서 핵의 크기, 베타 입자(전자)의 산란, 인공적으로 만들어진 원소의 붕괴, 동위원소 문제에 대해서도 논의했다. 동위원소의 개념은 1913년 소디가 원자량은 물론 반감기 등의 방사성 특성이 눈에 띄게 다르지만 화학적으로는 같은 특성을 가진 물질을 설명하기 위해 도입했다. 이런 종류의 물질은 멘델레예프의 주기율표에서 같은 위치에 있어야 해서 '동위원소'라는 이름이 붙었다. 1919년 톰슨의 조수인 애스틴Francis Aston(1877~1945)은 그가 발명한 질량분석기를 사용하여 수많은 원소에 대한 동위원소의 존재를 증명했다. 이 업적으로 그는 1922년에 노벨화학상을 받았다.

러더퍼드는 또한 보어의 이론을 소개하면서 보어의 이론이 단지 원자의 구조 이론이 아니라, 스펙트럼의 기원에 관한 이론이라는 점에서 특별한 관심을 끈다고 했다. 그리고 조머펠트와 엡스타인 등의 연구가 스펙트럼선의 미세구조와 슈타르크 효과 및 제이만 효과를 정량적으로 설명하는 데 성공한 것은 보어의 이론에 대한 설득력 있는 증거가 되었다고 요약했다. 양자화 된 원자 구조를 수용하게 한 보어의 이론은 원자에서 나오는 빛이 원자 안에 있는 전자의 진동에 의한 것이라는 관점을 완전히 배제하고 새로운 양자역학의 기틀을 확립했다.

그런 다음 핵의 구조에 관해 자세하게 설명한 러더퍼드의 논문은 이렇게 마무리되었다.

"방사능 연구를 통해 우리는 무거운 방사성 원자핵이 전하를 띤 헬륨 원자와 빠른 전자를 방출한다는 사실을 알게 되었다. 이로부터 원자핵은 일반적으로 전하 2를 가진 헬륨 원자핵과 음전자로 구성되어 있다는 결론을 내리는 것이 논리적이다. …

오래전 프라우트는 물질의 원자가 모두 수소의 화합물이라는 생각을 내놓았는데, 어떤 의미에서는 이것이 밝혀진 사실에 대한 가장 간단한 해석인 것 같다. 그러나 그 단위는 … 질량이 1.000인 수소 핵이 될 것이다. … 이러한 맥락에서 모든 물질은 양전자positive electrons와 음전자negative electrons로 구성될 것이다. … 따라서 질량 4의 헬륨 핵은 4개의 양전자와 2개의 음전자로 구성되어야 하며, 질량이 4×1.008에서 4.000로 감소하는 것은 패킹 효과일 것이다."

오늘날 우리는 헬륨 원자의 핵이 2개의 양성자와 2개의 중성자로 구성되어 있으며 전자를 전혀 포함하지 않는다는 사실을 알고 있다. 그러나 그 당시에는 중성자의 존재를 몰랐기 때문에 원자핵이 양전자와 음전자로 구성된 것으로 해석했던 것이다. 여기서 '양전자'는 '수소 핵' 또는 '양성자proton'와 같은 의미인데, 음전자에 비해 질량이 훨씬 큰 것은 전하밀도가 더 크기 때문이라고 생각했다. 그래서 핵의 전하가 옳은 값을 가지려면 (러더퍼드가 양전자로 표현한) 양성자의 전하를 적절히 상쇄할 음전자가 핵 속에 있어야 한다고 본 것이다. 러더퍼드가 중성자를 양성자와 전자의 결합으로 보는 시각은 오랫동안 지속되었다. 실제 원자핵의 구조는 중성자가 발견된 1932년이 지나야 구체적으로 밝혀지게 된다. 러더퍼드의 제자 채드윅이 발견한 중성자는 러더퍼드가 원래 제안한 것과 같지 않았다. 그렇지만 그의 추측은 그의 동료들에게 훌륭한 연구 동기를 제공했다.

러더퍼드는 자신의 이론을 확장하던 중 1919년에 질소와 같은 가벼운 원소에 알파 입자를 충돌시키면 '수소 원자'를 내놓는 사실을 발견했다. 오늘날 '수소 핵' 또는 '양성자'라고 부르는 것을 그 당시에는 '수소 원자'라고 불렀다. 그는 논문에서 자신의 양성자 발견에 대해 "지금까지 얻은 결과에서 알파 입자와 질소의 충돌로 인해 발생한, 먼 거리에서 관측된 원자는 질소 원자가 아니라 수소 원자일 수 있다는 결론을 피하기 어렵다. … 만약 그렇다면, 우리는 고속의 알파 입자와의 근접 충돌에서 나타나는 강한 힘에 의해 질소 원자가 분해되고, 빠져나온 수소 원자는 질소 핵을 구성하는 부품이라는 결론을 내려야 한다"라고 했다. 이는 인공 핵 변환을 관측한 최초의 실험이었는데, 오늘날의 관점에서 보면 질소가 헬륨 핵을 흡수하고 양성자를 방출함으로써 산소 동위원소가 만들어지는 과정이었다.

흥미로운 사실은 러더퍼드가 솔베이 회의 보고서 중간에 알파 입자와의 충돌에서 고속의 수소 원자를 방출하는 표적 원소의 조건을 설명하면서 갑자기 '수소 원자'를 '양성자'란 용어로 표현하기 시작한 것이다. 100여 년 전인 1815년 무렵에 영국의 의사였던 프라우트William Prout(1785~1850)는 당시까지 발견된 모든 원소의 원자량이 수소 원자량의 정수배라는 사실로부터 수소 원자가 진정한 기본 입자라는 가설을 익명으로 제시했다. 그는 이를 '근원 물질protyle'이라고 불렀고, 러더퍼드는 1920년에 프라우트가 사용한 'protyle'의 어간에 입자를 의미하는 접미사 '-on'을 붙여 'proton(양성자)'이라고 부르기 시작했다.

페랭은 러더퍼드의 보고 후 이어진 토론에서 별의 에너지원에 관해 주목할 만한 논평을 했다. 러더퍼드가 논문에서 헬륨 핵의 질량이 이를 구성하는 양성자 4개의 질량보다 작다고 한 것에 대해 "모든 원자가 실제로 수소 원자로 된다면, 4 원자 질량의 수소(질량 4×1.0077)를 희생하여 1개의 헬륨 원자 질량(질량 4)이 만들어질 때 3센티그램의 질량을 잃어버립니다. 또한 질량과 에너지의 동등성에 대한 아인슈타인의 공식을 받아들이면, 이는 에르그erg 단위로 0.03에 빛의 속도의 제곱을 곱한 값, 즉 약 7,000억 칼로리의 에너지 손실을 의미합니다. 그리고 이 에너지는 복사를 통해서만 잃어버릴 수 있습니다. … 저는 여기서 태양 에너지에 대한 설명을 찾을 수 있다고 봅니다"라고 언급했다.

계속된 토론에서 러더퍼드는 '중성자'의 존재 가능성에 관해 또 다른 주목할 만한 제안을 내놓았다.

"성운의 수소가 가까운 거리에서 양전하 핵과 전자가 결합해서 이루어진 '중성자'라고 불리는 입자에서 나온다는 생각이 떠올랐습니다. 이 중성자는 물질에 들어갈 때 거의 영향을 미치지 않습니다. 중성자들은 원자량이 큰 원소의 핵을 만드는 데 중개자 역할을 할 것입니다. 그렇지 않으면 어떻게 양전하를 띤 것들이 반발력에도 불구하고 엄청난 속도로 가속되지 않고 핵 속에 들어가 있는지 알기가 어렵습니다."

러더퍼드의 보고서 발표와 토론이 이어진 후에는 광전효과와 초전도 현상과 같은 실험적 연구들을 새로운 양자 이론으로 어떻게 이해할 수 있는지에 대한 논의가 있었다. 그 당시 전자기파와 물질 사이의 상호작용에 관한 이론적 개념은 아직 형성되지 않았지만 이와 관련된 특징적인 현상에 관한 최근 실험 결과들이 회의에서 보고되었다. 광전효과에 대한 주요 실험 보고서는 모리스 드브로이와 밀리컨의 논문이었다.

모리스 드브로이는 1924년 물질파 이론을 주장한 루이 드브로이의 형이다. 1911년과 1913년, 그리고 1921년의 3차에 걸친 솔베이 회의에서 학술 총무 역할을 한 그는 파리에 있는 자신의 개인 연구실에서 X-선 연구를 체계적으로 수행한 뛰어난 실험가였다. 그는 「광전 현상에서 $h\nu=\mathcal{E}$의 관계: 원자의 전자 충격에 의한 빛의 생성과 뢴트겐선의 생성La relation $h\nu = \mathcal{E}$ dans les phénomènes photo électriques; production de la lumière dans le choc des atomes par tes électrons et production des rayons de Röntgen」이란 제목의 보고서를 발표하면서 X-선, 자외선 또는 가시광선에 의한 빛과 전자의 방출, 그리고 반대로 전자의 충격에 의한 전자기파 생성에 관한 수많은 실험 결과를 전체적으로 검토했다.

모리스 드브로이는 광전효과에 대해 설명하면서 이 현상이 빛의 파동 이론으로는 이해할 수 없음을 강조했다. 그는 "다른 현상(기체에 의한 X-선 흡수 등)과 마찬가지로 아직 설명되지 않은 똑같이 근본적인 사실이 여전히 존재한다. 즉, 진동수 v의 빛을 원자에 비출 때, 복사 에너지가 균일한 구면파의 형태로 전해졌다면 충분한 복사선이 흡수되기도 전에 에너지 hv의 발사체를 내놓는 것이 된다"고 강조하면서, 이는 "입사된 복사선이 미립자corpuscular이거나 또는 파동일 경우에는 파면에 에너지가 응축되어 있는 점이 존재한다는 의미이다. 우리는 이렇게 간섭현상의 집합으로 설명하는 것이 얼마나 어려운지 이미 보았다"고 했다. 그리고 실험 결과들은 모두 보어의 이론과 일치했다. 그는 보어-러더퍼드 이론은 빛의 방출과 전자의 방출처럼 겉보기에 매우 다른 현상을 연결 지어줄 수 있었고, 이는 양자 이론이 이룬 성공 중의 하나라고 요약했다.

　이어서 솔베이 회의에 초대된 첫 미국 물리학자인 밀리컨은 실험적으로 플랑크 상수를 더 정확하게 결정하는 광전효과에 대한 체계적인 연구를 계속하고 있다고 보고했다. 밀리컨은 아인슈타인의 광양자 가설을 "어리석은 가설은 아니지만 경솔한 생각"이라고 일축하고 아인슈타인이 틀렸음을 실험적으로 보여주려고 했다. 그렇지만 밀리컨은 1916년 미국 물리학지 ≪피지컬 리뷰≫에 발표한 논문에서 원래 의도했던 것과는 달리 아인슈타인의 광전효과 방정식을 실험적으로 검증했을 뿐만 아니라 플랑크 상수 h도 결정했다.[67] 그는 논문의 결론에서 "아인슈타인의 광전 방정식은 매우 철저한 시험을 거쳤으며 모든 경우에 관찰된 결과를 정확하게 예측하는 것으로 보인다"라고 했다.

　밀리컨은 1949년 아인슈타인의 70세 생일을 기념하는 논문에서 "나는 아인슈타인의 1905년 (광전효과) 방정식을 검증하는 데 내 인생의 10년을 소비했다. 광양자 개념은 빛의 간섭에 관해 우리가 알고 있는 모든 것을 위반하는 것처럼 보였기 때문에 불합리하다고 생각했다. 그럼에도 불구하고 나의 모든 기대와는 반대로 1915년에 방정식이 실험적으로 명확하게 검증되었다고 주장하지 않을 수 없었다"라고 회상했다.[67, 68]

제3차 솔베이 물리학 회의에서 초전도체의 전기적 성질과 관련하여 오네스가 마지막에 제시한 질문들 중에는 주목할 부분이 있다. 우선 보어-러더퍼드 원자 모형이 금속에 어떻게 적용될 수 있는지에 대해 질문하면서 전자의 종류를 '자유전자'와 속박된 전자로 구분하는 문제를 제시했다. 그리고 초전도체에서 인접한 원자들에 속한 전도 전자들의 '결맞은 coherent' 운동에 관한 문제와 자기장이 초전도상태를 깨뜨리는 이유 등 풀어야 할 과제를 제시했다. 오네스의 초전도체 연구는 1924년 솔베이 물리학 회의에서도 보고서로 채택되었지만, 초전도체에 관한 질문에 대한 근사적인 해답은 이 회의 후 30년 뒤에나 얻어낼 수 있는 어려운 문제였다.

보어의 양자 이론과 대응원리

원자의 양자 이론에 대한 보어의 관점과 기여는 제3차 솔베이 물리학 회의에서 에렌페스트가 대신 발표한 「원자 문제에 대한 양자 이론의 적용 L'application de la théorie des quanta aux problèmes atomiques」이라는 보어의 보고서에 잘 드러나 있었다. 이 보고서에서 보어는 1913년 4월에 쓴 3부작의 첫 논문 「원자와 분자의 구성」의 주요 주장을 다루며, 그가 취한 접근법의 중요성에 대해 말했다. 러더퍼드의 핵 원자 모형을 취한 그가 해결하고자 했던 것은 핵 주위를 도는 것으로 보이는 전자가 시속적으로 빛을 내지 않으려면 어떤 작동 원리가 가능한지에 대한 것과 초기 조건에 관계없이 주어진 물체의 모든 원자가 어떻게 안정적 구조를 가질 수 있는가에 대한 것이었다. 그리고 고전적 접근으로는 원자의 선스펙트럼에서 관찰되는 규칙성을 설명할 수 없으며, 이런 어려움은 플랑크 상수를 사용한 양자화 가설을 도입함으로써 극복할 수 있었음을 강조했다.

보어의 보고서는 그가 '기본 가정'이라고 부르는 것을 이렇게 제시했다.

"빛스펙트럼을 방출하는 원자계는 정상상태라고 하는 특정한 수의 개별적 상태만을 가질 수 있다. 계는 빛을 방출하지 않고 적어도 얼마 동안 이와 같은 상태에 존재할 수 있다. 빛은 두 가지 정상상태 사이의 전이 과정을 통해서만 발생할 수 있다. … 이런 과정에서 방출되는 빛의 진동수는 원자 내 입자의 운동에 의해 직접적으로 결정되지 않는다. 이는 단순히 전이 과정에서 방출되는 에너지의 총량과 관계되며, 진동수 ν와 플랑크 상수 h의 곱은 두 상태에 있는 원자의 에너지 차이와 같다."

보어는 1913년의 논문에서 '정상 궤도stationary orbit'라는 개념을 도입했다. 그는 정상 궤도를 "일종의 대기 장소"로 간주하고, 전자가 이 사이를 이동하면서 여러 스펙트럼선에 해당하는 빛에너지를 방출한다고 보았다. 즉, 고전 이론과 달리 보어는 빛 방출이 궤도 내 전자의 운동과 관계된 현상이 아니라 두 궤도 사이의 전이와 관계된 현상으로 보았다. 이는 전자기학 법칙과는 관계없는, 알려진 어떤 물리학 원리에서도 파생되지 않은 임의적 방식으로서, 이 가정의 유일한 정당성은 관측된 사실을 설명할 수 있다는 모형의 유효성뿐이었다.

에렌페스트는 보어의 논문 발표를 마친 후 대응 논증의 핵심 요점을 매우 명확하게 요약하여 덧붙였다. 에렌페스트는 보어의 접근 방식을 다음과 같이 표현했다.

"그의 원자 모형은 가능한 한 관성의 원리, 쿨롱Coulomb의 법칙과 같은 고전적 형식에 근접하도록 맞춘다. 복사의 경우처럼 이것이 가능하지 않은 경우, 최소한 원자의 운동과 원자가 방출하는 복사선 사이의 대응을 가능한 한 넓게 하려고 노력했다. … 이 대응 관계를 찾기 위해 보어는 다음과 같은 경험적 원리를 따른다. 계의 양자수가 점점 더 큰 값을 가질 때 방출되는 복사선은 계가 접근적으로 고전 규칙에 따라 방출하는 복사선 쪽으로 가는 경향이 있다."

대응원리는 미시적 세계를 기술하는 새로운 양자 이론은 양자수가 매우 큰 극한에 있어서 거시적 세계를 기술하는 고전역학과 일치해야 한다는 원리다. 보어는 바로 이 규칙을 적용함으로써 1913년 논문에서 전자의 정상상태 궤도를 결정할 수 있었다. 그는 매우 큰 값의 n에 대해 $n+1 \to n$ 전이에 해당하는 복사가 거의 연속적이라는 점에 주목하고, 이것이 고전적인 값에 해당한다고 가정했다. 그런 다음 그는 이러한 방식으로 추론된 관계를 작은 값의 n에 적용하여 이에 해당하는 궤도를 찾았던 것이다. 대응원리는 1913년 이후 보어가 양자론과 고전 물리 사이의 격차를 해소하는 데 도움이 되었다.

새로운 이론과 고전 이론이 혼합된 형태는 인상적이었다. 그러나 보어를 격려했던 러더퍼드가 "플랑크의 양자론과 고전역학을 섞어놓은 것 때문에 이론의 토대가 되는 물리적 개념이 무엇인지 파악하는 것이 매우 어렵다"고 말한 것처럼, 보어가 대응원리를 통해 확립한 새로운 이론과 고전 물리학 사이에 있는 관계의 정확한 본질을 이해하기는 어려웠다. 사실 보어가 대응원리를 제시한 것은 개별적인 양자 과정의 통계적 설명을 통해 고전물리학의 결정론적 설명을 합리적으로 일반화하려는 것이었다.

보어가 제시한 양자 개념은 고전적 개념과는 완전히 달라서 어떤 연결고리도 찾을 수 없는 것처럼 보인다. 그러니 보어는 고전 이론과 양자 이론 사이의 연결에 대해 깊은 고민을 했고, 보어의 사고는 이런 어렵고 복잡한 관계를 파악하려고 끊임없이 시도하면서 계속 진보하고 있었다. 초기에 그는 고전 이론과의 단절이 필요하다고 보지 않았다. 오히려 그 반대로 가능한 한 고전 이론의 많은 것을 유지하고 반드시 필요할 때에만 정상 상태나 불연속 전이와 같은 새로운 가정을 도입했다. 양자 규칙은 원자보다 작은 세계에 적용되지만 그로부터 도출된 결론은 고전물리학이 지배하는 거시 세계에서 이루어진 관찰과 충돌해서는 안 된다는 것이 보어의 믿음이었다. 보어가 1920년을 전후하여 자신의 초기 원자론의 문제점을 개선하기 위해 사용한 대응원리는 고전 이론과 양자 이론을 잇는 임시 다리였다.

에렌페스트는 1921년 솔베이 물리학 회의의 보고서에서 다음과 같이 결론지었다.

"대응원리에 대해 보어가 기울인 노력의 가장 심오한 의미는 그것이 우리 모두가 기대하는 미래의 이론, 즉 고전적인 방법과 양자적 방법으로 복사 현상을 다루려고 시도할 때 직면하는 문제를 제거하는 이론에 잠정적으로 더 가까이 갈 수 있게 하는 것처럼 보인다는 것이다. 이런 이유로, 그리고 가능한 한 자동으로 적용될 수 있는 궁극적 이론을 찾아내기 위해서는 대응원리의 조건을 너무 성급하게 내팽개쳐서는 안 된다. 현 단계에서는 여전히 변경 가능하고 잠정적이다."

에렌페스트는 이 결론에서 '고전 양자론'의 입지에 관해 강조했다. 1920년대 초기는 사례별로, 그리고 직관에 따라 '대응원리'를 잠정적으로 적용했다. '대응원리'는 원자 현상을 설명하기 위해 고전적 결과를 양자 영역으로 옮겨올 수 있게 했다. 당시의 이러한 불확실한 상황에 대해 헨리 브래그는 물리학자들이 월, 수, 금요일에는 고전물리학을 사용하고 화, 목, 토요일에는 양자 이론을 사용한다고 농담처럼 이야기했다. 그렇지만 모든 노력에도 불구하고 '고전 양자론'은 상대론적 접근 방식을 일관된 방식으로 통합할 수 없었고, 여러 개 전자들의 상태를 설명할 수도 없었다.

보어의 대응원리는 1913년의 논문에서부터 그 싹을 찾아볼 수 있는데, '대응원리'라는 표현은 1920년 이후부터 나타난다. 그는 '대응원리'라는 표현을 쓰기 이전에는 유비analogy로써 고전역학과 양자역학의 관계를 기술했다. 예를 들어, 그의 1918년 논문「선스펙트럼의 양자 이론에 관하여On the quantum theory of line-spectra」에서 보어는 "양자 이론과 일반적인 복사 이론 사이의 유비를 가능한 한 자세히 더듬어봄으로써 큰 어려움은 어느 정도 해결할 수 있을 것 같다"라고 썼다. 그러나 그의 후기 저작에서 보어는 대응원리를 유비로 볼 수 있다는 초기의 견해를 명시적으로 거부하고, 오히려 순수한 양자 이론의 법칙으로 간주해야 한다고 했다.

보어의 대응원리는 원자 현상에 대한 다양한 이론 중 하나를 선택하는 데 사용할 수 있는 좋은 도구가 되었으며, 1925년까지 원자 문제에 적용되어 어느 정도의 진전을 가능하게 했다. 보어의 제자였고 조수였던 크라메르스Hendrik Kramers(1894~1952)는 '대응원리'를 "코펜하겐의 마법봉"이라고 불렀다. 물리학자들은 고전물리학과 양자 이론을 섞어놓은 이 모형을 지침으로 삼아 미지의 영역으로 항해를 시작했던 것이다. 대응원리에 관한 보어의 저술 대부분은 『대응원리(1918~1923)』라는 제목의 보어 전집 Niels Bohr Collected Works 제3권에 수록되어 있다.

제5장

양자 드라마

젊은 천재들과 물리학의 황금기

제1차 세계대전이 끝난 후의 1920년대는 '광란의 20년대roaring 20s'로 지칭될 만큼 경제성장, 해방 사상, 급속한 사회·기술 변화의 소용돌이 속에 있었다. 물리학에서도 격동의 20년대는 전통과의 단절을 의미하는 시기로 새로운 양자역학의 탄생을 예고했다. 그리고 전쟁의 와중에서도 거친 땅을 비집고 올라온 물리학의 새싹들은 자신들의 시대를 준비하고 있었다. 그들은 20세기 물리학의 변혁을 이끌 양자 드라마의 무대를 열었다.

과학사가인 재머Max Jammer(1915~2010)는 1925년 무렵의 양자 이론의 상황을 다음과 같이 요약했다.

"1925년 이전의 양자 이론은 … 방법론적으로 말하면 논리적이고 일관된 이론이라기보다는 가설, 원리, 정리 및 여러 계산 결과들이 뒤죽박죽 섞여 엉망이었다. 모든 양자 문제는 먼저 고전물리학의 언어로 해결되어야 했다. 그런 다음 고전적 해법은 양자 조건이란 신비를 통해 걸러져야 했는데, 이는 대개 고전적 해법을 대응원리에 따라 양자 언어로 번역하는 것을 의미했다. 일반적으로 '올바른 번역'을 찾는 것은 연역적 추론과 체계적인 탐구보다는 예리한 추측과 직관의 문제였다. 말하자면, 괴팅겐과 코펜하겐에서 양자 이론은 나름대로 최고 수준의 완벽하게 연마된 예술적 기예를 요구하는 전문 기술 같은 것이 되었다."[69]

이제 젊은 세대 물리학자들은 이런 엉망인 상황을 정리하고 양자역학이라는 새로운 분야를 찬란하게 열어나갈 것이다. 1925년에 하이젠베르크와 페르미는 24세, 파울리는 25세, 디랙과 요르단Pascual Jordan(1902~1980)은 23세였다. 새 세대의 물리학자들은 1900년대 초에 태어나서 제1차 세계대전이 끝날 무렵에 대학에 진학하여 새롭게 등장한 상대성이론과 양자이론을 배우며 성장한 공통점을 갖고 있다. 드브로이와 슈뢰딩거는 각각 31세와 39세의 늦깎이었다.

처음에는 보어의 양자 개념, 즉 고전 양자론을 발전시키려는 시도가 있었지만 연달아 실패했다. 그러다가 일련의 발전이 사고방식을 완전히 바꿔놓기 시작했다. 새로운 발견들이 잇따라 나오면서 원자 이론은 혁명을 일으켰고, 젊은 물리학자들은 이 대열에 참여하기 위해 뮌헨과 괴팅겐, 코펜하겐 및 캠브리지의 물리학 연구소로 모여들었다. 이 시기는 "노벨상이 길거리에 널려 있었다"고 할 정도로 놀랄 만한 새로운 지식이 빠른 속도로 생산되던 때였다.

새로운 양자 이론인 양자역학이 이들 새 세대 물리학자들의 몫이었다는 것은 놀라운 일이 아니다. 왜냐하면 근본적으로 새로운 물리학은 과거의 편견에 사로잡히지 않은 자유로운 정신에서 나오기 때문이다. 양자역학의 발전에 기여한 코펜하겐의 보어와 괴팅겐의 보른은 훨씬 더 나이가 많았으며, 그들의 기여는 대체로 양자역학에 대한 해석이었다는 점은 주목할 만하다.

1922년 말 콤프턴 효과의 발견은 복사의 본질적인 문제에 관심을 집중시켰다. 콤프턴은 X-선이 원자의 전자와 부딪쳐 흩어지는 산란 현상을 면밀히 관찰함으로써 파동이라고 믿었던 X-선이 입자처럼 행동한다는 사실을 알아냈다. 즉, 그의 실험은 광양자가 에너지뿐만 아니라 운동량도 가지고 있다는 사실을 명백히 보여주었다. 1923년 5월 발표된 그의 논문은 마치 빛과 전자가 당구공이 충돌할 때처럼 산란 후에 각각 다른 방향으로 다른 에너지를 갖고 흩어지는 것을 똑똑히 보여주었다. X-선은 파동과 입자의 두 개의 얼굴을 가지고 있었으며, 비로소 파동-입자 이중성 문제가 수면 위로 떠오르는 순간이었다.

1924년 루이 드브로이가 박사학위를 받았다. 드브로이는 학위 논문에서 빛의 입자성이 입자의 파동성과 대응되어야 한다는 '물질파' 이론을 제안했다. 그는 물질파의 파장을 입자의 운동량과 연관시켰는데, 운동량이 클수록 파장은 짧아졌다. 아이디어는 흥미로웠지만 입자의 파동성이 무엇을 의미하는지, 원자의 구조와 어떤 관련이 있는지는 아무도 몰랐다. 그럼에도 불구하고, 드브로이의 가설은 곧 일어날 양자역학의 획기적인 발전에 대한 중요한 전조였다.

1924년 여름에는 또 다른 전조가 있었다. 인도의 물리학자 보스Satyendra Bose(1894~1974)는 「플랑크의 법칙과 빛의 양자 가설Planck's law and the light quantum hypothesis」이란 제목의 논문에서 빛(광자)을 질량이 없는 입자로 취급하고, 이들 입자의 구분되지 않는 특성을 기초로 고전적인 볼츠만의 통계 법칙과는 완전히 다른 새로운 유형의 통계 법칙을 제안했다. 그는 이 통계 법칙을 사용하여 플랑크의 흑체복사 법칙을 유도할 수 있음을 보였다. 보스는 논문을 영국의 ≪철학 잡지≫에 투고했다가 심사에 떨어져 게재되지 못하자 아인슈타인에게 직접 보내 의견을 물었다. 보스는 편지에서 이렇게 썼다.

"저는 독일어가 서툴러서 독일어로 논문을 쓸 수가 없습니다. 제 논문이 출판할 가치가 있다고 생각하신다면 ≪자이트슈리프트 퓨어 피지크≫에 게재될 수 있도록 도와주시면 감사하겠습니다. 저는 선생님을 전혀 뵌 적이 없지만 감히 이렇게 부탁드립니다. 저희는 선생님의 논문을 통해서만 가르침을 받았지만 저희 모두 선생님의 제자이기 때문입니다."

논문의 중요성을 깨달은 아인슈타인은 보스의 논문을 독일어로 번역하여 ≪자이트슈리프트 퓨어 피지크≫에 실리게 했다. 양자통계quantum statistics의 시작이었다. 그리고 아인슈타인은 즉시 보스의 추론을 일반화하여 구분되지 않는 수많은 입자로 구성된 기체에서 입자가 에너지를 공유하는 방식에 대한 새로운 법칙, 즉 '보스-아인슈타인 분포Bose–Einstein distribution'를 찾아냈다. 양자통계 분야는 이후 10년이 넘도록 미완의 상태로 방치되었지만, 입자의 '구분 불가능성'이라는 핵심 개념은 매우 중요해졌다. 이것은 나중에 양자 입자의 종류를 '보손boson'과 '페르미온fermion'으로 나누는 중심 개념이 되었다.

그리고 1925년부터 1928년까지 3년 동안 일련의 획기적인 내용들이 연이어 발표되면서 양자 과학혁명이 정점에 이르렀다. 이 시기를 '물리학의 황금기golden age of physic'라고 일컫기도 한다. 사실 양자 개념이 도입된 지 20여 년이 지났지만, 이 개념은 너무 혼란스러워서 그동안 발전의 토대를 제대로 마련하지 못하고 있었다. 그러나 소수의 젊은 천재 물리학자들은 이 격동의 3년 동안 양자역학을 새롭게 만들어냈다. 그들은 고전물리학이 설명할 수 없는 현상을 설명하는 근본적으로 새로운 아이디어를 개발했다. 이 3년 동안 이루어진 혁신적인 주요 발전을 정리해 보면 그 진전이 놀랍기만 하다.

- 1925년 파울리가 '배타 원리'를 제안하여 주기율표를 설명할 수 있는 이론적 기초를 마련했다.
- 1925년 하이젠베르크는 원자 내 전자의 운동을 이해하려는 전통적 목표를 포기하고 원자 스펙트럼선을 구성하는 관찰 가능한 양들 사이의 관계만을 찾으려고 했다. 그 결과로 보른 및 요르단과 함께 양자역학 이론의 첫 번째 형태인 행렬역학을 개척했다.
- 1926년 슈뢰딩거는 양자역학 이론의 두 번째 형태인 파동역학을 창

안했다. 이 이론은 물리계의 상태를 슈뢰딩거 방정식의 해인 파동함수로 표현한다. 그리고 양립할 수 없을 것 같던 행렬역학과 파동역학이 수학적으로 동등한 것임을 증명했다.

- 1926년 디랙은 전자가 새로운 유형의 통계 법칙인 페르미-디랙Fermi-Dirac 통계를 따르는 것을 보였다. 모든 입자는 페르미-디랙 통계 또는 보스-아인슈타인Bose-Einstein 통계를 따르며, 두 부류의 입자는 근본적으로 다른 특성을 갖는다는 것이 인식되었다.
- 1927년 디랙은 전자기장의 양자화에 관한 중요한 논문을 발표하고 전자기장에 대한 양자적 설명을 제공함으로써 양자장 이론quantum field theory의 기초를 마련했다
- 1927년 하이젠베르크가 '불확정성원리'를 발표했다.
- 1927년 보어는 양자 이론의 명백한 역설, 특히 파동-입자 이중성을 해결하는 데 도움이 되는 철학적 원리인 '상보성 원리complementary principle'를 발표했다.
- 1928년 디랙은 전자의 '스핀'을 설명하고 반물질을 예측하는 등 전자에 대한 상대론적 파동방정식을 개발했다.

젊은 세대의 물리학자들이 역량을 마음껏 펼칠 수 있었던 것은 선구적인 노장 학자들의 노력에 힘입은 것도 크다. 독일 뮌헨의 조머펠트는 세미나 모임을 조직하여 물리학의 최신 문헌을 연구하고, 그로부터 제기되는 문제에 대해 학생들과 집중적인 토론을 했다. 이를 통해 그는 당시 가장 훌륭하고 헌신적인 젊은 이론물리학자들을 끌어들여 어렵고 추상적인 원자 이론에 도전하게 했다. 조머펠트는 자신의 뛰어난 제자들을 괴팅겐으로 데려가 힐베르트 학파의 엄격한 수학적 방법을 배우게도 했다. 조머펠트의 지도 아래 물리학자로서의 첫발을 내딛은 하이젠베르크와 파울리는 전후의 이론물리학 발전을 주도한 젊은 세대의 선두 주자가 되었다.

1920년대와 1930년대의 영국 캐번디시 연구소는 핵물리학의 중심지 역할을 했다. 제1차 세계대전이 끝난 1919년 러더퍼드는 맨체스터를 떠나 케임브리지 캐번디시 연구소로 옮겨 전자의 발견으로 노벨상을 받은 톰슨의 교수직을 물려받았다. 톰슨의 제자인 러더퍼드의 학문적 권위는 그 당시 최고조에 달해 있었다. 러더퍼드는 연구소를 가족적인 분위기로 이끌었고, 그 후 15년 동안 캐번디시 연구소는 그의 역량에 힘입어 핵물리학 분야에서 세계 최고의 연구기관이 되었다.

캐번디시 연구소는 분주하고 혼잡한 곳이었다. 연구원 외에도 매년 약 30여 명의 연구생과 수많은 방문객들이 원자핵의 문제를 비롯한 다양한 연구에 참여하고 있었다. 안개상자cloud chamber*를 발명한 윌슨Charles Wilson(1869~1959)과 같은 일부 연구자들은 연구소 외부에서 연구를 수행했다. 반면에 수학을 전공한 이론가로 디랙을 지도한 파울러Ralph Fowler(1889~1944)와 같은 일부 외부인도 캐번디시 연구소 안에 둥지를 틀 수 있었다.

보어는 코펜하겐 대학교의 교수직에 취임한 이듬해인 1917년 봄부터 이론물리학 연구소의 설립을 위해 노력했다. 자신이 만든 원자 모형의 성공과 단점을 모두 깨닫고 있었던 보어는 남아 있는 문제를 해결하고자 했다. 보어는 젊은 세대의 물리학자들이 모여 참신한 아이디어를 제안하고 구체화할 수 있는 연구소의 필요성을 강조했다. 그리고 4년에 걸친 노력 끝에 마침내 덴마크 정부와 칼스버그 재단Carlsberg Foundation 및 개인 기부자들의 지원으로 이론물리학 연구소를 열 수 있었다. 1921년 3월 3일의 연구소 개소식 연설에서 그는 "많은 젊은이들에게 끊임없이 새로운 과학

• 안개상자는 과냉각, 과포화된 물 또는 알코올 증기들이 담긴 밀봉된 유리 상자이다. 윌슨은 안개상자 내의 먼지나 전하를 띤 입자가 응결핵으로 작용하여 미세한 물방울을 만드는 현상을 발견했다. 안개상자는 물리학자들에게 방사성 물질에서 방출되는 알파 및 베타 입자의 궤적을 관찰할 수 있는 도구로 사용되었다. 윌슨은 이 업적으로 1927년 노벨물리학상을 받았다.

의 결과와 방법을 소개하고 … 젊은이들이 그들의 젊은 피와 끊임없는 새로운 아이디어로 물리학의 발전에 공헌할 수 있게 하는 것이 연구소의 임무"라고 강조했다.

보어는 이론물리학의 발전을 위해서는 이론뿐만 아니라 이론의 검증을 위한 실험적 연구도 병행할 필요를 잘 알고 있었다. 보어는 나중에 이론물리학 연구소라는 이름보다는 '원자물리학 연구소'라고 부르는 것이 훨씬 더 실질적이었을 것이라고 회상했다. 사실 보어는 처음부터 이론과 실험이 같은 지붕 아래에서 추구되어야 할 필요성을 매우 강조했기 때문에 '이론물리학 연구소'란 초기 이름은 적절치 않은 것이었다. 이론물리학 연구소는 보어 탄생 80년이 되던 해인 1965년에 닐스 보어 연구소Niels Bohr Institute로 이름을 바꾸었다.

보어의 이론물리학 연구소는 1920년대와 1930년대에 원자물리학과 양자물리학 분야 발전의 중심지가 되었다. 당시 세계적으로 유명한 이론물리학자들의 대부분이 보어의 연구소에서 시간을 보냄으로써 전 세계의 젊은 물리학자들을 끌어들이려는 그의 열망이 성취되었다. 유럽 전역과 해외의 물리학자들은 보어와 새로운 이론 및 발견에 관해 논의하기 위해 연구소를 방문했다. 토론을 좋아했던 보어는 젊은 원자 물리학자들을 큰 집단으로 묶어 유익한 토론을 함으로써 양자 이론을 발전시키는 지휘자 역할을 했다. 양자역학에 대한 '코펜하겐 해석Copenhagen interpretation'은 이 기간 동안 연구소에서 수행된 연구에 기초를 두고 있다.

"원자의 구조와 원자에서 나오는 복사선에 대한 연구"에 기여한 공로로 노벨물리학상을 받은 보어는 1922년 12월 10일 수상식 만찬에서 "인류의 가장 중요한 목표 중 하나인 과학 발전을 위한 국제적 노력의 왕성한 성장을 위해" 건배를 제안했다. 그 이후 그는 중요한 이론 논문을 거의 쓰지 않았지만, 젊은 이론물리학자들을 지원하고 날카로운 질문으로 새로운 아이디어를 명확히 하는 데 도움을 줌으로써 물리학 이론의 발전에 결정적인 역할을 했다. 보어의 지도를 받은 인물 중 대표적인 한 사람이 하이젠베르크다.

보어가 아인슈타인을 만났을 때 - 대결의 서막

1920년 4월 플랑크의 초청으로 베를린을 방문한 보어는 말로만 듣던 아인슈타인을 처음으로 만났다. 그리고 4월 27일 베를린 물리학회에서 '스펙트럼 이론의 현재 상태와 가까운 미래의 발전 가능성'에 관해 강연했다. 이 주제는 광양자 이론과 밀접한 관련이 있었지만, 보어는 그의 강연에서 복사의 양자화 개념을 단 한 번만 언급했다. 그리고 "저는 여기서 간섭현상과 관련하여 '광양자 가설'이 초래하는 어려움에 대해 논의하지 않을 것입니다. 왜냐하면 고전 복사 이론은 그 자체로 매우 적절한 설명을 제시하기 때문입니다"라고 덧붙였다. 복사의 양자화 개념을 받아들이지 않았던 보어가 이를 언급한 것은 아마도 청중 가운데 있던 아인슈타인을 의식했기 때문이었을 것이다. 전자기 복사의 특징인 간섭 효과가 복사의 양자 특성과 양립할 수 없는 사실은 심각한 딜레마였다.

아인슈타인은 보어와의 토론에서 빛에 관한 완전한 이론은 어떻게든 입자와 파동의 특징을 모두 통합해야 한다는 근본적인 믿음을 표현했다. 반면에 보어는 고전적인 빛의 파동 이론을 옹호했다. 다른 모든 사람들처럼 보어는 아인슈타인이 주장한 광양자의 존재를 믿지 않았다. 플랑크와 마찬가지로 복사가 양자 형태로 방출되고 흡수된다는 사실은 받아들였지만, 복사 자체가 양자화 되었다는 사실은 인정하지 않았다. 보어의 입장에서는 빛이 파동이라는 사실을 지지하는 증거가 너무 많았다. 보어가 강조한 것처럼, 개별 광자의 에너지가 진동수에 비례한다는 사실 자체가 딜레마였다. 진동수는 파동 이론에 기초한 간섭무늬 분석을 통해 결정되기 때문이다.

베를린에서의 보어와 아인슈타인의 첫 논의 이후 양자 이론의 전개를 살펴보면, 언뜻 보기에 당시 그들의 역할이 그 이후의 역할과 정반대였다는 인상을 준다. 그러나 그들이 나중에 취할 대립적 입장의 특징은 이미 조금씩 드러나고 있었다. 나중에 보어는 양자 현상을 이해하기 위해서는 근본적으로 인과론적인 고전역학의 개념과 단절해야 한다고 강조한 반면, 아인슈타인은 빛의 파동-입자 이중성을 지지하면서도 이 두 측면이 서로 인과적으로 연관될 수 있다고 확신했다.

보어의 경우, 고전물리학과 양자 이론은 대응원리에 의해 극한에서 서로 연결되어 있지만 서로 어울릴 수 없는 것으로 보았다. 반면에 물리 세계의 통일성을 추구했던 아인슈타인은 모든 물리현상에 내재된 인과론을 굳게 믿었다. 그는 이미 1909년에 맥스웰 방정식이 파동 외에 점 모양의 특이해singular solutions를 줄 수도 있다고 제안했고,[70] 이 생각은 나중에 일반상대성이론의 장방정식field equations에 성공적으로 적용되었다. 이는 1927년 제5차 솔베이 물리학 회의에서 드브로이의 '길잡이파동 이론pilot-wave thory'을 지지하는 배경이 되었다.* 아인슈타인이 보어의 이분법적 접근 방식에 대해 얼마나 모순적이라고 생각했는지는 그가 1919년 6월 4일 보른에게 "네 오른손이 하는 일을 왼손이 모르게 하라'는 예수회 규범에서 얻어낸 양자 이론의 성공은 정말 부끄러운 일이네"라고 쓴 편지에도 드러난다.

보어는 복사의 자발방출과 유도방출 및 에너지 준위 사이의 전자 전이에 관한 아인슈타인의 1917년 연구에 깊은 인상을 받았지만, 입자처럼 운동량을 갖는다는 광양자 개념을 받아들이지 않았다. 아인슈타인도 이들 현상이 우연과 확률의 문제라는 것을 보여주는 데는 성공했지만, 양자역

---

* 이 책의 제6장 참조.

학의 비결정론적 특성을 받아들이려 하지 않았다. 아인슈타인은 전자가 한 에너지 준위에서 더 낮은 에너지 준위로 '양자뜀'을 할 때 광양자가 언제 어느 방향으로 방출될지를 자신의 이론이 예측할 수 없다는 사실 때문에 계속 고민했다. 그럼에도 불구하고 그는 1917년 논문에서 "나는 여기서 선택한 접근 방식이 신뢰할 수 있는 접근 방식이라고 확신한다"고 썼다. 아인슈타인은 그 길이 결국에는 인과관계의 회복을 가져다 줄 것이라고 믿었다. 반면에 보어는 강연에서 빛이 방출되는 시간과 방향을 정확하게 결정할 수는 없다고 주장했다. 두 사람이 서로 반대편에 서게 된 것이다.

베를린에서의 만남에서 두 사람은 며칠 동안 양자 문제에 대해 깊은 이야기를 나누었다. 두 사람은 각자의 입장에서 한 발도 물러서지 않았다. 아인슈타인이 1920년 8월 노르웨이 여행에서 돌아오는 길에 코펜하겐을 잠깐 방문했을 때도 이 문제로 열띤 토론을 벌였다. 그 후 2년 동안 두 사람은 각자 양자 문제에 골몰했고 둘 다 긴장감을 느끼기 시작했다. 아인슈타인은 1922년 3월 에렌페스트에게 쓴 편지에서 "다른 일이 없었다면 양자 문제가 오래전에 나를 정신병원으로 내몰았을 것이네"라고 토로했다. 비슷한 시기에 보어도 "지난 몇 년 동안 저는 과학적으로 매우 외롭다는 느낌을 자주 받았습니다. 제 나름대로 최선을 다해 양자 이론의 원리를 체계적으로 발전시키려 했던 저의 노력을 사람들이 거의 이해하지 못하는 인상을 받기 때문이지요"라고 조머펠트에게 고백했다. 그러나 보어의 고립감은 1922년 괴팅겐에서의 보어 축제를 통해 곧 해소될 것이었다.

보어와 아인슈타인 사이의 치열한 논쟁에도 불구하고 그들은 서로를 존중했다. 1922년 3월 에렌페스트에게 쓴 편지에서 아인슈타인은 "나는 지금 보어의 주요 강연*을 읽고 있는데, 그의 사상 세계 전체가 놀라울

• 1921년 제3차 솔베이 회의에서 에렌페스트가 대신 읽은 보어의 보고서일 것으로 추측함.

정도로 명확해졌다네. 그는 참으로 천재적인 사람이야. 그런 사람이 있어서 다행이네. 나는 그의 사고의 흐름에 전적인 신뢰를 보내네"라고 적었다.

보어 축제

보어가 노벨물리학상을 수상하기 직전인 1922년 6월 괴팅겐에서 '보어 축제(Bohrfest 혹은 Bohrfestspiele)'라고 불리는 볼프스켈 강연이 열렸다. 물리학의 근본 이론에 관심이 많았던 힐베르트는 보어 이론의 최신 결과를 알기 위해 보어의 강연을 듣기로 했다. 때마침 매년 괴팅겐에서 열리는 헨델의 음악 축제를 앞두고 보어의 강연이 열렸고, 유명한 원자물리학자들이 많이 모였기 때문에 나중에 이를 '보어 축제'라고 부르게 되었다.

볼프스켈 강연은 공개 강연이어서 독일 전 지역의 원자 물리학자들이 괴팅겐으로 왔다. 자연스럽게 보어 축제에는 에렌페스트는 물론 고전 통일장이론의 개척자인 오스카 클라인Oskar Klein(1894~1977)과 보어 이론을 확장한 조머펠트, 특히 젊은 새내기 물리학자 하이젠베르크와 파울리, 하이젠베르크와 함께 행렬역학을 개척할 요르단 등이 참석했다. 그러나 보어 축제에 아인슈타인은 참석하지 않았다.

1922년 6월 독일 내각의 외무장관이자 아인슈타인의 유대인 친구인 라테나우Walther Rathenau(1867~1922)가 극우파의 총에 살해되었다. 그는 반유대주의의 표적이었다. 아인슈타인은 자신도 극우파의 암살 대상 목록에 이름이 들어 있다는 것을 알게 되었다. 그는 더 이상 단순한 물리학자가 아니라 독일 과학과 유대인 정체성의 상징이 되어 있었다. 충격을 받은 아인슈타인은 곧바로 모든 강의를 취소하고 외부 활동도 중단한 채 집에서만 머물렀다.

보어는 6월 12일부터 22일까지 11일 동안 양자 이론과 원자 구조에 관한 일곱 차례의 강연을 했다. 150여 석의 좌석이 있는 강연장은 첫날부터 외부에서 온 학자들과 함께 괴팅겐의 물리학자들과 수학자들로 가득 메워졌다.

첫날 강의는 "물리학의 현재 상황에서 중요한 점은 우리가 원자의 실재를 확신할 뿐 아니라, 그 구성 요소에 관해 상세하게 알고 있다고 믿는 것입니다"라는 언급으로 시작했다. 이어서 러더퍼드의 핵 원자를 설명한 뒤, 고전적인 전기동역학으로는 원자의 안정성을 설명할 수 없다면서 양자론의 도입 필요성을 이야기했다. 그리고 양자론의 두 가지 기본 가정을 설명했다. 첫 번째 가정은 정상상태의 존재에 관한 것인데, 정상상태의 전자는 전자기파를 방출하지 않는다는 것이다. 두 번째는 양자뜀에 관한 가정으로 원자의 에너지 상태가 변하는 과정은 전자가 한 정상상태에서 다른 정상상태로 이동할 때만 가능하다는 것이다. 이 과정에서 에너지 차이에 해당하는 진동수의 전자기파가 방출되거나 흡수된다. 보어는 자신의 이론이 수소 원자와 전자를 한 개만 가진 헬륨 이온의 선스펙트럼을 잘 설명할 수 있음을 보였다.

두 번째 날 강의에서는 좀 더 구체적으로 원자의 선스펙트럼과 관련된 빛의 방출과 흡수의 역학적 기초에 관해 강의했다. 세 번째 강의에서는 자신의 원자 이론을 전기장과 자기장이 있는 경우로 확장하여 적용시켰다. 특히 '보어의 오른팔', 혹은 '보어의 그림자'라고 불릴 정도로 보어에게 충직한 크라메르스의 결과를 소개했다. 슈타르크 효과에 관한 엡스타인과 슈바르츠실트의 연구를 발전시킨 크라메르스는 보어의 '대응원리'를 사용하여 원자 스펙트럼선의 강도를 계산했다.

크라메르스는 보어가 막 교수가 되어 아직 명성을 얻기 전에 그가 지도한 첫 번째 학생이었다. 1919년 레이던 대학교의 에렌페스트에게서 박사학위를 받은 뒤, 다시 보어의 첫 번째 조수가 된 그는 거의 10년간 코펜하겐에서 보어와 함께 일했다. 과학자로서의 크라메르스는 초기에 보어에게서 크게 영향을 받았고, 보어는 수학적 능력이 뛰어난 크라메르스에게 연구의 많은 부분을 의지했다. 그러나 크라메르스는 보어의 그림자에 가려 정당한 평가를 받지 못했다고 할 수 있다. 파울리는 농담으로 "보어는 알라신이고, 크라메르스는 선지자 마호메트야!"라고 말하기도 했다.

보어와 젊은 물리학자들 사이의 개인적인 만남도 보어 축제에서 시작되었다. 보어는 여기서 하이젠베르크와 파울리를 만났고, 이들과의 관계는 새로운 양자역학을 여는 계기가 되었다. 하이젠베르크는 뮌헨 대학교의 조머펠트가 데리고 온 소년 같은 학생이었다. 아직 대학도 졸업하지 않은 하이젠베르크에게 보어 축제는 매우 좋은 기회가 되었다. 하이젠베르크는 보른, 에렌페스트, 크라메르스 및 랑데Alfred Lande(1888~1976)와 같은 독일과 유럽의 주요 원자 물리학자들도 만났다. 하이젠베르크의 학문적 자서전인 『부분과 전체Der Teil und das Ganze』*에는 보어의 강연에서 받은 느낌을 이렇게 적어놓았다.

"그는 자신의 이론의 가정을 하나하나 설명할 때 매우 신중하게 말했으며, 조머펠트 교수의 말씨보다 훨씬 더 조심스러웠다. 그의 말 한마디 한마디에는 긴 사색과 철학적 성찰의 흔적이 내비쳐졌지만, 완전히 표현되지는 않았다. 나는 이러한 접근 방식이 매우 흥미롭다고 생각했다. 그의 강의 내용은 새롭기도 하고 동시에 아주 새롭지 않아 보이기도 했다. 우리 모두는 조머펠트 교수에게서 보어의 이론을 배워 알고 있었지만, 보어에게서 직접 듣는 강의의 내용은 완전히 다르게 느껴졌다. 보어가 자신의 결과를 계산과 논증을 통해서보다는 직관과 영감으로 읽었다

• 영어로는 'Physics and Beyond: Encounters and Conversations'으로 번역되어 출판됨.

는 것, 그리고 괴팅겐의 유명한 수학자들 앞에서 자신의 발견을 정당화하는 것이 그에게는 매우 어려운 일이었다는 것을 우리는 확실히 느낄 수 있었다."[71]

매번 강의를 마치고 난 뒤에는 장소를 가리지 않고 보어와 다른 참가자들 간에 끝없는 토론이 벌어졌다. 특히 하이젠베르크는 보어의 세 번째 강의가 끝난 후 당돌하게 보어와 크라메르스의 접근 방법과 결과에 대해 반론을 제기하여 보어의 관심을 끌었다. 하이젠베르크는 조머펠트의 세미나에서 보어와 크라메르스의 논문을 읽고 발표하면서 그 내용을 면밀히 검토한 적이 있었다. 하이젠베르크는 그 과정에서 발견한 논문의 단점과 한계를 질문했던 것이다. 이 장면을 본 보른은 즉시 하이젠베르크를 괴팅겐에 불러올 생각을 했다고 한다. 조머펠트가 그해 겨울 미국 매디슨 위스콘신 대학교의 객원교수로 떠났을 때, 보른은 1922년 11월~1923년 3월 동안 하이젠베르크를 개인 조수로 초대했다. 괴팅겐에서 하이젠베르크는 힐베르트 학파의 엄격한 수학적 방법을 배웠다.

보어는 강의가 끝난 후 하이젠베르크를 따로 만나 그가 질문한 문제에 대해 좀 더 토의하자면서 하인베르크 산으로의 산책을 제의했다. 단둘이 갔던 이 산책에서 보어는 하이젠베르크가 비범한 청년임을 바로 알 수 있었다. 그리고 이 산책은 하이젠베르크의 물리학자로서의 삶에도 큰 영향을 주었다. 그는 『부분과 전체』에서 이렇게 적어놓았다.

"그날의 산책은 이후 나의 학문적 발전에 가장 강한 영향을 미쳤으며, 아니, 실질적인 학문적 성장이 이 산책과 함께 비로소 시작되었다고 말하는 것이 더 정확할지도 모르겠다."

다음 날에 보어는 하이젠베르크와 그의 지도교수인 조머펠트를 자신이 머물고 있는 숙소로 초대해 함께 식사를 하면서 더 많은 이야기를 나누었다. 원자에 관한 토론을 포함해서 여러 이야기를 나누는 가운데 보어와 하이젠베르크 사이에 새로운 관계가 시작되었다. 1923년 박사학위 취득 후 보른에게로 갔던 하이젠베르크는 1924년 3월 보어의 초대를 받아 2주간 코펜하겐의 이론물리학 연구소를 방문했다. 물리학의 원리에 관한 일반적인 이야기를 주고받았던 이 방문에서 하이젠베르크는 보어에게 깊은 인상을 받았다. 하이젠베르크는 나중에 이 방문이 "하늘이 준 선물"이었다고 말했다.

보어의 강의는 4일간의 휴식을 가진 후 6월 19일 월요일에 재개되었다. 이 강의부터 보어는 여러 개의 전자를 가진 원자에 대해 논의하기 시작했다. 보어의 이론은 주기율표 내에서 원소의 위치와 원소가 속한 족group이 어떻게 구분되는지를 원자 내부의 전자 배열로 설명하는 새로운 이론이었다. 그는 양파 껍질처럼 전자들의 궤도 껍질shell이 원자핵을 둘러싸고 있고, 각 전자껍질에 들어갈 수 있는 전자의 최대 수는 정해져 있다고 제안했다. 원자번호 2, 10, 18, 36 등의 불활성 기체 원자가 이온화하는 데 상대적으로 큰 에너지가 필요하고, 다른 원자와 화학적으로 결합하려는 성질이 거의 없는 것은 이러한 원자의 전자 구성이 매우 안정적이며 '닫힌 껍질closed shells'로 구성되어 있음을 암시한다. 그리고 유사한 화학적 성질을 갖는 원소들은 가장 바깥 껍질에 같은 수의 전자를 가지고 있기 때문이라고 주장했다.

보어의 모형에 따르면 나트륨(Na)의 전자 11개는 껍질별로 2, 8, 1개씩 들어갔다. 세슘(Cs)의 전자 55개는 2, 8, 18, 18, 8, 1의 배열을 갖고, 나트륨과 세슘이 비슷한 화학적 성질을 갖는 것은 각 원소의 맨 바깥 껍질에 공통적으로 한 개의 전자가 있기 때문이라는 것이다. 강의 중에 보어는 자신의 이론으로 원자번호 72번의 알려지지 않은 원소가 주기율표의 같은 열에 있는 원자번호 22번의 티타늄(Ti) 및 원자번호 40번의 지르코늄(Zr)

과 화학적으로 유사할 것이라고 예측했다.* 다른 사람들은 이 원소가 희토류rare earth족에 속할 것이라고 예측했는데, 보어는 그렇지 않다고 한 것이다. 1923년 발견된 원자번호 72번의 원소는 실제로 보어의 예측과 일치했고, 원소의 이름은 코펜하겐의 라틴어 이름 '하프니아Hafnia'를 따서 '하프늄(Hf)'으로 불리게 되었다.

보어 축제에 참가한 또 다른 주목할 만한 젊은 물리학자는 파울리였다. 아이젠베르크와 함께 조머펠트 세미나의 구성원이었던 파울리는 뮌헨 대학교에서 박사학위를 받은 뒤 수학의 오랜 전통을 지닌 괴팅겐 대학교에서 박사 후 과정을 거쳤다. 괴팅겐에는 보른이 펠릭스 클라인과 힐베르트의 전통을 이어 젊고 유능한 원자물리학자들을 이끌고 있었다. 수학에 뛰어난 재능을 지녔던 파울리는 1921/1922년 겨울 학기에 보른의 조수가 되었고, 보른은 아인슈타인에게 쓴 편지에서 파울리가 놀랍도록 총명하며 능력이 뛰어나다고 소개했다. 이 젊은 천재에게도 보어 축제에 참석한 것은 결정적인 사건이 되었다.

보어와 파울리 두 사람의 첫 만남은 보어가 그의 조수 오스카 클라인과 함께 파울리를 찾아가면서 이루어졌다. 이 만남에서 보어는 파울리에게 코펜하겐에 1년간 방문할 것을 제안했다. 보어는 자신의 덴마크어로 된 연구 결과를 독일어로 출판하려 하고 있었고, 이 작업을 할 인물로 파울리를 생각하고 있었다. 보어의 초대에 크게 놀란 파울리는 잠시 생각한 뒤, "선생님께서 시키시려는 일의 과학적 부분은 조금도 어려울 게 없습니다만, 덴마크어와 같은 외국어를 배우는 일은 제 능력 바깥의 일입니다"라고 대답했다.[72] 이 대답에 보어와 클라인은 크게 웃었고, 파울리의 코펜하겐 행은 확정되었다.

---

* 1869년 멘델레에프는 주기율표를 제안하면서 티타늄, 지르코늄과 같은 족에 있으며 질량이 더 큰 새로운 원소의 존재를 예측했다.

보어 축제에서 파울리와 에렌페스트의 첫 만남도 이루어졌다. 파울리는 그 무렵 조머펠트의 요청으로 아인슈타인의 상대성이론에 대한 총설 논고를 썼다. 에렌페스트도 그의 아내와 공동으로 통계역학의 발전을 요약한 논고를 썼는데, 두 논고는 『수리과학 백과사전』에 실렸다. 오스카 클라인이 전하는 말에 따르면, 에렌페스트가 파울리를 바라보다가 놀라듯이 "파울리 씨, 나는 자네보다 자네의 (상대성이론에 관한) 논고를 더 좋아하는 것 같아요!"라고 말하자, 파울리는 "그거 참 재미있네요. 저와는 정반대시군요!"라고 대답했다고 한다. 이 두 사람은 이후 친한 친구가 되었다. 두 사람은 물리학 이론의 모호함을 싫어하고 결함을 혹독하게 비판하는 공통점을 가지고 있었다. 이 때문에 두 사람 모두 '물리학의 양심'이란 별칭을 얻었다.

원자물리학을 연구하는 장년의 학자들과 미래 세대가 한 자리에 모인 보어 축제는 고전 양자론의 절정을 상징하는 행사이자 새로운 양자역학의 탄생을 예고하는 자리였다. 보어는 자신의 이론에 대해 "아직 모든 것이 불완전하고 불확실하다"고 강조했지만, 보어 축제를 통해 대부분의 원자물리학자들은 보어의 최신 이론에 깊은 인상을 받았다. 비록 보어의 이론이 탄탄한 수학으로 뒷받침될 수 없었다는 점에서는 약간의 의구심이 남아 있었지만, 원자의 구조에 관한 이해의 폭을 넓히는 데는 크게 성공했다.

강연 마지막에 힐베르트는 자신의 과학적 지평을 넓혀준 보어에게 감사 인사를 했다. 코펜하겐으로 돌아온 보어는 "괴팅겐에서 머무르는 내내 모든 것이 멋진 경험이었고 배울 것이 많다. 그리고 모든 사람들이 보여준 우정에 얼마나 행복했는지 모른다"고 썼다. 그는 이제 더 이상 인정받지 못한 채 고립되어 있다는 생각을 하지 않아도 되었다. 보어 축제가 끝나고 6개월 후인 1922년 12월에 보어는 '원자의 구조와 원자에서 방출되는 복사의 연구에 공헌한 업적'으로 노벨물리학상을 수상했다. 보어-조머펠트 모형은 보어 축제와 보어의 노벨상 수상으로 성공적인 이론임을 널리 인정받았다.

그러나 보어의 이론은 그해가 채 가기도 전에 한계에 부딪치게 되었다. 우선 원자의 스펙트럼선이 자기장 안에서 복잡하게 갈라지는 현상을 제대로 설명할 수 없었다. 그리고 전자껍질마다 가득 채워진 또는 '닫힌' 껍질 전자의 숫자가 2, 8, 18, 32… 등으로 제한되는 이유에 대해서도 전혀 알지 못했다. 이렇게 보어의 이론에 많은 진전이 있었음에도 불구하고 보어의 모형은 막다른 골목에 몰린 것처럼 보였다. 이제 이 축제에서 보어를 처음 만났던 파울리와 하이젠베르크가 새로운 양자역학의 탄생을 이끄는 주역이 될 것이다.

첫 대결의 승부

보어는 1922년 12월 11일의 노벨상 수상 강연에서 "실질적 가치에도 불구하고 소위 간섭현상과 전혀 양립할 수 없는 광양자 가설은 복사의 본질을 밝힐 수 없다"라며 여전히 아인슈타인의 광양자 이론을 거부했다. 보어가 노벨상을 받던 날 아인슈타인도 1년 동안 연기되었던 1921년의 노벨물리학상을 같이 수상하기로 되어 있었다. 그러나 아인슈타인이 노벨상 수상자로 발표되었을 때, 그는 지구 반대편에서 일본으로 향하는 배에 타고 있었다. 아인슈타인과 엘사는 1922년 10월 8일 일본에서의 강연을 위해 여행을 떠나고 없었다.

그 무렵 독일의 정치 분위기는 반유대주의가 확산하는 가운데 점점 심각해지고 있었다. 그해 여름에 조머펠트가 하이젠베르크를 라이프치히로 보내 아인슈타인이 강의를 듣도록 했을 때, 예정대로라면 하이젠베르크와 아인슈타인의 첫 만남이 이루어질 수 있었다. 그러나 하이젠베르크가 강의실에 들어서자 레나르트와 다른 독일 과학자들이 서명한 전단지가 손에 쥐어졌다. 여기에는 아인슈타인에 대한 악의적인 공격이 포함되어 있었는데, "아인슈타인의 이론은 독일 정신과는 이질적이며 유대인 언론에 의해 부풀려진 터무니없는 추측일 뿐이라고 여겨진다"라고 쓰여 있었다. 물론 아인슈타인은 강의실에 나타나지 않았다. 하이젠베르크는 과학적 진리에 대한 이러한 정치적 공격에 큰 충격을 받았다.

아인슈타인의 여행은 원래 6주간의 일정이었으나 독일에서 가해지는 위협에서 벗어날 수 있는 기회였기에 5개월 동안 지속되는 장기 여행으로 바뀌었다. 결국 아인슈타인은 노벨물리학상 수상식에 참가하지 않았고, 보어와의 직접적인 논쟁은 없었다. 아인슈타인은 1923년 2월이 되어서야 베를린으로 돌아왔다.

이런 가운데 콤프턴이 발견한 전자에 의한 X-선 산란 현상은 보어와 아인슈타인 두 사람 사이의 생각의 골을 한층 깊게 만들기 시작했다. 1922년에 수행된 콤프턴의 연구는 '20세기 물리학의 전환점'이라고 불린다. 콤프턴은 탄소와 다른 다양한 원소에 X-선을 비춘 후에 나오는 '2차 복사선'을 측정했다. X-선을 목표물에 입사했을 때 대부분은 직선으로 통과했지만, 일부는 다양한 각도로 흩어졌다. 콤프턴의 관심을 끈 것은 바로 이러한 '2차' 또는 '산란된 X-선'이었다. 이는 러더퍼드가 알파 입자의 후방산란 현상을 관측한 것과 비슷했다. 이번에는 입자가 아니라 파동이라고 믿던 X-선이 무엇과 부딪친 후 튕겨져 나온 것처럼 보인 것이다.

콤프턴은 산란된 X-선의 파장이 입사 X-선의 파장보다 항상 약간 길다는 것을 발견했다. 마치 금속 표면에 푸른빛을 비추었을 때 붉은빛이 반사되는 것 같은 이상한 현상이었다. 파동 이론에 따르면 입사 X-선이나 산란된 X-선의 파장은 정확히 동일해야 한다. 콤프턴은 X-선 산란 결과를 파동 이론으로 설명할 수 없게 되자 아인슈타인의 광양자 이론으로 눈을 돌렸다. 그는 두 개의 입자가 충돌한 후 튕겨나갈 때의 현상과 같은 방식으로 자신의 실험 결과를 해석할 수 있음을 금방 발견했다.

X-선이 양자 형태로 들어온다면 X-선은 아주 작은 당구공이 목표물에 부딪치는 것과 비슷할 것이다. 일부는 충돌 없이 통과하지만, 다른 일부는 목표물 원자 내부의 전자와 충돌한다. 이런 충돌로 인해 X-선 양자는 산란되면서 에너지를 잃고, 전자는 충격으로 인해 튕기게 된다. X-선의 에너지는 $E=h\nu$로 주어지므로(여기서 h는 플랑크 상수, ν는 진동수), 에너지 손실이 있으면 진동수 감소가 생긴다. 진동수가 파장에 반비례한다는 점을 고려하면 산란된 X-선의 파장은 길어진다. 이런 추론을 통해 콤프턴은 입사 X-선이 잃어버린 에너지와 산란된 X-선의 파장 변화가 산란 각도에 따라 어떻게 달라지는지를 수학적으로 상세하게 분석했다.

콤프턴은 "X-선과 빛도 특정한 방향으로 진행하는 개별 단위로 구성되어 있으며, 각 단위는 에너지 $h\nu$와 그에 상응하는 운동량 h/λ를 갖는다"고 결론을 내렸다. '콤프턴 효과', 즉 X-선이 전자에 의해 산란될 때 파장이 길어지는 현상은 그때까지 많은 사람들이 일축해 왔던 광양자의 존재에 대한 반박할 수 없는 증거였다. 콤프턴이 자신의 실험 결과를 설명할 수 있었던 것은 X-선의 양자와 전자 사이의 충돌에서 에너지와 운동량이 보존된다는 가정을 통해서였다. 아인슈타인은 이미 1917년에 광양자가 입자와 같은 성질인 운동량을 가지고 있다고 제안했고, 이것이 마침내 증명된 것이다.

콤프턴의 논문은 1923년 5월에 ≪피지컬 리뷰≫에 게재되었다. 이 학술지는 당시 미국에서는 가장 권위 있는 학술지였지만, 유럽에서는 거의 읽히지 않았다. 콤프턴 효과의 발견 소식은 1922~1923년의 1년간 미국 메디슨 위스콘신 대학교에서 머물렀던 조머펠트가 1923년 1월에 보어에게 편지로 전했다. X-선 연구에 깊이 관여했던 조머펠트는 보어에게 충격적일 이 소식을 전하며 "우리가 완전히 근본적이고 새로운 것을 배우게 될 수도 있다는 사실에 교수님의 주의를 환기시키고 싶습니다"라고 했다. 이로써 아인슈타인의 광양자 가설은 더 큰 힘을 얻게 되었다.

조머펠트는 콤프턴의 발견을 "현재 물리학의 상황에서 이루어질 수 있는 아마도 가장 중요한 발견"이라고 평가하면서, 콤프턴이 '복사에 대한 파동 이론에 종언'을 고했음을 확신했다. 이렇게 결정적인 진전이 이루어졌음에도 불구하고 보어는 확신이 없었고, 빛이 양자로 구성되어 있다는 사실을 받아들이기를 거부했다. 이제 소수파에 속한 사람은 아인슈타인이 아니라 보어였다. 보어는 광양자설에 맞서 최후의 저항을 펼쳤지만 수적으로 열세였다.

1923년 7월, 아인슈타인은 스웨덴의 예테보리Göteborg에서 뒤늦은 노벨상 수상 강연을 했다. 그는 '광전효과에 관한 법칙 발견'으로 노벨상을 받았지만, 강연 주제는 노벨상의 전통을 깨뜨리고 자신을 유명하게 만든 상대성이론을 선택했다. 강연을 마친 아인슈타인은 거의 3년 만에 다시 보어를 만나러 코펜하겐으로 향했다. 두 사람의 논쟁은 보어가 마중 나온 기차역에서부터 다시 시작되었다. 보어는 이때의 만남에서 얼마나 토론에 열중했는지를 회상하며, "우리는 전차를 타고 너무 열중해서 이야기를 하다가 내릴 곳을 지나쳐 훨씬 멀리까지 갔다"고 말했다. 그들은 몇 번을 그렇게 정류장을 놓치고 오가면서 틀림없이 콤프턴 효과에 관한 논의를 했을 것이다.

보어는 쉽게 물러나지 않았다. 보어는 연구소를 방문 중이었던 젊은 미국 물리학자 슬레이터John Slater(1900~1976)의 생각을 다른 방식으로 수용하여 조수 크라메르스와 함께 에너지 보존법칙을 희생하는 새로운 이론을 제안했다. 1924년 초에 발표된 소위 'BKSBohr-Kramers-Slater 이론'은 광양자에 의존하지 않고 콤프턴 효과를 설명하려 했다.

BKS 이론은 급진적인 것처럼 보였지만, 실제로는 보어가 광양자 이론을 얼마나 싫어했는지를 보여주는 절박한 시도였다. 「복사의 양자 이론Über die Quantentheorie der Strahlung」[73]이란 제목의 이 논문은 거의 20쪽 분량에도 불구하고 단 하나의 간단한 식 $hv=E_1-E_2$만 있었다. 모든 것을 말로 표현했는데, 읽기에 이상하고 어려운 내용이었다. 이 논문의 결론은 에너지와 운동량에 대한 보존법칙은 통계적으로만 유효하다는 것이었다. 그때까지 에너지 보존법칙은 원자 수준에서 실험적으로 확증된 적이 없었으며, 보어는 광양자의 자연방출과 같은 과정에서 이 법칙이 유효한지는 여전히 해결되지 않은 문제라고 보았다. 아인슈타인은 당연히 BKS 이론에 반대했다. 아인슈타인은 광자와 전자 사이의 모든 충돌에서 에너지와 운동량이 보존된다고 믿었지만, 보어는 이들이 평균적으로만 보존된다고 생각했다.

그러나 광자와 전자 사이의 충돌에서 에너지와 운동량이 보존된다는 사실은 1925년 보테Walther Bothe(1891~1957)와 가이거Hans Geiger(1882~1945)의 실험으로 마침내 확인되었고, 보어의 생각이 틀렸음이 판명되었다. 에너지와 운동량 보존법칙의 엄격성을 포기한 BKS 이론의 실패를 두고 파울리는 "BKS 이론을 발표한 날에는 매년 연구소에 조기弔旗를 걸어야 할 것"이라고 비평했다. 이렇게 아인슈타인과 보어의 1차 대결은 아인슈타인의 승리로 마무리되었다.

보테와 가이거의 실험이 발표되기 1년여 전인 1924년 4월 20일, 아인슈타인은 독일의 전국 일간지 《베를린 타게블라트Berliner Tageblatt》에 쓴 기사에서 "빛에 대한 두 가지 이론이 있다. 비록 20년 동안 이론물리학자들이 엄청난 노력을 기울였음에도 불구하고 이들 사이에 아무런 논리적 연결도 찾을 수 없음을 인정해야 하지만, 이들은 모두 없어서는 안 되는 이론이다"라고 당시의 상황을 요약했다. 아인슈타인의 말은 빛의 파동 이론과 빛의 양자 이론이 둘 다 타당하다는 것을 의미한다. 간섭이나 회절과 같이 빛의 파동 현상을 설명하는 데는 광양자가 전혀 소용이 없다. 반대로, 콤프턴의 실험과 광전효과는 광양자 이론이 아니면 완전한 설명이 가능하지 않다.

아인슈타인에게 에너지와 운동량 보존법칙의 확증은 광양자 가설보다 훨씬 더 중요했을 것이다. 아인슈타인은 자신의 1917년 논문에서 광자의 방출이 우연과 확률에 의해 지배된다는 사실을 알았지만, 여전히 고전적 인과론을 고수했다. 양자 과정의 통계적 해석에 대한 거부감과 인과론에 관한 그의 고집스러운 생각은 보어와 계속 부딪쳤다. 그는 BKS 이론 발표 직후인 1924년 4월 보른에게 보낸 편지에서 이렇게 표현했다.

"복사에 대한 보어의 견해는 매우 흥미롭네. 그러나 지금보다 훨씬 더 강한 저항이 있기 전에는 나는 엄격한 인과관계를 포기하고 싶지 않다네. 빛을 받은 전자가 스스로 자유로운 결정으로 뛰어나갈 순간과 방향을 선택한다는 생각은 받아들일 수가 없네. 만약 이것이 사실이라면 나는 물리학자가 되기보다는 구두 수선공이 되거나 차라리 도박장 직원이 되겠네. 양자를 인지할 수 있는 형태로 만들려는 나의 시도가 계속해서 실패했던 것은 사실이지만, 아직 희망을 포기하지 않으려네."[74]

이후 보어의 반응은 광양자 가설과는 직접적인 관련이 없는 쪽으로 바뀌었다. 보어가 BKS 이론의 반중에서 얻은 교훈은 광양자의 존재 그 자체보다는 양자 영역 안에서의 현상을 이해하는 데 있어 고전적 시공간 개념의 적용 범위가 제한적이라는 것이었다. 이 주제는 몇 년 후 '상보성 complementarity'에 대한 생각을 발전시키는 데 특히 중요해졌다. 하이젠베르크에 따르면 양자역학에 관한 보른의 통계적 해석도 궁극적으로 BKS 이론에 뿌리를 두고 있다고 본다.

전후 갈등 속에 묻혀버린 제4차 솔베이 물리학 회의

1923년 1월, 독일이 전후 보상금 지불에 실패하자 프랑스와 벨기에 군대는 독일 루르 지역을 점령했고 전후 국제 상황은 특히 긴장 속에 놓여 있었다. 이 가운데 솔베이 국제과학위원회는 1924년 솔베이 물리학 회의에 독일 과학자들을 초대하지 않는다는 결정을 내렸다. 1921년에 솔베이 국제과학위원회가 내린 결정에 이은 두 번째 독일 과학자 배제 조치였다. 유일한 예외는 전쟁 중에 평화주의 입장을 취함으로써 두각을 나타냈던 아인슈타인이었다. 그러나 아인슈타인은 1923년 8월 16일에 로렌츠에게 편지를 써 독일 과학자들을 배제하는 것이 부당하다고 하면서 솔베이 회의에 참석하지 않겠다고 했다. 평화주의자며 국제주의자였던 아인슈타인의 입장은 분명했다.

"이 편지를 쓰는 것이 힘들지만 써야 합니다. 저는 여기 조머펠트와 함께 있습니다. 그는 저의 독일 동료들이 솔베이 과학위원회의 결정에서 제외되었기 때문에 제가 솔베이 회의에 참여하는 것이 옳지 않다고 생각합니다. 저는 정치가 과학적 문제에 개입되어서는 안 된다고 생각합니다. 이는 한 개인이 자신이 속한 국가의 행위에 대해 책임이 있다고 판단하는 상황으로 이어집니다. 제가 위원회에 참여했다면 이것이 매우 부당하다고 생각하는 쪽을 적극적으로 지지했을 것입니다. … 위원회가 더 이상 제게 초대장을 보내지 않도록 하시면 감사하겠습니다. 제가 초대를 거절해야 하는 입장에 처하지 않기를 바랍니다. 그러한 저의 모습은 모든 나라의 물리학자들 사이에 우호적인 협력을 다시 세우기 위한 진전을 방해할 수 있기 때문입니다."

결국 1924년 4월에 '금속의 전기 전도성 및 관련 문제Elecrtrical conductivity

of metals and related issues'란 주제로 개최된 제4차 솔베이 회의에 독일 과학자는 한 명도 초대되지 않았다. 그러나 오스트리아인이자 스위스에서 일하던 슈뢰딩거는 초대되었다. 러시아 물리학자로는 처음으로 요페가 회의에 초대되었다. 덴마크의 물리학자 보어는 건강상의 문제로 불참했지만, 역시 독일 과학자들의 지속적인 배제가 부당하다고 생각하고 있었다. 보어는 1922년 노벨물리학상 수상 만찬에서 과학 발전을 위한 국제협력에 건배를 제안하며 "과학의 발전은 너무나 우울한 이 시대에 인간 존재에서 눈에 띄게 밝은 점 중 하나라고 말할 수 있습니다"라고 했다. 보어의 이 언급은 국제회의에서 독일 과학자들을 지속적으로 배제하는 것을 염두에 두고 한 말로 이해할 수 있다.

제4차 솔베이 물리학 회의는 그러한 분위기를 여실히 보여주었다. 주류 과학자들의 불참으로 국제회의로서의 의의가 이미 크게 훼손되었고, 다른 회의에 비해 큰 논쟁점도 없었다. 원자물리학도 콤프턴의 X-선 산란 실험 결과에 대한 논의가 시작되었을 뿐, 여전히 보어의 고전원자론이 입지를 다지는 중이어서 큰 진전이 없는 상태에 머물고 있었다. 그러나 원자의 범위를 넘어 물질의 특성을 설명하기 위한 적절한 방법을 모색하는 작업으로서 제4차 솔베이 물리학 회의는 나름대로 의의를 가질 수 있었다. 현대의 관점에서 보면 응집물질물리학에 관한 최초의 솔베이 물리학 회의였다.

금속의 전도 문제를 다룬 1924년 솔베이 물리학 회의는 물질의 특성을 좀 더 포괄적으로 설명하려면 적절한 방법을 찾는 것이 중요함을 인식하는 계기가 되었다. 로렌츠는 금속의 전자가 맥스웰의 속도분포법칙을 따르는 기체 분자처럼 자유롭게 움직인다는 가정을 기초로 고전물리학의 원리에 따라 금속의 전도성 문제를 다룬 여러 이론들을 요약했다. 고전 이론에서는 전자가 자유롭게 움직이면서 충돌을 통해 에너지를 교환하는 것으로 생각했다. 그러나 이러한 방법은 초기의 성공에도 불구하고 기본 가정의 적절성에 대한 심각한 의구심을 불러일으켰다.

이런 어려움은 브리지만Percy Bridgman(1882~1961), 오네스, 로젠하인Walter Rosenhain(1875~1934), 홀Edwin Hall(1855~1938)과 같은 전문가들이 제시한 실험 보고서에 대한 토론에서 두드러졌다. 그 당시 설명이 필요했던 주요 현상은 전기전도도와 열전도도가 금속의 종류에 관계없이 일정한 비례관계에 있음을 보여주는 비데만-프란츠 법칙Wiedemann-Franz Law, 전압과 전류의 비례관계를 나타내는 옴의 법칙Ohm's law, 열전도율, 초전도성 등이었다. 그러나 전기전도와 관련된 현상을 설명할 수 있는 일관성 있는 이론을 찾는 길은 멀어 보였다. 금속의 전기전도를 이해하는 데 필수적인 '페르미-디랙 통계'는 그 당시 아직 발견되지 않았으며, 초전도성을 설명할 수 있는 만족스러운 이론도 이후 30년 이상이나 더 기다려야 했다.

리처드선Owen Richardson(1879~1959)은 전기전도의 이론적 측면에 대해 보고하면서 양자 이론을 적용하려고 시도했다. 그렇지만 회의 당시까지 사용되었던, 고전 양자론의 대응원리로 접근하는 방식도 더 복잡한 문제를 다룰 때는 별 소용이 없음이 분명해졌다. 특히 매우 낮은 온도로 냉각된 금속의 전기전도도 변화를 설명하려는 목적으로 여러 물리학자들이 양자 이론을 적용했지만 성공적이지는 않았다. 이렇게 얻은 이론은 분명히 진보한 것이라고 생각할 수 있지만, 그 진보의 내용을 설명하기는 어려웠다.

드브로이의 물질파 이론

보어가 BKS 이론에 관한 논문을 발표한 지 얼마 되지 않은 어느 날, 아인슈타인은 프랑스 파리에서 온 소포 하나를 받았다. 랑주뱅이 보낸 소포에는 루이 드브로이가 쓴 물질의 본질에 관한 박사학위 논문과 논문에 대한 의견을 묻는 메모가 들어 있었다. 랑주뱅은 드브로이의 박사학위 논문 심사에 참여한 외부 위원으로서 드브로이의 물질파 이론에 관한 생각을 처음에는 황당하다고 여겼다. 다른 심사위원들도 그의 논문을 제대로 판단할 수 없었다. 그래서 1924년 봄에 제출한 드브로이의 논문은 그해 11월 25일까지 심사위원들의 책상 위에 놓여 있었다.

아인슈타인은 1909년 9월 잘츠부르크에서 열린 강연에서 "빛에 관한 이론의 다음 단계 이론물리학 연구는 파동과 입자를 융합하는 형태로 나타날 것"이라면서 "플랑크의 식에서 복사가 보여주는 두 가지 구조적 특성(파동과 입자)이 서로 양립할 수 없는 것으로 간주되어서는 안 된다"는 점을 강조했다. 아인슈타인의 강연을 기억하고 있던 랑주뱅은 드브로이의 생각을 완전히 무시하지 않고 아인슈타인에게 의견을 물었던 것이다.

콤프턴의 실험은 광자가 전자와 충돌하는 입자처럼 보였고, 결국 아인슈타인의 광양자 이론이 옳았다는 것을 거의 모든 사람들에게 확신시켰다. 이제 드브로이는 모든 물질에 대해 동일한 종류의 융합, 즉 파동-입자 이중성을 제안하고 있었다. 그는 $\lambda=h/p$로 표현되는, '입자'의 파장 λ를 운동량 p와 연결하는 공식을 제시했다. 드브로이의 논문을 본 아인슈타인은 랑주뱅에게 "그는 거대한 장막의 한 모퉁이를 들어올렸다"는 답신을 보냈다.

아인슈타인의 판단은 랑주뱅과 다른 심사위원들을 설득하기에 충분했다. 사실 그들 중의 한 사람은 물질파의 실재에 대해 믿지 않았다고 했으며, 또 다른 심사위원 페렝은 드브로이가 매우 똑똑했다는 것만 확실히 알고 있었다고 할 정도로 드브로이의 논문에 대한 이해는 거의 없었다고 볼 수 있다. 페렝이 물실파를 실험적으로 관찰할 수 있는지 물었을 때, 드브로이는 전자가 결정에 의해 산란되는 현상을 이용하면 가능할 것이라고 대답했다. 실제로 이에 대한 실험은 나중에 데이비슨Clinton Davisson(1881~1958)과 거머Lester Germer(1896~1971)가 실행한다. 드브로이는 마침내 박사학위를 받았고, 그의 논문은 새로운 양자 이론의 탄생을 재촉하는 결정적인 첫걸음이 되었다.

드브로이는 형 모리스가 1911년 제1차 솔베이 회의에 학술 총무로 참가했을 때 그와 동행했지만, 그때까지만 해도 물리학과는 거리가 멀었다. 그러나 형이 정리한 솔베이 회의 보고서를 보고 자극을 받아 역사학에서 물리학으로 진로를 바꾸었다. 드브로이의 가족은 프랑스의 주요 귀족 가문 중 하나로 과학을 대수롭지 않게 생각했다. 그러나 드브로이 형제는 물리학에 매료되어 형은 X-선 연구로, 동생 루이는 양자 이론으로 선구자의 길을 걸었다. 일찌감치 아인슈타인의 광양자설을 받아들였던 루이 드브로이는 콤프턴의 실험 결과가 알려질 무렵에 이미 빛의 이상한 이중성을 다루고 있었다.

드브로이는 1923년 어느 날 갑자기 아인슈타인의 광양자 이론이 모든 물질 입자, 특히 전자로 확장되어 일반화되어야 한다는 생각을 하게 되었다. 먼저 드브로이는 양자 이론에서 요구되는 진동수 v의 존재가 암시하는 파동성과 콤프턴 효과의 설명이 요구하는 입자의 특성 모두를 빛의 속성으로 간주해야 할 필요성에 주목했다. 그는 전자의 정상 궤도를 가정한 원자 이론이 정수를 도입한 사실에도 놀랐다. 물리학에서 정수는 간섭현상과 표준 진동 모형에서만 나타나기 때문이다. 이로 인해 그는 전자를 단순한 미립자로 생각할 것이 아니라, 물질과 빛 모두에 대해 입자와 파동의 개념이 함께 존재해야 한다고 생각하게 되었다.

드브로이가 던진 과감한 질문은 '빛의 파동이 입자처럼 행동할 수 있다면 전자와 같은 입자도 파동처럼 행동할 수 있지 않을까?'라는 것이었고, 그의 대답은 '그렇다'였다. 드브로이는 전자와 연관된 '가상 파동fictitious associated wave'을 가정하면 보어의 양자 원자 궤도의 정확한 위치를 설명할 수 있다는 사실을 발견했다. 전자는 '가상 파동'이 갖는 파장의 정수배가 들어갈 수 있는 궤도만 차지할 수 있다는 것이었다. 드브로이는 이 '정수'

조건이 보어의 원자에서 가능한 전자궤도를 결정하는 요인임을 깨달았다. 즉, 주양자수 n으로 표현되는 보어의 양자화 조건은 수소 원자 핵 주위의 전자가 정상파로 존재할 수 있는 궤도에 대한 것이었다. 궤도 길이에 정확하게 들어맞는 정상파가 없으면 정상 궤도도 존재할 수 없었다.

전자를 궤도운동을 하는 입자로 나타내는 대신에 핵 주위에 있는 정상파로 보면 전자는 가속되지 않으므로 지속적인 복사를 통해 에너지를 잃고 원자가 붕괴하는 현상을 피할 수 있다. 이렇게 전자를 '정상파standing wave'로 취급하는 드브로이의 생각은 전자를 원자핵 주위의 정상 궤도를 도는 입자로 생각하는 것과는 근본적으로 달랐다. 드브로이는 ≪철학 잡지≫에 발표한 1924년의 논문[75]에서 "우리는 움직이는 물체는 파동을 동반할 수 있으며 물체의 운동과 파동의 전파를 분리하는 것은 불가능하다는 것을 인정하게 된다"라고 단언했다. 이는 파동-입자 이중성을 강조한 언급이었다. 보어가 단순히 양자 원자의 안정성을 위해 도입한 정상 궤도는 드브로이의 파동-입자 이중성을 통해 정당성을 얻게 되었다.

드브로이가 1923년 가을에 세 개의 짧은 논문[76]을 발표할 당시까지만 해도 입자와 '가상 파동' 사이의 관계에 대한 본질적 이해는 없었다. 전자와 다른 모든 입자가 광자와 똑같이 행동한다는 파동-입자의 이중성에 관한 해석은 나중에 확립되었다. 둘 다 파동이자 입자다. 드브로이는 1923년 9월에 물질이 파동의 성질을 갖는다면 전자빔은 빛처럼 퍼져 나가 회절 현상을 보일 것이라는 사실을 즉시 깨달았다. 자신의 생각을 시험해 보기 위해 형 모리스의 도움을 받아야 했지만, 모리스는 이미 'X-선의 입자 및 파동의 이중적 특성'에 관한 연구로 바빴고 실험 자체도 어려웠기 때문에 더 이상 추진하지 않았다.

드브로이의 물질파 이론이 실험적으로 확인된 것은 우연한 사건 때문이었다. 당시 뉴욕 웨스턴 전기회사Western Electric Company의 데이비슨은 원자의 전자 구성을 알아내기 위해 다양한 금속에 전자빔을 충돌시키는 실험을 하고 있었다. 1925년 4월의 어느 날, 표적 금속인 니켈이 들어 있던 진공관이 파손되면서 공기에 노출된 니켈 표면에 산화막이 생겼다. 이를 제거하기 위해 진공에서 니켈을 가열하는 과정에서 우연히 작은 결정립들로 구성된 다결정성 니켈이 전자 회절을 일으킬 정도의 큰 단결정으로 바뀌었다. 이 사실을 모르고 실험을 계속하자, 이전과는 다른 특이한 결과가 관측되었다. 이 결과가 전자의 회절 현상과 관계있다는 사실은 모르고 데이비슨은 단순히 결과만을 정리해 두었다.

데이비슨이 1926년 옥스퍼드에서 개최된 영국과학진흥회British Association for the Advancement of Science에 참석했을 때, 놀랍게도 보른이 자신과 쿤스만 C. H. Kunsman(1890~1970)의 1923년 실험 결과[77]를 드브로이 이론을 뒷받침하는 자료로 제시하는 것을 보았다. 데이비슨은 그때까지 드브로이의 물질파 이론에 대해 들어본 적이 없었다. 1923년에 발표된 드브로이의 논문은 프랑스 학술지 ≪보고서Compte Rendu≫에 게재되었기 때문에 잘 알려지지 않았고, 그의 박사학위 논문의 존재를 아는 사람도 거의 없었다. 데이비슨은 자신의 최신 결과를 보른에게 보여주고 토론한 후, 뉴욕으로 돌아오자마자 즉시 동료 거머와 함께 전자의 회절 현상을 확인하기 시작했다. 새롭게 얻은 회절 간섭무늬에서 전자의 파장을 계산하고 드브로이 이론의 예측과 일치한다는 사실을 확인한 것은 1927년 1월이었다. 마침내 물질 입자가 회절을 일으키고 파동처럼 행동한다는 결정적인 증거를 얻은 것이다.

과학사적으로 안타까운 사실은 그 이전에 보른의 제자인 괴팅겐의 젊은 물리학자 엘사세르Walter Elsasser(1904~1991)가 1925년에 먼저 간단한 결정을 이용한 실험 아이디어를 냈다는 것이다. 드브로이가 옳다면 결정 내의 인접한 원자 사이의 간격은 전자가 파동 특성을 보일 만큼 충분히 작기 때문에 전자빔의 회절을 일으킬 수 있다고 생각하고 실험에 착수했다. 그러나 시간은 그를 기다려주지 않았다. 데이비슨과 거머가 먼저 실험 결과를 얻었다. 결정적인 차이는 실험 기술에 있었다. 엘사세르는 전자빔의 회절에 요구되는 충분한 진공도를 얻을 수 없었고, 약한 전자빔을 감지하는 기술도 부족했다.

전자를 발견한 톰슨 경의 아들 조지 톰슨George Thomson(1892~1975)도 데이비슨과 거의 동시에 전자의 회절을 관측하는 실험을 시작했다. 그는 금속 결정 대신에 얇은 금 막을 사용하여 회절 간섭무늬를 만들어냈다. 물질파 이론을 제창한 드브로이는 1929년에, 전자의 파동성을 발견한 데이비슨은 전자가 발견된 지 정확히 40년 뒤인 1937년에 조지 톰슨과 함께 함께 노벨물리학상을 수상했다. 아버지인 톰슨 경은 음극선의 전자가 입자임을 증명한 공로로, 아들 조지는 전자가 파동임을 증명한 공로로 노벨상을 받은 것은 흥미로운 일이다. 전자의 회절 현상은 곧 전자현미경의 원리가 되었다.

전자의 회절 현상 발견에 대해 드브로이는 1927년의 제5차 솔베이 물리학 회의에서 "회절 현상의 존재는 새로운 역학을 만들어낼 것을 요구하는 것으로 보였다. 이는 파동 광학이 기하 광학을 대체한 것처럼 (아인슈타인을 포함한) 오래된 역학을 대체할 것이다. 마침내 새로운 원리를 구축한 사람은 슈뢰딩거다"라고 언급했다. 슈뢰딩거는 이제 드브로이의 물질파 이론에 영감을 얻어 파동방정식을 만들어낼 것이다.

고전 양자론을 넘어선 샛별, 파울리와 하이젠베르크

조머펠트의 연구소는 코펜하겐의 보어 연구소 및 괴팅겐의 보른 그룹과 더불어 1920년대 양자 연구에 있어서 중심적인 역할을 했다. 조머펠트는 학생들의 능력을 다듬을 수 있는, 그러나 너무 어렵지는 않는 문제를 제시하는 놀라운 재주를 가진 뛰어난 선생이었다. 그의 연구소에는 비엔나의 대학에서 공부하면서 1919년 1월에 아인슈타인의 일반상대성 이론에 관한 논문을 발표한 파울리가 와 있었다. 조머펠트는 쉽게 감동받는 사람은 아니었지만, 열아홉 살도 되지 않은 청년 파울리의 천재성에는 놀랐다.

1920/1921년 겨울 학기에 뮌헨 대학교에 입학한 하이젠베르크는 처음에 순수 수학을 공부할 계획이었다. 그러나 수학 분야의 유명한 교수인 린데만Ferdinand von Lindemann(1852~1939)과의 불편한 만남으로 인해 이론물리학 쪽으로 방향을 바꾸게 되었다. 물리학과의 조머펠트는 즉시 하이젠베르크의 재능을 알아보았고, 대학원 학생과 박사 후 연구원으로 구성된 세미나에 그를 초대했다. 조머펠트는 하이젠베르크가 처음 왔을 때 연구소를 견학시키면서 비엔나에서 온 뚱뚱한 친구를 소개했다. 하이젠베르크보다 1년 6개월 먼저 연구소에 온 파울리였다. 조머펠트는 파울리에게서 많은 것을 배울 수 있을 것이라고 말했고, 그 뒤로 하이젠베르크는 파울리와 가까이 지냈다. 개인적으로 친밀한 우정으로는 발전하지 못했지만 평생 이어지는 학문적 관계의 시작이었다.

파울리와 하이젠베르크 두 사람의 성격은 너무 달랐다. 하이젠베르크는 조용하고 친절했지만, 파울리는 직선적이고 비판적이었다. 하이젠베르크는 낭만적으로 자연을 즐기며 친구들과 함께 하이킹과 캠핑을 즐겼지만, 파울리는 카바레, 선술집, 카페를 즐겨 출입했다. 파울리가 오전 늦게까지 잠자는 동안 하이젠베르크는 이미 반나절의 작업을 끝냈다. 그러나 '물리학 신동' 파울리는 하이젠베르크에게 강한 영향력을 행사했고, 기회가 있을 때마다 그에게 혀를 내밀며 "이 멍청아!"라고 놀리곤 했다. 하이젠베르크는 이 말에 자극을 받아 공부에 더 많은 노력을 기울였다.

하이젠베르크가 양자 문제로 관심을 옮긴 것도 파울리의 영향이 컸다. 파울리가 상대성이론에 관한 논고를 집필하는 동안 하이젠베르크는 양자이론으로 눈길을 돌렸다. 파울리는 양자 이론에 관한 한 향후 몇 년 동안 모든 사람이 여전히 짙은 안개 속에서 더듬으며 헤매게 될 것이라고 생각했다. 그리고 하이젠베르크에게 "원자물리학에서는 여전히 해석되지 않은 많은 실험 결과들이 있다"고 하면서, 나중에 이름을 날릴 수 있는 훨씬 풍요로운 분야라고 했다. 하이젠베르크는 이 말을 듣고 망설임 없이 양자의 세계로 빠져들었다. 이후 하이젠베르크는 중요한 순간마다 파울리에게 조언을 구했다.

조머펠트는 곧 하이젠베르크에게 자기장 안에서 스펙트럼선이 갈라지는 현상에 대한 몇 가지 새로운 자료를 분석하고, 이를 표현하는 공식을 만들어보라는 '작은 문제'를 맡겼다. 이에 파울리는 하이젠베르크에게 일러주기를, 조머펠트가 원하는 것은 자료를 분석하여 새로운 규칙을 찾아내는 것이라고 했다. 파울리는 이것을 일종의 '숫자 신비주의'에 가까운 태도라고 보았지만, 당시로서는 더 나은 대안이 없음도 알았다.

파울리는 1921년 뮌헨 대학교에서 박사학위를 취득하고 2개월 뒤에 아인슈타인의 상대성이론에 관한 237쪽 분량의 놀라운 논고를 완성하여 『수리과학 백과사전』에 실어 출판했다. 각주가 394개나 달린 이 논고로 파울리는 물리학자들 사이에서 명성이 크게 높아졌다. 아인슈타인은 파울리의 논고를 보고 감탄하며, "완성도가 높은 이 위대한 논고를 읽는 사람은 저자가 불과 21세의 대학원생이라는 사실이 믿기지 않을 것이다. 개념 전개에 대한 이해, 명확한 수학적 연역, 깊은 물리학적 통찰력, 비판력 등 무엇에 가장 감탄을 해야 할지 모르겠다"라고 칭찬했다. 이 논고는 상대성이론에 관한 표준 참고문헌이 되었다.

파울리의 첫 번째 박사 후 연구원 생활은 보른에게서 시작되었다. 그는 1922년까지 괴팅겐과 함부르크, 코펜하겐에서 박사 후 과정을 거쳐 1923년 함부르크 대학교의 사강사가 되었다. 파울리의 학문적 여정은 이렇게 짧은 기간에 여러 곳을 옮기는 과정에서 수반되는 여러 불확실성을 안고 시작되었다. 파울리는 능력이 뛰어난 반면, 밤샘 파티와 술을 즐기고 술에 취해 주먹다짐을 하는 일도 잦았다. 일도 밤늦게까지 하고 습관적으로 늦잠을 잤다. 파울리의 자유분방함과 시간을 지키지 않는 생활 방식에도 불구하고, 보른은 '물리학 신동'을 가르치는 것보다 오히려 파울리에게서 더 많은 것을 배웠다고 말했다.

그러나 파울리는 보른에게서 자신의 취향에 맞지 않는 물리학 연구 방식을 경험했다. 파울리는 물리학 문제를 다룰 때 논리적으로 완벽한 논의를 추구하면서 자신의 물리적 직관을 신뢰했다. 그러나 보른은 문제를 항상 수학적으로 접근하여 해결책을 모색하려고 했다. 더욱이 당시의 양자 문제 해결을 위해서는 새로운 개념의 물리학이 필요했다. 보른의 이론물리학 접근 방식에 대한 그의 부정적인 태도는 확고해졌고, 이것은 금방 괴팅겐을 떠난 이유 중의 하나였다. 그리고 잠시 함부르크로 옮겼던 그는 1922년 봄에 괴팅겐에서 열린 보어 축제에서 보어를 만나고 그해 가을에 코펜하겐으로 갔다.

파울리는 훗날 보어와의 첫 만남을 "내 과학 인생의 새로운 국면이 시작되었다"라고 표현했다. 파울리는 그해 9월 코펜하겐에 도착했고, 코펜하겐 연구소에서 1년 동안 머물면서 보어를 돕는 일 외에도 보어-조머펠트 모델로는 설명할 수 없는, 자기장 내에서 원자의 스펙트럼선이 복잡하게 갈라지는 '비정상 제이만 효과 anomalous Zeeman effect'를 설명하기 위해 진지한 노력을 기울였다.

상대성이론에 대해 깊이 이해했던 파울리는 몇 가지 기본 원칙과 가정을 사용하여 이론을 구성하는 아인슈타인의 방식을 매우 좋아해서 이를 따르려고 했다. 원자물리학에서도 이런 접근 방식을 채택해야 한다고 믿었던 파울리는 아인슈타인처럼 이론을 하나로 묶는 데 필요한 수학적 요소들을 공식화하기 전에 근본적인 철학적·물리학적 원리를 설정하려고 했다. 그렇지만 이런 태도는 1923년까지 파울리를 절망에 빠뜨린 접근 방식이었다. 그는 정당화할 수 없는 가정을 도입하는 것을 피했음에도 불구하고, 비정상 제이만 효과에 대한 일관되고 논리적인 설명을 찾는 데 실패했다.

1945년 노벨 물리학상을 수상하게 된 배타 원리에 관한 파울리의 논문은 실제로 자신이 추구했던 근본적인 물리에 대한 설명이라기보다는 법칙의 기술에 더 가깝다. 따라서 그것은 파울리가 가진 '마음의 눈'에는 '속임수'에 불과했다. 하이젠베르크는 물리학에 대한 파울리의 접근 방식을 이렇게 말했다.

"파울리의 성격은 나와는 완전히 달랐다. 그는 훨씬 더 비판적이었고 두 가지 일을 동시에 하려고 노력했다. … 그는 우선 실험에서 영감을 얻고 사물이 어떻게 연결되어 있는지를 일종의 직관적인 방식으로 알아내려고 노력했다. 동시에 자신의 직관을 합리화하는 엄격한 수학적 체계를 찾으려고 노력함으로써 자신이 주장한 모든 것을 실제로 증명하려고 했다. 내 생각엔 그건 무리인 것 같았다. 그래서 파울리가 자신의 생애 동안 이 두 가지 중 하나만을 선택했었다면 훨씬 더 많은 논문을 출판했을 것이다."[78]

보른은 파울리가 세상을 떠난 지 11년 후인 1969년에 파울리에 대해 다음과 같이 말했다. "파울리가 괴팅겐에서 나의 조수였을 때부터 나는 그가 아인슈타인과 어깨를 나란히 할 정도의 천재임을 알았다. 순전히 과학의 관점에서라면 파울리가 아인슈타인보다 더 훌륭할지도 모른다. 그러나 내 눈에 비친 그는 아인슈타인과는 완전히 다른 성격의 사람으로 아인슈타인의 위대함을 갖추지는 못했다."

한편, 조머펠트의 지도로 원자 이론을 공부하기 시작한 하이젠베르크는 대학에서 공부하는 3년 동안 양자 및 상대성이론을 포함한 모든 분야의 이론물리학 강의를 착실히 들었다. 1923년 7월 제출한 하이젠베르크의 박사학위 논문은 이전의 수학자나 물리학자들이 풀지 못했던 유체역학의 난류 문제를 성공적으로 다루었다. 조머펠트는 하이젠베르크가 사용한 수학적 방법과 결과에 매우 만족했다. 그러나 실험 물리학자 빈은 최종 구술시험에서 하이젠베르크를 불합격시키려 했다. 실험에 관심이 없었던 하이젠베르크는 당시에 중요하게 여겼던 빈의 실험물리학 강의를 소홀히 했고, 더욱이 구술시험에서 망원경의 분해능에 관한 간단한 질문에도 만족스러운 대답을 할 수 없었다. 결국 하이젠베르크는 4등급 중 세 번째 등급인 "우등cum laude"으로 박사학위를 받았다.

하이젠베르크는 구술시험에서 느꼈던 수치감을 참지 못하고 학위 심사가 끝난 그날 저녁 바로 보따리를 싸서 괴팅겐행 기차를 탔다. 다음 날 아침 괴팅겐의 보른을 찾아간 그는 구술시험 이야기를 하면서 자신의 미래를 걱정했다고 한다. 보른은 이에 대해 "약속 날짜보다 훨씬 이른 어느 날 아침, 당황한 표정으로 내 앞에 갑자기 나타나서 깜짝 놀랐다"고 회상했다. 보른은 일찌감치 하이젠베르크의 재능을 알아보았기에 모든 것이 제자리로 돌아갈 것이라고 안심시키고 함께 연구를 시작했다. 하이젠베르크는 보른에게서 이론물리학의 모든 측면을 철저하게 배웠고, 원자 및 양자 이론의 주요 문제를 익혔다. 그는 1924년 7월에 비정상 제이만 효과에 관한 연구를 교수 자격 논문으로 제출하고 1924~1927년 동안 괴팅겐의 사강사로 강의를 시작했다. 그리고 1924년 9월부터 1925년 5월까지 코펜하겐에 머물며 보어와 함께 양자물리학의 기초에 대한 연구를 했다.

하이젠베르크가 1924년 3월에 잠깐 코펜하겐을 방문한 뒤, 몇 개월 후에 다시 코펜하겐으로 향하게 한 것은 보어의 인간적 매력 때문이었다. 보어는 하이젠베르크를 격의 없이 매우 편하게 대해 주었다. 하이젠베르크는 파울리에게 쓴 편지에서 "여기서 보내는 나날이 기쁨으로 넘쳐흘렀다"라고 썼다. 하이젠베르크는 보어에게 무엇이든 마음을 터놓고 이야기할 수 있었다. 그의 스승이었던 조머펠트도 연구소의 모든 구성원이 역량을 잘 펼칠 수 있게 많은 관심을 보였다. 그럼에도 불구하고 그는 인간적으로 한 발짝 떨어져 있는 전통적인 독일 교수의 모습을 벗어나지 못했다. 그리고 괴팅겐에서는 하이젠베르크와 보어가 그토록 자유롭게 토론했던 주제들을 보른과 함께 이야기할 엄두도 낼 수 없었다. 하이젠베르크는 나중에 자신의 스승들의 영향에 대해 "나는 조머펠트에게서 낙천주의를, 괴팅겐에서는 수학을, 보어에게서는 물리학을 배웠다"는 말로 요약했다.

물론 보어의 따뜻한 환대 뒤에는 보이지 않게 항상 하이젠베르크의 뒤를 살펴주었던 파울리가 있었다. 파울리는 하이젠베르크가 하고 있는 일에 항상 깊은 관심을 보여주었고, 두 사람은 서로의 생각을 공유했다. 파울리는 하이젠베르크가 처음 코펜하겐을 방문할 무렵 보어에게 편지를 썼다. 가시 돋친 재치로 이미 악명 높은 파울리가 편지에서 하이젠베르크를 "언젠가 과학을 크게 발전시킬 재능 있는 천재"로 묘사했다는 사실은 보어에게 깊은 인상을 남겼음에 틀림없다.

하이젠베르크가 코펜하겐의 보어에게 올 즈음인 1924/1925년에 그는 불과 22세의 나이에도 불구하고 12편에 이르는 논문을 써서 발표했다. 보어와 함께 연구하면서 하이젠베르크는 여러 다른 실험 결과를 조화시키는 것이 얼마나 어려운지 깨달았다. 이러한 실험 중에는 아인슈타인의 광양자설을 뒷받침하는 콤프턴의 전자에 의한 X-선 산란이 있었다. 드브로이가 제안한 모든 물리적 실재가 갖는 파동-입자의 이중성까지 포함하면 어려움은 훨씬 커졌다. 보어는 그의 젊은 제자 하이젠베르크에게 큰 희망을 품었다. 그리고 괴팅겐으로 돌아가 '행렬역학'이라는 양자역학의 새로운 이정표를 세운 하이센베르크는 1926년에 마침내 보어의 조수 겸 코펜하겐 대학교의 강사가 되었다.

파울리의 배타 원리

 1920년대 초에 원자물리학 분야가 부닥친 근본적인 어려움은 복잡한 원자와 분자의 특성에 관한 것이었다. 보어가 개발하고 조머펠트가 확장한 원자 구조에 대한 양자 이론이 가진 한계는 분명했다. 보어-조머펠트 이론이 가진 첫 번째 한계는 정상normal 제이만 효과와는 달리, 비정상 제이만 효과를 전혀 설명할 수 없다는 것이었다. 또 다른 한계는 두 개의 전자를 가진 중성 헬륨 원자의 스펙트럼을 제대로 설명할 수 없다는 것이었다. 보어는 크라메르스와 함께 이 문제를 오랫동안 연구했지만 결국 실패했다. 1923년 초에 이르러서는 사람들은 대체로 헬륨 원자의 스펙트럼을 보어-조머펠트 이론으로는 설명할 수 없다고 결론 내렸다. 이런 어려움을 극복하는 문제는 새 세대의 물리학자들 몫이었다. 그들은 이제 적당히 타협하는 것을 멈추고, 편하고 친숙한 고전물리학의 틀 안에서 양자 개념을 수용하려는 노력도 중단해야만 했다.

 양자 이론을 원자 모형에 처음 도입한 보어의 이론은 정상 제이만 효과조차도 설명하지 못했지만, 보어의 이론을 확장한 조머펠트는 새로 자기 양자수를 도입하고 나서야 정상 제이만 효과와 슈타르크 효과를 설명할 수 있었다. 정상 제이만 효과에서 스펙트럼선이 자기장의 영향으로 세 개로 갈라지는 것은 궤도전자의 각운동량이 주는 효과였다. 양자화 된 각운동량이 만드는 원자의 자기 모멘트가 자기장과 상호 작용하여 서로 다른 에너지 상태로 갈라지기 때문이었다.

 비정상 제이만 효과는 원자의 스펙트럼선이 정상 제이만 효과에서 나타나는 세 개의 선이 아닌, 네 개 이상, 심지어 일고여덟 개로 복잡하게 갈라지는 현상으로, 그 당시에는 설명이 불가능했다. 슈타르크 효과의 설명에 유효했던 상대론적 계산도 비정상 제이만 효과를 설명하는 데는 별 쓸모가 없었다. 결국 조머펠트는 1920년에 비정상 제이만 효과를 설명하기 위해 새로운 양자수를 도입했다. 그는 하나의 스펙트럼이 여러 개로 갈라지는 구조가 원자의 안쪽 궤도에 있는 전자 때문이라고 생각하여 이를 '내부 양자수inner quantum number'라고 불렀다. 이 양자수에 따라 자기 양자수를 새롭게 정의하고 적절한 '선택 규칙selection rule'을 만들면 복잡한 스펙트럼선을 설명할 수 있었다.

그러나 이 내부 양자수의 물리적 근거에 대해서는 알 수 없었고, 더욱 심각한 문제는 원자에 따라 선택 규칙이 제멋대로인 것처럼 보이는 것이었다. 1920년대 초부터 비정상 제이만 효과를 연구하던 랑데는 당시의 실험적 사실을 이론적으로 설명하기 위해 반정수half-integer 값의 자기 양자수를 사용하는 모형을 발표했다. 당시에는 전자의 '스핀'에 관한 논의가 나오기 전이었기 때문에 1/2이나 3/2과 같은 반정수의 양자수는 보어-조머펠트의 고전 양자론에서는 수용되기 힘든 것이었다. 더욱이 자기장에 의해 스펙트럼선이 갈라지는 것을 결정하는 인수가 약한 자기장의 경우와 강한 자기장의 경우가 다른 것도 문제였다. 이런 현상은 나중에 전자의 자기적 성질을 특징짓는 고유한 양자수인 스핀과 관계된 현상임이 밝혀지게 된다.

파울리에게는 보어-조머펠트 이론이 비정상 제이만 효과를 설명하지 못하는 것은 분석이 부족한 탓이 아니라, 지금까지 알려진 이론적 원리의 근본적인 실패를 의미했다. 필요할 때마다 임시방편으로 새로운 양자수와 규칙들을 도입하는 이론이 제대로 된 이론일 수는 없었다. 파울리는 만나는 모든 사람에게 "근본적으로 새로운 이론을 만들어내야 한다"고 주장했다. 그러나 쉽게 실마리를 찾지 못했다. 보어-조머펠트 모형의 실패를 앞에 두고 파울리는 모형에 기반을 둔 접근 방식에 회의를 가지기 시작했다. 그는 크라메르스에게 쓴 편지에서 "숫자 신비주의에 빠진 뮌헨 학파의 스킬라Scylla와 반동적 쿠데타를 일으킨 코펜하겐의 카리브디스Charybdis 사이에서˙ (정신적으로나 공간적으로) 거의 고립되어 있었다"라며 방법론적인 고민에 빠진 자신을 표현했다.

파울리는 1945년 '배타 원리'의 발견으로 노벨물리학상을 수상했는데, 수상 강연에서 뮌헨의 조머펠트와 코펜하겐의 보어가 자신에게 준 영향의 중요성에 대해 이렇게 언급했다.

"그 당시에는 작용양자와 관련된 어려운 문제에 대해 두 가지 접근 방식이 있었습니다. 하나는 논리적 일반화를 이루기 위해 고전역학과 전기동역학을 양자 언어로 옮길 열쇠를 찾음으로써 새로운 생각에 추상적인 질서를 부여하려는 노력이었습니다. 이것이 보어의 대응원리가 취한 방향이었습니다. 그러나 조머펠트는 운동학 모형에서 사용하는 개념을 적용하는 것이 어려운 점을 고려하여 가능한 한 모형과 관계없이 정수들로 스펙트럼 법칙을 직접 해석하는 것을 더 좋아했으며, 케플러가 행성계를 조사할 때 한 것처럼 조화에 대한 내적 느낌을 따랐습니다. 두 가지 방법이 양립 불가능해 보이지 않았기에 나는 둘 모두의 영향을 받았습니다."[79]

파울리가 비정상 제이만 효과 문제에 몰두하고 있던 1922년 당시, 생각에 잠겨 코펜하겐의 거리를 정처 없이 걷고 있던 그와 마주친 연구소 동료가 "자네 얼굴이 행복해 보이지 않아"라고 말을 걸었다. 이때 파울리는 "비정상 제이만 효과로 골머리를 앓는 있는 인간이 어떻게 행복해 보이겠나!"라며 쏘아붙이기도 했다.[80] 결국 파울리는 1923년 매우 강한 자기장의 경우에 대한 랑데의 분석을 일반화하는 데 성공함으로써 비정상 제이

- 그리스 신화에서 스킬라와 카리브디스는 좁은 수로의 양쪽에 사는 전설적인 괴물이다. 수로를 지나면서 한쪽을 피하면 다른 한쪽의 괴물에게 위협을 받는 상황이 되기 때문에, "스킬라와 카리브디스 사이"라는 말은 비슷하게 위험한 두 상황 사이에서 선택을 강요당하는 것을 의미한다.

만 효과를 설명할 수 있었다.[81] 비정상 제이만 효과는 나중에 스핀 이론이 완성된 후에야 완전히 이해할 수 있었는데, 이 초기 연구는 4개의 양자수를 포함한 새로운 양자 규칙, 즉 '배타 원리'를 찾는 데 결정적인 역할을 했다.

파울리는 함부르크 대학교에서 원소의 주기율표에* 대해 강의하면서 전자껍질이 한정된 개수의 전자로 채워지면 닫히는 문제를 명확히 설명할 수 없음을 불만족스럽게 생각했다. 파울리는 이 문제가 스펙트럼선의 다중 구조 이론과 밀접한 관계가 있어야 한다고 생각했고, 그래서 가장 간단한 경우인 알칼리 원소의 이중 스펙트럼선을 다시 면밀하게 조사했다. 결국 그는 원자 안쪽의 꽉 채워진 전자궤도 각운동량이 이중선 구조의 원인이라는 당시의 관점이 잘못된 것이라는 결론에 도달했다. 대신에 파울리는 고전적으로는 기술할 수 없는 "두 가지 값을 갖는 성질double-valuedness",** 즉 전자의 새로운 양자론적인 특성을 도입했다. 바로 네 번째 양자수를 도입한 것인데, 하나의 양자수가 두 가지 값을 가진다는 의미였다. 이것은 나중에 '스핀 양자수spin quantum number'로 불리게 된다.

파울리의 배타 원리 발견에 영감을 준 것은 1924년에 발표한 스토너 Edmund Stoner(1899~1968)의 논문이었다.[82] 이 논문에서는 주양자수 n으로 정해진 궤도에 전자가 가득 차 있을 때, 전자의 수는 2, 8, 18, 32, … 개로 주양자수 제곱의 2배가 되는, 즉 ($2 \times n^2$)로 표현될 수 있는 내용이 담겨 있었다. 이로부터 파울리는 2개의 값을 갖는 네 번째 양자수인 '스핀'이 존재

-    1913년 모즐리(Henry G. J. Moseley, 1887~1915)가 멘델레예프의 주기율표를 개량하여 원자량이 아닌 원자번호순으로 배열한 주기율표를 만들었고, 파울리는 이 주기율표를 사용했다.
-   '두 가지 값'을 의미하는 독일어 'Zweideutigkeit'는 관례적으로 '이중성', '모호함'의 의미를 갖기도 한다. 한 개의 수가 두 가지 값을 가진다는 의미는 그 당시에는 '모호함' 그 자체였다.

해야 하며, 원자 속의 전자는 스핀을 포함한 4개의 양자수가 모두 다른 값을 가져야 한다는 그의 '배타 원리'를 찾아냈던 것이다.

파울리의 배타 원리는 1925년 2월 ≪자이트슈리프트 퓨어 피지크≫에 발표되었다.[83] 그는 논문에서 "강한 장field 속에 있는 한 원자에서 모든 양자수의 값이 … 일치하는 두 개 이상의 동등한 전자는 있을 수 없다. (외부 장 안의) 원자에서 이러한 한정된 값의 양자수를 갖는 전자가 발견되면 이 상태는 '점유'된 것이다"라고 간단하고 선언적인 용어로 배타 원리를 표현했다.

파울리의 배타 원리는 보어의 원자 모형에서 전자껍질에 전자가 들어가는 방식을 관리하고 모든 전자껍질이 가장 낮은 에너지 준위로 몰리는 것을 방지하는 것이었다. 배타 원리는 주기율표의 원소 배열과 화학적으로 안정한 불활성기체의 전자껍질이 닫히는 것에 대한 기본적인 설명을 제공했다. 그러나 이러한 성공에도 불구하고 논문에서 이 규칙에 대한 더 정확한 이유를 밝힐 수 없다고 인정했다.

파울리는 자신의 배타 원리를 발표할 무렵인 1924년 12월 보어에게 쓴 편지에서 양자역학에서 새로운 관념이 필요함을 강조하면서 이렇게 썼다.

"… 공식은 고전 이론 내에서 힘의 동역학적 개념뿐만 아니라 운동의 운동학적 개념도 철저한 수정을 거쳐야 한다는 점을 의심의 여지 없이 보여주는 것으로 보입니다. (이런 이유로 저는 논문 전반에 걸쳐 '궤도'라는 명칭도 피했습니다.) 운동에 대한 이러한 개념은 대응원리의 핵심이기도 하므로 이를 명확히 하려면 무엇보다도 이론물리학자들의 노력이 필요합니다. 저는 정상상태의 에너지와 운동량의 값이 '궤도'보다 훨씬 더 실제적인 것으로 믿습니다.

(아직 달성되지 않은) 목표는 이러한 것을 포함하여 (전체) 양자수와 양

자 이론의 법칙으로부터 정상상태의 모든 물리적 실재, 관찰 가능한 성질들을 이끌어내는 것입니다. 그러나 우리는 편견의 사슬로 원자를 묶으려 해서는 안 됩니다. (제 생각에는 관습적인 운동학의 의미에서 전자궤도가 존재한다는 가정도 여기에 속합니다.) 반대로 우리의 개념을 경험과 조화시키도록 해야 합니다."[84]

파울리는 뮌헨에서 공부할 때부터 전자궤도의 존재에 대해 의문을 가지고 있었다. 그는 물리법칙이 원칙적으로 관찰 가능한 양들 사이의 관계를 바탕으로 만들어져야 한다고 생각했다. 파울리의 생각은 하이젠베르크에도 영향을 주어 '행렬역학'에 적용시킨 기본 원칙이 되었다.

파울리가 조머펠트에게 보낸 편지에도 비슷한 내용이 들어 있었는데, 이번에는 모형에 기초한 분석이 적절하지 않음을 언급했다.

"모형에서 사용된 개념들은 이제 어렵고 근본적인 위기에 처해 있으며, 결국 고전 이론과 양자 이론 사이의 대립이 더욱 심해질 것으로 믿습니다. 이제 우리는 모든 모형에서 사용하는 언어가 양자 세계의 단순성과 아름다움을 반영하는 데 충분하지 않다는 인상을 받습니다."[83]

파울리는 자신의 결과를 조머펠트에게 알리면서 모형에 기초한 분석에 대해 양자 규칙Gesetzmäßigkeiten이 승리한 것으로 묘사했다. 그는 "스토너의 생각에 대한 저의 일반화가 나중에 더 복잡한 경우에도 맞아 들어간다면, 이는 동시에 원자 내 전자궤도의 닫힘 문제에 관해 대응성이나 안정성에 관한 고려보다 '양자 마법Zauberkraft'에 더 큰 희망을 두신 교수님이 전적으로 옳았음을 의미합니다. 사실 저는 대응원리가 이 문제와 관련이 있다고 믿지 않습니다"[85]라며 배타 원리가 고전 물리와는 완전히 다른 새로운 내용임을 내비쳤다.

보어도 파울리의 연구 결과에 깊은 인상을 받았지만, 대응원리가 전자 껍질 닫힘의 설명에 적용되지 않을 것이라는 파울리의 생각에는 맞섰다. 그는 파울리의 논문에 있는 조머펠트의 숫자 신비주의적 요소, 즉 양자 마법을 지적하면서, "자네가 옛 '카르타고는 무너져야 한다'고 외치면서 대응원리에 기초한 전자껍질 닫힘group closure의 설명에 마치 사형선고를 내리는 것 같은 위험한 선을 넘는 것이 아닌지는 모르겠네"라고 했다.[86] 그러나 대응원리가 적용되지 않는 물리량인 '스핀' 개념이 곧 자리를 잡게 될 것이다.

1922년 12월에는 스턴Otto Stern(1888~1969)과 게를라흐Walther Gerlach(1889~1979)의 실험 결과가 발표되었다.[87] 그들은 보어-조머펠트 이론에서 공간이 양자화 되었다는 가설을 확인하기 위해 1921년부터 은(Ag)의 원자 빔을 균질하지 않은 자기장에 통과시키는 실험을 진행하고 있었다. 그리고 1922년 초에 마침내 빔이 두 갈래로 갈라지는 것을 관측했다. 이 논문은 당시에 공간 양자화의 증거로 받아들여졌지만, 사실은 잘못 해석한 것이었다.* 이 실험 결과는 전자가 갖는 비고전적 성질인 '스핀'과 관계된 현상이었다. 스턴-게를라흐의 실험은 의도치 않게 새로운 양자역학적 개념인 스핀의 등장을 도왔다.

스핀 개념의 탄생과 고전 양자론의 종말

1925~1927년의 기간은 양자역학이 성립하기 시작하는 중요한 시기다. 드브로이의 물질파 이론으로 파동-입자 이중성 문제가 본격적으로 인식

---

* 은의 원자는 궤도 각운동량이 0이어서 자기장의 영향이 나타날 수 없고, 스펙트럼의 갈라짐은 스핀이 원인임이 나중에 밝혀졌다.

되기 시작한 1924년경부터 양자 이론은 막 바뀌려 하고 있었다. 그때까지는 보어의 이론을 일반화한 조머펠트의 양자화 방법으로 부분적으로 어느 정도 자유도가 큰 계를 성공적으로 다룰 수 있었다. 당시에 이론의 중요한 지침이 되는 원리는 에렌페스트의 서행변화 원리와 보어의 대응원리였으며, 많은 사람들은 새로운 이론에 대한 단서를 여기서 찾을 수 있을 것이라고 생각했다. 1924년 말에 '두 가지 값'을 갖는 새로운 양자수를 도입한 파울리의 배타 원리는 고전적으로 설명할 수 없는 원리로서, 고전 양자론의 정점을 이루는 것이자 동시에 고전 양자론의 종말을 예고하는 것이었다. 그리고 마침내 하이젠베르크의 행렬역학이 완성되면서 새로운 양자역학이 틀을 갖추기 시작했다.

파울리가 도입한 새로운 양자수의 물리적 의미는 무엇이었을까? 이것에 처음으로 양자화 된 전자의 회전, 즉 '스핀'을 떠올린 사람은 당시 20세의 크로니히 Ralph Kronig(1904~1995)였다. 그는 1925년 1월 튀빙겐을 방문했는데, 그를 맞이한 랑데는 파울리도 다음 날 튀빙겐을 방문하기로 되어 있다면서 그의 편지를 보여주었다. 파울리는 배타 원리에 관한 논문을 투고하기 전에 랑데와 의견을 나누고 있었다. 파울리의 편지는 비정상 제이만 효과를 이해하려면 두 개의 값을 갖는 네 번째 양자수가 필요함을 강조하고 있었다. 이 편지를 읽은 크로니히는 순간적으로 영감을 얻었다. 전하를 띤 전자가 스스로 회전하면, 즉 자전 운동을 하면 자기 모멘트를 가질 수 있고, 오른쪽이나 왼쪽의 자전 방향에 따라 두 개의 값을 가질 수 있다는 착상이었다.

파울리가 도착하기 전까지 급히 계산한 결과는 수소 스펙트럼의 미세구조와 치이는 있었지만 대강 맞아떨어졌다. 그러나 양자역학의 개념을 고전역학으로 나타낼 수 없다는 생각을 가졌던 파울리는 "기발한 생각이지만, 자연은 그렇지 않아요"라고 그의 생각을 비웃듯 거부했다. 스펙트럼 계산 결과도 실험과 맞지 않았고, 공 모양을 가정한 전자의 표면 회전

속도가 빛의 속도보다 수백 배나 빨라야 하는 문제도 있었다. 이는 아인슈타인의 특수상대성이론과 모순된다. 경험이 부족했던 크로니히는 파울리의 반박을 듣고는 곧바로 자신의 생각을 포기했다.

한편, 에렌페스트의 학생이었던 울렌벡과 호우트스미트Samuel Goudsmit (1902~1978)도 1925년 가을에 기본적으로 똑같은 생각을 했다. 물론 크로니히의 노력에 대해서는 모르고 있었다. 그러나 그들도 물리학 대가인 로렌츠에게서 크로니히가 파울리에게 들었던 것과 같은 부정적 평가를 들었다. 당황한 울렌벡은 에렌페스트에게 논문을 철회할 것을 제안했다. 그러나 그때는 이미 논문이 에렌페스트의 긴급 출판 요청과 함께 학술지에 투고된 뒤였다. 울렌벡이 물리학계의 반응을 걱정하자, 에렌페스트는 "자네들은 아직 명성이 없으니, 잃을 것도 없어요"라고 격려했다. 1925년 10월 17일에 접수된 그들의 소논문[88]이 11월 20일 ≪자연과학Naturwissenschaften≫에 발표되었다. 파울리는 이 논문을 싫어했지만 전반적인 반응은 폭발적이었다.

석사학위를 가진 울렌벡과 대학원생이었던 호우트스미트가 이런 업적을 이룰 수 있었던 것은 에렌페스트의 철저한 관심 덕분이었다. 에렌페스트는 주목할 만한 방식으로 자신의 대학원생들을 훈련시켰다. 울렌벡은 "교수님은 기본적으로 주중 거의 매일 오후에 한 번에 한 학생씩 만나 일을 했어요. 자신이 연구하고 있는 문제나 자세히 이해하고자 하는 최근 논문에 대해 학생과 함께 토론을 하는 것이지요. … 토론이 끝날 쯤에는 거의 파김치가 되었답니다. … 신기하게도 그런 피곤함은 곧 사라지고, 1년 후에는 거의 교수님과 견줄 정도가 되었다는 것입니다"라고 자신의 경험을 이야기했다. 에렌페스트는 이들에게 연구 과제를 주면서 호우트스미트가 울렌벡을 지도하도록 했다. 호우트스미트의 나이는 울렌벡보다 한 살 반 정도 아래지만 제이만의 실험실에서 원자 스펙트럼에 관한 지식을 먼저 습득했기 때문이었다. 울렌벡과 호우트스미트는 함께 이러한 배움의 과정을 버텨내고 전자의 스핀에 관한 연구 업적을 이루어냈다.

에렌페스트는 연구 결과에 대한 학생의 기여를 인정하는 데도 공정했다. 에렌페스트는 울렌벡과 호우트스미트를 지도했고, 호우트스미트는 울렌벡에게 보어-조머펠트 이론과 비정상 제이만 효과에 관한 랑데의 이론 등을 가르쳤지만, 스핀에 관한 아이디어는 울렌벡이 제안했다. 그래서 논문에는 울렌벡이 제1저자로 이름을 올렸다. 에렌페스트는 학생들의 영예를 지켜주려고 그들의 논문에 자신의 이름을 넣지 않았다.

울렌벡과 호우트스미트의 소논문이 나온 지 얼마 되지 않아 호우트스미트는 하이젠베르크에게서 "용감한 소논문"에 대한 축하 편지를 받았다. 편지에는 스핀에 의해 수소 스펙트럼이 미세하게 갈라지는 정도가 실제보다 2배나 큰 것에 대한 질문도 들어 있었다. 사실 그들은 미세구조에 관한 계산은 생각도 하지 않았기 때문에 질문의 내용을 처음에는 정확히 이해할 수 없었다. 이 문제는 1925년 12월에 로렌츠의 박사학위 50주년을 기념하기 위해 보어가 레이던을 방문하면서 해법의 실마리를 얻게 된다.

보어는 레이던으로 오는 도중에 함부르크에서 스핀에 대해 부정적이었던 파울리를 만나 의견을 나누었다. 보어도 처음에는 스핀에 대해 부정적이었는데, 원자핵이 만드는 전기장 속에서 궤도운동을 하는 전자가 어떻게 자기장을 느끼고 미세구조를 보여주는지 알 수 없었다. 그러나 레이던에 도착해서 아인슈타인과 나눈 대화에서 이 문제에 대한 해답을 찾았다. 상대론적으로 전자가 정지해 있다고 보면 양전하를 가진 원자핵이 전자 주변을 도는 것으로 보이기 때문에 자기장이 만들어진다. 그래서 전체적으로 스핀-궤도 결합 효과가 나타나는 것이었다. 에렌페스트의 초대로 그의 집에 머물던 보어와 아인슈타인은 양자론에 대해 끝없이 토론했다. 에렌페스트는 토론하는 두 사람의 사진을 찍었는데, 이 사진은 이제 20세기 물리학 역사의 상징적 사진이 되었다.

보어는 돌아오는 길에 괴팅겐을 들러 하이젠베르크와 요르단을 만났

그림 5-1 에렌페스트 집에서 토론 중인 보어와 아인슈타인
턱에 손을 얹고 깊이 생각에 빠진 표정의 보어와 편안하고 몽환적인 표정으로 뒤로 기대고 있는 아인슈타인의 모습은 지적 두 거인 사이의 논쟁의 깊이를 감추고 있다.

다. 그들도 역시 스핀 개념에 대해 확신이 없었던 터였다. 보어는 스핀이 큰 진전을 이룬 것이라면서 스핀-궤도 결합에 대해서 설명했다. 그리고 플랑크의 양자론 25주년을 기념하는 독일 물리학회에 참석하려고 베를린으로 갔을 때, 파울리가 함부르크에서 와서 기다리고 있었다. 스핀 개념에 대해 여전히 부정적이었던 파울리는 다시 보어의 생각을 물었는데, 보어가 큰 진전이라고 말하자 "코펜하겐의 새로운 이단 교리"라고 날을 세웠다. 보어는 코펜하겐으로 돌아온 후 에렌페스트에게 자신이 "전자 자석(스핀)이란 복음의 전파자"가 되었다고 편지로 알렸다. 1926년 2월에는 토마스Llewellyn Thomas(1903~1992)가 전자의 스핀 개념을 도입하고 전자와 원자핵 사이의 상대론적 효과를 고려하여 수소 스펙트럼의 미세구조를 완벽하게 설명했다.[89]

전자의 스핀 개념이 빠르게 받아들여지자 크로니히는 화를 참을 수 없었다. 그는 1926년 3월 크라메르스에게 보낸 편지에서 "이제부터는 다른 사람의 생각보다 내 자신의 판단을 믿을 것"이라면서 파울리의 비판 때문에 자신의 아이디어를 구체화하지 않았던 것을 후회했다. 크로니히의 편지에 놀란 크라메르스는 이를 보어에게 보여주었다. 크로니히가 파울리와 만난 직후 코펜하겐에 와서 그해 11월까지 머무는 동안 스핀에 대해 이야기할 때 보어도 이를 일축했다. 이를 기억해 낸 보어는 자신의 실수를 사과하는 편지를 크로니히에게 보냈다. 이에 대해 크로니히는 "항상 자신의 견해가 옳다고 확신하고 무조건 가르치려 하는 물리학자들에게 화가 나지 않았다면 저는 그 문제를 전혀 언급하지 않았을 것입니다"라는 답신을 보냈다.

도둑맞았다는 느낌에도 불구하고 크로니히는 보어에게 유감스러운 그 사건의 전모를 공개하지 말아달라고 요청했다. 호우트스미트와 울렌벡이 자신들이 이룬 업적에 대해 온전한 기쁨을 누리지 못할 것을 염려했던 것이다. 그들에게는 전혀 잘못이 없기 때문이다. 그러나 그들은 결국 사건의 전말을 알게 되었고, 나중에 울렌벡은 자신들이 전자의 스핀을 최초로 제안한 사람이 아니라는 사실을 공개적으로 인정했다. 보어는 개인적으로 크로니히가 어리석었다고 생각했다. 자신의 생각이 옳다고 믿었다면 다른 사람이 뭐라고 하든지 논문을 발표해야 했다. "출판하라! 아니면 망할 것이다!"는 과학에서 잊지 말아야 하는 법칙이다.

1928년에 파울리는 28세의 나이로 취리히 공과대학교의 이론물리학 교수로 취임했다. 크로니히에게 빚을 졌다고 생각한 파울리는 그에게 조수로 올 것을 요청했다. 파울리에 대한 실망감과 서운함이 시그러질 무렵이었다. 이 제안을 크로니히가 수락하자, 파울리는 "내가 무슨 말을 할 때마다 자세한 논리로 나를 반박하시게나"라고 편지에 썼다. 대부분의 물리학자들은 호우트스미트와 울렌벡이 몇 년 후 노벨상을 받을 것이라고 생각했다. 그러나 파울리-크로니히 사건 때문에 노벨위원회는 그들에게 상을 주기를 꺼렸다. 파울리가 1945년에 배타 원리에 대한 업적으로 노벨물리학상을 받았지만, 그들은 받지 못했다. 이에 대해 파울리는 나중에 "내가 어렸을 때 너무 바보 같았다!"라고 후회하는 말을 했다.

전자의 스핀은 완전히 새로운 양자 개념으로서 20세기 물리학의 중요한 개념 중의 하나다. 스턴-게를라흐의 실험 결과는 전자가 '두 개의 값'만을 갖는 고유한 양자수, 즉 스핀이 가진 자기 모멘트가 자기장과 상호 작용하여 스펙트럼을 두 개로 분리시키는 현상이었다. 스핀은 전하나 질량처럼 입자가 가지는 기본적인 성질로서, 고전적인 개념인 전자의 회전으로 설명할 수 있는 것은 아니다. 그러나 아직도 전자의 스핀이 어떻게 공간에 영향을 미치고 자기장을 만드는지는 알지 못하고 있다. 스핀의 발견은 기존 양자 이론이 적용될 수 있는 한계를 보여주었다. 왜냐하면 스핀이라는 양자 개념에 대응하는 고전물리학이 없었기 때문이다. 결국 파울리의 배타 원리와 스핀의 발견은 '고전 양자론'에 종지부를 찍게 되었다.

하이젠베르크의 행렬역학

비정상 제이만 효과와 헬륨의 스펙트럼 문제로 고심하고 있던 하이젠베르크는 1925년 초부터 현재의 이론이 위기에 처해 있음을 느꼈다. 하이젠베르크는 파울리가 배타 원리를 발표한 직후인 1925년 5월 초에 수소 스펙트럼선의 강도를 계산하는 새롭고 어려운 문제에 착수했다. 보어-조머펠트 이론은 수소 스펙트럼선의 진동수는 설명할 수 있었지만, 스펙트럼선의 밝기 정도는 설명할 수 없었다. 그는 연구를 시작한 지 불과 두 달 만에 원자 스펙트럼의 계산에 관한 획기적인 생각을 떠올리고 매우 신기한 해법을 찾아냈다. '행렬역학'의 시작이었다.

하이젠베르크는 양자역학이 관찰 가능한 것으로 제한되어야 한다는 파울리의 생각과 보어의 대응원리를 받아들였다. 그리고 관찰할 수 없는, 수소 원자 핵 주위를 도는 전자궤도에 대한 생각을 버리고, 새로운 양자 이론 체계로 변환하려고 했다. 하이젠베르크는 1925년 6월 9일에 파울리에게 쓴 편지에서 "뤼드베리 공식을 원궤도와 타원궤도로 해석하는 것은 물리적 의미가 전혀 없다는 것이 나의 확신이네. 그리고 … 결코 관찰할 수 없는 궤도라는 용어를 완전히 없애고 이를 적절하게 대체하는 쪽으로 가게 되었네"라고 했다. 그의 시도는 '과학은 관찰 가능한 사실에 기초해야 한다'는 실증주의적 믿음을 실질적으로 채택한 첫 시도였다.

하이젠베르크는 푸리에Fourier 분석을 통해 전자의 궤도운동을 관측 가능한 원자 스펙트럼선의 진동수와 세기로 표현하려고 시도했다. 그는 원자에 있는 전자가 모든 진동수의 빛을 만들어낼 수 있는 가상의 진동자와 유사하다고 생각했다. 그래서 간단한 비조화 진동자anharmonic oscillator 문제로 바꾸어 문제를 풀기로 했다. 진동자의 위치는 진동수의 푸리에 급수로 표현될 수 있다. 전하를 가진 입자가 진동하면 이 진동수에 해당하는 빛 에너지를 방출하는데, 하이젠베르크는 이를 이용하여 고전역학에서의 에너지 관계식을 양자역학에서의 에너지 관계식으로 변환하려고 했던 것이다.

코펜하겐에서 괴팅겐으로 돌아온 지 한 달이 조금 지난 1925년 6월, 하이젠베르크는 수소 스펙트럼선의 강도를 계산하는 데 어려움을 겪는 가운데 매우 심한 꽃가루 알레르기로 고통을 받고 있었다. 정신적으로나 육체적으로 감당할 수 없는 상황에서 그는 2주간의 휴가를 얻어 북해의 외딴 바위섬 헬골린드로 향했다. 헬골린트는 '신성한 땅'이란 뜻을 기지고 있었다. 그의 기적 같은 생각은 이 섬에서 상쾌한 바다 공기를 마시며 휴식을 취하는 가운데 떠오른 것이었다. 그의 착상은 전자의 위치를 무시하고 전자가 정상상태 사이를 옮겨가면서 내어놓는 빛의 진동수와 그 진동수 성분의 세기에 해당하는 푸리에 계수를 사용하여 고전적인 운동방정식을 양자론적으로 바꾸는 것이었다.

보어의 대응원리는 양자 세계와 고전 세계를 잇는 개념적 다리 역할을 했다. 가상적 전자궤도는 양자 세계와 고전 세계의 경계에 있었고, 이 경계에서 전자의 궤도 진동수는 전자가 방출하는 복사선의 진동수와 같아야 했다. 하이젠베르크는 양자와 고전이 만나는 이 영역에서 물리학을 연구하고, 그 결과를 추정하면 미지의 원자 세계 내부를 알아낼 수 있다고 생각했다. 그는 원자에 있는 전자가 모든 진동수의 빛을 만들어낼 수 있는 가상의 진동자와 유사하다고 생각했다. 그래서 대응원리에 따라 운동량, 평형 위치부터의 변위, 진동수와 같은 진동자의 속성을 계산할 수 있었다. 특정한 진동수의 스펙트럼선은 다양한 개별 진동자 중 하나가 방출하는 빛이었다.

하이젠베르크는 완전히 관찰 가능한 양으만으로 만들어진 자신의 이론이 최종적으로 에너지 보존법칙을 만족하는 것을 확인했다. 24세에 불과한 청년 물리학자가 물리적으로나 수학적으로 일관성이 있는 이론을 만드는 데 성공한 것이다. 이때의 기쁨을 하이젠베르크는 "나는 겉으로만 드러나 있는 원자 현상의 안쪽으로 들어가 신비하도록 아름다운 내부를 들여다보고 있는 느낌을 받았고, 이제 자연이 내 앞에 아낌없이 펼쳐 놓은 이 풍부한 수학적 구조를 알아내야 한다는 생각에 현기증이 날 지경이었다"고 표현했다. 그는 잠을 이루지 못할 만큼 흥분해서 새벽에 섬의 남쪽 끝에 있는 바위를 올라 떠오르는 태양을 기다렸다.

그러나 아침의 차가운 햇빛 속에서 하이젠베르크가 느꼈던 처음의 행복감과 낙관적 생각은 안개처럼 사라지기 시작했다. 그의 새로운 이론은 X×Y가 Y×X와 같지 않은 이상한 종류의 곱셈을 통해서만 작동하는 것처럼 보였기 때문이다. 일반 숫자의 경우는 교환법칙이라고 해서 곱해지는 순서는 전혀 중요하지 않다. 그런데 하이젠베르크는 두 배열을 곱할 때

그 결과가 곱해지는 순서에 따라 달라진다는 사실을 발견하고 깊은 고민에 빠졌다.

그가 사용해야 했던 이상한 곱셈의 의미를 파악하지 못한 하이젠베르크는 곧장 본토로 돌아가 함부르크의 파울리에게로 갔다. 몇 시간 후, 가장 신랄한 비평가에게서 격려의 말을 들은 하이젠베르크는 6월 19일 괴팅겐으로 돌아가 그가 발견한 것을 다듬고 기록하기 시작했다. 새로운 양자역학의 출발점이 된 그의 논문「운동학적 및 역학적 관계의 양자역학적 재해석Über quantentheoretische Umdeutung kinematischer und mechanischer Beziehungen」은 7월 9일에 완성되었다.

그러나 자신이 한 일의 진정한 의미에 대해 여전히 확신이 없었던 하이젠베르크는 파울리에게 사본을 보내면서 2~3일 안에 회신해 달라고 요청했다. 서둘렀던 이유는 하이젠베르크가 7월 28일 케임브리지 대학교에서 세미나를 할 예정이었고, 그 이후에도 다른 약속 때문에 9월 말까지 시간을 낼 수가 없었기 때문이었다. 이에 파울리는 하이젠베르크의 논문이 "새로운 희망과 참신한 삶의 즐거움"을 준다고 하면서, "비록 이것이 수수께끼의 해결책은 아니지만, 한 걸음 더 앞으로 나아갈 수 있으리라 믿네"라고 답신을 주었다.

하이젠베르크는 그 직후 논문을 보른에게 건네주고 출판할 가치가 있는지 결정하도록 요청했다. 보른은 북해의 작은 섬에서 돌아온 하이젠베르크가 그동안 무엇을 했는지 전혀 알지 못한 상태에서 이 요청을 받자 놀랐다. 며칠 후 논문을 읽은 보른은 큰 감명을 받고 금방 하이젠베르크의 생각을 받아들였다. 그리고 즉시 아인슈타인에게 편지를 보내면서 "곧 발표될 하이젠베르크의 새 논문은 다소 신비로운 것처럼 보이지만, 확실히 정확하고 매우 심오하다네"라고 전했다. 하이젠베르크는 레이던의 에렌페스트와 케임브리지의 파울러를 방문하는 동안 자신의 새로운 결과에 대해 토론했다.

1925년 7월 29일 ≪자이트슈리프트 퓨어 피지크≫에 접수되어 9월에 발표된 하이젠베르크의 논문[90] 서론부에는 "관찰 가능한 물리량들 사이의 관계로만 기술되는 양자역학 이론을 수립하는 것이 바람직하다"고 강조하고 있다. 이는 관측 가능한 양만을 수용할 수 있다는 양자역학의 대표적 철학 원리가 되었다. 반면에 논문의 결론 부분에서는 "여기에서 제안된 것처럼 관찰 가능한 양 사이의 관계로 양자역학적 데이터를 결정하는 방법이 원칙적으로 만족스러운 것으로 볼 수 있는지, 아니면 이 방법이 현재 당면한 명백한 과제인 양자역학의 이론을 세우는 물리 문제의 접근 방식에 있어 너무 거친 것이 아닌지에 대해서는 매우 피상적으로 사용된 이 방법에 대해 좀 더 집중적인 수학적 연구를 함으로써 판단할 수 있다"면서 자신의 접근 방식을 조심스러워하는 것도 엿볼 수 있다. 그가 사용했던 이상한 곱셈 규칙 때문이었을까?

　행렬역학이 올바른 방향으로 나아갈 수 있게 한 사람은 보른이었다. 신비한 곱셈 법칙의 의미에 대해 하이젠베르크는 물론 보른도 고심했지만, 정확히 무엇인지는 알 수 없었다. 1925년 7월 19일 아침, 보른은 하노버에서 열리는 독일 물리학회에 참석하기 위해 기차를 탔다. 기차에서 하이젠베르크의 아이디어를 생각하다가 오랫동안 잊고 있었던 학생 시절의 한 강의를 갑자기 떠올렸다. 그리고 하이젠베르크가 헬골란트에서 배열 형태로 기록한 새로운 아이디어가 행렬대수학이란 수학의 한 분야와 동일한 것임을 깨달았다. 하이젠베르크가 발견한 $X \times Y$가 항상 $Y \times X$와 같지 않은 곱셈 규칙이 바로 행렬 곱셈이었다.

　기차에는 마침 함부르크에서 온 파울리가 옆 좌석에 앉아 있었다. 보른이 자신의 발견을 이야기했을 때 파울리의 반응은 냉소적이었다. 파울리는 "예, 지루하고 복잡한 수학 공식을 좋아하시는 거 압니다. 교수님의 공허한 수학은 하이젠베르크의 물리적 개념을 훼손할 뿐입니다"라고 심드렁하게 대꾸했다. 파울리에게 이론물리학은 긴 계산을 수행하거나 수학적 증거를 찾는 것이 아니라, 창의적인 통찰력을 필요로 하는 것이었다. 어쩌면 그는 보른과 함께 지내면서 보른의 수학적 태도보다 조머펠트의 창의적 직관을 소중히 여겨야 할 필요성을 깨닫게 되었는지도 모른다.

결국 파울리는 하이젠베르크의 행렬역학을 발전시키는 보른의 작업에 참여하지 않았다. 대신 행렬대수학을 알고 있던 요르단이 보른과 함께 하이젠베르크의 이론을 구체화했다. 보른과 요르단은 하이젠베르크의 표기법을 단순화하는 등 수학적 내용을 일관된 이론으로 발전시키고, 마침내 '불확정성원리'를 예언한 방정식 "$pq-qp = -ihI$"를 적었다. 여기서 p와 q는 하이젠베르크의 운동량과 위치에 관한 행렬이고 I는 단위행렬이다. 하이젠베르크의 논문이 투고된 지 겨우 두 달 만인 1925년 9월 27일에 그들은 같은 학술지에 「양자역학에 대하여Zur Quantenmechanik」란 제목으로 논문을 제출했다.[91] 여기서 '양자역학'이란 표현이 처음 등장했다. 곧이어 보른, 하이젠베르크, 요르단이 1925년 11월 16일에 제출한 '3인방' 논문[92]에서 '행렬역학'이 완성되면서 새로운 양자역학의 탄생을 알렸다.

이후 행렬역학이 적용되는 추가적인 연구들이 빠르게 이어졌다. 파울리는 1926년 1월 수소 원자의 스펙트럼을 성공적으로 계산했다. 또한 하이젠베르크와 요르단은 1926년 4월에 전자의 스핀과 행렬역학을 활용하여 수소의 미세구조와 비정상 제이만 효과에 대한 오래된 문제를 해결했다. 그리고 마침내 하이젠베르크는 1926년 7월에 헬륨 원자의 스펙트럼을 계산하는 데 성공했다.[93]

괴팅겐의 보른과 위너Norbert Wiener(1894~1964)는 1926년에 '연산자' 개념을 적용하여 행렬역학의 수학적 일반화를 꾀했다. 괴팅겐이 양자역학의 새롭고 독특한 수학적 이론을 만드는 데 중요한 역할을 한 것은 놀라운 일이 아니다. 괴팅겐 학파는 위대한 수학자 힐베르트의 영향을 크게 받았다. 힐베르트는 물리학 이론을 정확한 수학적 언어로 번역하는 문제를 진지하게 제기했는데, 그는 "물리학은 물리학자들에게 너무 어렵다"라는 말을 반농담처럼 했다. 힐베르트 학파인 보른도 "수학은 우리보다 현명하다"는 말을 자주 하곤 했다.

때늦은 애욕의 분출 - 슈뢰딩거의 파동방정식

전자의 스핀 개념이 받아들여질 무렵에 또 다른 큰 변화가 일어나고 있었다. 슈뢰딩거의 파동방정식이 만들어진 것이다. 슈뢰딩거의 파동방정식은 우아했다. 이 방정식을 원자에 적용하면 보어-조머펠트 이론이 필요할 때마다 새로운 양자수를 도입하여 설명하려 했던 모든 것을 자연스럽게 설명할 수 있었다. 양자 마법이 더 이상 필요하지 않게 된 것이다. 하이젠베르크가 행렬역학을 발표한 지 불과 몇 달 만에 등장한 슈뢰딩거의 파동방정식은 암호의 나열처럼 보이는 행렬역학에 비해 오히려 친숙한 느낌을 주어 많은 물리학자들이 열광적으로 받아들일 수 있는 대안이 되었다.

38세의 오스트리아 물리학자 슈뢰딩거는 1925년 크리스마스에 스위스 아로자Arosa의 스키장에서 그의 내연녀와 은밀한 밀회를 즐기던 기간에 전자의 파동방정식을 찾아냈다. 그의 친구이자 독일의 위대한 수학자 바일Hermann Weyl(1885~1955)은 나중에 슈뢰딩거의 이 놀라운 업적과 관련해서 '때늦은 애욕의 분출a late erotic outburst'이라고 묘사했다. 슈뢰딩거는 곧바로 자신의 방정식에 관한 첫 번째 논문 「고유치 문제로서의 양자화Quantisierung als Eigenwertproblem」를 1926년 1월 27일에 ≪물리학 연보≫에 제출했다.[94] 이 논문은 디랙이 "물리학의 대부분과 화학의 모든 것"을 포함하고 있다고 할 정도로 놀라운 논문이었다. 슈뢰딩거는 빠른 속도로 작업을 진행시켜 거의 한 달에 한 편꼴로 연이어 네 편의 논문을 발표했다. 그의 첫 번째 논문이 출판될 때쯤 슈뢰딩거는 자신의 새로운 이론에 처음으로 '파동역학Wellenmechanik'이라는 이름을 붙였다.

슈뢰딩거의 파동방정식은 개념적으로 고전역학에서 뉴턴의 제2법칙*의 양자 대응이라고 볼 수 있다. 뉴턴의 제2법칙은 몇 가지 초기 조건이 주어지면 미분방정식을 풀어서 물리계가 시간이 지남에 따라 어떤 경로를 따라갈 것인지를 예측할 수 있게 한다. 마찬가지로 슈뢰딩거의 파동방정식도 고립된 물리계의 양자역학적 특성인 파동함수가 시간에 따라 어떻게 변할 것인지를 계산할 수 있게 한다. 고전물리학에 정통했던 슈뢰딩거는 보어의 이론에 부정적 편견을 갖고 있었고, 정상상태 사이의 양자뜀과 같은 불연속적 개념을 연속적인 파동방정식으로 몰아내려고 했다. 하지만 실제로는 그렇게 되지 않았고, 불연속성은 오히려 파동의 모습으로 위장하여 숨어 있었다.

1906년 김나지움을 졸업한 슈뢰딩거는 비엔나 대학교의 볼츠만 밑에서 물리학을 공부하기를 기대했으나, 이 전설적인 이론물리학자는 슈뢰딩거가 공부를 시작하기 몇 주 전에 자신의 삶을 비극적인 자살로 마무리했다. 슈뢰딩거는 1910년 「습기 중 절연체 표면의 전기전도에 관하여 On the conduction of electricity on the surface of insulators in moist air」라는 제목의 실험 연구 논문으로 박사학위를 받고, 잠시 모교에서 실험물리학 조교로 근무했다. 그러던 중 실험물리학에 적성이 맞지 않음을 알고 이론물리학으로 관심을 돌렸다. 그는 나중에 "나는 측정을 한다는 것이 무엇을 의미하는지를 직접 경험을 통해 아는 이론물리학자다"라고 했다. 그가 걸은 학문의 길은 쉽지 않았고, 한때는 물리학을 포기할 생각도 했다. 1914년 제1차 세계대전이 발발하자 그는 전투에 소집되었다. 절망적인 전쟁터에서 슈뢰딩거를 지켜준 것은 철학과 물리학이었다.

1921년 10월 스위스 취리히 대학교 교수직을 얻은 슈뢰딩거는 얼마 지

---

* 물체의 운동에 관한 뉴턴의 제2법칙은 $F = ma$로 표현되는 '가속도 법칙'으로 잘 알려져 있다.

나지 않아 기관지염과 결핵 진단을 받았다. 그는 의사의 지시에 따라 유명한 휴양지 다보스에서 멀지 않은 아로자의 요양소로 갔다. 여기서 머무는 9개월 동안 슈뢰딩거는 물리학에 대한 열정을 되찾았다. 뉴턴과 아인슈타인, 그리고 하이젠베르크와 마찬가지로 슈뢰딩거도 외딴 곳에서의 고립 상태에서 새로운 계기를 만들어냈다. 그리고 그의 나이가 37세가 되던 1925년, 드디어 슈뢰딩거는 물리학에서 자신의 자리를 확고히 할 돌파구를 마련했다.

슈뢰딩거는 방사능, 통계물리학, 일반상대성이론 등 다양한 분야를 아우르는 논문을 발표한 유능하고 다재다능한 이론물리학자였다. 그는 취리히 대학교에서 그 당시 빠르게 발전하던 원자 및 양자물리학에 많은 관심을 갖게 되었다. 특히 1925년 10월에 아인슈타인이 그해 초에 쓴 논문을 읽다가 파동-입자 이중성에 관한 드브로이의 학위 논문을 언급한 각주에 특별히 주목했다. 그때까지 드브로이의 이론을 받아들이는 사람은 극히 적었다. 몇 주 후인 11월 3일에 그는 아인슈타인에게 "며칠 전 드브로이의 독창적인 논문을 가장 흥미 있게 읽었습니다. 그리고 마침내 그것을 이해하게 되었습니다"라는 편지를 썼다.

슈뢰딩거는 드브로이의 물질파 이론에서 영감을 얻었다. 드브로이가 전자의 입자-파동 이중성을 확인한 방식은 원자 내 전자의 파동이 갖는 파장의 정수배가 전자궤도의 원주 길이와 같을 때, 즉 특정 궤도의 전자가 '정상파'를 형성할 때만 보어의 정상 궤도가 될 수 있음을 보인 것이다. 1925년 11월, 드브로이의 논문에 관한 세미나에서 슈뢰딩거가 발표를 마치자, "교수님께서는 파동에 대해 말씀하셨습니다만, 파동방정식은 어디에 있나요?"라고 디바이Peter Debye(1884~1966)가 물었다. 드브로이는 파동에 관한 방정식은 제시하지 않았다.

"파동방정식이 없이는 파동도 있을 수 없다"는 디바이의 지적에 따라 슈뢰딩거는 전자의 파동방정식을 찾기 시작했다. 드브로이의 이론에서는 본질적으로 파동이 1차원 원형 궤도로 제한되기 때문에 슈뢰딩거는 원자 내 전자에 적절한 3차원 파동방정식을 찾으려고 했다. 드브로이가 아인슈타인의 특수상대성이론에 부합하는 방식으로 물질파 이론을 제시한 것처럼, 슈뢰딩거도 처음에는 정상파에 대한 상대론적 방정식을 구하려 했다. 그러나 실험 결과와 맞지 않는 문제 때문에 상대론적 방정식의 발표를 포기하고, 대신에 비상대론적 파동방정식을 제안하기로 했다. 상대론적 파동방정식의 공식적 완성은 디랙의 몫으로 남겨졌다.

1925년 크리스마스 무렵 슈뢰딩거는 내연녀와 함께 아로자의 스키장으로 떠났다. 당시 슈뢰딩거 부부는 사이가 벌어진 데다가 아이가 생기지 않는 문제까지 겹쳐 이혼을 고려할 정도였고, 아내 안네마리Annemarie Bertel는 슈뢰딩거의 친구인 바일과 애정 관계에 빠져 있었다. 그는 아로자에서 애인과 열정적인 시간을 보내면서도 새로운 원자 이론과 씨름하고 있었다. 논리적으로 엄격한 고전물리학으로는 파동방정식을 유도할 수 없었던 그는 다소 신비롭고 창의적인 방식으로 접근했다. 그것은 드브로이의 파동-입자 공식과 잘 정립된 고전물리학 방정식을 사용하여 파동방정식을 만들어내는 것이었다.

슈뢰딩거가 가정한 방정식은 특정 경계 조건이 있는 선형방정식 형태로, 고전적인 파동방정식과 유사했다. 그의 추론은 힘이 작용하고 있는 공간에서의 입자의 거동이 굴절률이 변하는 매질에서 광선이 보이는 거동과 동일함을 보인 해밀턴 역학Hamilton's mechanics의 영향을 받았다. 이 접근 방식은 실제로 드브로이가 제안한 파동-입자의 이중성을 암시했다. 슈뢰딩거의 파동방정식은 하이젠베르크의 신비한 행렬 대신 모든 물리학자들이 필수적으로 사용하던 수학적 도구인 미분방정식을 사용했다. 그는 먼저 파동방정식을 수소 원자에 적용했다. 미분방정식을 푸는 데 어려움이 있었지만, 슈뢰딩거는 바일의 도움으로 마침내 수소의 스펙트럼을 계산해내는 데 성공했다. 수소 원자 내의 전자의 에너지 준위들을 정확하게 계산해 낸 것이다.

슈뢰딩거의 이론은 드브로이의 1차원 정상파보다 더 복잡한 3차원적인 전자궤도를 표현했다. 그리고 전자의 에너지 준위는 슈뢰딩거 파동방정식의 가능한 해에 포함되어 나왔다. 방정식을 풀면 전자의 파동함수는 3개의 양자수로 표현되는 상태들을 가질 수 있다. 주양자수는 전자의 양자화 된 에너지 상태를 결정하여 보어의 불연속적 궤도를 만든다. 두 번째 양자수인 궤도양자수는 궤도의 모양을 기술한다. 세 번째의 자기 양자수는 자기장을 걸어주었을 때 자기장 방향에 대한 전자궤도의 회전축이 불연속적으로 변화한다는 것을 의미했다. 이들 양자수가 의미하는 것은 원자를 구성하는 전자의 에너지가 양자화 된 것뿐만 아니라, 전자가 존재할 수 있는 공간도 양자화 되어 있다는 것을 자연스럽게 보여주었다.

이리하여 슈뢰딩거의 파동방정식은 관측된 원자 스펙트럼을 정확히 예측할 수 있는 매우 효과적인 방법이라는 것이 증명되었다. 보어-조머펠트 양자 이론에서 필요할 때마다 임의로 덧붙여 넣었던 모든 양자수가 이제 슈뢰딩거의 파동역학의 틀 내에서 자연스럽게 나왔다. 전자궤도 사이의 신비한 양자뜀조차도 전자에게 허용된 3차원 정상파 사이에서 부드럽고 연속적으로 변하며 사라지는 것처럼 보였다. 1926년 3월 13일에 출판된 논문은 슈뢰딩거 파동역학의 공식적 탄생을 알렸다.

슈뢰딩거의 이론은 첫눈에 보아도 행렬역학과는 상당히 다른 것처럼 보였다. 하이젠베르크의 행렬역학은 단지 양자뜀과 불연속성만을 보여주었을 뿐, 원자 내부에서 무슨 일이 일어나는지에 대해서는 아무것도 보여주지 않았다. 반면에 슈뢰딩거의 이론은 처음부터 끝까지 연속적인 함수를 사용했고, 고전적 개념으로 쉽게 해석할 수 있었다. 행렬역학처럼 이해하기 힘들지도 않았고, 보어의 복잡하고 자기모순적인 것 같은 철학에 의존할 필요도 없었다. 당시 물리학자들은 고전물리학에서 파동방정식을 다루고 푸는 방법을 알고 있었기 때문에 이들이 파동역학을 열광적으로 환영하고 재빨리 수용한 것은 놀라운 일이 아니다. 슈뢰딩거는 물리학자들에게 더 이상 "직관을 억누르고 전이 확률, 에너지 준위 등과 같은 추상적인 개념만으로 일할 필요가 없다"고 말했다.

플랑크와 아인슈타인, 라우에와 같은 베를린의 거장 물리학자들은 슈뢰딩거의 연구에 환호했다. 플랑크는 슈뢰딩거가 보내준 논문에 대해 "오랫동안 궁금해하던 수수께끼의 답을 듣고 싶어서 안달하는 아이처럼" 논문을 읽었다고 했고, 하이젠베르크-보른의 방법이 그릇될 소지가 있다고 믿었던 아인슈타인은 "논문의 아이디어는 진정한 천재성에서 솟아나온 것"이라고 칭찬하며 양자 이론에 "결정적인 진전"을 이루었다고 했다. 슈뢰딩거는 이들이 자신을 인정해 준 것에 대해 "세상의 절반을 얻은 것보다 더 큰 의미가 있습니다"라고 답했다. 괴팅겐에서 보른에게 양자 이론을 배우고 있던 미국의 물리학자 오펜하이머Julius Oppenheimer(1904~1967)도 "아마도 인류가 개발한 공식 가운데 가장 완벽하고 정확한, 가장 아름다운 이론일 것이다"라고 열광했다.

조머펠트는 처음에 파동역학이 "완전히 정신 나간" 것이라고 생각했지만, 마음을 바꾸어 "행렬역학의 진실은 의심할 여지가 없지만, 이를 다루는 방식은 매우 복잡하고 놀랄 만큼 추상적이다. 이제 슈뢰딩거가 우리를 구원하러 왔다"고 말했다. 페르미도 하이젠베르크의 생각을 이해하는 데는 심각한 어려움을 겪었지만 슈뢰딩거의 논문은 금방 이해했다. 그가 느끼는 걸림돌은 하이젠베르크의 수학이 아니라, 하이젠베르크의 물리적 개념이었다. 이같이 많은 사람들은 하이젠베르크와 괴팅겐 학파의 추상적이고 생소한 공식에 어려움을 겪다가 파동역학이 이룬 친숙한 개념을 배우고 사용하기 시작하면서 큰 안도감을 느꼈다.

파울리는 괴팅겐 학파에 가까웠지만 슈뢰딩거가 한 일의 중요성을 인식하고 깊은 인상을 받았다. 파울리는 슈뢰딩거의 첫 번째 논문이 제출되기 불과 10일 전인 1926년 1월 17일 수소 원자의 스펙트럼 문제에 행렬역학을 성공적으로 적용하여 논문을 제출했다. 그러나 슈뢰딩거의 파동역학으로 수소 원자를 다루는 것이 상대적으로 쉽다는 것을 알고는 놀랐다. 파울리는 요르단에게 슈뢰딩거의 논문이 "최근에 나온 가장 중요한 논문 중 하나"라고 믿는다면서 세심하게 읽어보도록 권유했다. 얼마 지나지 않아 보른도 파동역학을 "양자 법칙의 가장 심오한 형태"라고 했다. 하이젠베르크는 달갑지는 않았지만, 슈뢰딩거의 논문이 보다 친숙한 수학을 사용한다는 점에서 "놀랍도록 흥미롭다"고 인정했다. 그러나 물리적으로는 행렬역학이 원자 수준에서 사물이 존재하는 방식을 더 잘 기술한다고 굳게 믿었다.

1925년 초까지만 해도 원자물리학에 적용할 제대로 된 양자 이론은 존재하지 않았지만, 1년 후에는 경쟁적인 두 가지 이론이 등장하게 된 것이다. 행렬역학과 파동역학은 동일한 문제에 대해 동일한 해답을 내놓았다. 형식과 내용이 크게 달라 보이는, 즉 하나는 파동방정식을 사용하고 다른 하나는 행렬대수학을 사용하며, 하나는 파동을, 또 다른 하나는 입자를 기술하는 두 이론은 수학적으로 동등해 보였다. 슈뢰딩거의 파동역학은 물리학자들이 직면한 대부분의 문제에 대해 가장 쉬운 해결책을 제공했다. 그러나 스핀과 관련된 다른 부분에서는 하이젠베르크의 행렬역학이 더 좋은 방식이었다.

그렇다면 행렬역학과 파동역학 사이에는 어떤 연관성이 있을까? 이 질문은 슈뢰딩거가 첫 번째 획기적인 논문을 마치자마자 스스로 던진 질문이었다. 두 체계가 관측 결과를 똑같이 설명한다는 사실은 수학적으로 동등함을 의미하는 것이었기 때문이다. 슈뢰딩거는 1926년 ≪물리학 연보≫에 발표한 「하이젠베르크-보른-요르단 양자역학과 나의 양자역학 사이의 관계Über das Verhältnis der Heisenberg-Born-Jordanschen Quantenmechanik zu der meinem」라는 제목의 논문에서 스스로 파동역학의 연산자를 행렬역학의 행렬과 연결 지을 수 있음을 보임으로써 두 체계가 동등함을 증명했다.[95] 그러나 개념적·기술적 어려움으로 인해 완전한 수학적 동등성을 확립하지는 못했다. 두 체계의 수학적 동등성을 확립하는 작업은 디랙의 손을 거쳐 폰노이만John von Neumann(1903~1957)에게로 넘어가 최종적으로 완성된다.

두 이론이 같은 결론을 주었기 때문에 어느 것이 옳은지에 대한 논쟁은 시작되기도 전에 덮여버렸고, 관심은 수학적 형식에서 물리적 해석으로 바뀌었다. 두 이론은 기술적으로는 동일할 수 있지만, 수학을 넘어서는 물리적 실재에 관한 본질은 완전히 달랐다. 이제 문제는 슈뢰딩거의 연속적인 파동과 하이젠베르크의 불연속인 입자의 대결로 바뀌었다. 두 사람은 각자 자신의 이론이 물리적 실재의 진정한 본질을 포착했다고 확신했지만, 둘 다 옳을 수는 없었다. 당시의 물리학을 주도하던 이들은 이제 남은 유일한 목표가 물리적인 해석을 명확히 하는 것이라는 데 생각을 같이 했다. 코펜하겐에서는 보어를 중심으로 수많은 토론을 통해 이 문제의 해결을 위해 노력할 것이다.

디랙의 양자역학

케임브리지의 디랙은 1925년 12월에 괴팅겐 학파와는 독립적으로 하이젠베르크의 논문에 기반을 둔 다른 수학적 체계를 개발했다. 그가 사용한 방법은 나중에 여러 개의 전자를 가진 원자 문제와 상대론적 콤프턴 효과를 다루는 데 성공적으로 적용되었다. 디랙이 이 연구를 하게 된 것은 하이젠베르크가 파울러의 초청으로 캐번디시 연구소의 카피차 클럽Kapitza Club 세미나 연사로 방문한 것이 계기가 되었다. 하이젠베르크는 1925년 7월 28일에 스펙트럼선이 여러 개로 갈라지는 현상에 대해 "용어 동물학과 제이만 식물학Termzoologie und Zeemanbotanik"이란 재미있는 제목으로 강연을 했다. 행렬역학 논문 초고를 완성한 직후였다. 그는 강연 끝에 파울러와의 개인적인 대화에서 행렬역학에 대해 언급했다.

흥미를 느낀 파울러는 하이젠베르크에게 논문 확인본proof이 나오는 대로 보내달라고 요청했고, 하이젠베르크는 그해 9월 초에 논문을 파울러에게 보냈다. 파울러는 이를 자신의 학생인 디랙에게 전달하고 내용을 검토하도록 했다. 당시 디랙은 원자물리학의 기초인 해밀턴 역학에 몰두하고 있었는데, 디랙의 성격상 자신의 관심과 관련되지 않은 것은 별로 좋아하지 않을 것이라고 생각하면서도 그의 반응이 궁금했다. 디랙은 1925년 여름 무렵까지 이론물리학에 관한 6편의 논문을 케임브리지에서 발표할 만큼 놀라운 능력의 소유자였지만, 눈에 띄게 독창적인 논문은 아직 없었다.

디랙은 처음에는 하이젠베르크의 논문에 대해 큰 관심을 두지 않았지만, 일주일쯤 뒤에 곧 하이젠베르크의 새로운 이론이 원자물리학에 돌파구를 마련할 것임을 깨달았다. 디랙은 하이젠베르크 이론의 본질적인 특징이 곱셈 순서에 따라 결과가 달라지는 '비가환성non-commutative property'이라는 것을 파악했다. 논문에 집중하던 그는 1925년 10월의 어느 날 시골길을 산책하던 중, 해밀턴 역학에서 푸아송 괄호Poisson's brackets가 비가환성을 갖는 사실을 불현듯 머리에 떠올렸다. 다음 날 아침 일찍 도서관에서 그 사실을 확인한 순간, 디랙은 고전 방정식을 해밀턴의 형식으로 표현하여 적절하게 일반화하면 새로운 역학의 방정식을 도출할 수 있을 것으로 확신했다.

자신의 친숙한 배경지식으로 되돌아온 디랙은 하이젠베르크의 비가환적 양자 이론 변수로 새로운 해밀턴 동역학을 구축할 수 있었다. 디랙의 접근 방식은 수학적 우아함과 공리화의 용이성 모두에서 독특했다. 디랙의 명확한 결과를 본 파울러는 괴팅겐과 코펜하겐 물리학자들과의 경쟁을 의식하고 디랙의 논문이 가장 빠르게 출판되도록 런던 왕립학회에 요청했다. 1925년 11월 7일에 「양자역학의 기본방정식들The Fundamental Equations of Quantum Mechanics」이란 제목으로 접수된 디랙의 논문은 런던 ≪왕립학회 회보Proceeding of the Royal Society≫에 12월 1일 자로 게재되었다.[96] 파울러의 판단은 옳았다. 양자역학의 가환 규칙에 관한 보른과 요르단의 논문이 이미 제출되어 ≪자이트슈리프트 퓨어 피지크≫에 게재되기 직전이었다. 결국 보른과 요르단은 자신들의 논문 확인본에 주석을 추가하여 "바로 얼마 전에 발표된 디랙의 논문은 독립적으로 본 논문 1부의 결과 일부를 포함하여 이론에서 도출되는 새로운 결론을 제시하고 있다"고 적었다. 당시 치열했던 경쟁의 일면을 엿볼 수 있다.

디랙은 그의 논문에서 먼저 수학을 단순화하고 더욱 우아하게 하여 하이젠베르크의 개념을 요약했다. 그리고 보른과 요르단의 논문 및 하이젠베르크를 포함한 '3인방 논문'의 모든 핵심적 결과들을 예측했다. 수학적 우아함은 디랙의 모든 업적을 특징짓는 요소다. 그는 양자 대수학을 개발하여 하이젠베르크의 양자화 규칙을 유도하고 양자계의 표준 운동방정식을 얻어냈다. 이로써 고전 이론의 모든 도구를 사용할 수 있었다. 그는 "양자 이론과 고전 이론 사이의 대응은 $h \to 0$인 극한에서 일치하는 것만이 아니라, 사실상 두 이론의 수학적 연산이 많은 경우에 동일한 법칙을 따른다"라고 했다. 마지막으로 디랙은 초기 형태의 생성 및 소멸 연산자operator를 도입하여 고전 이론과의 유사성을 짚어냈다. 그동안 영국에서는 양자역학 이론 분야에서 이렇다 할 성과가 없었지만, 디랙의 논문으로 모든 상황을 뒤집을 수 있었다.

디랙은 몇 주 후에 「양자역학과 수소 원자에 대한 선행연구Quantum Mechanics and a Preliminary Investigation of the Hydrogen Atom」란 제목의 후속 논문을 재빨리 썼다.[97] 디랙의 목표는 그의 추상적인 체계가 실험에서 얻은 결과를 설명할 수 있음을 보이는 것이었다. 이 논문에서 디랙은 'q-수(q-numbers)'*라

---

* 디랙은 입자의 위치(x), 운동량(p)등 고전역학적 물리량을 'c-수(c-number)'라고 하고, 이와 비슷한 성질을 갖는 양자역학에서의 '연산자(operator)'를 q-수

고 부르는 동역학적 변수에 관한 대수법칙을 개발했는데, q-수는 곱이 반드시 가환적commutative일 필요는 없다는 점을 제외하고는 정규수의 모든 규칙을 만족했다. 그는 q-수의 연산에 대한 자세한 정리를 제시한 다음, 고전 이론과 양자 이론 사이의 관계와 차이점을 강조하기 위해 이를 수소 원자에 적용했다. 그는 단순히 고전 해밀토니언Hamiltonian에서의 위치 및 운동량 변수를 q-수로 대체한 해밀토니언을 써서 수소 원자에 대한 발머 공식을 얻어냈다. 그런 다음 실험에서 관측된 대로 제이만 효과를 포함하여 자기장 안에서 스펙트럼선이 분리되는 현상과 스펙트럼선의 강도 등 다양한 특징을 계산했다. 이 적용이 없었다면 그의 논문은 다소 형식적이고 추상적인 것처럼 보였을 것이다. 양자역학의 원리에 대한 이 모든 연구를 통해 디랙은 1926년 5월 케임브리지에서 박사학위를 받았다.

디랙은 자신만의 '훌륭한 체계'를 개발하고 그 후속 연구를 계속하고 있었기 때문에 슈뢰딩거의 파동역학에 관한 첫 번째 논문을 늦게야 읽었다. 괴팅겐의 물리학자들이 슈뢰딩거의 파동함수에 대해 실제적인 물리적 의미를 가질 수 없다는 반응을 보인 것과는 대조적으로 디랙은 슈뢰딩거의 파동역학에 대해 어떤 '철학적' 편견도 가지지 않았다. 슈뢰딩거의 파동역학을 알게 되자 디랙은 즉시 이를 여러 개의 전자를 가진 원자 문제에 적용하여 처음으로 결과를 얻어냈다. 그는 1926년 8월에 「양자역학 이론에 관하여On the Theory of Quantum Mechanics」란 논문에서 전자가 서로 구별되지 않는다는 사실로부터 전자가 갖는 고유한 파동함수의 특별한 성질을 논의했다. 그는 여러 개의 전자를 가진 원자 문제를 풀려고 시도할 때 생기는 어려움에 대해 논의하는데, 바로 전자처럼 구분 불가능한 입자의 교환과 관련된 문제였다. 이에 대한 논의가 '페르미-디랙 통계'를 탄생시켰다.

사실 페르미-디랙 통계는 페르미가 디랙보다 몇 달 전에 먼저 발표했

라고 불렀다.

다. 페르미는 1926년 2월 7일의 소논문에 이어 3월 26일에 더 자세한 내용을 담은 「단원자 이상기체의 양자화에 관해서Sulla quantizzazione del gas perfetto monoatomico」란 제목의 논문을 발표했다. 여기서 페르미는 파울리의 배타 원리를 따르는 이상기체의 엔트로피를 계산하는 법에 관해 논의하면서 이 새로운 통계 법칙의 발견을 알렸다. 디랙은 양자역학의 고유함수eigenfunction를 사용하여 새로운 통계 법칙에 관한 좀 더 일반적인 논의를 전개하기는 했지만, 논문에서 페르미를 언급하지 않았다. 이에 페르미는 디랙에게 편지를 써서 자신의 논문을 알렸다. 디랙은 "나는 페르미 통계에 관한 논문을 읽었지만 까맣게 잊고 있었다. 내가 반대칭anti-symmetric 파동함수에 관한 논문을 썼을 때, 페르미의 논문을 전혀 언급하지 않았다"라며 페르미의 업적을 인정했다. 전자처럼 반정수의 스핀을 갖는 양자 입자를 기술하는 '페르미-디랙 통계'란 이름은 이런 유래를 갖고 있다. 디랙은 나중에 이러한 통계 법칙을 따르는 입자를 페르미 입자, 즉 페르미온이라고 부를 것을 제안하여 페르미를 존중하는 태도를 보였다.

디랙은 논문에서 페르미-디랙 통계와 대조하여 보스-아인슈타인 통계도 다루면서 이 두 경우가 어떻게 다른지를 설명했다. 그는 두 통계를 파동함수의 해인 고유함수의 대칭적 속성과 연결했는데, 이것은 구분 불가능한 동일한 입자를 다루는 문제에 있어서 가장 중요한 요점이었다. 고전 통계에서는 모든 입자가 구분 가능하고, 여러 개의 입자가 동일한 상태를 가질 수 있다고 가정한다. 보스-아인슈타인 통계는 광자처럼 구분 불가능하면서 여러 개의 입자가 동일한 상태를 가질 수 있는 입자들에 대한 통계 이론이다. 보스-아인슈타인 통계를 따르는 입자의 파동함수는 입자를 서로 바꾸어도 똑같은 형태를 취하는 대칭성을 갖게 된다. 반면에 전자와 같은 입자는 서로 구분 불가능하면서 파울리의 배타 원리에 따라 하나의 상태에는 한 개의 입자만 있을 수 있다. 이 경우에 두 입자를 바꾼 상태의 파동함수는 원래의 파동함수와 같은 물리현상을 보여주어야 하므로 이를 하나의 상태로 간주해야 한다. 이로부터 디랙은 전자의 파동함수가 '반대칭'의 성질을 가져야 한다고 했다. 이들 입자들은 새로운 형태의 양자통계 법칙을 따라야 했는데, 이것이 '페르미-디랙 통계'다. 페르미-디랙 통계와 보스-아인슈타인 통계는 계의 에너지가 매우 큰 극한에서는 고전적인 맥스웰-볼츠만 통계와 같아진다.

디랙은 이어서 자신의 이론과 비교하여 하이젠베르크의 행렬역학과 슈뢰딩거의 파동역학이 '변환 이론transformation theory'이라 불리는 양자역학의 훨씬 더 추상적인 형식의 특별한 사례일 뿐이라는 것을 보여주었다. 그는 「양자역학의 물리적 해석The Physical Interpretation of the Quantum Dynamics」에 관한 21쪽 분량의 논문[98] 서론에서 물리적 해석이 무엇을 의미하는지 설명하면서 양자역학 체계로 답할 수 있는 질문과 그로부터 얻을 수 있는 물리적 정보가 무엇인지를 언급했다. 그리고 행렬 이론을 일반화하고, 수학적 도구로서 δ(델타)-함수*를 도입하여 변수의 연속 스펙트럼에 대한 변환방정식을 만들 수 있었다. 디랙은 "슈뢰딩거 파동방정식의 고유함수들은 곧 변환행렬의 요소들에 대한 변환 함수들이며, 이를 통해 … 해밀토니언이 대각행렬인 체계로 변환할 수 있다"고 했다. 디랙은 이렇게 행렬역학에서 슈뢰딩거의 미분방정식을 도출하고, 두 가지 새로운 양자 이론의 동일성에 대한 물리적 증명을 마무리했다. 그 무렵 요르단도 독립적으로 디랙의 이론과 동등한 변환 이론 공식을 제안했다.

디랙은 박사학위를 받은 후 파울러의 권유로 1926년 9월부터 코펜하겐의 보어 연구소에서 6개월간 머물렀다. 디랙의 행동 방식과 과학적 태도 등은 대부분의 면에서 보어와 매우 달랐다. 디랙은 모든 일을 혼자 했다. 보어는 디랙에 대해 성격이 좀 이상하지만 '완전한 논리적 천재'라고 말했

• δ-함수는 정의된 범위 내에서 $x=0$인 점을 제외한 모든 곳에서 0인 값을 갖는다고 가정한다.

다. 보어의 창의성이 그의 조수들과 동료들 사이의 긴 토론과 대화로 구체화되고 강화된 것과는 대조적이었다. 논문을 쓰는 방식도 완전히 달랐다. 보어는 자신이 구술한 것을 다른 사람이 받아쓰게 한 후, 만족할 때까지 수정을 거듭하여 논문 최종본을 만들고는 했다. 그러나 디랙은 먼저 전체 작업을 마음속으로 그린 다음에 거의 수정이 필요 없을 정도로 세심하게 손 글씨로 논문을 써내려갔다. 그는 어릴 때부터 글쓰기 대해 "문장을 어떻게 끝낼지를 생각하기 전에는 문장을 시작하지 말라"고 배웠다고 말했다.

이런 디랙에 대해 보어는 하이젠베르크에게 "디랙의 원고를 볼 때마다 그 글은 너무 깔끔하고 수정할 것이 없어서 보는 것만으로도 심미적 즐거움을 준다네. 내가 조금이라도 바꿀 것을 제안하면 폴은 몹시 싫어하는 기색을 보이고 대개는 아무것도 바꾸지 않는다네"라고 말했다고 한다.[99] 디랙이 도서관 구석방에 홀로 앉아 생각에 깊이 몰두해 있을 때는 다른 학생들은 감히 그 방으로 들어갈 생각조차도 못했다고 한다. 코펜하겐에 있는 동안 디랙은 처음으로 협업 및 그룹 토론을 기반으로 하는 활기찬 과학 연구 환경을 경험했다. 코펜하겐에서의 체류는 디랙의 삶에 변화를 가져왔지만, 그의 고독을 즐기는 습관과 고립적인 태도를 깨뜨릴 수는 없었다.

디랙이 박사학위를 마친 지 불과 1년 후인 1927년에 그는 새로운 양자역학의 물리적 의미에 초점을 맞춘 제5차 솔베이 물리학 회의에 초대를 받았다. 이 회의는 보어와 아인슈타인의 양자 논쟁으로 유명해진 회의로서, 디랙은 여기서 양자역학의 비결정론적 특성에 관한 토론에 참여했다. 1928년에는 슈뢰딩거가 파동역학을 만늘어낼 때 실패했던 상대론석 이론을 제안하면서 양자역학에 막대한 영향을 미치는 노 나른 공헌을 하게 된다.

파동역학의 확률론적 해석

파동역학의 성공에도 불구하고 슈뢰딩거가 방정식에 도입한 '파동'의 본질이 정확히 무엇인지는 슈뢰딩거 자신도 말할 수 없었다. 이 문제는 곧 양자역학의 해석에 관한 논쟁의 중심에 놓이게 되었다. 슈뢰딩거는 파동이 일반적인 3차원 공간이 아니라 $3N$차원(N은 입자의 수)의 '짜임새 공간configuration space'에서 정의되어야 한다면서도 파동이 어떤 '물질적' 특성을 갖는다고 주장했다. 그리고 공간과 시간에 대한 우리의 일상 경험에 따라 파동이 연속적이라고 했다.

경쟁 이론이 된 하이젠베르크의 행렬역학과 슈뢰딩거의 파동역학은 양자역학에 대한 해석 문제를 둘러싸고 대립각을 세우기 시작했다. 양자역학에 대한 서로의 해석에 의문을 제기하기 시작할 때만 해도 개인적 적대감은 없었다. 그러나 곧 감정이 고조되기 시작했다. 물론 논문이나 공개적인 자리에서는 전반적으로 모두 자신의 솔직한 감정을 억제했다. 그러나 그들의 편지에는 서로의 이론에 대한 적대감이 적나라하게 드러난다.

행렬역학과 파동역학은 모두 보어의 원자 모형을 배경으로 구축된 것이다. 따라서 슈뢰딩거는 논문을 작성하면서부터 이미 자신의 이론과 하이젠베르크의 행렬역학 사이의 관계를 고려하고 있었다. 그는 1926년의 논문에서 두 가지 서로 다른 접근 방식이 실제로 동일하다는 결론으로 이어지는 주장을 제시했다. 그러나 이 논문은 행렬역학과 파동역학의 동등성을 확립하려는 것이라기보다는 두 접근 방식의 일관성을 확립한 후, 파동역학의 중요성을 강조하려는 것을 목표로 했다고 볼 수 있다. 슈뢰딩거는 파동역학과 행렬역학 사이에 거리를 두기 위해 애썼다. 그는 "내 이론은 드브로이와 아인슈타인의 간단하지만 무한히 멀리 내다보는 언급에서 영감을 받았다"라고 설명하면서, "나는 하이젠베르크와의 유전적 관계에 대해 전혀 알지 못했다"라고 언급했다. 그리고 행렬역학에 대해서는 시각화가 부족하기 때문에 거부감을 느꼈다고 말했다.

슈뢰딩거는 파동역학을 통해 새로운 그림을 그리려는 것이 아니라, 옛 것을 복원하려고 했다. 그는 연속성과 인과성, 결정론 등의 고전적 개념을 양자역학 안에 되살리려고 했던 것이다. 원자 안에서는 서로 다른 에너지 준위 사이의 양자뜀 대신에 하나의 정상파에서 다른 정상파로 부드럽고 연속적으로 바뀌는 현상만이 있었으며, 이때 나오는 빛은 일종의 특이한 공명 현상의 산물이었다.

하이젠베르크는 불연속성이 지배하는 원자 영역에 연속성을 되가져오려고 했던 슈뢰딩거에 대해 좀 더 공격적인 자세를 보였다. 그는 1926년 6월에 파울리에게 쓴 편지에서 "슈뢰딩거 이론의 물리적 부분에 대해 깊이 생각하면 할수록 더욱더 심한 거부감을 느낀다네"라고 하면서 "슈뢰딩거가 자신의 이론의 시각화 가능성에 대해 쓴 내용은 아마도 옳지 않을 것이네. 달리 말하면 그냥 쓰레기야"라고 폄하했다. 그러나 점점 더 많은 동료들이 사용하기 쉬운 파동역학을 사용하면서 행렬역학을 멀리하게 되자 하이젠베르크의 좌절감은 커져갔다. 누구보다도 보른이 슈뢰딩거의 파동방정식을 사용한다는 것은 믿을 수가 없었다. 화가 난 하이젠베르크는 그를 '배신자'라고 불렀다.

그렇지만 하이젠베르크도 슈뢰딩거의 접근 방식이 수학적으로 원자 문제에 쉽게 적용될 수 있다는 사실에 매료되기도 했다. 실제로 그는 1926년 7월에 헬륨의 선스펙트럼을 설명하기 위해 파동역학을 사용했다. 그러면서도 하이젠베르크는 자신이 파동역학을 사용한 것은 단순한 수학적 편의에 지나지 않는다는 입장을 고수했다. 이즈음에 보른은 파동역학에 관한 새로운 해석을 내놓았다. 보른은 '확률'이 파동역학과 양자적 실제의 핵심이라는 사실을 발견했다. 그는 물리적 실재에 대한 슈뢰딩거의 고전적이고 직관적 그림을 '확률 파동 probability wave'으로 바꾸어버렸다.

보른은 슈뢰딩거의 생각에 동의하지 않았다. 보른은 양자 세계에 연속성과 인과성, 결정론적 성격을 복원하려는 슈뢰딩거의 시도 대신에 양자 세계가 불연속성, 비인과성, 개연성을 가진 실재라는 이상한 그림을 그리는 데 파동역학을 이용했다. 물리적 실재에 대한 이 두 가지 생각은 슈뢰딩거의 파동방정식에서 그리스 문자 Ψ로 상징되는 소위 '파동함수'에 대한 서로 다른 해석과 관계가 있다.

그렇다면 슈뢰딩거의 파동방정식에서 파동함수가 나타내는 것은 무엇인가? 슈뢰딩거는 자신의 양자역학에 문제가 있다는 것을 처음부터 알고 있었다. 뉴턴의 운동법칙에 따르면 특정 시점에서 전자의 위치와 속도를 알면 이론적으로 나중의 전자의 위치를 정확히 알 수 있다. 그러나 입자에 비해 파동은 파악하기기 훨씬 더 어렵다. 파동은 입자와 달리 한곳에 국한되지 않고 넓게 퍼져 있는 성질이다. 즉, 파동은 매질을 통해 에너지를 전달하는 흔들림이다. 예를 들면, 연못에서 일렁이는 물결 파동은 물 분자가 아래위로 흔들리는 것이다.

뉴턴의 운동방정식이 입자에 대해 설명하는 것처럼 파동도 수학적으로 운동을 표현할 수는 있다. 그러나 파동함수는 파동 자체를 나타내며 특정한 시간에서의 파동 모양을 설명할 뿐이다. 즉, 파동함수는 어떤 시간에 임의의 지점에서의 흔들림의 정도를 나타낸다. 수소 원자와 같은 특정한 물리적 상황에 대한 방정식을 풀면 파동의 모양에 대한 해를 얻는다. 그러나 이 흔들리는 것이 무엇인지 알 수는 없었다. 물결이나 음파는 각각 물 또는 공기의 흔들림이었고 빛은 전기장과 자기장이 연동하여 흔들리는 것이었지만, 전자를 기술하는 파동이 무엇인지는 설명할 수 없었다. 슈뢰딩거는 물질파라고 생각했지만, 그 실체는 여전히 알 수 없었다.

슈뢰딩거는 마침내 전자의 파동함수가 전하 분포와 밀접하게 연관되어 있다고 주장했다. 파동함수는 수학자들이 '복소수 complex number'라고 부르는 형태여서 직접 측정할 수 있는 양이 아니었다. 복소수는 실수부 real part와 허수부 imaginary part로 구성되며, 실수부는 '실제'이고 허수부는 말 그대

로 '가상'의 것으로 물리적인 의미가 없다. 허수 $i = \sqrt{-1}$는 제곱하면 -1이 되는데, 실제로 이런 숫자는 없기 때문이다. 따라서 파동함수는 관찰하거나 측정할 수 없는 무형의 것이었다. 그러나 복소수의 절댓값의 제곱은 실수가 되어 실험실에서 실제로 측정할 수 있는 것과 관련될 수가 있었다. 그래서 슈뢰딩거는 파동함수 절댓값의 제곱인 $|\psi|^2$을 특정한 시간과 위치에서의 전하 밀도로 해석했다.

슈뢰딩거는 파동함수를 해석하면서 전자를 표현하기 위해 '파동묶음 wave packet'이라는 개념을 도입했다. 그는 여기서 입자가 존재한다는 생각에 도전장을 내밀었다. 전자가 입자라는 사실을 지지하는 압도적인 실험적 증거에도 불구하고, 그는 전자가 단지 '입자처럼 보일 뿐'이며 실제로는 입자가 아니라고 주장했다. 입자는 환상이며, 실제로는 파동만 존재한다고 믿었다. 그러면서 전자가 입자처럼 보이는 것은 다수의 물질파들이 겹쳐 한곳에 뭉쳐진 파동묶음이 되기 때문이라고 했다.

입자를 포기하고 모든 것을 파동으로 환원하여 물리학에서 불연속성과 양자뜀을 없앨 수 있다면 슈뢰딩거에게는 그럴 만한 가치가 있는 것이었다. 그러나 그의 해석은 물리적인 의미를 갖지 못하여 곧 어려움에 봉착했다. 첫째, 실험에서 전자가 입자처럼 보이려면 전자를 나타내는 파동묶음이 특정한 범위에서 큰 진폭을 가져야 한다. 그러나 이 파동묶음이 흩어지는 것을 막을 방법이 없었다. 파동묶음은 진폭과 진동수가 다양한 파동으로 구성되는데, 개별 파동들이 서로 다른 속도로 움직이기 때문에 파동묶음은 공간을 이동하면서 곧 흩어지기 시작했다. 전자가 입자로 관찰될 때마다 거의 순간적으로 이들 파동들이 합쳐지는 현상, 즉 공간의 한 지점에 파동들이 모이는 현상이 발생해야 하는데, 이는 구성 파동의 이동 속도가 빛의 속도보다 빠르지 않으면 불가능했다.

두 번째 어려움은 파동방정식을 헬륨과 다른 원자들에 적용할 때 발생했다. 전자의 파동함수는 한 개의 3차원 파동에 대해 알아야 할 모든 것을 함축한다. 그러나 헬륨 원자의 두 전자에 대한 파동함수는 일반적인 3차원 공간에 존재하는 두 개의 3차원 파동으로 해석될 수 없고, 대신에 이상한 6차원 공간에 존재하는 단일 파동으로 나타났다. 주기율표에서 한 원소에서 다음 원소로 바뀔 때마다 전자의 수가 한 개씩 증가하고 추가로 3차원이 더 필요했다. 이러한 추상적인 다차원 공간을 점유한 파동은 슈뢰딩거가 연속성을 복원하고 양자뜀을 제거하기를 바랐던 물리적 파동이 될 수 없었다. 슈뢰딩거의 수학 이면에 있는 실재에 대한 생각은 시각화가 불가능한 추상적이고 다차원적인 공간 속으로 사라져버렸다.

슈뢰딩거의 해석은 광전효과와 콤프턴 효과도 역시 설명할 수 없었다. 답을 내놓지 않은 질문도 있었다. 파동묶음이 어떻게 전하를 가질 수 있는가? 파동역학이 양자 스핀을 통합할 수 있는가? 슈뢰딩거의 파동함수가 일상의 3차원 공간에서 실제 파동을 나타내지 않는다면 그것은 무엇인가? 그 답을 제시한 사람이 바로 보른이었다.

1926년 3월 슈뢰딩거의 파동 역학에 관한 첫 번째 논문이 발표되었을 때 보른은 5개월간의 미국 체류가 거의 끝나갈 무렵이었다. 4월에 괴팅겐으로 돌아와 슈뢰딩거의 논문을 읽은 보른은 다른 사람들과 마찬가지로 이론의 매혹적인 힘과 우아함에 놀랐다. 그는 수학적 도구로서 파동역학의 우수성을 누구보다 빨리 받아들였다. 그러나 슈뢰딩거가 입자와 양자뜀을 거부하는 입장을 취한 것을 보른은 받아들일 수 없었다. 보른은 1926년 후반에 "고전적 연속체 이론의 부활을 목표로 하는 슈뢰딩거의 물리적 그림을 완전히 버리고 형식만 유지하면서, 그것을 새로운 물리적 내용으로 채우는 것이 필요하다"라고 했다. 여기서 '새로운 물리적 내용'은 파동함수에 대한 새로운 해석으로서, 파동함수 절댓값의 제곱을 전자가 발견될 '확률'과 연관시킨 것이다. 보른은 이렇게 '확률'을 이용해 입자를 파동과 엮는 방법을 찾아냈다.

보른은 1926년 7월 ≪자이트슈리프트 퓨어 피지크≫에 「충돌 과정의 양자역학Quantenmechanik der Stoßvorgänge」이라는 제목의 논문을 발표했다.[100] 그는 논문의 서론에서 "입자의 운동은 확률의 법칙을 따르지만, 확률 자체는 인과법칙에 따라 전파된다"라는 한 문장으로 요약된 역설적 관점을 제시했다. 그리고 산란 문제를 슈뢰딩거 방정식으로 풀고, 파동함수 크기의 제곱은 양자계에 대한 측정이 특정한 결과를 줄 '확률'에 대한 정보를 제공한다는 '보른 규칙Born rule'을 제시했다. 이 규칙은 양자역학의 기본 법칙으로 간주된다. 이렇게 보른은 양자역학을 명확한 인과관계로 연결되지 않은 확률적 작용으로 볼 때 가장 효과적으로 이해할 수 있다고 제안했다.

보른은 슈뢰딩거의 파동함수를 '확률 파동'으로 보았다. 실제 전자를 기술하는 파동은 없고 확률을 나타내는 추상적인 파동만 있었으며, 파동함수 자체는 물리적 실재가 아니고 신비롭고 유령 같은 가능성의 영역을 기술하는 것이었다. 파동함수는 전자의 실제 위치에 대한 정보를 주지 않고, 파동함수의 제곱인 $|\psi|^2$이 바로 그곳에서 전자가 발견될 확률이라고 보른은 해석했다. 한 위치 x_1에서 전자의 파동함수 값이 다른 위치 x_2에서의 값의 두 배가 되면, 전자가 x_1에서 발견될 확률은 x_2에서 발견될 확률보다 4배 더 크며, 또 다른 곳에서도 전자는 다른 확률로 발견될 수 있다는 것이다. 확률은 가능성에 관한 정보를 제공한다. 가능할 수도 있고, 가능하지 않을 수도 있다! 이제 결정론적인 세계가 희미하게 사라지기 시작했다. 슈뢰딩거는 입자의 존재를 부인했지만, 보른은 입자를 구하기 위해 파동함수에 대한 해석을 내놓음으로써 고전물리학의 교리처럼 여기던 '결정론'에 도전했다.

뉴턴의 우주는 우연의 여지가 전혀 없는 결정론적 세계다. 고전물리학의 결정론은 모든 결과에는 원인이 있다는 개념인 인과관계와 연결된다. 그 안에서 입자는 주어진 시간에 명확한 운동량과 위치를 가지며, 입자에 작용하는 힘은 입자의 운동량과 위치가 시간에 따라 어떻게 변하는지를 결정한다. 계의 현재 상태와 이에 작용하는 힘이 주어지면 미래의 계에 어떤 일이 일어날지는 이미 결정되어 있다. 그러나 엄청난 수의 입자로 구성된 계에서는 이들 모두의 움직임을 추적하는 것이 불가능하기 때문에 통계분석을 할 수밖에 없다. 즉, 모든 것이 자연의 법칙에 따라 전개되는 결정론적 우주에서 확률은 인간의 무지 때문에 생기는 결과였다.

그러나 보른이 양자역학에 도입한 새로운 개념인 '양자 확률quantum probability'은 본질적인 것으로서 원자 세계의 고유한 특징이었다. 예를 들어, 방사성 시료에서 개별 원자가 붕괴할 것이라는 확신이 있음에도 불구하고 언제 붕괴할지 예측할 수 없다는 사실은 지식이 부족해서가 아니라, 방사성 붕괴를 규정하는 양자 규칙 자체가 갖는 확률론적 특성 때문에 생기는 결과다.

보른의 확률 해석이 나오자, 곧 보어를 비롯한 양자역학 창시자들 대다수는 슈뢰딩거의 파동을 '확률 파동'으로 해석하게 되었다. 그러나 슈뢰딩거는 이를 받아들이려 하지 않았다. 파동함수의 해석은 새로운 물리학의 근본적인 특징을 내포하는 것으로 보였기 때문에 이 주제에 관한 논쟁은 뜨거워졌다. 원자 현상이 '절대적인 우연', 즉 '완전히 비결정적'이라는 주장이 옳다면 양자뜀을 피할 길이 없고 인과법칙도 위협받는다. 슈뢰딩거는 파동역학에 대한 자신의 해석과 원자 현상의 시각화에 대한 시도를 결코 포기하지 않았다. 그는 "전자가 벼룩처럼 뛰어다닌다는 것은 상상할 수 없다"라고 말했다. 이런 논쟁 때문에 보른은 28년이나 지난 뒤인 1954년에야 "양자역학의 기초 연구, 특히 파동함수에 대한 통계적 해석"으로 노벨물리학상을 수상하게 된다. 양자역학의 해석을 둔 대결은 1927년에 개최된 제5차 솔베이 물리학 회의에서 정점을 이루었다.

제6장

양자 논쟁

새로운 양자역학과 양자 논쟁

슈뢰딩거의 파동역학이 유럽 물리학계에 들불처럼 번지자 조머펠트와 빈은 그의 이론을 직접 듣기 위해 1926년 여름에 슈뢰딩거를 뮌헨으로 초대했다. 7월 21일과 23일 두 차례에 걸친 강연에는 많은 사람이 참여했고, 당시 보어의 조수로 코펜하겐에 머물고 있던 하이젠베르크도 슈뢰딩거의 강연에 참석했다. 붐비는 강의실에서 '파동역학의 새로운 결과'라는 슈뢰딩거의 두 번째 강연을 듣던 하이젠베르크는 질의응답 시간에 침묵을 깨고 일어났다. 그는 슈뢰딩거의 이론이 플랑크의 복사 법칙을 설명할 수 없다고 지적했다. 플랑크의 복사 법칙, 프랑크-헤르츠 실험, 콤프턴 효과, 광전효과와 같은 현상들은 슈뢰딩거가 몰아내려고 했던 바로 그 개념, 즉 불연속성과 양자뜀 없이는 설명할 수가 없었다.

슈뢰딩거가 하이젠베르크에게 미처 대답하기도 전에 빈이 일어나 끼어들었다. 빈은 "젊은 친구, 슈뢰딩거 교수는 때가 되면 이 모든 문제를 확실히 해결할 것이네"라고 말하며 하이젠베르크에게 자리에 앉으라고 손짓했다. 그리고는 "우리는 이제 양자뜀과 같은 말도 안 되는 모든 것에게 종말을 고했다는 것을 이해해야 해요"라고 덧붙였다. 나이 많은 물리학자 빈은 하이젠베르크와는 별로 좋지 않은 인연으로 얽혀 있었는데, 빈은 하이젠베르크가 박사학위 구술시험을 치를 때 실험물리학 문제에 만족스러운 답변을 하지 못한 이유로 불합격을 시키려고 했었다. 분위기가 어색해진 가운데 슈뢰딩거는 "남은 모든 문제가 극복될 것임을 확신한다"고 대답했다.

하이젠베르크는 슈뢰딩거가 제시한 양자역학의 물리적 해석이 정확하지 않다는 것을 굳게 확신했지만, 그 확신만으로는 부족했다. 슈뢰딩거의 수학이 이룬 진보가 훨씬 압도적이었기 때문이었다. 결국 하이젠베르크 대신에 보어가 양자물리학 논쟁의 최전선에 나서게 된다.

1926년 10월 1일 슈뢰딩거가 코펜하겐 기차역에 내렸다. 지난 7월 뮌헨에서 있었던 하이젠베르크와의 사건을 전해 들은 보어가 슈뢰딩거를 코펜하겐의 이론물리학 연구소로 초대했던 것이다. 보어와 슈뢰딩거의 첫 만남이었다. 인사를 나눈 후 두 사람 사이의 물리학 논쟁은 바로 시작되었다. 보어는 슈뢰딩거와 함께 보내는 시간을 최대로 늘리려고 슈뢰딩거를 자신의 집에 머물도록 했다. 하이젠베르크의 말에 의하면, 토론은 이른 아침부터 밤늦게까지 매일 계속되었다고 한다. 당시 토론을 기록한 자료는 없지만, 하이젠베르크가 이 토론의 많은 내용을 생생하게 전했다.

보어는 친절하고 사려 깊은 사람이었지만, 물리학의 논쟁에 관한 한 어느 누구에게도 양보하려 하지 않았다. 새로운 물리학의 해석에 관한 자신의 신념을 거두어들일 생각이 없었던 두 사람은 상대방의 주장에서 약점이나 부정확한 부분을 찾아내는 데 여념이 없었다. 슈뢰딩거는 양자뜀에 관한 생각이 '순전한 환상'이라고 주장했고, 보어는 양자뜀이 없다는 것을 증명하지 못한다고 반박했다. 슈뢰딩거는 아직 완전히 설명하지 못하는 부분이 많다는 점을 인정했지만, 보어 역시 양자역학에 대한 만족스러운 물리적 해석을 찾지 못했다.

논쟁이 계속되자 감정이 곧 고조되기 시작했다. 보어가 계속 압박하자 슈뢰딩거는 마침내 감정을 터뜨렸다. 슈뢰딩거가 "만약 그 말도 안 되는 양자뜀을 받아들여야 한다면, 내가 양자 이론에 발을 들여놓은 것을 후회해야 할 일입니다"라고 격하게 내뱉었다. 그러자 보어는 "그러나 우리 모두는 교수님께서 하신 일에 대해 매우 감사하고 있습니다"라고 분위기를 가라앉혔다. 그리고 "교수님의 파동역학은 수학적 명확성과 단순함을 보여줌으로써 이전의 양자역학에 비해 엄청난 발전을 보여주었습니다"라고 슈뢰딩거를 인정해 주었다.

며칠간의 끊임없는 토론 끝에 슈뢰딩거는 병으로 앓아누웠다. 보어의 부인이 그를 간호하며 보살피는 동안에도 보어는 슈뢰딩거의 침대 끝에 앉아 논쟁을 계속했다. 그러나 두 사람의 의견은 계속 엇갈렸고, 서로를 받아들이지 못했다. 논쟁이 진행되면서 대화는 거의 철학적인 질문으로 흘러가곤 했다. 이를 지켜본 하이젠베르크는 나중에 "당시 어느 쪽도 양자역학에 대한 완전하고 일관된 해석을 내놓을 수 없었기 때문에 실질적인 이해를 기대할 수는 없었다"고 썼다. 슈뢰딩거는 양자 이론이 고전적 관념과의 완전한 단절을 필요로 한다는 점을 받아들이지 않았다. 보어도 원자 영역에서 궤도나 연속적 경로와 같은 친숙한 개념으로 되돌아갈 수는 없었다.

슈뢰딩거와 보어는 행렬역학이나 파동역학의 물리적 해석에 대해 어떤 합의에도 도달하지 못했다. 보어는 사물의 근본 원인을 밝혀내지 못한다는 사실에 대해 심각하게 고민했다. 슈뢰딩거가 돌아간 후 몇 달 동안 보어는 그의 젊은 제자 하이젠베르크와 긴 토론을 했다. 하이젠베르크는 "보어는 종종 밤늦게 내 방에 와서 우리 둘 모두를 괴롭히고 있는 양자 이론의 어려움에 대해 이야기했다"라고 회상했다. 하이젠베르크는 1926년 봄에 라이프치히 대학교의 교수직을 제안받았으나, 아인슈타인의 권유에 따라 더 좋은 논문을 쓸 수 있는 보어에게 남기로 결정했었다. 보어와 하이젠베르크는 바로 옆집에 살고 있었는데, 이런 환경은 보어에게는 좋았지만 하이젠베르크에게는 괴로운 것이있다. 보어는 시도 때도 없이 돌락거리니 하이센베르크에게 질문을 딘지고 긴 도론을 하곤 했다. 그들이 이론과 실험을 조화시키려고 노력하면서 토론한 것은 양자역학의 해석에 관한 것이었다.

파동-입자 이중성은 그 당시 물리학자들에게 매우 큰 고통을 안겨준 문제였다. 아인슈타인도 이 문제에 대해 에렌페스트에게 "한편으로는 파동이 있고 다른 한편으로는 양자가 있다니! 둘 다가 존재한다는 사실은 바위처럼 굳건하네. 그러나 악마는 이것으로 기막히게 운율이 좋은 문장을 만들어 낸다네"라고 했다. 이 문제에 관한 논쟁은 1927년 제5차 솔베이 물리학 회의에서 정점에 이르렀고, 그 후에도 상당 기간 동안 지속되었다.

고전물리학에서는 입자이거나 파동 둘 중의 하나다. 둘 다일 수는 없다. 두 가지 형태의 양자 이론, 즉 행렬역학은 입자를 택했고 파동역학은 파동을 택했다. 행렬역학과 파동역학이 수학적으로 동일하다는 사실이 입증되었음에도 파동-입자 이중성에 대한 이해는 더 깊어지지가 않았다. 하이젠베르크는 "'전자는 파동인가, 아니면 입자인가? 그리고 전자를 다루는 방식에 따라 전자는 어떻게 행동하는가?'라는 질문에 어느 누구도 대답할 수 없다는 것이 이 모든 문제의 핵심"이라고 말했다. 보어와 하이젠베르크는 파동-입자 이중성에 대해 더 깊이 생각할수록 상황은 더욱 점점 더 나빠지는 것처럼 보였다. 토론을 하면서 보어와 하이젠베르크 사이에 보이지 않는 긴장이 고조되었고, 결국 어려움을 해결하기 위해 각자 다른 접근법을 찾기 시작했다.

양자역학의 물리적 해석에 관한 문제는 원자적 실재의 본질을 밝히는 일이었다. 이를 찾는 과정에서 하이젠베르크는 입자, 양자뜀 및 불연속성에 집중했다. 그에게는 파동-입자 이중성에서 입자의 측면이 지배적이었다. 그는 슈뢰딩거의 해석과 연관된 어떤 것도 수용하려 하지 않았다. 슈뢰딩거의 파동역학이 인기를 더하면서 하이젠베르크는 행렬역학을 창안한 자신의 놀라운 성취가 퇴색되고 심지어 훼손되는 데 대한 위기를 느꼈다. 이 위기감은 결국 '불확정성원리'의 발견으로 이어졌다.

반면에 보어는 입자와 파동 두 가지 모두를 다루려고 했다. 보어는 어떤 수학적 형식에도 얽매이거나 집착하지 않았다. 하이젠베르크의 첫 번째 관심은 항상 수학이었지만, 보어는 수학 뒤에 숨어 있는 물리학을 이해하려고 노력했다. 파동-입자 이중성과 같은 양자 개념을 다룰 때 그는 '개념'이 들어 있는 수학보다는 '개념'의 물리적 내용을 파악하는 데 더 관심이 있었다. 보어는 원자에서 일어나는 현상을 완전하게 설명하기 위해서는 입자와 파동이 동시에 존재할 수 있는 방법을 찾아야 한다고 믿었다. 그에게는 이 두 가지 모순된 개념을 조화시키는 것이 양자역학에 관한 일관된 물리적 해석을 찾는 열쇠였다. 이 믿음은 그의 '상보성 원리'로 이어졌다.

파동역학으로 일약 유명인이 된 슈뢰딩거는 미국을 비롯해 여러 곳에서 파동역학에 관한 강의를 했다. 그리고 그는 1927년 8월 플랑크의 후계자로 베를린 대학교의 교수가 되었다. 플랑크는 1927년 10월에 은퇴할 예정이었다. 당시 26세의 하이젠베르크는 플랑크의 자리로 가기에는 너무 어렸고, 조머펠트가 물망에 올랐지만 59세의 그는 뮌헨에 머물기로 결정했다. 보른도 후보자였지만, 파동역학을 발견한 슈뢰딩거가 결국 플랑크의 후계자로 임명되었다. 베를린으로 옮긴 슈뢰딩거는 여기서 보른의 파동함수에 대한 확률론적 해석에 동의하지 않는 아인슈타인을 동료로 얻었다.

아인슈타인은 1917년에 전자가 서로 다른 에너지 준위 사이를 이동할 때 생기는 광양자의 자발적인 방출에 대한 설명을 내놓으면서 양자물리학에 확률을 처음으로 도입했다. 그렇지만 인과법칙을 믿었던 아인슈타인에게 이 확률적 현상은 매우 거북한 것이었다. 10년이 지난 후, 보른은 오히려 아인슈타인의 결과를 바탕으로 양자뜀의 확률적 특성을 설명할 수 있는 파동함수에 대한 확률론적 해석을 제시했다. 이 해석은 아인슈타인이 포기하려 하지 않았던 인과법칙의 희생을 요구했다.

아인슈타인은 1926년 12월에 보른에게 보낸 편지에서 인과성과 결정론을 거부하는 것에 대한 우려와 불편한 감정을 표현했다. 보른은 이에 앞서 아인슈타인에게 보낸 편지에서 "슈뢰딩거의 업적은 순전히 수학적인 것으로 축소되었으며, 그의 물리학은 빈약해"라고 평가했다. 이에 대해 아인슈타인은 "양자역학은 확실히 인상적이야. 그러나 내면의 목소리는 그것이 전혀 '진실'*이 아니라고 말한다네. 이론은 많은 것을 말해주지만, 그것이 우리를 '노인'의 비밀에 더 가까이 다가가게 하지는 않네. 어쨌든 나는 하느님이 주사위 놀이를 하고 있는 것은 아니라고 확신하네"라고 답했다.[101]

불확정성원리의 기원

양자역학에 대한 해석을 두고 전선이 형성되고 있는 동안, 아인슈타인은 자신도 모르게 양자물리학 역사상 가장 위대하고 심오한 성취 중 하나인 '불확정성원리'라는 놀라운 돌파구에 대한 영감을 하이젠베르크에게 제공하게 된다. 그 계기는 아인슈타인과 하이젠베르크와의 두 번째 만남에서 나눈 대화였다.

슈뢰딩거의 파동역학이 발표된 직후인 1926년 4월 28일, 라우에를 기념하는 베를린 대학교의 유명한 물리학 콜로키움에서 25세의 하이젠베르크는 2시간에 걸쳐 행렬역학에 대한 강연을 했다. 청중들 맨 앞줄에는 노벨상 수상자인 플랑크, 네른스트, 라우에, 아인슈타인이 앉아 있었다. 하이젠베르크는 긴장했지만 자신의 역량을 보여줄 기회였기에 곧 집중하여 당시 가장 파격적인 이론이었던 행렬역학의 개념과 수학적 기초에 대해 설명했다. 강연이 끝난 후 아인슈타인은 하이젠베르크를 자신의 집으로

• '진실'로 번역된 부분은 아인슈타인의 편지 원문에서 '야곱(Jakob)'으로 표현되어 있다. '노인(독일어 Alten)'은 야곱의 다른 표현으로, 구약성경에서 야곱은 앞을 보지 못하는 아버지를 속이고 쌍둥이 형 에사오의 장자권을 빼앗은 인물로 등장한다.

초대했다. 아인슈타인은 편안한 분위기에서 하이젠베르크와 물리학의 철학적 배경 등 여러 이야기를 나누었다. 이 만남은 하이젠베르크와 아인슈타인 사이의 관계가 성장하는 계기가 된 동시에 서로 반대편에 서게 되는 극적인 사건이었다.

하이젠베르크의 회상에 따르면, 아인슈타인이 먼저 질문한 것은 안개상자에서 전자의 궤적을 관찰할 수 있음에도 불구하고 하이젠베르크가 원자 안의 전자궤도를 거부하는 이유였다. 하이젠베르크는 이에 대해 "우리는 원자 안의 전자궤도를 관찰할 수 없습니다. 그러나 원자가 방출하는 빛으로 원자 내 전자들의 진동수와 진폭에 대해서는 추론할 수 있습니다"라고 대답했다. 그리고 "좋은 이론은 직접적으로 관찰할 수 있는 양에 기초해야 합니다. 그래서 저는 이들에 국한했고, 전자궤도 대신에 이것들을 다루는 것이 더 적합하다고 생각했습니다"라고 설명했다. 이에 아인슈타인은 "관찰 가능한 양 외에는 물리학 이론에 들어갈 수 없다는 말인가요?"라며 하이젠베르크의 말에 제동을 걸었다. 이 질문은 하이젠베르크가 구성한 행렬역학의 기초에 관한 의문 제기였다.

이에 대해 하이젠베르크는 "그것은 선생님께서 상대성이론에서 취하신 방식 아닌가요?"라고 반문했다. 아인슈타인은 "비법은 두 번 사용하면 안 되네"라고 웃으면서 대꾸했다. 아인슈타인은 자신도 그런 추론을 사용했다고 인정하면서도 "그것은 말도 되지 않아요"라고 잘라 말했다. 그리고는 "실제로 관찰한 것을 염두에 두는 것이 실질적으로 유용할 수는 있지만, 원칙적으로 관찰 가능한 양만으로 이론을 정립하려는 것은 상당히 잘못된 것"이라고 주장했다. 실제로는 정반대의 일이 일어난다고 하면서 아인슈타인은 "우리가 관찰할 수 있는 것을 결정하는 것은 이론이라네"라고 했다.

특수상대성이론을 창안할 때 마흐의 영향을 받은 아인슈타인은 동시성 개념을 매우 비판적으로 바라보고, 선험적 결론이 아닌 측정 가능한 것만을 면밀하게 따짐으로써 절대공간과 절대시간의 개념에 도전했다. 마흐는 절대공간과 절대시간을 부정했을 뿐만 아니라 원자의 존재도 철저하게 부정한 극단적 경험주의자였다. 그가 추구한 과학의 목표는 '실재의 본질'을 알아내는 것이 아니라 실험 자료, 즉 '사실'을 가능한 한 '경제적'으로 설명하는 것이었다. 모든 과학적 개념은 그것이 어떻게 측정될 수 있는지의 세부적인 과정으로 이해되어야만 했다. 그러나 아인슈타인은 나중에 마흐의 접근 방식을 버렸다고 하이젠베르크에게 말했다. 사실 아인슈타인은 초기에는 마흐의 실증주의 영향을 받았으나, 나중에는 플랑크의 합리적 실재주의realism에 가까운 태도를 취했다. 마흐의 접근 방식은 세계가 실제로 존재한다는 사실, 즉 우리의 감각 인상이 객관적인 것에 기초하고 있다는 사실을 간과하기 때문이었다. 아인슈타인이 하이젠베르크에게 설명하려고 했던 것도 이것이었다.

　아인슈타인의 요지는 관찰이란 것이 복잡한 과정이고, 이는 현상에 관한 이론적 가정을 포함한다는 것이었다. 아인슈타인은 "관찰하고 있는 현상은 측정 장치에서 특정 사건을 만들어낸다네. 그 결과로 장치에서는 추가적인 과정이 일어나고, 이는 결국 복잡한 경로를 통해 감각 인상을 만들어 우리 의식 속에 자리 잡도록 한다네"라고 말했다. 또 "이러한 효과는 이론에 따라 달라지네"고 말했다. 그러면서 "자네의 이론에서는 원자에서 나온 빛이 분광기 또는 눈으로 전달되는 전체 과정이 항상 생각했던 대로, 즉 기본적으로 맥스웰의 법칙에 따라 일어난다고 명백하게 가정하고 있다네. 만약 그것이 사실이 아니라면, 자네가 관찰 가능하다고 하는 양의 어떤 것도 관찰할 수 없을 것이네"라고 말했다. 이어서 "따라서 관측 가능한 양 외에는 아무것도 고려하지 않는다는 주장은 자네가 공식화하려는 이론의 속성에 대한 가정이라네"라고 했다. 하이젠베르크는 나중에 이러한 아인슈타인의 태도에 놀랐다고 하면서 아인슈타인의 주장이 설득력이 있다고 생각했다.

1926년 10월의 슈뢰딩거 방문 이후 시작된 보어와 하이젠베르크의 토론은 서로를 지치게 만들었다. 보어는 1927년 2월 휴식을 위해 노르웨이로 여행을 떠났다. 보어가 떠나자 하이젠베르크는 그의 끈질김에서 벗어날 수 있어서 기뻤다. 비로소 자신만의 문제를 방해받지 않고 생각할 수 있게 되었기 때문이다. 하이젠베르크는 자신의 행렬역학에서 거부한 전자궤도와 안개상자에서 관측되는 전자의 궤적 사이에 숨어 있는 수수께끼를 풀기 위해 고민하기 시작했다. 그러다가 문득 "우리가 관찰할 수 있는 것을 결정하는 것은 이론"이라는 아인슈타인의 말을 떠올렸다. 어떤 확신이 생긴 그는 생각을 정리하기 시작했다.

입자는 잘 정의된 경로를 따라 이동하는 반면 파동은 공간 전체로 퍼지기 때문에 경로를 알 수 없다. 안개상자에서 나타나는 전자의 궤적은 누구나 볼 수 있다. 그러나 양자역학에서는 전자의 궤적이나 궤도와 같은 개념이 허용되지 않는다. 이는 극복할 수 없을 것 같은 문제였지만, 하이젠베르크는 안개상자에서 관찰된 전자의 궤적과 양자 이론 사이의 연관성을 확립할 수 있어야 한다고 생각했다. 그는 안개상자에 남겨진 전자 궤적의 정확한 특성에 대해 집중했다.

하이젠베르크는 전자가 안개상자를 통과하면서 남긴 흔적, 즉 '전자의 경로'라는 개념을 면밀히 검토했다. 그러다 곧 우리가 실제로 본 것은 아마도 "전자가 지나간 일련의 불연속적이고 불분명한 점들"일 것이란 것에 생각이 미쳤다. 안개상자에서 보는 것은 확실히 전자보다 훨씬 큰 개별 물방울들이었다. 하이젠베르크는 "전자가 두 관찰 사이의 어딘가에 있었음에 틀림없기 때문에, 실령 어느 길인지 알 수 없을지라도 전자가 일종의 경로나 궤도를 지나갔음이 틀림없다고 말하는 것은 그럴듯하다. 그러나 안개상자에서 관찰된 전자 궤적은 경로처럼 보일 뿐, 실제로는 그 흔적에 남겨진 일련의 물방울에 지나지 않는다"라고 했다. 하이젠베르크는 두 번의 연속적인 측정 사이에 어떤 일이 일어나는지는 알 수 없다고 하면서,

전자가 공간을 통과하는 연속적이고 끊어지지 않는 경로라는 고전적 개념은 정당화될 수 없다고 주장했다.

이제 하이젠베르크가 대답해야 할 질문은 '양자역학은 전자의 위치와 속도를 얼마나 정확히 나타낼 수 있는가?'에 대한 것이었다. 안개상자에서 나타난 전자의 궤적은 전자의 위치와 속도를 근사적으로만 알아도 설명이 가능했다. 이렇게 찾아낸 원리가 하이젠베르크의 '불확정성원리'였는데, 이는 안개상자에서 관측된 것과 양자역학 사이를 잇는 다리 역할을 했다.

하이젠베르크가 발견한 사실은 양자역학이 우리가 알고 관찰할 수 있는 것에 어떤 제한을 가한다는 사실이다. 그가 수학적으로 $\Delta x \Delta p \geq h$로 표현한 '불확정성원리'는 측정된 위치의 불확정성과 운동량의 불확정성을 곱한 값은 플랑크 상수보다 커야 한다는 것이다. 즉, 전자가 어디에 있는지, 얼마나 빠르게 움직이는지를 정확하게 측정하는 것은 가능하지만, 두 가지를 동시에 할 수는 없다. 자연이 허락한 것은 둘 중 하나만을 정확히 아는 것이었다. 하이젠베르크는 또 다른 물리량의 쌍, 즉 에너지와 시간에 대한 불확정성 관계도 발견했다. 양자계의 에너지 측정값의 불확정성이 ΔE, 에너지가 측정되는 시간의 불확정성이 Δt라면 $\Delta E \Delta t \geq h$이다. 이렇게 양자역학에서는 어느 하나를 매우 정확하게 측정하면, 다른 하나에 대해서는 상대적으로 매우 부정확한 정보밖에 알 수 없는 제한이 있다.

불확정성원리의 발견에는 파울리와의 의견 교환도 중요한 역할을 한 것으로 보인다. 1926년 10월 슈뢰딩거와 보어, 하이젠베르크가 코펜하겐에서 논쟁을 벌이고 있을 때, 파울리는 함부르크에서 조용히 보른의 확률론적 해석을 이용하여 두 전자의 충돌을 분석하고 있었다. 파울리는 전자가 충돌할 때 각각의 운동량은 '제어된' 것으로 간주해야 하며, 위치는 '제어되지 않은' 것으로 간주해야 한다는 사실을 발견했다. 운동량의 변화는 동시에 위치의 변화를 동반하지만, 위치의 변화는 확정할 수 없는 방식으로 일어났다. 운동량과 위치를 동시에 알아낼 수 없다는 사실을 발견한 것이다.

파울리는 1926년 10월 19일에 하이젠베르크에게 쓴 12쪽 분량의 편지에서 자신의 발견을 알리고 이를 '어두운 점'이라고 표현했다. 파울리는 "우리는 세상을 운동량의 눈으로 볼 수도 있고, 위치의 눈으로 볼 수도 있다"라고 하면서, "그러나 두 눈을 동시에 뜨면 길을 잃게 된다"라고 강조했다.[102] 파울리는 이 문제에 대해 더 이상 다루지 않았지만, 하이젠베르크는 파울리의 아이디어와 제안에서 영감을 얻었을 것이다. 하이젠베르크는 양자역학의 해석과 파동-입자 이중성 문제를 놓고 보어와 씨름하는 동안에 이 '어두운 점'에 대해 생각하고 있었음에 틀림없다. 그러나 이상하게도 하이젠베르크는 파울리와의 협력에 관한 회고에서 이 편지를 언급하지 않았다.[103]

1927년 2월 23일, 하이젠베르크는 파울리에게 불확정성원리에 관한 자신의 연구를 요약한 14쪽 분량의 편지를 썼다. 그는 파울리의 비판적 판단을 먼저 듣고 싶었던 것이다. 파울리는 경쟁에는 관심이 없었고, 자신의 업적을 내세우려는 생각도 하지 않았다. 반면에 다른 과학자의 공로를 인정하는 데는 세심한 주의를 기울였다. 그가 독립적으로, 그리고 종종 더 일찍감치 결과를 얻어냈을 때에도 그는 출판된 논문에서 그런 사실을 언급하지 않았다. 불확정성원리의 발견과 관련된 갈등도 없었다. 파울리는 "양자 이론의 날이 밝아오고 있네"라는 격려의 답신을 하이젠베르크에게 보냈다.

확신을 가진 하이젠베르크는 자신의 편지 내용을 논문 형식으로 바꾸었다. 그리고 노르웨이로 휴가를 간 보어에게는 간단한 내용만 알렸다. 당시 양자역학의 해석에 있어서 둘 사이에는 의견 차가 상당했다. 하이젠베르크가 편지를 보낸 지 5일 만에 보어는 코펜하겐으로 돌아왔다. 이제 곧 둘 사이에 새로운 긴장이 형성될 것이다.

1927년 3월 23일에 접수된 불확정성원리에 관한 「양자론적 운동학과 역학의 직관적 내용에 관하여Über den anschaulichen Inhalt der quantentheoretischen Kinematik und Mechanik」란 논문[104]의 제목은 다분히 슈뢰딩거의 파동역학을 염두에 둔 것이었다. 행렬역학에 비해 수학적 단순함을 보였던 파동역학도 N개의 입자가 포함된 계에 대해서는 $3N$ 차원의 공간에서 파동방정식을 써야 했기 때문에 여전히 직관적이지 않았다. 행렬역학이 추상적이라는 슈뢰딩거의 공격에 대해 하이젠베르크는 $3N$ 차원이 더 추상적이라고 역공했다.

하이젠베르크는 자신의 불확정성원리에 관한 논문에서 "양자역학의 물리적 해석은 여전히 내부적으로 일치하지 않는 것들로 가득 차 있으며 이는 연속성 대 불연속성, 입자 대 파동에 대한 논쟁에서 드러난다"고 언급하면서 "통상적인 운동학 및 역학적 용어로 양자역학을 해석하는 것은 가능하지 않다"고 했다. 그는 원자 세계가 갖는 불연속성으로 인해 '위치'와 '속도'라는 개념 자체가 성립하지 않는다고 주장했다.

하이젠베르크는 아인슈타인의 지적을 되뇌듯이 "양자역학의 수학적 형식이 기술하는 실험적 상황만이 자연에서 발생할 수 있다"고 가정했다. 만약 양자역학 이론에서 어떤 사건이 일어날 수 없다고 한다면 그 사건은 일어나지 않는다고 확신했다. 나중에 하이젠베르크는 자신의 불확정성원리에 대해 "이론은 관찰할 수 있는 것을 결정하는 반면, 불확정성원리는 이론이 관찰할 수 없는 것 또한 결정한다는 사실을 알려준다"라고 했다.[105]

불확정성원리의 해석

불확정성원리는 양자역학과 고전역학 사이의 근본적 차이를 드러냈다. 고전역학에서 움직이는 물체는 측정 여부에 관계없이 특정한 시간에 위치와 속도의 정확한 값을 알 수 있다는 것이 암묵적인 기본 믿음이었다. 특정 순간의 위치와 속도(또는 운동량)를 정확히 알면 과거, 현재, 미래의 물체의 경로도 정확하게 알아낼 수 있다. 그러나 원자 수준에서 위치와 운동량 또는 에너지와 시간과 같은 한 쌍의 켤레conjugate 변수를 동시에 측정하려고 할 때는 한계가 드러난다.

하이젠베르크의 불확정성원리는 전자의 위치를 더 정확하게 측정할수록 이 순간의 운동량은 덜 정확하게 측정되며, 그 반대도 마찬가지라는 것을 말한다. 하이젠베르크는 불확정성원리에 관한 논문의 결론부에서 이렇게 자신의 생각을 밝혔다.

"'현재를 정확히 알면 미래를 알아낼 수 있다'는 인과법칙에서 틀린 부분은 결과가 아니라 전제다. 원칙적으로 우리는 현재의 모든 측면을 알 수 없다. 그러므로 관찰되는 모든 것은 논리적으로 가능한 여러 것들 중에서 하나가 선택된 것이며 가능한 미래의 한계다. 양자 이론의 통계적 특성은 모든 지각의 부정확성과 밀접하게 연결되어 있기 때문에, 관찰된 통계적 세계 뒤에는 여전히 인과법칙이 적용되는 '실제' 세계가 있다고 가정하게 된다. 그러나 그러한 추측은 무익하고 무의미한 것처럼 보인다. 물리학은 단지 관찰된 것 사이의 상관관계를 기술해야 한다. … 모든 실험은 양자역학의 법칙을 따르므로 불확정성원리의 적용을 받는다. 따라서 양자역학은 인과법칙이 성립하지 않음을 명백히 보여준다."

입자의 초기 위치와 속도를 동시에 정확히 알 수 없으니 미래를 정확하게 예측하는 것도 불가능하게 된다. 다양한 가능성 중에서 특정한 결과의 확률만을 정확하게 예측할 수 있을 뿐이다. 뉴턴의 기초 위에 세워진 고전 세계는 톱니바퀴 시계와 같이 모든 현상을 시공간상에서 일어나는 사건의 인과적 전개로 설명할 수 있는 결정론적인 세계였다. 고전물리학의 인과

법칙이 성립하지 않으면 결정론적 세계관도 설 자리가 없다. 이렇게 불확정성원리는 고전물리학의 결정론적 세계관에 결정타를 날렸다. 고전물리학의 기초가 되어온 개념들이 원자 수준에서는 적용되지 않는 상황은 물리학자들에게 당혹스러운 일이었다.

하이젠베르크는 논문에서 '불확정성'이 아닌 '부정확성Ungenauigkeit'이란 단어를 사용했다. 불확정성원리의 수학적 형태를 위치와 운동량의 '동시 측정 지식의 부정확성'으로 표현했던 것이다. 이는 원리의 해석과 직결된 문제로서, '지식의 불확실성'으로 오해될 수 있는 측면이 있다. 그래서 불확정성원리가 측정에 사용된 장비의 기술적 결함 때문에 생긴 결과라고 생각하는 사람들도 있었다. 이런 오해는 하이젠베르크가 불확정성원리의 중요성을 끌어내기 위해 사용했던 사고실험 때문에 생긴 일이었다.

그러나 사고실험은 이상적인 조건에서 완벽한 장비를 사용하는 상상의 실험이므로 기술적 결함과는 상관이 없다. 오히려 하이젠베르크가 발견한 불확정성은 실재의 본질적인 특징이다. 그는 플랑크 상수의 크기로 설정된 불확정성 관계, 즉 원자 세계에서 관찰 가능한 것에 대한 측정 정확성의 한계는 더 이상 개선될 수 있는 성격의 것이 아니라고 했다. 불확정성원리는 전자의 경로나 원자 내 궤도를 정의하는 위치와 속도를 동시에 모두 정확하게 측정하는 것을 '금지'한다.

하이젠베르크에게 '위치'란 것의 의미는 단순히 어떤 주어진 순간에 공간 내의 '입자의 위치'를 측정하기 위해 고안된 특정한 실험의 결과에 불과했다. 운동량도 마찬가지였다. 위치나 운동량을 측정하는 실험을 하지 않는다면 확실한 위치나 운동량을 가진 입자는 존재하지 않는다. 입자의 위치를 측정하면 위치를 가진 입자가 생기는 것이고, 운동량을 측정하면 운동량을 가진 입자가 생긴다. 명확한 '위치' 또는 '운동량'을 가진 입자라는 개념 자체는 이를 측정하는 실험 이전에는 의미가 없다. 이렇게 하이젠베르크는 마흐의 실증주의적 태도를 취했다. 이는 단순히 오래된 개념을 새로 정의하는 것 이상이었다. 측정 대상을 정의하는 것은 '측정'이라는 행위였다.

경로는 시공간상에서 움직이는 전자가 차지하는 일련의 연속적인 위치이므로, 경로를 관찰하려면 각 시점에서 전자의 위치를 측정해야 한다. 그러나 전자의 위치를 측정하는 과정은 전자의 운동량에 영향을 준다. 원자보다 작은 전자를 관찰하기 위해서는 감마선과 같은 극도로 짧은 파장의 빛을 사용하는 특별한 현미경이 필요하다. 그러나 짧은 파장의 빛은 전자의 정확한 위치를 알아내는 데 유리하지만, 광자의 운동량이 크기 때문에 전자와 충돌할 때 전자의 속도를 예측할 수 없는 방식으로 변화시킨다. 전자의 위치를 더 정확하게 측정할수록 그 운동량의 측정은 더 불확실하거나 부정확하게 된다. 그 반대의 경우도 마찬가지다. 전자 운동량의 불연속적인 변화를 최소화하기 위해 더 긴 파장의 빛을 사용하는 경우에는 전자의 정확한 위치를 파악하는 것이 불가능하다.

하이젠베르크가 불확정성의 원인으로 생각한 것은 측정 중에 생기는 이러한 불가피한 '교란'이었다. 그가 보기에 그 이유는 간단했다. 그는 양자역학의 기본방정식 "$pq - qp = -ih/2\pi$"(p와 q는 입자의 운동량과 위치)가 이를 뒷받침한다고 믿었다. $p \times q$가 $q \times p$와 같지 않다는 사실, 즉 비가환성 뒤에 숨어 있는 것은 자연의 본질적인 불확정성이었다. 전자의 위치를 찾는 실험에 이어서 전자의 운동량을 측정하면 두 가지 정확한 값을 알 수 있다. 두 값을 곱하면 값 A가 나온다. 그러나 실험의 순서를 바꾸어서, 먼저 운동량을 측정한 다음에 위치를 측정하여 두 값을 곱하면 완전히 다른 값 B가 나온다. 각 경우에서 첫 번째 측정이 일으킨 교란은 이어지는 다른 양의 측정에 영향을 주었기 때문이다. 각각의 측정에서 교란이 없다면 $p \times q$는 $q \times p$와 같을 것이고, 그러면 $pq - qp$는 0이 되어 불확정성도 없을 것이다.

하이젠베르크는 이렇게 앞뒤 조각들이 깔끔하게 맞아 들어가는 것을 보고 매우 기뻤다. 그의 행렬역학은 위치 및 운동량과 같이 관측 가능한 것들을 나타내는 행렬로 구축되었다. 하이젠베르크는 새로운 역학의 수학적 체계를 구성하는 필수 요소, 즉 두 개의 숫자 배열이 곱해지는 순서에 따라 다른 값을 갖는 이상한 규칙을 발견한 이후, 이 규칙의 물리적 이유를 알 수 없었다. 그런데 드디어 이 법칙에 관한 수수께끼가 풀렸다고 생각했다. 하이젠베르크에 따르면, $pq-qp=-ih/2\pi$의 식에서 '관계의 타당성'을 제공하는 것은 $\Delta x \Delta p \geq h/2\pi$로 주어지는 '불확정성'이었다.

 그런데 하이젠베르크의 생각은 논문이 출판되기도 전에 보어의 심한 반대에 부딪혔다. 보어는 불확정성원리에 관한 논문 원고를 검토하고는 놀랍게도 하이젠베르크의 논의가 "완전히 틀렸다"라고 했다. 보어는 하이젠베르크의 해석에 동의하지 않았을 뿐만 아니라, 감마선 현미경을 이용한 사고실험의 분석 오류도 지적했다. 문제는 결론, 즉 불확정성 관계의 타당성에 관한 것이 아니라, 그것이 확립된 개념적 기초에 관한 것이었다. 보어는 전자 운동량의 정확한 측정을 방해하는 것은 광자와의 충돌로 인한 운동량 변화가 불연속적이고 통제 불가능해서가 아니라, 위치와 운동량 자체를 정확하게 측정하는 것이 불가능하다고 주장했다.

 보어는 콤프턴 효과의 분석처럼 광자가 전자와 충돌한 후 산란되는 각도를 현미경의 구멍을 통해 알면 운동량의 변화를 아주 정확하게 계산할 수 있다고 했다. 그러나 문제는 광자가 현미경으로 들어가는 지점을 정확하게 알 수 없다는 것이다. 보어는 이것이 운동량 불확정성의 원인이라고 했다. 왜냐하면 현미경의 유한한 구경은 특정 파장의 빛으로 물체를 구분해 낼 수 있는 분해능을 제한하기 때문에 전자와 같은 작은 물체를 정확하게 찾는 것이 어려워진다. 구경이 작을수록 분해능은 떨어진다. 이 문제는 하이젠베르크가 박사학위 구술시험에서 정확한 답변을 하지 못했던 바로 그 문제였다. 오히려 보어의 관점에서 하이젠베르크의 불확정성원리의 핵심은 복사와 물질의 '파동-입자 이중성'에 있었다.

전자를 물질파로 해석할 경우, 전자가 정확하고 확실한 위치를 가지려면 파동이 퍼져서는 안 되고 국소적이어야 한다. 전자를 슈뢰딩거의 파동묶음으로 본다면, 파동묶음은 여러 파동들의 '중첩superposition'으로 만들어진다. 파동묶음이 좁은 영역에 국한되거나 제한되려면 구성 파동들의 종류는 많아지고 관련된 진동수의 범위도 커진다. 단일 파동은 정확한 운동량을 가지지만, 서로 다른 파장을 가진 파동들의 중첩은 잘 정의된 운동량을 가질 수 없다. 반대로 파동묶음의 운동량을 더 정확하게 정의할수록 파동의 수는 적어지고 더 많이 퍼져서 위치의 불확정성이 증가한다. 보어는 불확정성 관계가 전자의 파동성에서 파생될 수 있음을 보여주었다. 즉, 파동-입자 이중성 자체가 위치와 운동량을 동시에 정확하게 측정하는 것을 불가능하게 한다고 주장했다.

에너지 양자화 공식 $E=h\nu$와 드브로이의 공식 $p=h/\lambda$는 파동-입자 이중성을 구체적으로 보여준다. 에너지와 운동량은 일반적으로 입자와 관련된 특성인 반면, 진동수와 파장은 모두 파동의 특성이다. 각 식에는 하나의 입자적 변수와 하나의 파동적 변수가 포함되어 있다. 한 개의 식에 완전히 별개의 물리적 실체인 입자와 파동의 특성이 엮여져 있는 것이다. 보어는 이것의 의미를 찾고자 했다.

현미경 사고실험에 대한 하이젠베르크의 분석을 수정하면서 보어는 하이젠베르크의 불확정성 관계식 $\Delta x \Delta p \geq h$와 $\Delta E \Delta t \geq h$에서 하이젠베르크가 보지 못한 무언가를 보았다. 그는 불확정성원리를 입자와 파동, 운동량과 위치 등 상호 보완적이지만 배타적인 두 가지 고전적 개념이 양자 세계에서 모순 없이 동시에 적용될 수 있는 정도를 보여주는 것으로 해석했다. 반면에 하이젠베르크는 불확정성원리를 관측 가능한 상보적인 쌍(위치와 운동량, 에너지와 시간 등)을 동시에 측정할 때 드러나는, 자연에 내재된 한계를 보여주는 특별한 규칙으로 축소 해석했다.

파동과 연속성 개념을 무척 싫어했던 하이젠베르크가 전적으로 입자와 불연속성에 기초한 접근법을 채택했던 반면, 보어는 파동 해석을 무시할 수 없다고 믿었다. 보어는 하이젠베르크가 파동-입자 이중성을 수용하지 못하는 것을 그의 개념적 결함으로 여겼다. 그는 "이것(파동-입자 이중성)이 전체 이야기의 중심이에요. 우리는 그것(불확정성 관계)을 이해하기 위해 이 측면에서 이야기를 시작해야 해요"라고 논문을 다시 쓸 것을 종용했다. 보어의 계속적인 압박에 하이젠베르크는 "글쎄요, 우리는 일관된 수학적 체계를 갖고 있으며 이 일관된 수학적 체계는 관찰할 수 있는 모든 것을 말해줍니다. 자연에는 이 수학적 체계로 설명할 수 없는 것이 없습니다"라며 반발했다. 하이젠베르크는 보어의 주장에 대해 적절한 답을 찾지 못했지만, 자신의 해석이 옳지 않다는 보어의 말에는 화를 냈다. 보어는 젊은 제자의 반응에 당황했다.

하이젠베르크는 자신의 미래가 원자 영역을 지배하는 것이 입자인지 파동인지, 불연속성인지 연속성인지의 여부에 달려 있다고 믿었다. 그 역시 헬륨의 스펙트럼을 계산하는 편리한 수학적 도구로 파동역학을 사용하기도 했지만, 불확정성원리의 발견과 입자와 불연속성에 기초한 해석으로 연속성을 복원하려는 슈뢰딩거의 파동역학을 무너뜨릴 수 있을 것으로 생각했다. 그래서 그는 가능한 한 빨리 논문을 발표하려 했고, 결국 논문을 수정하지 않은 채 투고했다.

하이젠베르크는 논문에서 "우리는 간단한 모든 경우에 실험적 결과가 어떻게 될지를 이론으로 대략 예측할 수 있기 때문에 양자역학(행렬역학)이 더 이상 이해하기 어렵고 추상적이라고 생각할 필요가 없다"라고 주장하며, 별도의 각주에서 "행렬역학은 받아들이기 거북하고 명확성이 떨어지는 추상적인 형식 이론"이라고 말한 슈뢰딩거를 반박했다. 그러나 논문이 출판될 즈음에는 보어와 하이젠베르크 사이에 어느 정도 의견 접근이 이루어졌고, 보어의 지적은 확인본에서 후기 형태로 논문에 삽입되었다.

"논문이 완성된 후 보어의 최근 연구를 통해 이 연구에서 시도된 양자역학적 관계 분석을 더욱 심화하고 개선할 수 있게 되었다. 이 부분에서 보어는 내 연구의 일부 논의에서 중요한 점이 간과되었다는 점을 지적했다. 무엇보다도 관찰의 불확정성은 불연속성 때문에 생기는 것이 아니라 입자 이론과 파동 이론에서 나타나는 다양한 사실들을 동시에 고려해야 한다는 요구 사항과 직접적으로 관련된다. … 양자 이론의 개념적 구조에 관한 내용으로 곧 출판될 자신의 최신 연구를 접하고 토론할 수 있게 해주신 보어 교수께 깊은 감사를 드린다."

양자역학이 충실한 형식을 갖추지 못했을 무렵에 나온 '불확정성원리'는 고전역학과 구분되는 양자역학만의 독특한 특징을 이해할 수 있게 하는 역할을 했다. 하지만 하이젠베르크의 불확정성은 이후 원리라기보다는 더 큰 양자역학의 체계에서 엄밀하게 유도되는 수학적 정리에 지나지 않음이 밝혀졌다.[106]

보어는 하이젠베르크의 요청에 따라 1927년 4월 13일에 불확정성원리에 관한 하이젠베르크의 논문 확인본을 아인슈타인에게 보냈다. 논문에 동봉한 4쪽 분량의 편지에서 보어는 하이젠베르크의 불확정성원리에 대해 "양자 이론의 일반적인 문제를 논의하는 데 매우 중요한 기여"를 했다고 평가했다. 이어서 "양자 이론의 개념, 나아가 관습적으로 고전 이론에서 나온 용어로 자연을 설명할 때 생기는 어려움"을 비춰줄 '상보성 원리'에 대한 새로운 생각을 개략적으로 설명했다. 그러나 아인슈타인은 이 편지에 답신을 보내지 않았다.

보어의 자연철학과 상보성 원리

하이젠베르크는 불확정성원리에 관한 논문을 보낸 지 2주 후인 4월 초에 파울리에게 쓴 편지에서 "나는 (불확정성원리의 근원에 대해) 보어와 다투고 있다네"라고 했다. 보어는 천성적으로 온화하고 사려 깊었지만 원칙의 문제가 걸려 있을 때는 타협을 단호하게 거부했다. 하이젠베르크의 추론에 결함이 있다고 느꼈던 보어는 불확정성원리가 공식화된 이후 몇 달 동안 하이젠베르크와 긴 논쟁을 벌였다. 슈뢰딩거의 파동역학에 대한 공격을 끝냈다고 믿었던 하이젠베르크는 오히려 훨씬 더 끈질긴 보어를 상대로 싸워야 했다.

하이젠베르크가 불확정성원리를 생각해 내는 동안 보어는 노르웨이의 휴가지에서 '상보성 원리'를 떠올렸다. 보어에게 상보성 원리는 단순한 이론이나 원리가 아니라 양자 세계의 이상한 본질을 설명하기 위해 꼭 필요한 '개념적 틀'이었다. 상보성이 역설적인 파동-입자의 이중성을 수용할 수 있다고 믿었던 보어는 하이젠베르크와 다투면서 상보성의 개념적 틀 내에서 양자역학에 대한 일관된 해석을 공식화하는 작업을 시작했다. 결국 보어가 상보성에 대한 그의 생각을 일관되고 최종적인 형태로 구체화하도록 자극한 것은 하이젠베르크였다.

보어는 상보성 원리에 관한 작업을 하면서 오스카 클라인에게 논문을 받아쓰도록 했다. 불확정성과 상보성에 대한 논쟁이 격화되자, 크라메르스는 클라인에게 "이 갈등에 끼어들지 말게. 우리 둘 다 그런 종류의 싸움에 끼어들기에는 너무 양순해"라고 경고했다. 하이젠베르크는 보어가 '파동-입자의 이중성'의 관점에서 '양자 이론의 개념적 기초'에 관한 논문을 쓰고 있다는 사실을 알고는 파울리에게 "그렇게 시작하면 당연히 모든 것을 일관되게 만들 수 있다"고 다소 비난 섞인 편지를 썼다.[107]

보어와 하이젠베르크 사이에는 또 다른 견해차도 있었다. 하이젠베르크는 "양자 세계에서는 우리가 사용하는 언어가 적절하지 않다는 것을 깨달아야 한다"고 했다. 그는 불확정성원리로 인해 원자 영역에서 '입자', '파동', '위치', '운동량'과 같은 고전적 개념을 엄밀한 의미로 적용할 수 없다고 주장했다. 용어가 적절하지 않다면, 하이젠베르크가 취할 수 있는 유일한 선택은 양자역학의 수학적 형식주의로 물러서는 것이었다. 그는 "새로운 수학적 체계는 거기에 무엇이 있을 수 있고 무엇이 없는지를 알려주기 때문에 다른 어떤 것보다도 유용하다"고 주장했다.

반면에 보어는 실험 결과의 해석은 본질적으로 고전적 개념에 기초하고 있고, 그 의미는 고전물리학에서 사용하는 방식으로 이미 정해져 있다고 주장했다. 불확정성원리가 어떤 제한을 부과한다고 해도, 그것 때문에 이론을 검증하기 위한 모든 실험 결과와 이에 대한 논의 및 해석을 고전물리학의 언어와 개념으로 표현할 수 없는 것이 아니라고 했다. 대신에 보어는 양자 세계에 관한 모든 정보를 수집하는 과정에서 수행되는 실험의 결과는 알파 입자 또는 전자와 같은 미시 세계의 물체가 실험 장치와 상호작용하여 나타나는 것이라고 했다. 그리고 그러한 상호작용에는 적어도 하나 이상의 에너지 양자 교환이 포함되기 때문에 "원자 물체의 거동과 현상이 나타나는 조건을 정의하는 데 사용되는 측정 도구와의 상호작용을 명확히 구별하는 것은 불가능하다"고 했다. 고전물리학에서는 플랑크의 작용양자에 비해 작용이 매우 크기 때문에 주체와 객체의 명확한 구분이 가능하다. 그러나 양자 세계에서는 고전물리학에서 존재했던 관찰자와 관찰 대상 사이, 측정 장치와 측정 대상 사이의 분리가 더 이상 가능하지 않다는 것이다.

불확정성원리의 해석에 대한 보어와 하이젠베르크 사이의 토론은 견해 차를 드러내기도 했지만, 두 사람의 관점은 조금씩 가까워지고 있었다. 나중에 보어가 옳았음을 인정한 하이젠베르크는 자신의 논문이 출판된 5월 31일에 파울리에게 쓴 편지에서 불연속성에 집착했던 자신을 이렇게 뉘

우치고 있었다.

"나는 행렬역학을 위해 파동역학에 맞서 싸웠네. 이 싸움의 열의 때문에 나는 종종 내 연구에 대한 보어의 반대를 너무 심하게 비판했고, 이에 대해 깨닫지도 못했고 의도하지도 않았지만 그분에게 개인적으로 상처를 주었네. 이제 그 토론을 곰곰이 생각해 보면 보어 선생님이 내 논의에 대해 화를 낸 이유를 잘 이해할 수 있네."

1927년 6월 초에 코펜하겐을 방문한 파울리는 보어와 하이젠베르크 사이의 견해차를 줄이는 데 큰 역할을 했고, 두 사람의 껄끄러운 관계는 회복되었다. 라이프치히 대학교의 교수직 제의를 다시 받은 하이젠베르크는 6월 말에 코펜하겐을 떠나 독일 최연소 정교수가 되었다. 그는 6월 중순에 보어에게 "매우 배은망덕한 인상을 주게 되어 너무 부끄럽습니다"라고 썼고, 두 달 후에 다시 "일어나지 않아야 할 그런 일이 어떻게 일어났는지 거의 매일 반성했고, 또 부끄럽게 여깁니다"라며 후회로 가득 찬 편지를 보냈다.

보어는 이론의 수학적 형식과 이를 뒷받침하는 실험만큼이나 이론에 투영되는 인간의 인식 구조와 개념의 한계에 많은 주의를 기울였다. 그에게 물리학의 과제는 자연 세계를 단순하게 기술하는 것이 아니라, 자연 세계에 대해 무엇을 알고 말할 수 있는가를 찾아내는 것이었다. 보어는 양자 영역에서 누구나 수긍할 만한 물리적 실재를 정의하여 획기적 업적을 남기고 싶었으나, 양자 세계를 기존의 언어로 서술하는 것은 결코 쉬운 일이 아니었다. 그런데 보어가 '상보성'이라는 용어를 만든 순간, 그에게 양자역학은 마침내 완전한 개념적 틀을 갖춘 것처럼 보였다.

상보성 원리는 대응원리의 반대다. 대응원리가 양자 이론의 구축을 위한 발판 역할을 한 반면, 상보성 원리는 양자역학을 되새김질하는 식으로 설명한다. 그래서 각 실험마다 다른 해석이 필요했다. 보어는 상보성 원리에 대해 명확한 정의를 내리지 않았다. 보어의 철학은 양자역학과 함께 진화하고 있었기 때문에 그럴 수가 없었다. 훗날 논문 초안 작업을 도왔던 클라인은 "나는 보어가 불러주는 내용을 열심히 받아 적었다. 그러나 다음 날 아침이 되면 모든 것을 버리고 처음부터 다시 시작하곤 했다"라고 회상했다. 제목도「양자 이론의 철학적 기초」에서「양자 가설과 원자 이론의 최근 발전The Quantum Postulate and the Recent Development of Atomic Theory」으로 바뀌었다. 그러나 이는 또 다른 논문의 초안이 되었다.•

1927년 초가을 무렵에 상보성에 대한 보어의 생각은 무르익었고, 하이젠베르크의 결과는 이를 완전히 확증한 것처럼 보였다. 보어에게 상보성 원리는 가장 일반적인 철학적 숙고로 얻은, 과학에 관한 인식론적 일반 원리였다. 그리고 하이젠베르크의 불확정성 관계는 원자 세계에서 상보성 원리가 성립함을 보여주는 놀라운 수학적 증명임과 동시에, 상보성 원리를 미시적 물체에 관한 연구에 적용할 필요를 명백히 보여준 것이었다.

보어가 공개적인 자리에서 처음으로 상보성에 대한 자신의 견해를 밝힌 것은 코모Como에서 소집된 국제 물리학회에서였다. 볼타Alessandro Volta (1745~1827) 서거 100주년을 기념하기 위해 1927년 9월 11~20일 동안 개최된 이 회의에서 보어는 9월 16일 강연 당일까지 자신의 생각을 다듬으며 마무리하고 있었다. 그는 '양자 가설과 원자 이론의 최근 발전'이란 제목으로 강연을 했는데, 이는 1927년 10월 브뤼셀에서 열린 제5차 솔베이 물리학 회의의 회보에 실린 내용과 본질적으로 동일한 것이었다. 보어는 "저는 수학적인 내용을 언급하지 않고 간단한 고찰을 통해 양자 이론의 일반적 관점을 설명하고자 합니다. … 저는 이것이 여러 물리학자들이 취하

• 똑같은 제목의 논고가 코모 회의를 거쳐 제5차 솔베이 물리학 회의, 덴마크 왕립아카데미, 그리고 1928년 ≪네이처≫에 실리기까지 매번 내용이 보완되었다.

는 양자역학에 대한 상반된 견해를 조화시키는 데 도움이 되기를 바랍니다"라는 말로 강연을 시작했다.

보어는 자연현상에 관한 고전적인 서술과 원자 세계에 대한 양자적 서술 사이의 구분을 강조했다. 그는 고전적인 서술은 자연현상이 큰 교란 없이 관찰될 수 있다는 가정을 기초로 하는 반면 양자적 서술은 양자 불연속성 또는 '개별성individuality'에 기초를 두고 있다고 했다. 보어는 1927년 9월 13일 자 원고「양자 이론의 근본적 문제들Fundamental problems of the quantum Theory」에서 '양자 가설'에 따른 인과적 시공간 서술에 대한 자신의 생각을 다음과 같이 언급했다.

"양자 이론의 특징은 원자 현상에서는 고전적 물리 개념을 사용하는 데 근본적인 한계가 있음을 인정하는 것이다. 이런 상황 때문에 우리는 양자 이론의 내용을 고전 이론에서 빌려온 개념으로 공식화하려고 시도할 때 복잡한 어려움에 직면한다. 그럼에도 불구하고 이론의 핵심은 직접적으로 관찰 가능한 모든 원자 현상이 불연속성, 나아가 고전적 개념과는 완전히 이질적인, 플랑크 양자로 상징되는 개별성의 필수적 요소를 포함한다는 가정을 해야만 표현될 수 있는 것처럼 보인다. 이 가정은 곧 원자 현상에 대한 인과적 시공간 서술의 포기를 의미한다."

보어가 말한 '포기'는 물리학의 실패를 의미하는 것이 아니라, 물리학이 자연을 서술하는 새로운 방식을 요구한다는 의미였다. 이 새로운 방식은 보어가 '상보성'이라고 부르는 것이었다.

보어는 BKS 이론에서 통계적인 에너지 보존법칙을 시도했으나 실패한 후, 양자 현상을 서술하는 수단으로서 시공간 서술을 폐기했다. 그는 고전적 개념은 양자 영역에서는 더 이상 유효하지 않으며, 인과론 개념은 비판적으로 재평가되어야 한다고 생각했다. 그러나 여전히 큰 문제가 남아 있었다. 고전물리학은 새로운 양자 이론의 극한에 해당했고, 양자 이론을 정의하는 데 여전히 필요했다. 어떻게 양자 이론이 그 극한인 고전물리학에 의해 정의될 수 있다는 말인가? 보어는 코모에서 다음과 같이 선언했다.

> "양자 이론의 본질은 우리로 하여금 시공간 서술과 인과론에 관해 숙고하도록 강요한다. 고전 이론은 이 둘이 일치하는 것이 특징이지만, 양자 이론에서는 이 둘을 … 배타적이지만 상호 보완적인 것으로 간주해야 한다."

보어는 양자뜀과 같은 양자 과정을 설명할 때, 슈뢰딩거가 원했던 것처럼 입자를 시공간상에서 서술하면 더 이상 인과율이 성립하지 않고, 반대로 인과율을 엄밀하게 적용하면 시공간적 서술이 가능하지 않게 된다고 보았다. 따라서 문제를 해결하기 위해서는 물리 이론과 현상의 관계를 재정립할 필요가 있었다. 보어는 배타적인 두 가지 서술 방식이 서로를 보완하는 것으로 간주해야 양자 세계에 대한 완전한 정보를 얻을 수 있다고 보았고, 이를 '상보성'이라고 불렀던 것이다.

코모 회의에서 제시된 보어의 상보성 개념은 명확한 진술이라기보다 이 개념의 기초와 함축적 의미에 대한 비판적 토론을 통해 더 정교하게 다듬어야 하는 일종의 연구 프로그램이었다. 그는 1927년 10월 24일부터 29일까지 브뤼셀에서 개최될 제5차 솔베이 물리학 회의에서 자신의 생각을 더욱 명확하게 하는 계기를 마련할 수 있을 것으로 생각했다. 코모 강연에서 보어는 처음에 새로운 상보성의 개념을 개괄한 뒤, 이어서 하이젠베르크의 불확정성원리와 양자 이론에서 측정의 역할에 대해 설명했다.

양자 현상을 관찰하는 행위, 즉 측정은 교란을 일으키는데, 이러한 본질적인 교란 없이는 원자 현상의 관찰은 불가능하다. 그러나 보어는 이러한 환원 불가능하고 통제할 수 없는 교란의 원인이 측정 행위에 있는 것이 아니라, 실험자가 측정을 위해 파동-입자 이중성의 어느 한쪽을 선택해야 하는 데 있다고 믿었다. 보어는 물체를 '교란'하는 측정에 대해서는 언급하지 않았으며, '교란'이란 표현은 일상적인 의미에서 물체가 관찰과 별개로 존재한다는 것을 의미했다. 오히려 보어는 양자 현상 자체를 물체와 장치 사이의 상호작용으로 정의했다.

보어는 수행할 실험을 선택하는 행위가 중요하다고 생각했고, 실험의 종류에 따라 입자나 파동의 측면이 드러난다고 확신했다. 이중 틈새 실험처럼 빛의 간섭현상을 조사하기 위해 장비를 설치하면 빛의 파동성이 드러난다. 금속 표면에 빛을 비추어 광전효과를 연구하는 실험에서는 입자로서의 빛이 관찰된다. 즉, 측정의 결과는 자연의 속성도 아니고 주체로서의 관찰자에 의한 것이 아니라, 대상과 측정 장치의 상호작용에 의한 것이라고 보았다. 그리고 불확정성은 그런 선택의 불가피한 결과라고 주장했다. 불확정성 관계는 상보성 원리를 자연에 적용할 때, 한 현상에 파동의 측면과 입자의 측면이 동시에 나타나는 상황을 없앰으로써 모순이 생기지 않게 하는 것이었다.

입자와 파동은 상호 보완적이지만 하나의 근본적인 현상의 상호 배타적인 측면이기 때문에 실제 실험에서나 사고실험에서 둘 다 밝혀질 수는 없다고 보았다. 빛이 파동인지 입자인지 묻는 것은 의미가 없다. 보어는 양자역학에서 빛이 '실제로' 무엇인지 알 수 있는 방법은 없다고 말했다. 물어볼 가치가 있는 유일한 질문은 빛이 입자처럼 '행동'하는가 아니면 파동처럼 '행동'하는가이다. 질문의 대답은 실험의 선택에 따라 때로는 입자처럼 행동하고 때로는 파동처럼 행동한다는 것이다.

상보성 원리에는 파동-입자 이중성과 하이젠베르크의 불확정성원리가 포함된다. 양자 현상은 특별한 수학적 언어로 기술되지만, 실험 결과는 항상 고전적인 용어로 기술된다. 두 가지 설명 방법을 동시에 사용할 수는 없다. 따라서 상보성 원리는 각 실험마다 다른 해석이 필요했다. 전자의 파동성을 측정하는 실험에서는 파동의 성질이 명확히 보인다. 그러나 전자의 입자성을 증명하고자 하는 실험에서는 명백히 입자의 특성이 보인다. 실험의 종류에 따라 다른 결과가 나타나는 것을 설명하는 것이 상보성 원리였다.

고전적 개념을 버리기를 꺼려했던 보어는 1922년 노벨상 시상식에서 양자 이론을 그림처럼 분명하게 설명할 수 있는 방법은 아직 없다고 말했다. 이제 보어는 상보성 원리를 통해 비고전적인 양자 세계를 파동과 입자라는 서로 다른 두 가지의 고전적 개념으로 서술할 때 발생하는 어려움을 피해 나갈 수 있었다. 보어의 관점에서 입자와 파동은 양자적 실재를 완전하게 설명하는 필수적인 요소였다. 입자와 파동은 모두 그 자체로는 부분적으로만 사실이다. 관찰자는 주어진 순간에 둘 중 하나만 볼 수 있다. 어떤 실험에서도 입자와 파동을 동시에 밝혀낼 수는 없다. 파동과 입자의 특성은 상호 배타적으로 보이지만, 사실은 동전의 양면처럼 동일한 현상을 서로 보완하는 것이었다. 보어는 이에 대해 "서로 다른 조건에서 얻은 증거들을 하나의 그림으로 이해할 수는 없다. … 현상 전체로 보아야만 대상에 대한 모든 정보를 철저하게 규명할 수 있으므로 이들은 상호 보완적인 것으로 간주되어야 한다"고 했다.

보어는 슈뢰딩거의 파동함수에 대한 보른의 확률론적 해석을 포함하여 이러한 각 요소를 함께 엮어 양자역학을 물리적으로 새롭게 이해하는 기초를 마련했다. 보어의 결론은, 고전물리학에서는 서로 배타적인 것들이 원자물리학에서는 이중적이고 상호 보완적인 측면으로 이해되어야 한다는 것이다. 물리학자들은 나중에 이러한 생각의 융합을 '코펜하겐 해석'이라 부르게 되었다.* 코펜하겐 해석을 정의하는 간결한 신술은 없지만, 내

---

* 하이젠베르크가 1930년에 출판한 『양자 이론의 물리적 원리(The Physical Principles of the Quantum Theory)』란 저서에서 '양자 이론의 코펜하겐 정신(Copenhagen spirit

략적으로 보른의 파동함수에 대한 통계적 해석, 측정의 문제, 하이젠베르크의 불확정성원리, 입자-파동 이중성에 대한 보어의 상보성 원리를 전체적으로 이르는 말이라고 할 수 있다.

보어의 코모 강연은 사실 거의 실패라고 할 만큼 형편없었다. 긴 문장을 중얼거리듯 말하는 보어 특유의 강연 내용을 대부분의 청중들은 거의 이해하지 못했다. 그의 강연 속기록을 해독하는 데 거의 일주일이 걸렸다고 한다. 그러나 코모에서의 상보성에 관한 보어의 진술은 나중에 양자 이론 해석의 핵심이 되었다.

코모 회의에는 양자역학의 해석에서 그와 대척점에 섰던 두 명의 중요한 물리학자가 참석하지 않았다. 슈뢰딩거는 불과 몇 주 전에 플랑크의 후계자로 임명되어 베를린으로 이사한 후 자리를 잡느라 바빴다. 아인슈타인은 파시스트가 지배하는 이탈리아에 발을 들여놓는 것을 거부했다. 보어의 생각에 반대자가 없었기에 논쟁은 없었다. 이제 그들은 한 달 후에 브뤼셀에서 만나 뜨거운 논쟁을 벌이게 될 것이다.

제5차 솔베이 물리학 회의와 양자 논쟁

코모 회의 한 달 뒤에 제5차 솔베이 물리학 회의가 열렸다. '전자와 광자Electrons and Photons'라는 주제로 1927년 10월에 개최된 이 회의는 새로운 양자역학에 '불의 세례'를 주었다는 표현을 쓸 정도의 세기적 회의였다. 양자역학의 해석에 관한 보어-아인슈타인 논쟁이 이 회의를 유명하게 만

of quantum theory)'이란 표현을 쓴 이후, '코펜하겐 해석'이란 용어는 1955년 무렵 하이젠베르크가 양자역학에 대한 다른 해석들을 비판할 때 처음으로 사용하기 시작했다.

들었다. 모순적이게도 정작 회의의 보고서 발표자 명단에는 아인슈타인과 보어의 이름이 없다. 아인슈타인은 스스로 보고서 발표를 포기했고, 보어 역시 양자역학의 이론적 발전에 직접적인 역할을 하지는 않았기 때문에 공식 발표는 없었다. 그렇지만 토론에서는 양자역학의 해석 문제를 두고 이 두 사람의 생각이 가장 뚜렷하게 대립했다. 이 회의는 1911년과 1933년의 솔베이 회의와 더불어 제2차 세계대전 이전에 개최된 가장 중요한 3대 회의 중 하나다.

제5차 솔베이 물리학 회의는 양자역학의 발전에 있어서 두 가지 의미를 부여할 수 있는 역사적 회의다. 먼저 이 회의를 통해 제1차 세계대전이 야기한 갈등을 극복하고 저명한 물리학자들 사이에 국제적 협력의 분위기를 새롭게 하는 계기를 마련했다. 세계대전 이후 처음으로 독일 과학자들은 다시 솔베이 회의에 초대를 받았으며, 아인슈타인은 솔베이 국제과학위원회 위원으로 임명되었다.

무엇보다 제5차 솔베이 물리학 회의는 양자역학 역사의 전환점이 되었다. 초청장에 "새로운 양자역학과 이와 관련된 질문에 집중할 것"이라고 명시되어 있었던 만큼, 이 회의는 당시 가장 시급한 문제 중 하나인 '새로운 양자 이론'의 의미에 대해 물리학자들과 대중의 관심을 고조시켰다. 치열했던 토론에 대해 랑주뱅은 이 회의에서 "생각의 혼란이 정점에 이르렀다"고 말했다. 양자역학의 해석 문제, 즉 '코펜하겐 해석'을 두고 보어와 아인슈타인이 벌인 세기의 논쟁은 양자역학의 역사를 새롭게 장식했다.

아인슈타인과 보어 사이의 논쟁은 1920년 무렵부터 시작되었기에 보어의 생각에 대한 아인슈타인의 반응은 매우 중요했다. 이는 "우리가 최근 큰 발전을 이루어냈다고 보는 것에 대해 아인슈타인이 어떻게 생각하는지 알고 싶었다"고 회고한 보어의 글에서 엿볼 수 있다. 사실 그때까지 대중의 관심은 양자 이론이 아닌 상대성이론에 쏠려 있었다. 1919년 일반상대성이론이 공식적으로 확인된 후, 아인슈타인은 큰 명성을 얻은 반면, 보어

그림 6-1 1927년 제5차 솔베이 물리학 회의의 참석자들(벨기에 브뤼셀의 레오폴드 공원)
회의에 참석한 29명의 물리학자들 중 절반 이상이 노벨상을 수상했다.

는 물리학자들에게만 알려져 있었다. 보어가 물리학의 왕이었다면, 아인슈타인은 황제였다. 보어에게는 무엇보다도 아인슈타인을 설득하는 것이 필수적이었다. 명성이 높은 아인슈타인이 공개적으로 새로운 이론을 받아들인다면 그것이 큰 진전이 될 것이기 때문이다.

토론은 보어를 중심으로 한 코펜하겐 학파와 아인슈타인을 중심으로 하는 학파 사이의 논쟁을 중심으로 진행되었다. 보어는 하이젠베르크, 파울리, 디랙과 같은 젊은 물리학자들과의 토론을 통해 영향력을 행사하면서 양자 이론의 발전을 주도하고 있었다. 반면에 아인슈타인을 비롯해서 드브로이, 슈뢰딩거 등은 여전히 결정론적 패러다임에 사로잡혀 있었다. 보어-아인슈타인 논쟁은 두 학파 간 갈등의 정점이었으며, 앞으로 지속될 양자물리학의 '비결정론indeterminism'에 대한 긴 싸움의 시작이었다.

논쟁의 조짐은 아인슈타인이 로렌츠에게 보낸 편지에서부터 엿보였다. 회의를 준비하던 로렌츠는 아인슈타인에게 '플랑크 법칙의 새로운 유도와 양자에 대한 통계학의 적용'에 대한 보고서를 기고해 달라고 요청했다.* 아인슈타인은 그 주제에 대한 자신의 연구가 이미 잘 알려져 있다고 생각했지만 로렌츠가 계속 요청을 반복하자 초대를 수락했다. 그러나 로렌츠가 연사들에게 세부적인 요청을 보냈을 때, 아인슈타인은 보고서를 제출하지 않겠다는 편지를 1927년 6월 17일에 로렌츠에게 보냈다.[108]

"여러 가지로 생각해 본 끝에 저는 현 상황에 부응하는 방식으로 보고서를 제출할 능력이 없다는 확신에 이르렀습니다. 그 이유는 제가 그럴 만큼 집중해서 최근 양자 이론의 발전을 따라가지 못했기 때문입니다. 한편으로는 격동적인 발전을 충분히 따라갈 수 있는 능력이 전반적으로 너무 부족했고, 다른 한편으로는 새로운 이론이 기초를 두고 있는 순전히 통계적인 사고방식을 제가 아직 마음으로 받아들이지 못하기 때문입니다. 저는 여전히 완전히 결정론적인 이론을 찾고 있으며, 그러면서 저는 한동안 발전 상황을 놓쳤습니다. … 저는 브뤼셀에서 가치 있는 기여를 할 수 있기를 바랐지만, 이제 그 희망을 포기했습니다. 저의 결정에 대해 노엽게 생각하지 말아 주십시오. …"

아인슈타인의 생각에 양자역학은 아직 완성되지 않은, 단지 앞으로 나올 이론의 대략적인 형태에 불과했다. '불확정성'은 단순히 모든 '실재reality'의 요소를 완전히 설명할 수 없다는 사실에 기인하는 것이었고, 통계

---

* 이 주제는 플랑크 법칙에 대한 보스의 연구를 이상기체 이론에 적용한 아인슈타인의 1925년 논문을 염두에 둔 것이었다〔참고: A. Einstein, "Quantentheorie des einatomigen idealen Gases, 2 Abhandung," *Sitzungsberichte der Preussischen Akademic der Wissenschaften, Physikalisch-mathematische Klasse*, 3-14(1925)〕.

적 해석은 이론이 근본적이지 않다는 사실의 증거라고 생각했다. 객관적인 세계를 '이해할 수 있다'는 그의 관점에서는 물리법칙은 엄격한 인과관계로 연결된 결정론적인 것이어야 했다.

상대성이론은 절대적인 시간과 공간을 가정한 고전물리학과의 결별이었지만, 여전히 시공간상의 궤적과 같은 표현과 결정론적 인과성에 의존한다. 그래서 계를 서술하는 변수를 원하는 정도로 정확하게 결정할 수 있고, 시간이 지나면 어떻게 될지를 완벽하게 설명한다. 그러나 양자역학은 3차원 공간에서의 궤적과 같은 표현을 허용하지 않았다. 이것이 바로 양자역학의 혁명이 상대성이론보다 훨씬 더 급진적인 이유다. 상대성이론이 우주와 같은 거시적이고 가시적인 세계를 설명하려고 했다면, 양자역학은 눈으로 볼 수 없는 미시적 세계를 기술하는 이론이라는 점에서 큰 차이가 있다. 이런 차이에도 불구하고 '실재'에 관한 문제는 또 다른 근본적인 문제였다.

양자역학이란 새로운 이론이 탄생했지만, 이 이론을 이해하려 하면 또 다른 새로운 문제가 제기되었다. 이 이론이 정확히 무엇인지, 그리고 그것을 통해 무엇을 이해할 수 있는지에 관한 문제였다. 실제로 제5차 솔베이 물리학 회의에서는 일반적으로 알려진 보어-아인슈타인 논쟁보다 훨씬 더 많은 사건이 있었다. 제5차 솔베이 물리학 회의가 양자역학에 대한 아인슈타인과 보어의 토론으로 유명해진 것은 아마도 그들이 양자역학의 해석과 관련하여 가장 대립되는 명확한 생각을 갖고 있었기 때문일 것이다.

보어-아인슈타인 논쟁에 관한 주요 자료는 보어의 설명과 에렌페스트나 하이젠베르크 등 다른 물리학자들의 회고록 내용이다. 그중 1949년에 아인슈타인 70세 생일 기념논문집에 실린 보어의 「원자물리학에서의 인식론적 문제에 관한 아인슈타인과의 토론Discussion with Einstein on epistemological problem in atomic physics」이란 제목의 논고[109]는 가장 중요한 역사적 자료다. 그는 여기서 제5차 솔베이 물리학 회의와 1930년의 제6차 솔베이 물리학 회의까지 이어진 토론에 대해 자세히 적었다. 그러나 이들 자료에만 초점을 맞추면 솔베이 논쟁의 정확한 내용을 파악하는 데 한계가 있고, 논쟁의 성격도 잘못 이해될 수 있다. 회의의 분위기를 전하는 대표적인 자료로 에렌페스트가 제자들에게 보낸 편지에는 이렇게 적혀 있다.

"보어는 모든 사람에 비해 단연 돋보였지. … 차근차근 모든 반론을 물리치고 … 기쁘게도 나는 보어와 아인슈타인의 대화에 참여할 수 있었다네. … 아인슈타인은 매번 새로운 예를 들고 나왔다네. 불확정성 관계를 무너뜨리기 위한 이 시도들은 어떤 의미에서는 두 번째 종류의 퍼페츄엄 모빌레Perpetuum Mobile* 같았네. 보어는. … 그 예들을 하나씩 차례로 반박할 설명을 계속 찾고 있었고. 아인슈타인은 … 매일 아침마다 새로운 예를 상기된 표정으로 갖고 온다네."

편지에는 보어-아인슈타인의 논쟁이 불확정성 문제에 초점이 맞추어진 것처럼 기술되어 있고, 또 그렇게 알려져 있다. 그러나 제5차 솔베이 회의에서는 보어-아인슈타인 논쟁 외에 더 광범위한 토론이 이루어졌으며, 아인슈타인이 문제 삼은 것도 불확정성 관계보다 더 큰 범주의 문제였다. 알려진 대부분의 논쟁도 공식 토론에서 이루어진 것이 아니라, 보어와 가까운 몇몇 동료들이 있는 가운데 이루어진 비공식적인 토론이었다.

보어는 이 회의에서 공식 보고서를 제출하지 않았고, 강연도 하지 않았다. 출판된 회보에는 보어-아인슈타인 논쟁에 대한 기록이 전혀 없다. 일반 토론에서 보어가 논평한 내용은 보어의 요청에 따라 코모 회의에서의

---

* 퍼페츄엄 모빌레는 음악에서 곡의 일부 또는 대부분이 중단되지 않고 불특정 횟수만큼 반복되도록 하는 기법이나. 동일한 악절로 구성된 것과 변조가 있는 악질로 구성된 두 가지 형식이 있다.

강연 논문으로 대체되어 회보에 인쇄되었다. 이 때문에 이를 보어의 보고서로 오해하기도 한다.* 보어-아인슈타인 논쟁의 성격은 오히려 하이젠베르크가 회고한 글에 잘 나타나 있다.

"토론은 곧 아인슈타인과 보어 두 사람 사이의 대결로 변했다. … 우리는 보통 호텔 아침 식사 자리에서 만났다. 그리고 아인슈타인은 코펜하겐 해석의 내부적 모순을 명확히 보여준다고 생각하는 사고실험을 설명하기 시작했다. 나는 아인슈타인, 보어와 함께 회의장 건물까지 걸어가며 매우 다른 철학적 태도를 가진 두 사람이 토론하는 것을 생생하게 들었다. … 점심 식사에서는 보어와 코펜하겐에서 온 다른 사람들 사이의 토론이 계속되었다. 보어는 대개 오후 늦게 사고실험에 대한 분석을 완전히 마무리 짓고 저녁 식사 자리에서 이를 아인슈타인에게 보여주었다. 아인슈타인은 이 분석을 제대로 반박하지는 못했지만 마음으로는 받아들이지 않았다."

보어와 아인슈타인 사이의 논쟁은 주로 회의실 복도에서 이루어졌고, 당일 공식 행사가 끝난 후에는 메트로폴 호텔의 식당에서 계속 이어졌다. 이처럼 그들의 논쟁은 주로 공식 회의 바깥에서 이루어졌기 때문에 대부분의 자료는 회고록이다. 더욱이 하이젠베르크의 회고는 드브로이와 슈뢰딩거의 이론에 대해 전혀 언급하지 않았고, 로렌츠나 디랙의 관점에 대해서도 다루지 않았다. 자료의 이런 성격 때문에 아인슈타인이 제기한 반

---

* 솔베이 회의 회보 마지막에 실린 「양자 가설과 원자 이론의 최근 발전」이란 제목의 보어의 논고에는 "일반 토론에서 그가 제시한 의견을 논고로 대체해 달라는 저자의 요청에 따라 추가되었다"는 각주가 붙어 있다. 회보는 이 논고가 1928년 ≪자연과학≫에 발표된 내용을 번역한 것이라고 밝히고 있는데, 이는 1927년 9월 16일 코모 회의에서 강연한 내용이다.

론의 핵심도 잘못 이해되었다. 사실 일반 토론에서 보인 아인슈타인의 주요 관심은 불확정성 관계가 아니라, 양자 이론과 관련된 '국소성locality'과 '완전성completeness'에 관한 것이었다.

관점의 대립

1927년 솔베이 회의가 공표한 문제는 물리학자들이 하이젠베르크와 보른의 최근 결과를 어떻게 해석해야 하는가, 이른바 양자역학의 '해석 문제'였다. 사실 양자역학의 해석 문제는 아직도 완전히 해결되지 않은 열린 주제이기에 제5차 솔베이 물리학 회의의 진행을 좀 더 자세히 더듬어볼 필요가 있다.

로렌츠가 개회사를 한 이후, 로렌스 브래그는 X-선 산란과 회절에 대해 강연했고, 콤프턴은 복사에 관한 실험과 전자기 이론이 일치하지 않는 것에 대해 보고했다. 이 두 보고서는 파동-입자 이중성 개념에 대한 논의를 촉진하기 위한 것이었다. 브래그와 콤프턴의 보고서는 각각 전자기파를 파동으로 설명할 수 있는 현상과 입자의 특성으로 설명할 수 있는 현상에 대한 내용이었다.

중심 주제에 관한 첫 번째 발표자는 "양자의 새로운 동역학La nouvelle dynamique des Quanta"이란 제목으로 강연을 한 드브로이였다. 그는 슈뢰딩거의 파동역학과 파동함수에 대한 보른의 확률론적 입자 해석을 전체적으로 정리한 후, 파동과 입자 개념 모두가 적용될 수 있음을 강조했다. 그리고 "입자와 파동 사이를 어떻게 연결해야 하는지가 파동역학의 현재 상황이 제기하는 주요 질문"이라면서 파동 이론의 성공과 에너지 양자의 존재를 어떻게 조화시킬 수 있는지를 물었다.

드브로이는 '길잡이파동 이론'라고 불리는 이론을 제안했는데,* 이는 원자 현상에 대한 결정론적 또는 인과론적 이론이다. 그는 파동함수가 두 가지 역할을 한다고 했다. 즉, 파동함수는 '확률 파동'이기도 하지만 '길잡이(파일럿)파동'이기도 하다는 것이다. 이 이론에 따르면, 파동과 입자는 모두 실제로 존재하며, 입자는 보이지 않는 파동의 안내를 받아 마치 파도타기 하는 사람이 파도에 실려 움직이듯, 파동이 입자의 이동 경로를 안내한다는 것이다. 입자를 한곳에서 다른 곳으로 안내하거나 이동하도록 하는 파동은 보른의 추상적인 확률 파동이 아니라 물리적인 실재였다. 그리고 공간의 주어진 위치에 입자가 존재할 확률은 파동함수를 이용하여 계산할 수 있다고 했다. 그는 입자의 초기 위치가 분명히 알려진 경우 '길잡이 공식guide formula'을 통해 입자의 운동을 완전히 결정한다고 강조하면서, 실제로 원자계에서도 입자의 위치와 속도가 정확한 값을 가질 수 있다고 했다.

회의 참가자들은 드브로이의 길잡이파동 이론에 대해 활발한 의견을 제시하고 토론을 했지만 호의적이지는 않았다. 드브로이의 해석은 어떤 실험을 하느냐에 따라 전자가 입자 또는 파동처럼 행동한다는 코펜하겐 해석과는 다른 것이었다. 보어와 그의 동료들은 코펜하겐 해석을 강하게 주장하면서 드브로이의 '길잡이파동 이론'을 공격했다. 드브로이는 영향력 있는 아인슈타인의 지지를 기대했지만, 그가 침묵을 지키자 실망했다. 오직 파울리만이 신중하게 이 이론에 대해 언급했다. 그는 드브로이의 개념이 비록 실험의 통계적 결과에 관한 한 보른의 탄성충돌 이론과 모순되지 않지만 비탄성 충돌을 고려할 때는 성립할 수 없다고 비평했다. 이 비평은 나중에 틀린 것으로 밝혀졌지만, 사람들은 이로써 드브로이 이론이

• 아인슈타인은 빛의 파동–입자 이중성을 설명하기 위해 '길잡이 장(Führungsfeld, guiding field)'이란 개념을 제안했지만, 논문으로는 발표하지 않았다. 이 표현은 1922년 3월 23일 에렌페스트에게 보낸 편지에서 처음으로 발견되는데, 스스로 미친 생각이라며 마무리했다.

반증된 것으로 생각했다.

1927년 5월에 드브로이의 길잡이파동 이론이 발표되었을 때, 파울리는 보어에게 "드브로이의 논문은 물리 과정의 완전한 결정론과 파동-입자 이중성을 조화시키려고 시도합니다. 비록 정확한 논의에서 벗어나 있다고 할지라도 여전히 아이디어가 풍부하고 매우 예리하며, … 슈뢰딩거의 유치한 논문보다 훨씬 더 높은 수준에 있습니다"라며 자신의 생각을 전했다. 그리고 코모 강연에서 드브로이의 논문을 언급할 필요성을 제안했다.* 이후 드브로이의 길잡이파동 이론은 거의 무시되어 한동안 잊혀 있다가 1952년에 봄David Bohm(1917~1992)이 소위 '숨은 변수 이론hidden variable theory'을 제시함으로써 '드브로이-봄 이론'으로 재탄생하게 된다.**

드브로이-봄 이론에서는 입자는 관측과는 무관하게 실재하며, 탐지되기 전까지는 우리에게 숨겨져 있다고 본다. 그리고 입자의 행동으로부터 파동의 존재를 추론할 수 있다고 한다. 해석의 차이는 분명하다. 코펜하겐 해석은 측정하기 전까지 입자는 파동함수의 고유치에 해당하는 모든 상태를 다 가질 수 있으며, 측정하는 순간에 그중의 하나가 측정된다고 말한다. 이를 '파동함수의 붕괴wavefunction collapse'라고 부른다. 반면에 숨은 변수 이론에서는 이미 입자는 어느 상태를 갖고 있으며, 다만 어떤 상태인지를 모를 뿐이라고 한다. 이런 의미에서 길잡이파동 이론의 해석은 파동함수의 붕괴 같은 우연적 요소를 제거한 결정론적 해석이다. 파동함수에서 얻는 수학적 결과(확률)는 똑같지만, 측정 결과에 대한 해석은 이처럼 서로 달랐다.

10월 26일 오전 발표에서 보른과 하이젠베르크는 '양자역학'에 대해 공동으로 보고를 했다. '관찰 가능한 양'만으로 이론을 구축하려고 시도했던

---

* 실제로 출판되지 않은 원고에는 드브로이의 이론을 언급하고 있다.
** 이 책의 8장 참조.

그들의 접근 방식은 보고서의 처음부터 명확하게 정의되었다. "양자역학은 불연속성이 나타난다는 직관에 기초하고 있으며, 이는 원자물리학과 고전물리학의 본질적인 차이다"라는 말로 보고를 시작한 그들은 이렇게 언급했다.

> "양자역학은 '본질적으로 관찰 가능한 것'에 대한 정확한 분석을 통해 새로운 개념을 도입하려고 시도한다. … 일단 개념 체계가 주어지면 관찰한 것에서 직접적으로 관찰할 수 없는 다른 사실을 추측할 수 있다. … 그러나 개념 체계가 아직 알려져 있지 않은 경우에는 관찰에서 결론을 내리지 않고 관찰 자체에만 관심을 두는 것이 자연스럽다. 그렇지 않으면 잘못된 개념과 오래된 편견이 물리적 관계를 올바르게 이해하는 것을 방해한다."

보고의 내용은 크게 수학적 형식, 물리적 해석, 불확정성원리, 그리고 양자역학의 적용에 관한 네 부분으로 나누어졌다. 먼저 행렬역학, 디랙-요르단 변환 이론 및 확률 해석을 설명한 후, 불확정성원리와 '플랑크 상수 h의 실제 의미'에 대해 설명했다. 그들은 플랑크 상수에 대해 '파동과 입자의 이중성으로 인해 자연법칙에 내재하는 불확정성의 보편적 척도'라고 주장했다. 실제로 물질과 복사의 파동-입자 이중성이 없다면 플랑크 상수도 없고 양자역학도 없을 것이다. 행렬역학에 대해서 보른과 하이젠베르크는 이렇게 설명했다.

> "행렬역학의 가장 눈에 띄는 결함은 처음에는 실제 현상에 대한 정보가 아니라 가능한 상태와 과정에 대한 정보만 제공하는 것처럼 보인다는 것이다. … 언제 특정한 상태가 존재하는지, 또는 언제 변화가 예상되는지에 대해서는 아무것도 말해주지 않는다. … 문제는 행렬역학이 이에

대해 우리에게 무엇을 말해줄 수 있느냐는 것이다."

보른과 하이젠베르크는 자신들의 주장을 "물리계는 측정되기 전에는 명확한 속성이 없다. 양자역학은 특정한 측정의 가능한 결과에 대한 확률 분포만을 예측할 뿐이다"라고 간단하게 요약했다. 측정 행위는 측정 대상에 영향을 미치기 때문에 측정 직후 확률적으로 가능한 값 중 하나로 귀결된다. 소위 '파동함수의 붕괴'가 일어나는 것이다. 예를 들면 전자의 위치를 측정하기 전에 전자의 위치는 확률 분포(파동함수)로만 나타낼 수 있다. 전자의 위치를 측정하게 되면 측정이나 관찰 장치는 확률 분포에 영향을 미치고, 이 영향으로 인해 이제 전자의 위치는 하나의 값으로 결정된다. 행렬역학과 확률론적 해석, 그리고 불확정성원리를 확신한 그들은 결론부에서 다음과 같은 도발적인 언급을 했다.

"우리는 전자기장을 양자역학적으로 다루는 작업이 … 아직 마무리되지 않았다고 생각하지만, … 양자역학은 그것의 근본적인 물리적·수학적 가정이 더 이상 수정될 수 없는 종결된closed 이론이라고 생각한다. '인과법칙의 타당성'에 관한 질문에 대해 우리는 다음과 같은 의견을 가지고 있다. 현재까지 얻은 물리적·양자역학적 경험 범위 내의 실험만 고려하면, 불확정성의 가정은 원리상 근본적인 것으로 간주되며 실험과 일치한다."

여기서 '종결'이란 표현은 미래의 어떤 발전도 이론의 기본 특징을 결코 바꾸지 않을 것임을 암시하는 것이었다. 비결정론적인 양자역학의 '완전성'과 '종결성'에 대한 그들의 주장을 아인슈타인은 받아들일 수 없었다. 그에게 양자역학의 성취는 참으로 인상적인 것이었지만, 그것이 말하는 것은 아직 '실재'가 아니었다. 냉소적이었던 아인슈타인은 보고서 발표 이후의 토론에 전혀 참여하지 않았다. 보른, 디랙, 로렌츠와 보어만이 토론에 참여했고, 그들이 말한 것에 대해 다른 어느 누구도 이의를 제기하지 않았다.

에렌페스트는 양자역학이 종결된 이론이라는 보른-하이젠베르크의 대담한 주장을 아인슈타인이 받아들이지 않는다는 것을 알고 그에게 쪽지를 써서 건넸다. 쪽지에는 "웃지 말게! 연옥에는 양자 이론 교수들을 위한 특별 과정이 있는데, 거기에서 그들은 매일 10시간 동안 고전물리학 강의를 들어야 하네"라고 씌어 있었다. 이에 대해 아인슈타인은 "나는 그들의 순진함을 보고 웃을 뿐이네"라면서 "몇 년 안에 누가 마지막으로 웃게 될지 어떻게 알겠나?"라고 대답했다.

마지막 연사였던 슈뢰딩거는 '파동역학'에 대해 보고했다. 그는 "현재 이 이름으로 두 가지 이론이 진행되고 있는데, 이는 실제로 밀접하게 관련되어 있지만 동일하지는 않다"라고 언급했다. 실제로는 하나의 이론이었지만 사실상 두 부분으로 나누어졌다는 것이다. 한 부분은 평범하고 일상적인 3차원 공간의 파동에 관한 것이고, 다른 부분은 고도로 추상적인 다차원 공간을 요구하는 것이었다. 수소 원자의 단일 전자는 3차원 공간에 수용될 수 있는 반면, 두 개의 전자를 가진 헬륨은 6차원 공간이 필요하다. 그럼에도 불구하고 슈뢰딩거는 '짜임새 공간'으로 알려진 이 다차원 공간은 단지 수학적 도구일 뿐이며, 궁극적으로 설명하려는 모든 것, 즉 원자 과정에서의 충돌이나 궤도운동 등은 3차원 시공간상에서 일어난다고 주장했다. 그는 "그러나 두 가지 개념의 완전한 통합은 아직 이루어지지 않았다"고 인정한 후 두 가지 개념에 대해 설명했다.

물리학자들은 파동역학을 사용하는 것이 수학적으로 더 쉽다는 것을 알았지만, 전하와 질량이 구름과 같은 분포를 나타낸다는 입자의 파동함수에 대한 슈뢰딩거의 해석에는 거의 동의하지 않았다. 오히려 보른의 확률 해석을 더 많이 받아들이고 있었다. 그러나 슈뢰딩거는 자신의 해석을 강조하고 일반적으로 받아들여지고 있는 '양자뜀'이라는 개념에 의문을 제기했다. 사실 슈뢰딩거는 브뤼셀에서의 강연에 대한 로렌츠의 초청을 받은 순간부터 '행렬론자matricians'들*과의 충돌 가능성을 강하게 인식하고 조심스러워했다.

토론은 슈뢰딩거의 보고서 뒷부분에 나오는 '어려움'에 대한 언급이 그가 이전에 언급한 결과가 틀렸다는 것을 의미하는지 보어가 묻는 것으로 시작되었다. 뒤를 이어 보른이 파동함수의 제곱을 전하밀도로 해석하는 경우의 어려움에 대해 질문하면서 계산의 정확성에 이의를 제기했다. 그러자 슈뢰딩거는 "완전히 정확하고 엄격하며 보른 교수님의 반대는 근거가 없습니다"고 신경을 곤두세웠다. 하이젠베르크도 "슈뢰딩거 교수님께서는 보고서 말미에서 우리의 지식이 더 깊어지면 다차원 이론이 제공하는 결과를 3차원에서 설명하고 이해하는 것이 가능할 것이라는 희망의 말씀을 하셨습니다. 저는 교수님의 계산에서 이 희망을 정당화할 어떤 것도 보지 못했습니다"라며 이의를 제기했다. 이에 대해 슈뢰딩거는 "3차원 개념을 달성하려는 나의 희망이 그렇게 유토피아적이지는 않습니다"라고 대답했다. 몇 분 후 토론이 끝나고 초청 강연 부분이 완료되었다.

인식론적 문제와 양자 얽힘의 탄생

솔베이 회의는 하루 반 동안 중단되었다. 파리 과학아카데미Académie des Sciences가 프랑스 물리학자 프레넬Augustin Fresnel 서거 100주년 기념행사 날짜를 10월 27일로 결정했고, 로렌츠, 아인슈타인, 보어, 보른, 파울리,

---

* 에렌페스트는 행렬역학을 지지하는 물리학자들을 '행렬론자(matricians)'라고 불렀다.

하이젠베르크와 드브로이 등 20명의 물리학자들이 기념행사에 참석하기를 원했기 때문이었다. 솔베이 회의의 절정은 이들이 파리에서 돌아온 후 10월 28일 오후에 진행된 두 세션에 걸친 광범위한 일반 토론이었다.

일반 토론의 첫 번째 세션은 로렌츠의 도입 발언으로 시작되었다. 그는 인과론, 결정론 및 확률 문제에 토론을 집중시키려 하면서 "확률의 개념은 선험적 공리로서가 아니라, 이론의 결론으로 마지막에 나와야 한다고 생각합니다. … 결정론을 … 지켜낼 수는 없을까요? 필연적으로 불확정성을 하나의 원리로 받아들여야 할까요?"라는 질문을 던지면서 보어에게 양자물리학에서 직면하는 인식론적 문제에 대한 논평을 요청했다.

보어의 논평 내용은 본질적으로 1927년 9월 16일 코모 회의에서 강연한 내용과 거의 동일했던 것으로 보인다. 보어는 나중에 솔베이 회의 회보에 인쇄될 논평의 편집본 검토를 요청받고 코모 강연을 확장한 논고를 대신 인쇄해 달라고 했다. 아인슈타인은 코모 회의에 참석하지 않았지만, 브뤼셀에서 양자역학에 대한 보어의 해석과 생각에 대한 포괄적인 설명을 들을 수 있었다. 보어의 주요 주장은 물리적 증거를 명확하게 전달하려면 어떤 실험을 어떻게 했는지와 관찰 기록을 '적절하게 다듬어진 고전물리학의 용어'로 표현해야 한다는 것이었다. 보어는 '적절한 용어'의 문제를 논의한 다음에 상보성의 관점을 강조했다.

코펜하겐 해석에 따르면, 미시 세계의 객체는 본래부터 갖고 있는 성질이 없다. 즉, 양자 세계에서는 관찰자와 독립적으로 존재하는 근본적인 실재는 없다고 보았다. 전자는 측정되기 전까지는 속도나 기타 물리적 속성이 없고, 따라서 어느 곳에도 존재하지 않는다. 측정과 측정 사이에 전자의 위치나 속도가 어떻게 되는지 묻는 것도 의미가 없다. 양자역학은 측정 장치와 독립적으로 존재하는 물리적 실재에 대해 아무것도 말하지 않기 때문에 측정 행위를 통해서만 전자는 '실재'가 된다.

이에 대해 아인슈타인은 나중에 "아무도 달을 쳐다보지 않으면 달이 없다는 말이오?"라는 표현으로 반박했고, 보어는 "아인슈타인 박사님과 저, 그리고 이 세상 모든 사람이 달을 처다보지 않는다면 달이 저기 있다는 것을 어떻게 알겠습니까"라고 응답했다고 한다. 하이젠베르크도 일상 세계의 물체와는 달리 "원자나 기본 입자는 그 자체로 실재가 아니다. 그것들은 사물이나 사실이 아니라 잠재성이나 가능성의 세계다"라고 했다. 보어와 하이젠베르크에게 '가능한 것'이 '실제적인 것'으로 바뀌는 것은 관찰 행위를 통해 일어나는 것이었다.

과학자들은 항상 자신이 자연을 관찰할 때, 관찰 대상에 영향을 주지 않고 관찰할 수 있다는 암묵적인 가정을 하고 실험을 수행해 왔다. 사실 작용의 크기가 플랑크의 작용양자에 비해 매우 큰 고전물리학에서는 관찰자와 관찰 대상, 주체와 객체를 명확하게 구별할 수 있다. 실제 실험에서 사용되는 측정 장치는 매우 크고 무거워서 작용양자가 객체의 특성에 결정적인 역할을 함에도 불구하고 양자 효과는 무시될 수 있다.

그러나 원자 영역에서는 그렇지 않다. 코펜하겐 해석을 따르면, 양자 세계에서는 관찰자와 관찰 대상을 명확히 분리할 수 없다. 양자 현상은 측정 대상과 실험 장치 사이의 상호작용의 결과다. 따라서 기록에는 본질적으로 되돌릴 수 없는 물리·화학적 과정이 포함되어 있다. 이는 관찰이라는 개념 자체에 비가역적인 요소가 내포되어 있음을 의미한다. 이 때문에 일반적인 물리적 의미에서 '독립적인 실재'를 파악하는 것이 어렵다는 것이다. 이런 의미에서 보어는 단지 현상을 단순하게 나누어 볼 수 없고, 명확한 설명을 위해서는 실험의 중요한 세부 사항을 모두 기술해야 하는 것이 양자물리학이 갖는 새로운 특징이라고 했다.

그리고 보어는 원칙석으로 양자물리학이 동세에 의존하는 것은 불가피하다고 보았다. 왜냐하면 하나의 똑같은 실험 구성에서도 몇 가지 다른 효과가 관찰되는 것이 일반적이기 때문이다. 더욱이 입자와 파동처럼 서로 다른 조건에서 얻은 증거들은 하나의 관점으로는 이해하기 어려운, 명백히 대비되는 결과들이다. 그럼에도 불구하고 이 모든 것이 원자 세계에 대한 세부적인 모든 정보를 갖고 있다는 점에서 보어는 이들을 서로 보완적인 것으로 간주해야 한다고 했다. 이러한 관점에서 양자 이론의 주요 목적은 주어진 실험 조건에서 얻는 관찰의 '기대치'를 도출하는 것이었다. 그래서 보어는 모든 모순을 제거하려면 공식화된 이론의 수학적 일관성을 확립해야 한다고 강조했다.

보어는 나중에 "물리학이 해야 하는 일이 자연이 어떤지를 알아내는 것이라고 생각하는 것은 잘못된 것"이라면서 "물리학은 자연에 대해 무엇을 말할 수 있는지에 대해 관심을 기울인다"고 주장했다. 반면에 아인슈타인은 "과학의 유일한 목적은 그것이 무엇이냐를 알아내려는 것이다"라는 태도를 취했다. 아인슈타인에게 물리학은 관찰과는 관계없이 있는 그대로의 '실재'를 파악하려는 시도였다. 그가 말한 '물리적 실재'란 이런 의미였다. 이렇게 아인슈타인과 보어 사이에 막 시작될 논쟁의 핵심은 '물리학의 정신'과 '실재의 본질'에 관한 것이었다.

보어가 '양자물리학의 인식론적 문제'에 대해 말한 것은 분명히 코펜하겐 해석의 정당성을 아인슈타인에게 설득시키려는 의도였을 것이다. 1927년 2월, 보어가 노르웨이 휴가지에서 상보성의 개념을 떠올렸을 때, 아인슈타인은 베를린에서 빛의 본질에 관한 강의를 하고 있었다. 그는 빛에 관한 입자설이나 파동설 대신에 두 개념의 종합synthesis이 필요하다고 생각했다. 이는 그가 거의 20년 전부터 가졌던 견해였다. 아인슈타인이 솔베이 물리학 회의 직전에 바일에서 쓴 편지에서도 "하나만 생각하고 다른 하나는 보지 못하는 식의 반쯤은 인과적이고 반쯤은 기하학적인 관점에 동의할 수 없네. 나는 여전히 양자와 파동 개념의 종합을 믿고 있으며, 내 생각으로는 이것만이 확실한 해결책을 가져올 수 있다고 믿네"라고 말했다.[110]

'종합'을 기대했던 아인슈타인은 이제 보어가 상보성을 통한 '분리'를 주장하는 것을 듣게 된 것이다. 실험의 선택에 따라 파동이 될 수도 있고 입자가 될 수도 있다는 주장이었다. 보어는 파동-입자 이중성이 상보성의 틀 안에서만 설명될 수 있는 자연의 본질적인 특징이며, 상보성은 고전적 개념이 적용될 수 있는 한계를 보여주는 불확정성원리를 뒷받침한다고 주장했다.

보어의 논평이 끝난 후, 결정론적 설명을 포기하고 새로운 이론에 '확률' 개념을 도입하는 문제에 대한 광범위한 일반 토론이 이루어졌다. 아인슈타인은 일반 토론의 네 번째 토론자로 나섰다. 아인슈타인은 그동안의 침묵을 깨고 "제가 양자역학에 대해 충분히 깊이 공부하지 않은 것을 사과드리면서, 그럼에도 불구하고 여기서 몇 가지 총론적인 말씀을 드리고 싶습니다"라며 운을 띄웠다. 아인슈타인은 분명하게 말하지는 않았지만, 코펜하겐 해석이 일관되지 않음을 보여줌으로써 양자역학이 '완전'하고 '종결'된 이론이라는 보어와 그의 지지자들의 주장을 깨뜨리려고 했다. 그는 자신이 가장 좋아하는 전략인 사고실험을 통해 보어를 공략하기 시작했다.

아인슈타인은 간단한 그림으로 자신의 사고실험을 설명했다. 그는 작은 틈이 있는 막을 직선으로 긋고 뒤편에 사진 건판을 나타내는 반원형 곡선을 그렸다. 전자들을 막에 쏘면 일부는 틈을 통과하여 사진 건판에 부딪친다. 틈이 좁기 때문에 이를 통과하는 전자는 파동처럼 회절 되어 모든 방향으로 진행한다. 아인슈타인은 전자가 사진 건판을 향해 구형파로 진행해서 사진 건판에 도달하며, 건판의 한 점에서의 파동의 강도는 그곳에서 무슨 일이 일어나는지를 보여준다고 했다.

아인슈타인은 이 사고실험과 관련하여 파동함수에 대한 두 가지 뚜렷한 관점이 있다면서 자신의 생각을 밝혔다. 첫 번째 관점은 파동함수가 개별 전자에 해당하는 것이 아니라 공간에 퍼져 있는 '전자구름'에 해당한다는 것이다. 이 관점에서 양자역학은 개별 과정에 대한 정보를 제공하는 것

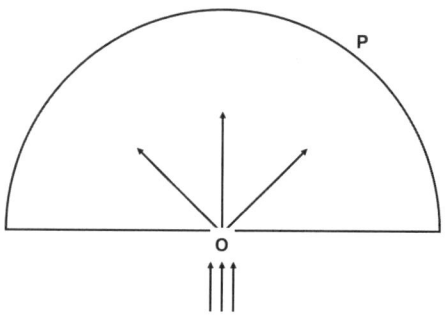

그림 6-2 아인슈타인의 첫 번째 사고실험

이 아니라, 무한한 기본 과정들의 '총체ensemble'에 관한 정보만 제공한다. 개별 전자들은 틈새에서 건판까지 고유한 궤적을 따라가지만 파동함수는 개별 전자가 아니라 전자구름을 나타낸다는 것이다. 따라서 파동함수의 제곱은 A 지점에서 특정한 전자를 발견할 확률이 아니라, 그 지점에서 전자구름에 포함된 임의의 전자를 발견할 확률을 나타낸다. 아인슈타인은 이것을 '순전히 통계적인' 해석이라고 했고, 이는 사진 건판에 충돌하는 여러 개 전자의 통계적 분포가 특징적인 회절 무늬를 만들어낸다는 것을 의미했다.

두 번째 관점은 파동함수가 개별 전자들을 기술하는 완전한 이론이란 해석이다. 개별 전자들은 파동묶음으로 표현되며, 회절 후에는 파동묶음이 풀린 상태로 각 부분이 사진 건판에 도달한다. 첫 번째 관점에서 얻은 결과는 두 번째 관점에서도 얻을 수 있다. 그러나 개별 과정에서 보존법칙이 성립하는 것은 두 번째 관점에만 있으며, 가이거와 보테의 실험 결과나 안개상자에서 관측되는 알파 입자의 궤적에 대한 설명은 두 번째 관점에서만 가능하기 때문에 더 포괄적이라고 했다.

그러면서도 아인슈타인은 두 번째 관점이 갖는 어려움을 이야기했다. 관찰 전에 특정 전자를 발견할 확률이 사진 건판 전체로 퍼져 있다면, 전자가 사진 건판의 A 지점에 닿는 바로 그 순간에 B와 다른 모든 곳에서 전자가 건판에 부딪칠 확률은 즉시 0이 되어야 했다. 파동의 전파에 관한 일반적인 법칙은 이 두 사건 사이의 상관관계에 대해 아무것도 말해 주는 것이 없다. 이는 아인슈타인이 나중에 '귀신같은 작용spooky actions'이라고 부른 '멀리 떨어진 상태에서의 작용(원격작용)'이었다. '양자 얽힘quantum entanglement'의 개념이 처음 언급된 것이다. 일반 토론에서 아인슈타인이 언급한 내용을 그대로 옮기면 이렇다.

"$|\psi|^2$을 단순히 특정 시점에서 특정 입자가 발견될 확률이라고 하면 건판의 두 지점 또는 여러 위치에서 똑같은 기본 과정의 작용이 일어날 수 있습니다. 그러나 $|\psi|^2$가 이 입자가 주어진 지점에서 발견될 확률을 나타낸다는 해석은 공간 전체에 연속적으로 분포된 파동이 건판의 두 위치에서 작용이 일어나지 않게 하는 매우 독특한 원격작용을 가정합니다.

  제 의견으로 이 어려움을 해결할 수 방법은 슈뢰딩거의 파동으로 이 과정을 기술함과 동시에 전파가 일어나는 동안 입자를 국소화시키는 것입니다. 저는 이런 관점을 갖고 있는 드브로이 박사가 옳다고 생각합니다. 제 생각에 슈뢰딩거의 파동만을 고려한다면 $|\psi|^2$에 대한 두 번째 해석은 상대성이론과 모순된다는 것을 의미합니다."

즉, '파동함수의 붕괴'로 인한 A에서의 사건이 B에서의 다른 사건에 즉시 영향을 준다는 것은 원인에 의해 결과가 발생하는 과정에서 신호가 빛보다 빠르게 전달될 수 없다는 그의 특수상대성이론과 모순된다는 것이다. 이는 나중에 아인슈타인의 '국소성' 원리라는 이름으로 불리는데, 슬베이 회의에서의 언급은 '얽힘'에 관한 역설적 논문, 소위 EPR 이론*이 나

• 아인슈타인(Einstein), 포돌스키(Podolsky), 로젠(Rosen)이 1935년에 쓴 「물리적 실

오기 8년 전의 일이었다. 비록 명확한 형태는 아니었지만, 아인슈타인은 이를 통해 양자역학이 개별 물리계에 관한 완전한 이론이 아니라고 반박하려 했다.

이러한 문제 제기에 대해 당시 보어는 아인슈타인의 의도를 정확히 파악하지 못한 것으로 보인다. 사실 아인슈타인의 언급은 너무 간략해서 핵심을 파악하는 것이 쉽지 않았고, 자신의 의도도 명확하게 밝히지 않았다. 아인슈타인이 개괄한 두 가지 관점 사이에서 어느 하나를 선택하는 것도 불가능했다. 두 경우 모두 동일한 결과를 주기 때문이다. 이에 대해 보어는 "아인슈타인 교수님께서 말씀하시고자 하는 것을 정확히 이해하지 못해서 제 입장이 매우 난처함을 느낍니다. 이는 물론 저의 부족함 때문입니다"라고 대답했다. 보어는 자신도 "양자역학이 무엇인지 모른다"면서 아인슈타인의 분석에 대한 대답 대신에 양자 이론에 대한 자신의 견해를 계속 이야기했다.

"인과론적 시공간 서술은 관찰이 객체에 영향을 주지 않는다는 가정에 기초하고 있고, … 관찰의 영향을 무시한다는 것은 실험과 시공간 관찰의 모든 의미를 무시한다는 것을 의미합니다. 따라서 양자 이론은 인과론적 시공간 서술의 모든 기초를 허물어버렸습니다. … 우리는 실질적인 것에 관심을 두기 때문에… 이론은 이러한 요구를 충족시키는 도구에 불과하며, 또 요구를 충족시키고 있다고 생각합니다."

보어는 아인슈타인이 자신들의 연구에 대해 어떤 반응을 보일지 알고

재에 대한 양자역학적 설명이 완전하다고 볼 수 있는가?(Can Quantum-Mechanical Description of Physical Reality be Considered Complete?)」란 논문의 저자 세 사람의 머리글자를 딴 이론을 말한다.

싶어 했지만, 실제로는 양자역학의 비국소적 의미에 대한 아인슈타인의 우려에는 거의 관심을 두지 않았다. 아인슈타인이 사고실험을 통해 이야기하고자 한 정확한 의도를 알지 못했던 보어가 양자역학에서 인과적 시공간 서술을 포기해야 한다는 견해를 강조한 데는 나름대로 이유가 있었다. 보어는 복사의 양자 특성에 관해 아인슈타인이 오래전부터 가졌던 생각을 염두에 두고 파동-입자 이중성에 대한 자신의 상보성 원리를 설명하려고 했던 것이다.

그러나 보어의 언급에 아인슈타인이 만족했을 리는 없다. 보어와 아인슈타인의 말은 처음부터 어긋나고 있었다. 아인슈타인은 기본적으로 엄격한 인과관계로 설명되는 결정론적 우주관을 포기하지 않았다. 양자역학의 확률론적 해석을 물리적 실재에 대한 일관되고 완전한 설명으로 받아들이는 것은 그의 과학적 신념과 맞지 않았다. 양자역학의 코펜하겐 해석에 대한 아인슈타인의 진지한 비판은 솔베이 회의의 저녁 식사, 식후 토론 및 아침 식사 시간에 소규모 모임에서 더 치열하게 이어졌다.

마지막 날 토론에서 회의 참가자들은 여기저기서 독일어, 프랑스어, 영어로 외치며 로렌츠에게 발언권을 얻으려 했다. 이런 소리로 소란스러워지자 에렌페스트가 갑자기 일어나 앞으로 나갔다. 그는 칠판에 성경 창세기에 나오는 구절을 적었다. "하느님께서 온 땅의 말을 뒤섞어 놓으셨다!" 그의 동료들은 에렌페스트가 단지 성경에 나오는 바벨탑을 언급하는 것이 아니라는 것을 알고는 큰 웃음을 터뜨렸다. 사실 솔베이 회의는 처음부터 세 언어 모두를 공식적으로 사용했기 때문에 소통에 문제가 있었다. 이 때문에 세 언어에 능통한 로렌츠가 중간에서 서로 다른 언어를 번역하여 소통을 중재해야만 했다.

결정론과 인과론

양자역학은 물리학에서 결정론과 인과론 개념을 분리시킨다. 일반 토론에서 25세의 최연소자로 회의에 참석했던 디랙은 결정론과 양자 이론의 계산에서 나오는 수number에 대한 생각을 이야기했다. 그는 초기 상태를 완전하게 알면 나중 상태를 완전하게 알 수 있다는 결정론적 고전 이론은 고립계에만 적용될 수 있다고 했다. 그는 "보어가 지적한 것처럼 고립계는 관측될 수 없다"면서 "계에 교란을 준 다음에 나타나는 반응을 통해서만 계를 관측할 수 있다"고 했다. 그러면서 "물리학은 관측 가능한 양에만 관심을 두므로, 결과적으로 결정론적 고전 이론은 위기에 놓인다"고 말하고 양자 이론에서의 인과론과 결정론에 관한 논의를 시작했다.

"양자 이론에서는 특정 숫자들로 시작하여 이들에서 다른 숫자를 추론합니다. … 실험자가 계를 관찰하기 위해 계에 주는 교란은 실험자가 직접 통제할 수 있는 것이며, 자유의지의 작용입니다. **양자 이론의 계산에서 초기 값으로 취할 수 있는 것은 이 자유의지의 작용을 나타내는 숫자뿐입니다.** 계의 초기 상태를 나타낼 수 있는 다른 숫자는 본질적으로 관찰할 수 없으며, 양자 이론에는 포함되지 않습니다.

이제 실험 결과로 얻은 최종 숫자를 생각해 봅시다. 실험 결과는 영구적인 기록으로 남게 됩니다. 그러한 결과를 나타내는 숫자들은 실험이 종료되는 순간의 세계 상태를 기술하는 데 도움이 될 뿐만 아니라, 이후의 세계 상태를 기술하는 데에도 도움이 되어야 합니다. 이 숫자는 인과적으로 연결된 일련의 모든 사건들에 공통적인 것이 무엇인지를 설명하며 무한대의 미래까지 연장됩니다."

디랙은 사건의 인과적 연결이 만들어낸 결과의 예로 윌슨의 안개상자 실험에서 나타나는 물방울 궤적을 들었다. 그리고 이러한 인과론적 고려를 과거에까지 연장할 수 있다고 하면서 이를 파동함수에 적용시켰다.

우선 기억해 둘 것은, 양자역학은 완전히 결정론적인 방식으로 계가 어떻게 동작할지를 기술한다는 사실이다. 즉, 파동함수는 인과론적으로 완전하게 결정된다. 단지 측정이 이루어질 때에만 이론으로 설명할 수 없는 '제어되지 않은' 요소가 나타난다. 계의 상태는 완전히 결정론적으로 '준비'될 수 있지만, 실험 장치의 상태는 결코 완전하게 알 수 없다. 일반 토론에서 디랙은 인과론과 관련해서 이렇게 언급했다.

"양자역학에 따르면 특정 순간의 물리계의 상태는 파동함수 Ψ로 나타낼 수 있습니다. 파동함수는 일반적으로 인과론적으로 결정되므로 처음 값을 알면 나중의 값을 알 수 있습니다. 그러나 특정 시간 t_1에 계의 파동함수 Ψ는

$$\Psi = \sum_n c_n \psi_n$$

의 형태로 나타낼 수 있고, 여기서 ψ_n들은 시간 t_1 이후에는 서로 간섭할 수 없는 성질을 갖는 파동함수들입니다. 시간 t_1 이후의 세계는 파동함수 Ψ가 아닌 ψ_n들 중 어느 하나로 기술됩니다. 이 특별한 ψ_n는 자연이 선택한 것으로 간주해야 합니다. 자연이 어느 ψ_n을 선택할지는 이론이 제공하는 확률 $|c_n|^2$으로만 주어질 것입니다. 이제 선택된 파동함수 ψ_n에 붙은 n값이 실험 결과로 얻는 숫자가 될 것입니다. 이 숫자는 자연이 내린 '취소 불가능'한 선택을 나타내고, 이것은 미래의 모든 사건에 영향을 미칠 것입니다."

디랙은 더 나아가 자연이 내린 선택이 예상할 수 있는 지점에서 발생할 수 없는 상황이 있다는 것을 인식했다. 그는 전자의 산란 문제를 예를 들

었다.

"만일 d_1 방향으로 산란된 전자파를 거울로 반사시켜 다른 방향 d_2로 산란된 전자파와 간섭하도록 하면, 전자가 d_2 방향으로 산란된 경우와 d_1 방향으로 산란되어 d_2로 반사된 경우를 구별할 수 없을 것입니다. 그러면 지금까지의 인과관계를 추적할 수 없고, 충돌 직후에 자연이 어느 방향을 선택했다고 말할 수 없습니다. 다만 나중에 자연이 전자가 나타날 곳을 선택했다고만 말할 수 있을 것입니다. 파동함수 ψ_n 사이의 간섭은 자연이 선택을 미루도록 강요합니다."

디랙은 이렇게 간섭이 있으면 자연은 선택을 미룬다고 하면서 '지연된 선택'의 문제를 제기했다. 그러나 하이젠베르크는 '자연의 선택'이란 디랙의 말에 동의하지 않는다면서 이렇게 언급했다.

"자연이 이미 선택을 했다면 어떻게 간섭이 일어나는지를 아는 것은 매우 어렵습니다. 결정적인 실험이 이루어지기 전까지는 자연의 선택을 알 수 없다는 것이 명백합니다. 이런 이유로 우리는 이 선택에 대해 어떤 반대도 할 수 없습니다. '자연의 선택'이란 표현은 물리적 관찰을 하지 않았음을 의미하기 때문입니다. 오히려 저는 관찰자 자신이 선택을 한다고 말하는 것이 더 낫다고 생각합니다. 왜냐하면 오직 관찰의 순간에만 '선택'이 물리적 실재가 되고, 간섭이 일어나게 하는 파동에서의 위상 관계가 사라지기 때문입니다."

디랙이 '자연의 선택'이라고 부른 것을 하이젠베르크는 '관찰'이라고 불렀으며, 이는 그와 보어가 함께 선택한 언어였다. 관찰의 순간에 '선택'이 실재가 된다는 하이젠베르크의 언급은 디랙의 '취소 불가능성irrevocability'

과 궤를 같이 하는 의미로 '파동함수의 붕괴'가 비가역적 결과를 초래함을 의미했다. 하이젠베르크는 '파동함수의 붕괴'를 '서로 간섭할 수 없는 성질'로 바뀌는 실제 물리적 과정으로 받아들이는 듯하다.

흥미로운 점은 '파동함수의 붕괴' 개념이 하이젠베르크의 불확정성 논문에서 처음 소개되었지만, 보른과 하이젠베르크의 보고에서는 전혀 언급되지 않았다. 그러다가 일반 토론에서 보른의 안개상자에 대한 논의와 디랙과 하이젠베르크 사이의 토론에서 등장한다. 보른은 아인슈타인이 제기했던 문제, 즉 구형파의 형태로 모든 방향으로 방출된 알파 입자의 파동함수가 안개상자에서 직선 경로로 진행하는 것처럼 보이는 현상을 어떻게 설명할 수 있는지에 대한 의문을 상기시켰다. 즉, 입자의 특성을 파동으로 표현하는 것과 어떻게 조화시킬 것이냐의 문제였다.

이 문제에 대해 보른은 하이젠베르크가 제시한 '확률파동묶음의 환원reduction', 즉 '파동함수의 붕괴'라는 개념으로 설명해야 한다고 했다. 구형파로 방출된다는 설명은 이온화를 관찰하지 않는 경우에만 유효하고, 이온화가 안개상자에서 물방울이 생기는 것으로 나타나면 그 후에 일어나는 일을 설명하기 위해서는 물방울 바로 근처의 파동묶음이 '환원'되어야 한다고 했다.

그리고 '관찰자 자신이 선택을 한다'는 표현과 더불어 '관찰의 순간'이 무엇을 의미하는지는 논쟁의 여지가 있다. 여기에 관찰하려는 인간의 의도나 의식이 포함되는지, 아니면 측정 장치와의 상호작용만으로 충분한 것인지에 관한 문제다. 거시적 측정 장치와의 상호작용으로 인해 '파동함수의 붕괴'가 일어난다는 개념은 아인슈타인과 보어의 논쟁에서 볼 수 있듯이 여러 가지 어려움을 야기한다. 관찰 이전에는 어떠한 것도 존재할 수 없다는 '실재'에 관한 문제다. 마찬가지로 관찰 결과를 얻는 데에 관찰자의 의식이 필요하다는 생각도 어려운 문제다. 이는 나중에 벨John Bell(1928~1990)이 "세계를 나타내는 파동함수들이 띔뛰기를 하려고 단세포 생물체가 나타나기까지 수십억 년 동안 기다려야 했나?"라고 말한 것처럼 인간이 없으면 세상도 없다는 주장과 동일한 것처럼 느껴진다. 그러나 세상은 항상 존재한다. 나 아닌 다른 거시적 존재들이 여전히 미시 세계의 실재들과 상호 작용하고 있기 때문이다.

디랙과 하이젠베르크의 토론 뒤에 로렌츠는 간단한 언급을 보내며 결론을 내렸다. 그는 두 사람의 의견에 차이가 있기는 하지만, "'자연의 선택' 가능성을 받아들인다는 것은 우리가 미래에 현상이 어떻게 일어날지를 미리 예측하는 것이 불가능하다는 것을 의미한다고 생각합니다"라면서 "여러분들은 불확정성을 하나의 원리로 삼으려고 하고 있습니다"라고 말했다. 그리고 "지금까지 우리는 항상 예측 가능하다는 가정을 해온 반면, 여러분은 예측할 수 없는 사건들이 있다고 합니다"라는 말로 양자역학의 비결정적이고 확률적인 성격을 언급했다. 로렌츠는 이 회의를 마지막으로 주재하고 1928년에 타계했다.

양자역학의 '코펜하겐 해석'은 논리실증주의가 매우 강하게 등장하는 철학적 맥락에서 이루어졌다. 관점을 제한하는 이 학파의 지지자들은 종종 '도구주의자'로도 불리는데, 그들에게 '실재'를 알아낸다는 것은 의미가 없었다. 논리실증주의자들은 직접 관찰할 수 없는 모든 것은 형이상학의 영역으로 밀어냈다. 정확한 궤적을 알아낼 수 있다는 고전적 이상을 거부한 디랙과 하이젠베르크는 분명히 새로운 세대의 젊은 물리학자들로 양자역학의 발전을 주도하면서 자신도 모르게 논리실증주의라는 철학적 사조의 대변자가 되어 있었다. 그들은 양자역학을 실험 결과를 예측할 수 있게 해주는 계산 규칙의 모음으로만 보았다.

- 1989년 불확정성원리 62주년 회의에서 벨이 "'측정'에 반대하여(Against 'measurement')"라는 제목의 강연에서 언급한 내용의 일부이다〔참조: J. Bell, "Against measurements," *Physics World* 3(8), 33(1990)〕.

보어-아인슈타인 논쟁

보어는 아인슈타인과 치열한 토론을 하면서 점차 양자 이론의 불완전성을 지적하고자 하는 아인슈타인의 생각을 조금씩 파악하게 되었다. 보어는 1949년의 논고에서 1927년 회의에서 제시한 자신의 대답에 대해 자세히 설명하면서 논쟁의 초점이 어디에 있었는지를 설명했다. 그는 "양자역학적 서술이 관찰 가능한 현상에 대한 가능한 설명을 모두 담고 있는지, 아니면 아인슈타인의 주장처럼 개별 과정에서 에너지와 운동량의 세부적인 균형을 고려함으로써 현상에 대한 더 완전한 설명을 얻어낼 수 있는지에 대한 질문에 토론이 집중되었다"고 회상했다.

보어는 양자역학에서 측정 행위가 측정 대상에 영향을 주기 때문에 인과적 시공간 서술을 포기해야 한다고 주장했다. 그러나 원칙적으로 결정론적 설명의 폐기를 받아들이지 않았던 아인슈타인은 전자와 같은 물체와 측정 도구 사이의 상호작용을 명확하게 고려함으로써 인과법칙에 따라 계를 서술할 수 있다고 주장했다. 두 사람의 견해차는 결국 측정과 관련된 문제로 귀결되었다. 논쟁의 초기에는 하이젠베르크의 불확정성 관계를 부정함으로써 양자역학이 일관성이 없음을 지적하려는 아인슈타인의 시도와 이에 대한 보어의 반박이 주를 이루었다. 이 때문에 보어와 아인슈타인의 논쟁이 마치 불확정성에 관한 논쟁인 것처럼 오해를 불러일으키기도 했다. 아인슈타인이 불확정성 관계를 수용한 이후에는 불확정성 관계의 타당성에도 불구하고 양자역학이 불완전함을 입증하는 데 아인슈타인의 노력이 집중되었다.

1927년 제5차 솔베이 물리학 회의에서 아인슈타인이 제시한 가장 어려운 사고실험의 사례는 원칙적으로 위치와 운동량을 불확정성원리가 말하는 정도보다 더 정확하게 알아낼 수 있음을 증명하기 위해 제안한 것이었다. 이 실험은 전자가 틈새가 있는 판을 통과하면서 일으키는 운동량 변화를 판의 반동을 이용하여 측정하면 입자의 위치와 운동량을 동시에 정확히 알 수 있다는 것이다.

이 사고실험의 핵심은 전자총이 한 번에 하나의 전자만 방출하여 주어진 시간에 계에는 하나의 전자만 존재한다는 가정이다. 더욱이 이중 틈새가 있는 판은 스프링에 매달려 있으며 판의 위치는 변위계로 완벽한 정확도로 측정할 수 있다. 전자가 위 또는 아래쪽의 틈새를 통과하면서 판에 운동량 변화를 일으키면 이는 변위계로 측정되며, 사진 건판의 특정 위치에서도 전자가 감지된다. 전자가 감지되는 위치와 판의 운동량 변화를 알면 전자가 어느 틈새를 통과했는지 알게 되고, 따라서 전자의 위치 및 운동량을 동시에 정확히 측정할 수 있다. 이로써 아인슈타인은 불확정성원리를 반박하려고 했다.

그러나 아인슈타인의 사고실험에 대한 분석은 암묵적으로 틈새가 있는 판과 사진 건판 둘 다 시공간상에서 잘 정의된 위치와 이와 관계된 운동량 및 에너지를 가지고 있다는 가정 아래 이루어진 것이었다. 보어에 따르면, 이는 둘 다 무한한 질량을 갖고 있다는 것을 의미했다. 왜냐하면 이 경우에만 입자가 틈새를 통과해 나올 때 위치나 시간에 불확정성이 없기 때문이다. 결과적으로 입자의 정확한 운동량과 에너지는 알 수 없다. 아인슈타인의 사고실험에서 무한히 무거운 판은 전자의 시공간적 위치에 불확정성을 주지 않지만, 그러한 정확성에는 운동량과 에너지에 대한 불확정성이란 대가가 따르는 것이었다.

보어는 양자역학의 일관성이 유지되려면 거시적 측정 장치에도 불확정성원리가 적용되어야 할 필요가 있다고 했다. 판의 질량이 유한하고, 이에 따라 판의 운동량도 유한하다면 틈새 위치의 불확정성이 있어야 한다는 것이다. 입자의 운동량을 Δp의 정확도로 측정하려면 입자가 통과하기 전에 판의 운동량도 이 정도로 정확히 알아야 한다. 그러면 틈새의 위치는 $h/\Delta p$만큼의 불확정성을 띠게 된다. 판이 움직이기 때문에 회절 과정에서 입자의 시공간적 위치가 불확실해지며, 이에 따라 운동량과 에너지 모두에 불확정성이 발생한다. 그리고 이중 틈새 실험에서 이러한 방식으로 입자의 경로를 정확하게 알아내려고 하면, 틈새 위치의 불확정성이 전자 또는 광자가 이동하는 경로 길이에 영향을 주어 간섭현상이 사라지게 됨을 보여주었다. 이로써 보어는 불확정성원리를 지켜냈을 뿐만 아니라, 원자적 물체의 파동적 측면과 입자의 측면이 단일 실험에서 동시에 나타날 수 없다는 상보성의 원리도 지켜냈다.

이중 틈새 실험에 대해 보어는 "우리는 입자의 경로를 추적하거나 간섭효과를 관찰하는 것 중 하나를 선택해야 한다"고 했다. 주어진 상황에서 입자인지 파동인지에 대한 자연의 답은 단순히 질문, 즉 수행된 실험의 방식에 따라 달라지는 것이었다. 두 개의 틈새 중 하나가 닫혀 있으면 입자가 사진 건판에 부딪히기 전에 어느 슬릿을 통과했는지 알 수 있지만 간섭무늬는 생기지 않는다. 이중 틈새 중 어느 틈새를 광자가 통과하는지 확인하는 실험은 '입자'라는 답을 요구하는 질문이었고, 따라서 간섭무늬는 나타나지 않는다. 결국 측정 장치의 구성에 따라 전자나 광자의 행동이 입자 또는 파동으로 보일 수 있다는 결론에 이르며, 이는 상호 배타적인 실험 조건에서 보완적인 현상이 나타나는 상보성 원리의 전형적인 예였다.

양자 악마는 디테일에 있었다. 보어의 주장에 따르면, 이러한 사고실험에서 중요한 점은 관찰 대상과 측정 장치 사이의 구분에 관한 것이다. 측정 장치는 현상이 나타나는 조건을 정의한다. 여기서 결정적으로 중요한 것은 관측 대상과 측정 장치 모두가 양자역학의 논리가 적용되어야 하는 전체 계를 구성한다는 사실이다. 이 점은 논리적으로 매우 중요한데, 양자 효과를 분석할 때 전자나 광자와 같은 원자 객체의 독립적인 행동을 측정 장치와의 상호작용과 명확하게 구분할 수 없다는 것이다.

그러나 아인슈타인은 보어의 설명이 독립적이고 객관적인 '실재'를 잃어버린 것이라고 생각했다. "신은 주사위를 던지지 않는다"면서 확률적 해석을 거부한 아인슈타인은 양자역학이 자연의 근본 이론이라는 보어의 주장을 받아들이지 않았다. 아인슈타인의 문제 제기는 호텔에서의 소규모 모임에서 열렬한 토론을 불러일으켰다. 이에 대해 보어는 나중에 "아인슈타인의 우려와 비판이 우리 모두에게 원자 현상에 대한 서술과 관련하여 상황의 다양한 측면을 재검토할 수 있는 가장 귀중한 동기를 제공했다"면서 그 논쟁을 이렇게 회상했다.

"새로운 상황에 맞닥뜨려 경험의 분석과 종합에 관해 취해야 할 태도에 대한 우리의 대화는 자연스럽게 철학적 사고의 많은 측면을 다루었다. 접근 방식과 표현의 모든 차이에도 불구하고, 무엇보다 유머러스한 정신이 토론을 활기차게 했다. 아인슈타인은 우리에게 하느님이 정말 주사위 놀이를 하고 있다고 믿는지를 조롱하듯이 물었다. 이에 대해 나는 하느님의 섭리에 속하는 것을 일상 언어로 말할 때는 고대 사상가들이 요구했던 신중함을 가져야 한다는 말로 대답을 대신했다."

하이젠베르크는 "우리는 하느님이 세상을 어떻게 돌아가게 만들었는지에 대해 말할 수 없다"라는 표현으로 보어의 응답을 전했다. 토론이 절정에 이르렀을 때 에렌페스트는 "아인슈타인, 나는 자네가 부끄럽네. 자네는 상대성이론에 반대하는 사람들과 다를 바 없는 태도로 새로운 양자 이론에 맞서 논쟁하고 있네"라며 애정 어린 충고를 했다. 아인슈타인과 보어 모두의 절친한 친구였지만, 두 사람의 논쟁에서 보어의 편에 섰던 그는 아인슈타인에게 이 말을 한 것을 내내 마음 아파했다.

다섯 번째 솔베이 회의는 보어가 코펜하겐 해석의 논리적 일관성을 주장하는 데 성공했다고 보기에 충분했다. 하이젠베르크는 이 회의가 코펜하겐 해석의 타당성을 확립하는 결정적인 전환점이 되었다고 보았다. 그는 회의 후에 모든 과학적 결과에 만족한다면서 "보어와 나의 견해는 일반적으로 받아들여졌다. 적어도 아인슈타인과 슈뢰딩거조차도 더 이상 심각한 반대를 제기하지 않았다"라고 자신들의 승리를 확신했다. 그리고 거의 40년이 지난 후에 쓴 그의 책에서 "우리는 고전적 용어를 사용하고 이를 불확정성 관계로 제한함으로써 무엇이든 명확하게 할 수 있었고, 여전히 완전하고 일관된 그림을 얻을 수 있다"라고 했다.

그렇지만 아인슈타인은 코펜하겐 해석이 '완전하고 종결된 이론'으로서의 유일하고 가능한 해석이라는 것을 거부했다. 아인슈타인은 확률적으로만 물리현상을 기술할 수 있다는 비결정론적 방식이 자연에서 근본적인 역할을 할 수 있다는 것을 믿으려 하지 않았다. 회의 후에 아인슈타인은 드브로이를 포함한 몇 명의 물리학자들과 함께 파리를 여행했는데, 드브로이와 헤어질 때 "자네는 올바른 길로 가고 있으니, 연구를 계속하시게"라고 말했다. 드브로이도 아인슈타인처럼 결정론적 관점을 가지고 있었기 때문이다. 솔베이 회의의 일반 토론에서 아인슈타인은 드브로이의 이론을 지지하는 발언을 했지만, 대부분의 참석자들에게 지지를 받지 못한 드브로이는 낙담해 있었다. 아인슈타인도 지쳤지만 곧 냉정을 되찾았다. 그는 1927년 11월에 조머펠트에게 보낸 편지에서 양자역학이 "통계 법칙에 있어서는 올바른 이론일 수 있지만, 개별적인 기본 과정에 대해서는 개념적으로 부족하다"라고 썼다.[111]

제7장

또 다른 도전

양자장 이론과 디랙의 바다

　양자역학의 기본 틀이 확립된 1927년 이후 물리학은 급속히 발전하기 시작했다. 하이젠베르크는 나중에 제5차 솔베이 물리학 회의 이후의 5년을 '물리학의 황금기'라고 불렀다. 젊은 물리학자들은 1927년 전후로 독일과 유럽 전역의 대학에 자리를 잡고 새로운 시대의 새벽을 열고 있었다. 당시 겨우 25세였던 하이젠베르크는 라이프치히 대학교의 이론물리학 연구소 소장이 되었고, 파울리는 1928년 4월 함부르크에서 취리히의 EHT 대학교 교수로 자리를 옮겼다. 하이젠베르크와 파울리는 보어 연구소를 정기적으로 방문하고 조교와 학생들을 교환하면서 라이프치히와 취리히를 양자물리학의 중심지로 발전시키기 시작했다.

　양자 이론에 익숙한 젊은 세대 물리학자들은 양자역학이 "물리학의 대부분과 화학의 전부를 설명한다"는 디랙의 평가를 공유했다. 그들은 몇몇 나이 든 선배 물리학자들이 이론의 의미에 대해 다투는 것에 대해서는 어느 쪽에도 관심이 없었다. 이론의 엄청난 실질적 성공만으로도 충분했다. 1920년대 말부터 원자물리학의 문제가 하나씩 해결되면서 관심은 원자에서 핵으로 옮아갔다. 1930년대 초반, 케임브리지의 채드윅이 중성자를 발견하고, 로마의 페르미와 그의 연구진이 인공 핵변환에 대한 연구를 수행하면서 핵물리학에는 새로운 지평이 열렸다.

　1931년 10월에는 로마에서 핵물리학을 주제로 한 최초의 학회가 열렸다. '핵과 전자'라는 제목의 이 회의에서는 양자역학을 핵 현상의 이론적 이해를 위한 '도구'로 다루면서 1919년 러더퍼드가 시작한 원소의 인공변환 연구를 양자역학 안에 통합하려고 했다. 당시에 전자와 양성자로 구성되어 있다고 생각했던 원자핵의 구조와 β-붕괴를 양자 이론으로 설명하려고 했던 것이다. 이듬해인 1932년은 '놀라운 발견의 해'라고 할 수 있다. 이 해에는 '중성자'와 '양전자positron'가 발견되었을 뿐만 아니라, 콕크로프트John Cockcroft(1897~1967)와 월턴Ernest Walton(1903~1995)이 최초의 입자가속기를 제작하고, 가속된 양성자를 이용하여 최초로 핵붕괴 현상을 보고했다.

한편, 디랙은 언제나처럼 독자적인 길을 걸었다. 디랙이 코펜하겐을 방문한 1926년 후반에 보어는 양자 이론의 특정 문제에 대해서는 더 이상 연구를 하지 않았다. 그는 새로운 양자 이론의 물리적 해석에 온갖 생각을 쏟고 있었다. 그러나 디랙은 양자역학의 해석 문제에는 전혀 관심이 없었다. 그에게 양자역학의 해석 문제는 새로운 수학 방정식과는 관계없는 무의미한 집착처럼 보였다. 디랙은 보어가 집착했던 대응원리도 그다지 중요하게 여기지 않았고, 상보성이라는 개념에도 크게 영향을 받지 않았다. 디랙은 나중에 이렇게 말했다.

"상보성은 일종의 철학적 원리였고, 나는 철학적 원리를 이해하는 것이 다소 어렵다고 여겼다. … 나는 그것이 무엇을 의미하는지 잘 이해하지 못한다. 나는 방정식이 있을 때만 무언가를 이해하는데, 상보성이 양자 이론의 방정식에 어떤 식으로 기여했는지는 알지 못한다. 그것(상보성)은 오히려 양자역학에 대한 여러 가능한 해석 중의 하나를 갖고서 만족감을 느끼게 할 뿐이다. 그 이상을 나아가려고 하지는 않는다."[112]

사실 양자역학의 해석에 관한 한 많은 물리학자들은 다수의 흐름을 따라가는 것이 안전하다는 생각 속에 숨어 있었다. 그래서 디랙처럼 "이해하지 못한다"고 말할 용기를 내지 못했는지도 모른다.

디랙은 자신의 작업 방식에 대해 "올바른 물리적 아이디어를 도입하기보다는 방정식으로 놀이를 하는 것"이라고 표현했다. 그의 작업 대부분은 방정식을 갖고 놀다가 그것이 무슨 결과를 주는지를 보는 것이었다. 코펜하겐에 머무르는 동안 디랙은 양자역학과 특수상대성이론을 결합한 상대론적 양자 이론, 즉 양자장 이론quantum field theory: QTF을 구축하는 문제를 다루기 시작했다.

양자장 이론의 시초가 된 디랙의 1927년 논문「복사의 방출과 흡수에 관한 양자 이론The quantum theory of the emission and absorption of radiation」[113]은 전자기장이 광자를 갖도록 하는 '(전자기)장의 양자화' 또는 '제2양자화second quantization'에 관한 내용을 포함했다. 그는 전자기파의 에너지와 위상을 적절한 양자 조건을 만족하는 q-수(연산자)로 취하면 계의 에너지를 광양자와 동일한 형태로 나타낼 수 있음을 보여주었다. 디랙은 제2양자화도 방정식을 갖고 놀다가 나왔다고 했다. 논문에서는 엄격한 상대론적 계산이 너무 어려워 근사적 방식을 취했지만, 원자에 의한 빛의 방출과 흡수 모두를 설명하는 데 큰 성공을 거두었다. 이는 양자장 이론이 만족스러운 결과를 줄 수 있음을 처음으로 보여준 것이다. 디랙은 '양자 전기동역학quantum electrodynamics: QED'이란 용어도 이 논문에서 처음으로 사용했다.

사실 하이젠베르크와 슈뢰딩거가 창안한 양자역학은 원자 속의 전자의 행동만을 기술하는 이론이었다. 사람들은 빛을 포함한 좀 더 완전한 양자 이론을 만들려고 했다. 왜냐하면 세상은 여전히 두 가지 매우 다른 성분, 즉 전자와 같은 물질 입자와 광자와 같은 '양자장quantized field'으로 구성되어 있는 것으로 보였기 때문이다. 전자와 같은 물질 입자는 영원한 것으로 보이는 반면에 광자는 자유롭게 생성되고 소멸될 수 있는 것처럼 보였다. 둘 다 양자역학의 관점에서 설명해야 했지만 매우 다른 방식으로 설명해야 했다.

전자기장을 양자역학으로 다루어 원자에서의 빛의 방출과 흡수를 기술하는 문제는 매우 중요했는데, 자발적인 복사 방출 과정은 실제로 광자가 생성되는 과정이기 때문이다. 즉, 복사 방출 전에 계는 들뜬 상태의 원자로 구성되지만, 방출 후에는 낮은 에너지 상태의 원자와 광자 하나로 구성된다. 양자역학이 이런 과정을 다룰 수 없다면 모든 것을 포괄하는 물리 이론이 될 수가 없다. 요르단은 이 문제를 다루기 위해 전자기장에 행렬역학을 적용하기도 했다.

'제2양자화'에 관한 디랙의 논문이 발표된 지 1년 후, 요르단과 위그너 Eugene Wigner(1902~1995)는 전자에 대해 유사한 방법을 개발했다.[114] 이어서 하이젠베르크와 파울리도 전자를 '장'으로 다루고, 이를 양자화해서 QED를 구축했다.[115] 하이젠베르크는 1928년 봄부터 파울리와 함께 상대론적 양자론을 공식화하는 작업을 했다. 그들은 광자를 전자기장이 양자화 된 것으로 이해할 수 있듯이, 물질 입자도 다양한 장이 양자화 된 것으로 이해할 수 있음을 보여주었다. 이것이 오늘날 양자장 이론의 시작이었다.

디랙은 이어서 전자에 관한 상대론적 양자 이론 연구에 착수했다. 오스카 클라인과 고든 Walter Gordon(1893~1939)이 이미 이 문제를 다루었지만,* 디랙은 그들의 작업에 만족하지 않았다. 바로 특정한 위치에서 전자를 발견할 확률이 음의 값을 갖는 문제였는데, 확률은 양의 값만을 가져야 했다. 디랙은 또다시 엄청난 방정식 놀이를 했다. 1928년 1월과 2월, 한 달 간격으로 접수된 두 편의 논문 「전자의 양자 이론 The Quantum Theory of the Electron」[116]은 아인슈타인의 상대성이론을 만족해야 하는 피할 수 없었던 방법론적 요구를 충족했을 뿐만 아니라, 음의 확률 문제를 해결하는 것을 포함해서 많은 새로운 내용을 담고 있었다. 디랙의 논문은 "천재성과 광

• 클라인과 고든은 1926년에 각각 독립적으로 상대론적 파동방정식을 얻었다[참조: O. Klein, *Z. Phys.* 37, 895 (1926); W. Gordon, *Z. Phys.* to, 117 (1926)]. 오늘날 클라인-고든 방정식이라고 부르는 방정식은 슈뢰딩거가 1925년에 이미 찾아냈으나 발표하지 않았다.

기 사이의 아찔한 줄타기"라고 표현한 아인슈타인의 평가 그대로였다.

디랙이 찾아낸 새로운 상대론적 슈뢰딩거 방정식, 즉 '디랙 방정식'을 수소 원자에 적용시킨 결과는 놀라웠다. 1925년에 울렌벡과 호우트스미트가 자기장에 의해 스펙트럼선이 둘로 갈라지는 현상을 설명하기 위해 임의로 도입했던 전자의 스핀이 자연스럽게 나타난 것이다. 그의 이론에 따르면 전자는 $\hbar/2$ 크기의 스핀을 가져야 했고, 이와 관련된 두 개의 스핀 각운동량(자기 모멘트)도 가져야 했다. 디랙은 원자 내 전자의 정상상태의 수가 이론에서 제시한 것의 두 배인 것으로 관찰된 문제를 언급하며 이런 '이중성duplexity' 문제의 해결을 염두에 두고 이렇게 기술했다.

"자연이 왜 전자를 그냥 점전하로만 놔두지 않고 이런 특별한 성질을 가지도록 선택해야 했는지에 관한 의문이 남아 있다. 점전하인 전자에 양자역학을 적용하는 이전 방법에서 불완전한 점을 찾아 없애면 임의의 가정 없이 이중성 현상이 자연스럽게 나올 것이다. … 상대성이론과 일반변환 이론의 요구 사항을 모두 충족하는 점전하 전자에 대한 간단한 해밀토니언은 다른 가정 없이 모든 이중성 현상을 설명할 수 있다."

그리고 수소 원자의 스펙트럼을 전자의 스핀과 궤도운동량의 합인 총각운동량으로 새롭게 분류할 수 있었다. 동시에 디랙은 또 다른 어려운 문제에 맞닥뜨렸는데, 파동방정식에서 전자의 운동에너지가 양수인 해 외에도 물리적 의미가 없는 것처럼 보이는 음의 운동에너지를 갖는 해가 똑같은 수로 존재한다는 사실이었다. 다른 사람들은 이를 무시하고 지나갔지만, 디랙은 이 문제를 심각하게 들여다보았다. 그러나 답을 얻기까지는 2년이란 시간이 더 필요했다. 전자기장에서 음의 에너지를 갖는 파동함수의 해를 조사한 디랙은 마침내 그것이 양전하를 가진 입자처럼 행동한다는 것을 발견하고 이렇게 선언했다. "음의 에너지를 지닌 전자는 외부장 안에서 마치 양전하를 띠고 있는 것처럼 움직인다."

디랙은 "세상에는 너무 많은 전자가 있어서 가장 안정적인 상태, 더 정확하게는 속도가 작은 몇몇 상태를 제외한 모든 음의 에너지 상태는 모두 점유되어 있다"는 과감한 가정을 했다. 그리고 "전자는 파울리의 배타 원리를 따르므로 양의 에너지 상태에 있는 전자가 음의 에너지 상태로 옮아갈 가능성은 매우 희박하다. 따라서 관찰되는 전자들은 모두 양의 에너지를 가진 것들이다"라고 했다. 디랙은 음의 에너지 상태에는 무한개의 전자들이 균일하게 분포하고 있어서 마치 전체가 완전히 검은 종이처럼 전혀 아무것도 관찰할 수 없을 것으로 예측했다. 그리고 고요한 상태에서 조금이라도 벗어나 음의 에너지 상태가 비게 되면 검은 종이에 생긴 구멍처럼 관찰이 가능할 것으로 기대했다. 디랙은 1930년에 발표한 논문 「전자와 양성자의 이론A Theory of Electrons and Protons」[117]에서 점유되지 않은 음의 에너지 상태를 '구멍hole'이라고 불렀고, 양전하를 가진 입자인 '양성자'가 이 구멍에 해당한다고 믿었다.

음의 에너지 상태에 생긴 구멍에 해당하는 입자를 '반입자antiparticle'라고 하는데, 반입자의 존재가 디랙 방정식의 해로 자연스럽게 나온 것이다. 그러나 양성자가 전자의 반입자라는 디랙의 생각은 곧 도전을 받았다. 양성자가 전자의 반입자일 경우 이론적인 소멸 확률이 실제보다 훨씬 컸기 때문이다. 오펜하이머는 이로부터 전자와 양성자를 서로 독립적인 입자로 보아야 한다는 반론을 제기했다.[118] 디랙도 양성자의 질량이 전자와 매우 다른 비대칭적 문제를 인식했지만, 자신의 해석을 고수하다가 결국 음의 에너지 구멍이 양성자라는 생각을 포기했다. 그리고 새로운 입자, 즉 그가 '반전자anti-electron'라고 부른 '양전자'의 존재를 예측하게 된다.

음의 에너지 상태를 전자들로 가득 채운 깊고 고요한 상태를 나중에 '디랙의 바다Dirac's sea'라고 부르게 된다. 디랙은 이런 상태를 진공으로 간주할 것을 제안했다. 진공은 아무것도 없는 것이 아니라, 오히려 가득 채워진 상태였다. 이제 충분한 에너지의 광자를 흡수하면 전자-양전자 쌍이 생성될 수 있으며, 이 과정을 '쌍생성pair creation'이라고 한다. 반대로 양의 에너지를 가진 전자가 구멍으로 떨어져 음의 에너지 상태를 채우면 전자와 양전자가 함께 사라지면서 빛이 방출된다. 이것은 상호작용을 하는 과정에서 입자의 수를 고정시킬 필요가 없음을 보여준 것으로서, 입자의 생성과 소멸 현상이 디랙의 이론에서 자연스럽게 나온 것이다.

1932년에 앤더슨Carl Anderson(1905~1991)은 우주에서 오는 강력한 방사선(우주방사선cosmic ray)에서 양전자를 발견하게 된다. 그는 자기장 속에 놓인 안개상자 사진에서 예상치 못한 입자 궤적을 발견했다. 납판을 통과하면서 에너지를 잃은 입자의 궤적은 상당히 휘어져 있었다. 자기장의 방향을 알고 있었기 때문에 궤적의 방향과 곡률의 변화로 입자의 질량과 전하를 계산할 수 있었는데, 놀랍게도 이 입자는 전자와 질량은 같지만 전하는 반대인 '양전자'였다. 사진은 너무나 선명해서 이 하나의 사건만으로도 양전자의 존재를 확신하기에 충분했다. 이 예상치 못한 양전자의 발견은 디랙의 이론에 엄청난 성공을 보장했다. 이 이론은 모든 기본 입자에 대한 물리학의 출발점이 되었으며, 우주의 진화를 설명하는 기본 토대 이론으로 발전하게 되었다.

사람들에게 알려지는 것을 싫어했던 디랙은 1933년 슈뢰딩거와 함께 노벨상 수상자로 지명되자 수상을 거부하려고 했다. 오직 물리학에만 관심이 있었고, 상이나 명예에는 관심이 없었던 디랙은 수상을 거부하면 더 유명하게 될 것이라는 러더퍼드의 설득으로 결국 수상을 수락했다. 양전자를 발견한 앤더슨은 1936년 우주방사선을 발견한 헤스Victor Hess(1883~1964)와 공동으로 노벨물리학상을 수상했다.

아인슈타인의 우주와 새로운 우주관

1927년의 제5차 솔베이 물리학 회의에서는 또 다른 중요한 만남이 있었다. 우주의 기원에 관한 '대폭발Big bang 이론'*을 창시한 르메트르Georges Lemaître(1894~1966)와 아인슈타인의 만남이었다. 1927년 벨기에의 가톨릭 신부이자 물리학자였던 르메트르는 잘 알려지지 않은 벨기에의 학술지 ≪브뤼셀과학학회 연보Les Annales de la Société Scientifique de Bruxelles≫에 주목할 만한 논문을 발표했다. 르메트르는 아인슈타인의 일반상대성이론 방정식에 대한 동역학적 해를 찾아내고, 허블Edwin Hubble(1889~1953)보다 2년이나 앞서 우주 팽창 속도와 거리와의 관계를 도출했다.** '허블-르메트르 법칙'은 우주의 팽창 속도가 우리와의 상대거리에 비례한다는 법칙으로, 비례 상수를 '허블-르메트르 상수'라고 한다.

한편, 아인슈타인은 새로운 중력 법칙인 일반상대성이론을 발표한 직후부터 자신의 이론을 우주의 시공간적 구조를 밝히는 데 적용하려고 시도했다. 그의 우주론의 주요 동기는 일반상대성이론의 개념적 기초를 명확히 하려는 것이었다. 중력이론의 적용은 우주가 중력으로 붕괴되는 모

---

* '빅뱅'이란 용어는 1949년 BBC 라디오 방송에서 정상우주론을 지지하던 천문학자 호일(Fred Hoyle, 1915~2001)이 르메트르의 이론을 비꼬듯이 장난스럽게 붙인 이름인데, 대중적인 이름이 되었다.

** 프랑스어로 쓰인 논문의 제목은 「은하계 외 성운의 반경 속도를 설명하는 일정한 질량과 늘어나는 반경의 균일한 우주」인데, 1931년 르메트르 자신이 영어로 번역하여 왕립천문학회(Royal Astronomical Society)의 월보(Monthly Notices)에 실은 논문에서는 허블의 법칙을 설명하고 우주의 팽창률을 도출한 문단을 삭제했다. 자신의 발견에 대한 우선권에 전혀 집착하지 않았던 르메트르는 1929년에 허블의 결과가 발표되었다는 점을 감안하여 자신의 초기 발견을 반복하는 것이 아무런 의미가 없다고 생각했기 때문이었다. 국제천문연맹(International Astronomical Union)은 2018년 르메트르의 업적을 인정하고 이 법칙을 '허블-르메트르 법칙'으로 알려야 한다고 권고하는 결정을 내렸다.

습, 즉 언젠가는 중력의 작용으로 서로 잡아당겨져서 한곳으로 모여드는 사건이 생길 것을 예측한다. 하지만 이는 현재 관측되는 우주의 모습과는 달랐다. 중력붕괴의 문제는 뉴턴도 고민했었고, 그가 생각한 해법은 무한한 대칭적 우주였다. 모든 물체가 모든 방향으로 똑같은 크기로 서로 잡아당기는 힘을 받고 있으면 안정된 상태를 유지할 것이라는 것이다. 그러나 무한한 대칭적 우주 구조는 매우 불안정하다. 혜성 같은 것이 나타나 조금만 균형을 깨뜨리면 결국 파국으로 이어질 수 있기 때문이다. 그래서 뉴턴은 우주의 운행에 신이 개입한다는 생각을 했다. 반면에 아인슈타인은 1917년에 자신의 일반상대성이론에 '우주 상수cosmological constant'를 포함시키는 수학적인 방법으로 우주가 붕괴하지 않도록 했다.[119]

중력의 효과를 상쇄시키는 우주 상수의 도입은 비록 정적이고 영원한 우주의 모습을 되찾게 해줄 수는 있었지만, 그 의미는 알 수 없었다. 우주 상수가 해석 측면에서 아인슈타인에게 상당한 도전이 되었다는 데는 의심의 여지가 없다. 사실, 아인슈타인이 우주 상수를 불편하지만 수학적으로 필요한 것으로 여겼다는 충분한 증거가 있다. 그는 네덜란드의 천문학자 드시터에게 보낸 편지에서 우주 상수에 대해 예지적인 언급을 남겼다.

"어쨌든 한 가지는 확실합니다. 일반상대성이론은 장 방정식에 (우주 상수) $\lambda g_{\mu\nu}$라는 항을 추가하는 것을 허용합니다. … 실제 지식이 충분히 쌓이면 언젠가는 λ가 없어질지의 여부에 대한 의문에 경험적으로 답할 수 있을 것입니다. 신념은 원동력을 주는 좋은 면이 있지만, 판단을 흐리게 하는 나쁜 점도 있습니다!"

이어서 1919년 논문에서도 아인슈타인은 우수 상수가 "(일반상대성)이론의 수학적 아름다움을 심하게 훼손하고 있다"고 스스로 평가했다.[120]

그런 가운데 르메트르가 영원불변하는 정적인 우주관에 도전장을 내밀었던 것이다. 르메트르도 1927년 솔베이 회의에 초대를 받았는데, 친구의 권유로 르메트르의 논문을 이미 읽었던 아인슈타인은 르메트르와의 만남에서 자연스럽게 우주에 관한 이야기를 나누게 되었다. 아인슈타인은 대화 가운데 프리드만Alexander Friedman(1888~1925)도 비슷한 연구를 했다고 알려주면서, "계산은 정확하지만 물리적 관점에서는 받아들이기 어려운 것"이라는 부정적 의견을 말했다. 르메트르의 회고에 따르면, 아인슈타인의 부정적 반응은 그가 은하의 후퇴 속도 등 당시 천문학적 사실을 거의 알지 못했던 사실에 원인이 있었다.

프리드만은 르메트르보다 앞선 1922년에 이미 우주가 팽창으로 시작되었다는 완전히 새로운 우주관을 제시했다. 그는 「공간의 곡률에 대하여On the curvature of Space」란 논문에서 우주 상수의 값에 따라 우주가 어떤 다른 모습을 가지는지를 검토했다. 그중에서 중요한 것이 인위적으로 도입된 우주 상수가 0인 경우다. 우주 상수가 0이면 중력붕괴로 우주가 끝나는 것이어서 대부분의 학자는 생각하지 않던 것이었다. 그러나 프리드만은 논문에서 우주가 영원히 팽창할 수도 있고, 잠시 팽창한 다음 한 지점으로 수축할 수도 있음을 보여주었다.* 아인슈타인의 정적 우주는 특별한 경우였다.

프리드만의 새로운 우주 모형은 팽창 작용과 중력 작용의 상대적인 크기에 따라 중력붕괴도 가능하고, 영원히 팽창하는 우주는 물론, 팽창 속도가 줄어들기는 하지만 영원히 팽창하지는 않는 우주도 설명할 수 있었다. 이런 역동적인 우주의 모습은 마치 지구에서 로켓을 쏘아 올리는 것과 유

• 프리드만의 논문이 나오기 77년 전인 1848년에 시인 에드가 앨런 포(Edgar Allan Poe, 1809~1849)는 「유레카(Eureka): 물질과 영적 우주에 관한 에세이」를 발표했다. 이 에세이에서 포는 우주의 역사를 '원시 입자'의 폭발에서 팽창하는 것으로 기술했다. 심지어 프리드만의 모형 중 하나에서 상상했던 것처럼 우주가 팽창한 다음 다시 한 지점으로 수축하는 것으로 기술했다.

사하다. 충분한 속력으로 쏘아 올리지 못하면 도로 지구로 떨어지지만(중력붕괴), 아주 빠르게 쏘면 지구 중력을 이기고 벗어나 우주로 나가게 되거나(팽창우주) 지구 주위를 안정하게 돌게 되는(정적인 우주) 것과 같다.

정적인 우주에 관한 생각이 강했던 아인슈타인은 프리드만의 논문이 나오자 자세히 살펴보지도 않고 이론이 수학적으로 틀렸다고 반박했다. 프리드만의 반론으로 아인슈타인은 나중에 그의 계산이 옳았음을 시인했지만, 프리드만은 불행하게도 자신의 우주관이 잘 알려지기도 전에 병으로 세상을 떠났다. 잊힐 수밖에 없는 위기에 놓였던 프리드만의 우주론은 다행히 르메트르에 의해 구원을 받게 된 것이다. 르메트르의 결과는 프리드만과는 관계없이 완전히 독립적인 연구를 통해 얻은 것이었다.

르메트르의 접근 방식은 프리드만과는 매우 달랐다. 왜냐하면 프리드만은 자신의 모형을 천문학적 현상과 비교하지 않았지만, 르메트르는 수학적 결과와 물리적 실재, 특히 팽창하는 우주가 보여주는 성운의 후퇴와 같은 천문학적 관측을 결합하여 일반상대성이론의 우주론적 의미를 다루었기 때문이다. 양자 이론을 반대하고 있던 아인슈타인은 우주관에 대해서도 자신의 생각을 고집하면서 우주 팽창 이론을 거부했다. 그러나 몇 년 후에는 상황이 완전히 뒤집어지게 되었다.

1929년에 허블이 은하에서 방출되는 빛이 가시광선 스펙트럼의 붉은색 쪽으로 이동하는 '적색편이red shift'를 관측하여 은하가 거리에 비례하는 속도로 지구에서 멀어지고 있다는 증거를 찾아냈기 때문이다. 르메트르의 이론은 처음에는 그다지 주목을 받지 못하다가 1930년경에 에딩턴과 드 시터가 이를 널리 알리는 데 기여하면서 '재발견'되었다. 그리고 아인슈타인은 1931년에 이르러 팽창하며 진화하는 우주관을 완전히 받아들였다.

르메트르는 우주가 진화하고 있다면 팽창하는 우주의 과거는 지금보다 작았을 것이고, 더 먼 과거로 가면 전체 우주가 원시 원자라는 아주 작은 크기로 굉장히 압축된 상태가 될 것으로 생각했다. 이러한 통찰력을 통해 우주 창조의 순간에 이른 르메트르는 그 작은 원시 원자의 폭발에서 방출되는 에너지가 팽창하는 우주 진화의 원동력이라고 생각했다.

빅뱅 이후의 우주는 초기에 양자적인 효과가 지배적이었기 때문에 양자역학은 우주론에서 초기 우주의 발전과 우주 구조 형성을 이해하는 데에 중요한 도구로 활용된다. 고전 우주론은 일반상대성이론을 기반으로 하여 빅뱅의 사건에 가까이 가지 않는 한 우주의 진화를 아주 잘 설명한다. 반면에 '양자 우주론quantum cosmology'은 고전 우주론으로는 해결하지 못하는 문제, 특히 우주의 첫 번째 단계와 관련된 질문에 답하려고 시도한다. 이와 관련하여 르메트르는 다음과 같은 생각을 ≪네이처≫에 발표했다.

"양자 이론의 관점에서 열역학 원리는 다음과 같이 기술될 수 있다. (1) 일정한 총량의 에너지는 띄엄띄엄한 양자에 분포된다. (2) 개별 양자의 수는 계속 증가한다. 시간의 흐름에 따라 과거로 돌아가면 점점 더 적은 양자가 있어야 하며, 결국 우주의 모든 에너지가 몇 개 또는 심지어 단 한 개의 양자에 들어 있는 것을 발견하게 된다.

… 원자 과정에서 공간과 시간의 개념은 통계적 개념에 불과하다. 소수의 양자만 포함하는 개별 현상에 적용하면 이 개념들은 사라진다. 세상이 단일 양자로 시작되었다면 공간과 시간의 개념은 처음부터 아무런 의미가 없을 것이다. 그것들은 원래 양자가 충분한 수의 양자로 나뉘어졌을 때에만 합리적인 의미를 갖게 될 것이다. 이 제안이 맞는다면, 우주의 시작은 공간과 시간의 시작 직전에 일어났다. 나는 그러한 우주의 시작이 자연의 현재 질서와는 너무나 동떨어져 있어서 전혀 모순이 없다고 생각한다.

… 우리는 우주의 시작을 한 개의 원자 형태로 생각할 수 있으며, 그 원자량은 우주의 총질량이다. 이 매우 불안정한 원자는 일종의 초방사성 과정을 통해 점점 더 작은 원자로 분열될 것이다. …

진화의 전체 과정이 초기 양자 자체에 숨겨져 있을 수 없음은 명백하다. 하지만 불확정성의 원리에 따르면 그럴 필요가 없다. 우리 세상은 지금 무언가가 실제로 일어나는 세상으로 이해되고 있다. 세상의 모든 이야기가 축음기판에 있는 노래처럼 맨 처음의 양자에 기록되어 있을 필요는 없다. 세상의 모든 물질은 처음에 존재했어야 하지만, 진화에 관한 이야기는 단계적으로 하나씩 써질 수 있다."[121]

일반상대성이론이 공간과 시간에 관한 최종 이론이 되려면 우주가 탄생하는 빅뱅의 순간을 설명할 수 있어야 하는데, 실제로는 그렇지 못하다. 따라서 일반상대성이론과 양자 이론을 통합한 이론이 필요하다. 우리는 아직 이러한 단계에는 이르지 못하고 있다.

제6차 솔베이 회의와 아인슈타인의 재도전

보어와 아인슈타인과의 논쟁은 1930년 브뤼셀에서 열린 제6차 솔베이 물리학 회의에서 극적인 전환을 맞아 새로운 국면으로 접어들게 된다. 1930년대에 보어 연구소는 "모든 길은 코펜하겐으로 통한다"라고 말할 만큼 양자물리학의 세계 중심지가 되었다. 보어와 그의 젊은 동료들은 코펜하겐 해석에 대한 모든 도전에 맞서 항상 공동 전선을 형성했고, 코펜하겐 해석은 곧 양자역학의 교리처럼 굳어지기 시작했다. 그럼에도 불구하고 아인슈타인은 코펜하겐 해석에 대한 도전을 멈추지 않았다. 소위 '얽힘'에 관한 긴 논쟁이 시작된 것이다.

아인슈타인은 1928년 4월 스위스를 방문하던 중 심장비대증으로 쓰러졌다. 이 무렵 물리학계는 아인슈타인이 논쟁에서 졌다고 생각했고, 보어의 코펜하겐 학파가 공식화한 양자역학을 완성된 이론처럼 여겼다. 1929

년 노벨물리학상 수상자로 아인슈타인이 추천한 드브로이를 포함하여 아인슈타인의 가장 가까운 동조자들조차도 그렇게 생각했다. 그러나 아인슈타인과 슈뢰딩거는 여전히 보어에게 동의하지 않았다.

아인슈타인이 병상에서 회복하는 동안 보어는 코모에서 강의했던 '양자 가설과 원자 이론의 최근 발전'에 관한 내용을 논문으로 작성하여 영어, 독일어, 프랑스어 세 가지 언어로 출판했다. 보어는 여기서 상보성과 양자역학에 관한 자신의 생각에 대해 코모와 브뤼셀에서 발표한 것보다 더 세련되고 발전된 설명을 덧붙였다. 보어는 먼저 이 논문의 사본을 슈뢰딩거에게 보내 그를 설득하려고 했다.

이에 대해 슈뢰딩거는 고전적인 용어로는 계를 정확하게 기술할 수 없으므로, 이를 극복할 수 있는 새로운 개념을 도입할 필요가 있다고 대답했다. 그러면서도 "이 개념적 체계를 새로 찾아내는 것은 의심할 여지 없이 매우 어려울 것입니다. 왜냐하면 교수님께서 많이 강조하신 것처럼, 새롭게 요구되는 방식은 공간과 시간, 인과론과 같은 우리 경험의 가장 깊은 수준에까지 영향을 미치기 때문입니다"라고 덧붙였다. 그러나 보어는 오랜 경험적 개념이 "인간의 시각화 수단의 기초"와 분리될 수 없을 정도로 연결되어 있기 때문에 새로운 개념이 필요하지 않다는 답신을 보냈다.

보어는 고전적 개념이 제한적으로 적용되는 것이 문제가 아니라, 관찰이란 개념을 분석할 때 불가피하게 나타나는 상보적 특성이 더 중요하다는 입장을 다시 밝혔다. 그러면서 자신의 편지 내용을 아인슈타인과 논의해 줄 것을 슈뢰딩거에게 부탁했다. 슈뢰딩거가 보어와의 교신 내용을 전했을 때, 아인슈타인은 "신경안정제와 같은 하이젠베르크-보어의 철학(어쩌면 종교?)은 매우 정교하게 고안되었기 때문에 당분간은 그의 신봉자들이 쉽게 벗어날 수 없는 부드러운 베개 역할을 할 것이네. 그러니 거기 그대로 누워 있도록 두시게나"라는 답신을 보냈다.

보어가 강조했던 인식론적 문제는 1929년 플랑크의 70번째 생일을 기넘하여 ≪자연과학≫에 기고한 논고에서 더 명확하게 드러났다. 아인슈타인을 설득하려는 의도로 작성되었다고 볼 수 있는 이 논고에서 보어는 다시 이렇게 강조했다. 원자 현상을 지배하는 근본적인 규칙성을 논리적으로 이해하기 위해서는 객체의 독립적인 거동과 시공간적 틀을 규정하는 측정 장치와의 상호작용을 명확하게 구분할 수 없음을 깨달아야 한다고.

아인슈타인은 자연현상이 관찰자와는 상관없이 자연법칙에 따라 전개된다는 믿음, 즉 물리적 실재를 굳게 믿고 있었다. 아인슈타인은 플랑크 메달 수상식에서도 자신의 견해를 다시 명확하게 밝혔다. 그는 "젊은 세대 물리학자들이 이룬 양자역학이라고 하는 업적을 매우 높이 평가하며 그 이론의 심오한 진실을 믿습니다. 그러나 양자역학이 통계적 법칙에 의해 제약을 받는 것은 일시적이라고 생각합니다"라고 청중에게 말했다.

양자 이론이 갖고 있는 확률적 특성이 이론의 불완전함 때문이라고 생각했던 아인슈타인은 평생 이를 극복하기 위해 수없이 노력했다. 1923년 무렵부터 아인슈타인은 중력과 전자기력을 통일하려는 통일장이론을 찾아나서는 고독한 여정을 이미 시작하고 있었는데, 이 연구도 그런 맥락에서 시작된 것이었다. 아인슈타인은 항상 양자역학이 좀 더 완전한 이론에서 도출될 수 있다고 주장했다. 그는 양자역학의 명백한 역설을 해결해야 할 필요성과 전자기력과 중력을 통합해야 할 필요성 사이에 연관성이 있다고 믿었다. 이 새로운 시도에서 그는 상대론적인 장방정식을 바탕으로 해서 상위 결정된 berbestimmten 미분방정식 체계를 유도해 보려고 했다. 비록 죽을 때까지 성공하지는 못했지만, 그는 통일장이론이 양자론에서 나타나는 비결정론적 성격을 해결하고 관찰자와는 독립적인 실재와 인과론을 지켜줄 것이라고 믿었다.

제6차 솔베이 물리학 회의는 1928년에 사망한 로렌츠를 이어 새로 의장이 된 랑주뱅이 주재한 첫 회의였다. 회의의 주제는 랑주뱅 자신이 중요한 기여를 한 '물질의 자기적 특성 Magnetic Properties of Matter'이었다. 1925년 이후 발전한 양자역학은 물질의 자기적 성질을 이해하는 데 중요한 진전이 있었다. 보어와 아인슈타인은 직접적으로 물질의 자기적 성질과 관련된 분야에 기여한 바가 없었지만, 솔베이 과학위원회 위원으로서 회의에 초대되었다. 이때 아인슈타인은 불확정성원리와 코펜하겐 해석에 치명타를 입히려고 설계한 새로운 사고실험으로 무장하고 브뤼셀로 향했다.

회의는 조머펠트가 자성magnetism과 분광학에 대한 보고로 시작되었다. 특히 원자의 전자 구성에 대한 연구에서 얻은 각운동량과 자기 모멘트에 대한 지식을 논의했으며, 이는 주기율표에 대한 설명으로 이어졌다. 페르미는 원자핵의 자기 모멘트에 대한 보고를 했는데, 이는 스펙트럼선의 소위 초미세 구조의 원인이었다. 특히 바이스와 그의 동료들은 물질의 자기적 특성에 관한 실험적 연구를 통해 자성에 대한 새로운 지식을 보탰다. 이들은 퀴리온도라고 하는 상전이 온도에서 자성체 물질의 특성이 갑자기 변하는 '강자성ferromagnetic' 물질의 상태방정식을 논의했다.

물질의 강자성과 관련해서는 바이스가 내부 자기장을 도입함으로써 설명하려고 시도했지만, 이러한 현상을 이해하는 데 중요한 단서를 제공한 것은 하이젠베르크였다. 라이프치히에 자리를 잡은 하이젠베르크는 양자역학의 응용과 확장에 관한 연구에 집중했다. 1928년 5월에 그는 헬륨 문제를 해결하는 데 결정적인 역할을 했던 양자역학적 교환적분exchange integral*을 강자성 물질 내부의 강한 자기장을 설명할 수 있는 원리로 제시했다. 하이젠베르크의 첫 번째 대학원생이었던 블로흐Felix Bloch(1905~1983)는 조금 후에 '스핀파spin wave'를 제안하여 하이젠베르크의 강자성 이

• 같은 스핀을 갖는 전자들의 상호작용을 계산할 때 쓰는 방법이다. 교환상호작용은 파울리 배타 원리와 관련이 있다. 특정 조건에서 인접한 원자의 바깥쪽 전자궤도와 겹칠 때, 전하의 분포는 전자의 스핀이 평행할 때 반대 스핀을 가질 때보다 더 멀리 떨어져 전자의 정전기 에너지를 감소시키게 된다. 즉, 평행-스핀 상태가 더 안정적이게 된다.

론을 보완했다. 1928년부터 1931년까지 하이젠베르크와 그의 제자들은 분자와 금속 이론 발전에 공헌했다.

이어진 보고에서 파울리는 자기 현상을 포괄적으로 처리하는 이론을 내놓았다. 그는 또한 디랙의 전자에 관한 양자 이론이 제기하는 문제에 대해 논의했다. 디랙의 상대론적 양자론은 전자의 고유한 스핀과 자기 모멘트를 자연스러운 방식으로 통합한 이론이었는데, 파울리의 질문은 전자의 질량과 전하처럼 스핀과 자기 모멘트를 정확히 측정할 수 있을 것인지에 관한 것이었다. 전자의 질량과 전하는 고전적 용어로 이해할 수 있는 현상을 기반으로 정의할 수 있었다. 반면에 스핀의 개념은 작용양자와 마찬가지로 고전적으로 분석할 수 없는 추상적인 개념으로 각운동량 보존법칙의 일반화된 공식에 포함되었다.

파울리의 보고서는 이러한 문제를 자세히 다루었는데, 자유 전자의 자기 모멘트를 측정하는 것은 불가능하다고 언급했다. 이에 보어는 "전자의 고유 자기 모멘트를 직접 측정하는 것이 불가능하다고 해서 스핀의 개념이 스펙트럼선의 미세한 구조와 전자기파의 편광을 설명하는 수단으로서의 중요성을 상실했음을 의미하지 않는다"면서 양자역학에서는 스핀의 개념만이 고전적 개념을 기초로 하여 해석하는 것이 부적절하다고 언급했다.

자기 현상의 연구를 위한 실험 기술의 개발도 보고되었다. 카피차Petre Capitza(1894~1984)는 매우 제한된 공간과 시간 간격 내에서 이전에는 가능하지 않았던 크기의 자기장을 만들어내는 데 성공했다. 코튼Aimé Cotton (1869~1951)은 일정한 자기장을 만들어내는 거대한 영구 자석을 설계했다.

제6차 솔베이 회의의 수요 수제는 자기 현상이었지만, 그 당시 물질의 다른 물리적 특성을 이해하는 데도 큰 신선이 있었나. 이 무렵에는 1924년 제4차 솔베이 물리학 회의에서 이해할 수 없었던 금속의 전기전도도에 관한 수많은 문제를 이해할 수 있게 되었다. 조머펠트는 1927년에 전자의 속도에 대한 맥스웰 분포를 페르미 분포로 바꾸어 금속의 전기전도도 이론에서 중요한 결과를 얻었다. 이를 기반으로 블로흐는 파동역학을 이용하여 전기전도도의 온도 의존성을 포함한 금속 전도에 대한 자세한 이론을 개발했다. 그렇지만 이들 이론은 여전히 초전도성을 설명하지 못했다. 초전도성 이해의 단서는 1950년대가 되어 다체계의 상호작용을 처리하는 정교한 방법을 개발하면서 찾게 되었다.

1930년 솔베이 물리학 회의에서 재개된 양자역학의 의미와 실재의 본질을 둘러싼 아인슈타인과 보어 사이의 논쟁은 1927년의 논쟁과 비슷했다. 양자역학의 기초와 해석 문제는 회의 주제와는 거리가 멀었기 때문에 아인슈타인의 재도전은 당연히 회의의 공식 세션 밖에서 주로 이루어졌다. 아인슈타인은 새로운 사고실험을 통해 물체와 측정 장치 사이의 운동량과 에너지 교환을 제어하는 것이 가능하다고 주장했다. 양자역학에서 소위 '분리 가능성' 또는 '국소성'의 개념과 '얽힘'에 관한 긴 논쟁이 새로 시작된 것이다.

아인슈타인은 보어에게 빛으로 가득 찬 상자를 상상해 보라고 했다. 상자 벽에는 상자 안의 시계로 열고 닫을 수 있는 구멍이 있고, 이 시계는 실험실의 다른 시계와 잘 맞추어져 있다. 이제 상자의 무게를 잰 다음, 시계를 설정하여 특정 시간에 아주 짧은 시간 동안 구멍을 열어 광자 하나가 빠져나갈 수 있게 한다. 그러면 광자가 상자를 빠져나간 정확한 시간을 알 수 있다. 아인슈타인이 제안한 모든 것은 간단하고 논쟁의 여지가 없는 것처럼 보였다. 그러고는 결정적인 말을 했다. 상자의 무게를 다시 달아 보면 광자가 빠져나가기 전과 후의 질량 차이를 쉽게 알아낼 수 있고, 그러면 $E=mc^2$의 관계로부터 빠져나간 광자의 에너지를 정확히 계산할 수 있다는 것이다.

$E=mc^2$는 아인슈타인의 특수상대성이론에서 파생된 에너지-질량 관계식으로, E는 에너지, m은 질량, c는 빛의 속도다. 무게 측정만 정확하면 광자의 에너지에는 불확정성이 없다. 따라서 에너지 불확정성과 시간 불

확정성의 곱은 플랑크 상수보다 훨씬 작을 수 있으며, 이는 분명히 하이젠베르크의 불확정성원리를 위반하는 것이다. 게다가 멀리 떨어진 곳에 거울을 두어 빛이 반사되어 되돌아오도록 하면, 그때의 시간 또는 빛의 에너지도 정확히 알 수 있다며 양자역학의 비결정론적 성질을 반박했다.

방심했던 보어는 그 순간 자신과 코펜하겐 해석이 심각한 곤경에 빠져 있다는 것을 깨닫고 당황하기 시작했다. 불확정성원리는 상보적 변수 쌍, 즉 위치와 운동량 또는 에너지와 시간에만 적용된다. 1930년에 이렇게 놀라울 정도로 작은 변화를 측정하는 것은 불가능했지만, 사고실험의 영역에서는 문제가 되지 않았다. 이 사고실험은 아인슈타인이 하이젠베르크의 불확정성원리가 허용하지 않는 정도의 정확도로 광자의 에너지와 탈출시간을 동시에 측정할 수 있도록 고안한 것처럼 보였다. 따라서 원칙적으로 원자 물체와 상호 작용할 때 전달되는 에너지를 제어할 수 있다는 주장이 가능했다.

불확정성원리에 대한 완전한 확신을 가지고 있었던 보어는 아인슈타인이 무언가를 놓쳤다는 것을 느꼈지만, 그것이 무엇인지 즉시 찾아낼 수 없었다. 그날 저녁이 다 지날 무렵까지 보어는 해결책을 찾을 수 없었고, 아인슈타인은 의기양양해 있었다. 보어에게 이것은 상당한 충격이었다. 당시 보어의 조수였던 로젠펠트Léon Rosenfeld(1904~1974)는 이 상황을 이렇게 적었다.

"저녁 내내 보어는 극도로 흥분했고, 과학자 한 명 한 명에게 가서 그럴 리가 없다고 설득하려고 했다. 아인슈타인이 옳다면 물리학은 끝장이라고. 하지만 그는 역설을 해결할 방법을 생각해 내지 못했다. 클럽을 나설 때 두 사람의 모습을 결코 잊지 못할 것이다. 키 크고 당당한 모습의 아인슈타인은 차분하게 걸으며 약간 아이러니한 미소를 지었고, 보어는 흥분에 가득 차서 그 옆을 따라 걸었다."

그림 7-1 1930년 솔베이 회의에 참석한 아인슈타인과 보어가 브뤼셀 거리를 걷는 모습
의기양양하면서도 냉소적인 미소를 짓는 듯해 보이는 아인슈타인과 걱정스럽게 질문을 하는 보어의 모습이 엿보인다.

그러나 다음 날 아침 보어는 피곤해 보이지만 기분이 좋아진 모습으로 나타났다. 밤을 지새운 보어는 아인슈타인에게 반박할 답을 찾아냈는데, '보어의 승리'라고 부를 만큼 기가 막힌 논증을 들고 나왔다. 아인슈타인이 특수상대성이론으로 보어를 공격했다면, 보어는 이제 아인슈타인의 일반상대성이론으로 그를 공격할 것이다.

보어의 핵심적인 통찰은 상자의 무게를 측정하는 과정이 양자 과정만큼이나 중요하다는 것이고, 이것은 코펜하겐 해석의 기반 중 하나였다. 그는 자신이 그려온 빛 상자 실험 장치로 설명을 시작했다. 빛 상자에서 광자가 빠져나가면 상자의 무게가 변하고, 무게를 측정하는 스프링에 매달린 상자의 높이가 변한다. 높이의 변화는 중력장의 변화를 초래하므로 일반상대성이론에 따라 상자 속의 시계가 다른 속도로 똑딱거리게 된다. 따라서 일반상대성이론에 따른 시간에 대한 불확정성과 특수상대성이론에 의한 상자 무게에 대한 불확정성을 곱하면 플랑크 상수보다 큰 결과를 얻을 수 있었다. 하이젠베르크의 불확정성원리가 여전히 성립함을 보여준 것이다.

보어는 원자 현상을 연구할 때, 기준계를 정의하는 적절한 측정 기구와 관찰 대상 사이의 무시할 수 없는 양자 효과를 잘 검토할 필요성을 다시 강조했다. 그럼에도 불구하고 아인슈타인은 보어에게 자연을 설명하기 위한 확립된 원칙이 없는 듯 보인다면서 여전히 불만을 표시했다. 보어는 이에 동의하면서도 자신의 관점을 밝혔다. 완전히 새로운 경험에 질서를 부여하는 과제를 다룰 때, 아무리 널리 받아들여지고 익숙한 원칙이라고 하더라도 논리적 불일치를 피해야 한다는 요구 사항을 제외하고는 믿어서는 안 된다는 것이다. 다만 이런 측면에서 양자역학의 수학적 형식은 확실히 모든 요구 사항을 충족한다고 했다.

끝나지 않은 양자 논쟁

그러나 이 토론에서 보어가 놓친 것이 있었다. 보어는 회고록에서 빛상자 실험에 대해 자세히 논의했는데, 그는 그것을 불확정성 관계를 부정하려는 아인슈타인의 또 다른 시도라고 보았다. 반면에 아인슈타인이 논증하려고 했던 것은 1927년의 솔베이 물리학 회의에서와 마찬가지로 불확정성의 원리만이 아니라 양자역학의 불완전성에 관한 것이었다. 아인슈타인은 실세로 불확정성원리를 더 이상 의심하지 않았다. 그렇지만 여전히 양자역학이 '완전한' 이론이 아니라고 믿었던 그는 보어가 피할 수 없는 완벽한 사고실험을 계속해서 찾았다.

아인슈타인의 이러한 의도는 에렌페스트가 아인슈타인을 방문한 직후인 1931년 7월 9일에 보어에게 보낸 편지에 잘 나타나 있다. 편지에서 에렌페스트는 아인슈타인의 빛 상자 실험이 불확정성 관계를 반박하기 위한 것이 아니라, 완전히 다른 목적을 위해 고안된 실험이라고 말했다. 에렌페스트의 설명에 따르면, 아인슈타인의 실제 의도는 한 위치에서 선택한 측정이 측정 당시에 멀리 떨어져 있는 계에 대한 양립할 수 없는 두 물리량 중 하나를 정확히 예측할 수 있는 예를 보여주려는 것이었다.

빛 상자 실험의 예에서 상자를 빠져나온 광자가 알고 있는 먼 거리를 이동한 후 거울에 반사되어 상자로 되돌아오는 경우를 생각해 보자. 실험자가 시계의 눈금을 확인하면 광자가 아무리 멀리 있어도 그것이 되돌아오는 시각을 정확하게 예측할 수 있다. 또는, 실험자가 상자의 무게를 측정하는 경우, 광자가 아무리 멀리 떨어져 있어도 되돌아오는 광자의 에너지를 정확하게 예측할 수 있다. 즉, 광자가 빠져나간 후 나중에 다른 측정 장치와 상호 작용하여 만들어진 정보가 없어도 광자가 도착하는 순간이나 에너지에 대한 정확한 예측이 가능하다는 것이다.

이 작업은 광자가 멀리 떨어져 있는 동안 이루어진다. 아인슈타인은 이 실험에서 두 가지 주장을 하고자 했다. 첫 번째는 멀리 떨어진 곳에서 일어난 사건(즉, 빛의 반사)이 물리적 인과관계에 따라 결정되어 있다는 것이고, 두 번째는 양자역학이 이러한 사건을 설명하기 위해 사용하는 비결정론적·확률론적 접근은 실제로 자연의 진리를 반영하지 못한다는 것이다. 아인슈타인은 먼 거리에 있는 물리계에 독립적으로 존재하는 현상들이 서로에게 영향을 줄 수 없다고 보았고, 이는 양자역학의 비국소적 특성과 상충한다고 생각했다. 이를 아인슈타인의 '분리 가능성의 원리', 또는 '국소성의 원리'라고 말하기도 한다.[122] 이 두 원리는 동등한 의미로 받아들이기도 하지만, 미묘한 차이를 갖고 있기도 하다.

'분리 가능성'이란 공간적으로 분리된 두 계는 각자의 개별적인 실제 상태를 가지고 있다는 것이고, '국소성'이란 모든 물리적 효과는 유한하고 광속 이하의 속도로 전파되므로 공간적으로 분리된 계 사이에는 어떠한 효과도 즉시 전달될 수 없다는 것이다. 따라서 '분리 가능성', 또는 '국소성'에 대한 가정이 의미하는 것은 광자가 되돌아오는 시각과 광자의 에너지가 실제로 미리 결정된다는 것이다. 즉, 측정 전에는 계의 상태를 알 수 없다는 양자 이론이 불완전하다는 결론으로 이어진다. '분리 가능성'은 실제로 아인슈타인의 핵심 관심사였으며, 빛 상자 실험은 나중에 나온 EPR 논증의 한 형태인 것으로 볼 수 있다. 아인슈타인은 이를 통해 양자역학의 불완전성을 논증하려 했던 것이다.

'분리 가능성의 원리'와 '국소성의 원리' 사이에는 필연적인 연관성이 없지만, 종종 마치 하나인 것처럼 언급된다. 가장 중요한 것은 두 계의 분리 가능성이 둘 사이에 상호작용이 없다는 것을 의미하지 않으며, 상호작용의 존재가 분리 불가능성을 나타내는 것도 아님을 이해해야 한다는 것이다. 분리 가능성 원리는 물리적 계의 개별화 원리로서 주어진 상황에서 하나의 계만 있는지 두 개의 계가 있는지를 결정하는 원리다. 두 계가 분리 가능하지 않다면, 그 사이에 상호작용은 있을 수 없다. 왜냐하면 그것들은 실제로 전혀 두 계가 아니기 때문이다.

아인슈타인은 1931년 내내 어디를 가든 빛 상자에 관한 사고실험을 선보였다. 매번 실험을 조금씩 수정하여 온갖 가능성을 살피면서 EPR을 향해 나아가고 있었다. 그는 '광자에 전혀 영향을 주지 않고' 광자가 도착하는 시간이나 광자의 에너지 중 하나를 정확하게 예측할 수 있다고 주장했다. 그러나 보어는 아인슈타인의 관점을 잘못 이해하고 불확정성원리를 지키려는 노력에만 집중했다. 빛 상자 실험에 관한 반론에서 보어는 많은 의심을 해소했지만, 그 후 보어 스스로 만족하시 못하고 무언가 찜찜한 구석을 남겨놓은 듯 불편해했다. 그는 평생 그것에 대해 생각했고, 그가 죽는 날까지 그의 칠판에는 빛 상자 장치에 관한 그림이 남아 있었다.

사실 아인슈타인은 보스 덕분에 공간적으로 분리된 광양자가 서로 독립적일 수 없다는 사실이 새로운 양자 이론의 확고한 특징이 될 것이라는 것을 깨달았다. 광자는 상호작용 때문이 아니라 본질적으로 구별할 수 없기 때문에 서로 독립적일 수가 없다. 그럼에도 불구하고 아인슈타인은 그것을 공간적 분리 가능성과 모순되지 않는 방식으로 해석하거나, 양자역학에 치명적인 결함이 있다는 것을 보여주려고 했다. 결국 이 시도가 성공하지 못하면서 보스-아인슈타인 통계에 관한 그의 논문은 양자물리학에서의 그의 마지막 중요한 공헌이 되고 말았다.

아인슈타인의 고집스러움은 그가 1927년 5월 5일 프로이센 과학아카데미에 제출한, 소위 '숨은 변수 이론'의 가능성을 탐구한 논문을 5월 21일 출판 직전에 철회하는 결정에서 드러난다. 「슈뢰딩거의 파동역학이 계의 운동을 완전히 결정하는가, 아니면 통계적 의미로만 결정하는가?Bestimmt Schrödinger's Wellenmechanik die Bewegung eines Systems vollständig oder nur im Sinne der Statistik?」라는 제목의 이 논문에서 그는 방정식의 해에서 자신의 의도와는 반대로 공간적 '분리 가능성'의 실패, 즉 비국소적 상관관계가 나타나는 사실을 발견했기 때문이다. 아인슈타인의 길을 막은 이 결과는 나중에 슈뢰딩거가 '얽힘'이라고 이름을 붙인 미묘한 현상이었다. 분리 가능성의 원리는 양자 얽힘 현상 앞에서는 무너진다.

아인슈타인의 불완전성 논증은 양자역학이 틀린 것은 아니지만, 아직 완전한 이론이 아님을 보여주려는 것이었다. 1927년과 1930년의 솔베이 회의에서 아인슈타인은 불확정성원리가 성립하지 않음을 보임으로써 양자역학이 일관성이 없고, 따라서 불완전하다는 것을 보여주려고 시도했다. 그러나 보어는 모든 사고실험을 반박하면서 코펜하겐 해석을 지켜냈다. 그 후 아인슈타인은 양자역학의 논리적 일관성을 받아들였지만 여전히 결정적으로 완전한 이론은 아니라고 생각하고 있었다.

아인슈타인은 파동함수가 계의 실제 상태를 완전하게 서술할 수 없다면 양자역학은 불완전하다고 보았다. 켤레를 이루는 물리량을 동시에 정확히 측정할 수 없더라도 정확한 값을 가지고 있는지에 대한 논쟁은 계속되었다. 아인슈타인은 실제로 양자 확률조차도 본질적으로 존재론적이 아니라 인식론적이므로 코펜하겐 해석은 여전히 불완전하다고 주장했다. 실재의 인식론적 본질에 대한 아인슈타인의 지속적인 주장은 나중에 '숨은 변수' 이론에 대한 일련의 연구를 촉발시켰다.

제6차 솔베이 물리학 회의 이후 아인슈타인과 슈뢰딩거는 양자역학에 관한 보어의 해석에 불만을 표시하는 편지들을 서로 주고받았다. 서로를 부추기면서 둘은 보어에 대한 최종 공격을 계획했다. 1931년 9월, 아인슈타인은 하이젠베르크와 슈뢰딩거를 노벨상 후보로 추천하며 양자역학에 대해 "저는 이 이론이 의심의 여지 없이 궁극적 진실의 일부를 담고 있다고 확신합니다"라고 다소 모호하게 언급했다. 그리고 하이젠베르크보다는 슈뢰딩거가 고안한 개념들이 더 깊이가 있기 때문에 그의 업적을 더 크게 평가한다고 적었다. 이에 대해서는 다른 사람들과 의견이 달랐기 때문에 혼란을 느낀 노벨상 위원회는 결국 아무에게도 노벨상을 주지 않았다.

1932년 즈음에 양자역학의 수학적 토대는 더욱 굳건해졌다. 1926년부터 양자역학의 수학적 공리화 문제를 다루기 시작한 폰노이만은 하이젠베르크와 슈뢰딩거의 접근 방식을 포괄하는 수학적 방법을 찾아냄으로써 양자역학에 내재된 수학 이론을 완성했다.[123] 물리학자들은 1930년에 디랙이 완성한 브라-켓 접근 방식을 더 좋아하지만, 수학자들은 폰노이만의 접근 방식이 더 아름답고 완전하다고 평가한다. 나중에 미국 프린스턴의 '고등연구소Institute for Advanced Study'에서 아인슈타인의 동료가 된 그는 아인슈타인이 그토록 싫어했던 양자역학의 확률적이고 비인과적 성질이 돌이킬 수 없는 진리라고 했다.

보어와 아인슈타인의 논쟁을 지켜보는 가운데 에렌페스트는 1931년경부터 수학적 방법론에 매몰된 물리학에 좌절하며 심한 우울증에 빠졌다. 그는 1931년 5월 보어에게 쓴 편지에서 "이론물리학에 대한 흥미를 완전히 잃었네. 더 이상 아무것도 읽을 수 없고, 수많은 논문과 책들의 홍수 속에서 아무것도 이해할 수 없네. 나는 더 이상 가망이 없어 보이네"라고 적었다.

에렌페스트는 문제의 핵심을 끊임없이 찾았는데, 논리적 수단으로 결과를 도출하는 것만으로는 충분하지 않다고 생각했다. 그런 방식은 외다리로 춤추는 것과 같아 보였다. 에렌페스트는 1932년 가을에 자신의 이해 범위를 완전히 벗어난, 새로운 물리학의 세계가 제기하는 질문 목록을 작성하여 ≪자이트슈리프트 퓨어 피지크≫에 보냈다. 논문의 제목은 「양자역학에 대한 몇 가지 흥미로운 질문들Einige die Quantenmechanik betreffende Erkundigungsfragen」이었다. 그의 "흥미로운 질문들"은 젊은 세대의 물리학자들에게는 '의미 없는 질문들'로 보였지만, 실제로는 어느 한 사람만의 혼란스러운 문제가 아니었다. 이 질문들은 이론을 명확하게 할 필요성을 주장함으로써, 이론이 앞으로 나아갈 길을 가리키는 것이었다. 에렌페스트에게 이해의 핵심은 모든 방향으로의 연결을 인식하고, 서로 얽힌 구조를 이해하는 것이었다.

1933년에 독일에서 나치가 집권하자 독일의 과학자들은 정치적 이유로 고통을 겪게 되었다. 양자 논쟁도 이제 솔베이 물리학 회의에서처럼 대면 토론을 통해서가 아니라 학술지를 통해 이루어지게 되었다. 아인슈타인과 보어는 학술지 ≪피지컬 리뷰≫에서, 슈뢰딩거는 ≪자연과학≫에서 보어와 논쟁을 진행했다. 1927~1932년 기간에 베를린 대학교에서 동료로 일했던 아인슈타인과 슈뢰딩거는 그들이 죽을 때까지 보어에게 동의하지 않았다.

아이러니한 점은 그들이 양자역학을 공략하기 위해 고안한 개념이 오늘날 양자 이론의 초석이 되었다는 것이다. 아인슈타인에게는 그의 마지막 공격 무기가 '얽힘'이었고, 슈뢰딩거에게는 '슈뢰딩거의 고양이'가 최종 병기였다. 오늘날 돌이켜보면, '얽힘'과 '슈뢰딩거의 고양이'는 원래 목적이 양자역학의 코펜하겐 해석을 부정하려는 것이었음에도 불구하고, 양자역학을 더 확고하게 만드는 역할을 했다. 어쩌면 양자 이론의 발전과 이해의 폭을 넓히는 데는 이런 과정이 오히려 꼭 필요했는지도 모른다.

광풍이 불다

1930년 제6차 솔베이 물리학 회의가 개최되기 한 달 전 무렵, 독일의 정치적 지형이 바뀌는 전조가 나타났다. 나치가 독일 의회 선거에서 두 번째로 큰 정당으로 부상한 것이다. 이런 변화를 자극한 것은 1929년 10월 미국 증권시장 폭락이 몰고 온 경제대공황이었다. 독일은 지난 5년 동안 미국에서 받은 단기대출로 경제회복의 생명선을 이어가고 있었다. 손실이 늘어난 미국 금융기관들은 기존 대출의 즉각적인 상환을 요구했다. 그 결과 실업자는 급격히 증가했고, 정치적으로 불안정해진 독일은 사실상 의회 민주주의를 포기했다.

아인슈타인이 캘리포니아 공과대학Caltech을 방문할 무렵 독일은 더욱 심각한 경제 침체와 정치적 혼란에 빠져 있었다. 1931년 12월, 대서양을 건너면서 아인슈타인은 일기에 "'나는 오늘 베를린에서의 직위를 기본적으로 포기하고 평생을 날아다니는 새가 되기로 결심했다"고 썼다. 캘리포니아에 있는 동안 아인슈타인은 뉴저지의 프린스턴 대학교에 '고등연구소' 설립을 준비하고 있던 플렉스너Abraham Flexner(1866~1959)를 우연히 만났다. 연구에만 전념하는 기관을 만들고 싶어 했던 플렉스너는 첫 만남에서 세계에서 가장 유명한 과학자인 아인슈타인을 영입하는 데 성공했다. 아인슈타인과의 5년 계약은 1933년 가을부터 시작될 예정이었다.

그러나 칼텍Caltech을 세 번째로 방문한 1933년 1월 말에 히틀러가 독일 총리로 임명되면서 그는 독일로 되돌아가는 것을 포기했다. 독일의 50만유대인의 이주가 시작되었다. 그는 2월 27일에 친구에게 편지를 써서 "히틀러를 생각하면 독일 땅을 밟을 생각은 없네"라고 썼다. 바로 그날 제국 의회 의사당에 불이 붙었다. 나치 테러가 시작된 것이다. 아인슈타인은 그해 3월에 독일의 상황에 대한 생각을 인터뷰에서 공개적으로 밝혔다. "저는 시민적 자유, 관용, 법 앞에서 모든 시민이 평등을 누리는 나라에서만 살 것입니다. 시민적 자유는 정치적 신념을 말과 글로 표현할 수 있는 자유를 의미하고, 관용은 다른 사람의 신념이 무엇이든 존중하는 것을 의미합니다. 현재 독일에서는 이것이 없습니다." 독일은 그를 비난하기 시작했다. 결국 아인슈타인은 3월 28일 브뤼셀의 독일 대사관에 여권을 반납하면서 두 번째로 독일 시민권을 포기했고, 프로이센 아카데미에도 사직서를 제출했다.

나치의 광풍은 베를린과 전국의 모든 주요 대학 도시에서 '반독일적' 서적을 불태웠고, 반유대주의를 합법화하면서 독일 유대인들에게 박해를 가하기 시작했다. 4월 7일에 통과된 '공무원 복직법Gesetz zur Wiederherstellung des Berufsbeamtentums'은 나치의 정치적 반대자, 사회주의자, 공산주의자, 유대인을 표적으로 삼았다. 국가기관인 대학에서는 교수를 포함한 1000명 이상의 학자들이 해고되거나 사임했다. 1933년 이전 물리학계의 거의 4분의 1, 모든 이론물리학자의 절반 정도가 강제로 추방되었다. 추방된 과학자들 중 20명은 노벨상을 받았거나 받을 예정이었는데, 물리학에서 11명, 화학에서 4명, 의학에서 5명이었다.

대학에서 쫓겨난 사람들 중에는 은퇴한 힐베르트의 후임이 된 바일과 여성 물리학자 뇌터Amalie Noether(1882~1935) 등이 포함되었다. 보른은 1933년 5월 초에 가족과 함께 독일을 탈출해서 이탈리아로 피신했다. 12년 동안 괴팅겐을 세계 최고의 물리학 중심지 중의 하나로 건설한 그였다. 비유대인 물리학자인 플랑크는 유대인 교수들이 독일의 발전에 중요하다는 점을 히틀러에게 설득하려 했지만 오히려 수용소에 보내버리겠다는 협박을 받았다. 임시직을 얻어 영국 케임브리지로 옮긴 보른은 1936년 10월이 되어서야 스코틀랜드의 에든버러 대학교에서 정규직을 얻을 수 있었다.

독일에서의 나쁜 소식이 전해지자 과학자들과 과학 단체들은 쫓겨난 동료들에게 도움과 일자리를 제공하기 위해 즉각 행동에 나섰다. 영국에서는 1933년 5월에 러더퍼드를 회장으로 하는 학술 지원 위원회를 설립하고 임시직을 찾는 난민 과학자, 예술가, 작가들을 지원했다. 코펜하겐의 보어 연구소는 많은 물리학자의 중간 기착지가 되었다. 그는 덴마크에서의 자신의 영향력을 이용하여 1933년에 '망명 지식인 노동자 지원을 위한 덴마크 위원회'를 설립하는 데 도움을 주었다. 보어는 동료와 함께 새로운 직책을 만들거나 공석을 난민으로 채울 수 있었다. 약 1년 후 힐베르트는 연회에서 신임 교육부 장관인 러스트Bernhard Rust(1883~1945) 옆에 앉게 되었다. 러스트는 힐베르트에게 유대인들이 떠난 것으로 인해 연구소가 많은 피해를 입었다는 것이 사실인지 물었다. 힐베르트는 "피해를 입었다고요? 아니요. 피해를 입지 않았습니다, 장관님. 더 이상 존재하지 않을 뿐입니다"라고 대답했다.

이 와중에 에렌페스트는 자신의 삶에 대한 회의와 정신적 혼란 속에서 삶의 가장자리로 내몰리고 있었다. 새로운 법이 도입된 지 3일 후, 에렌페스트는 제자였던 호우트스미트에게 기괴한 제안을 담은 편지를 보냈다. 그는 독일의 예술, 과학, 법학, 의학에서 "놀라울 만큼 공개적이고 신중하게 계획된 유대 전염병 근절법은 금방 90%의 효과를 거둘 것"이라고 예상하면서 "독일인의 양심을 찌르기 위해 저명한 노장 유대인 학자들과 예술가들이 증오심을 표출하거나 요구 사항을 발표하지 않고 십난 자살을 하면 어떨까?"라는 소름 끼치는 생각을 내놓았다. 호우트스미트는 그 생각이 터무니없다고 생각하면서 에렌페스트가 다시 자살에 대해 이야기하고 있다는 사실을 한탄했다. 그리고 "죽은 사람들은 아무것도 할 수 없으며, 그들의 죽음은 다른 독일인들을 기쁘게 할 뿐입니다"라고 답했다.

에렌페스트는 자살로 생애를 마감하기 전 마지막 몇 달 동안 여러 나라의 동료 물리학자들을 통해 유대인 동료들이 독일 밖의 다른 곳에서 일자리를 찾을 수 있게 모든 노력을 기울였다. 그러나 이주한 물리학자들이 임시직을 찾는 것은 결코 쉽지 않았다. 무엇보다도 괴팅겐의 저명한 물리학자인 보른이 겪고 있는 어려움에 낙담했다. 자신의 비극적 최후를 맞이하기 불과 2주 전인 1933년 9월 초에 보어 연구소의 연례 학술회의에 참석했던 그는 그곳에서 심한 심리적 동요를 보였다. 디랙은 그 당시 보어의 집 문간에서 에렌페스트가 자신의 팔을 잡고 울먹이던 그의 모습을 기억했다. 디랙은 "교수님은 회의에서 중요한 역할을 하셨어요"라고 그를 위로하면서 보어와 아인슈타인의 논쟁을 중재하려고 애썼던 그의 노력에 대해서도 경의를 표했다. 에렌페스트는 삶의 의지를 잃은 사람에게 그런 격려가 얼마나 중요한지를 말했지만, 아마 이때 최종 결정을 내렸음에 틀림없다.

직장에 대해 걱정할 필요가 없었던 단 한 사람은 아인슈타인이었다. 벨기에에 머물고 있던 아인슈타인은 안전에 대한 우려가 커지자 1933년 9월 초에 영국으로 떠났다. 노퍽 해안의 별장에 머물며 조용히 지내던 아인슈타인은 얼마 지나지 않아 에렌페스트의 자살 소식을 듣게 되었다. 바닷가의 고요함은 산산조각이 났다. 1930년 솔베이 물리학 회의 이후 몇 년 동안 보어와 아인슈타인 사이에는 직접적인 접촉이 거의 없었다. 에렌페스트가 자살하면서 두 사람 사이의 귀중한 소통 채널도 중단되었다. 아인슈타인은 1933년 10월 7일 미국 프린스턴의 고등연구소로 떠나 다시는 유럽으로 돌아오지 않았다. 아인슈타인이 1934년에 에렌페스트를 추모하면서 쓴 글에는 양자역학을 이해하기 위해 분투했던 친구의 내적 갈등과 50대를 넘어서면서 새로운 개념을 받아들이는 일에 점점 더 힘들어했던 그의 어려움에 대해 썼다.

슈뢰딩거는 베를린을 떠날 필요가 없었지만, 나치를 거부하고 영국으로 건너갔다. 그는 옥스퍼드 대학교로 간 지 채 일주일도 지나지 않은 1933년 11월 9일에 노벨상 수상자로 지명되었다는 소식을 들었다. 슈뢰딩거와 디랙은 1933년 노벨상을 공동으로 수상했고, 1932년에 연기되었던 노벨물리학상은 하이젠베르크에게 수여되었다.

핵물리학의 탄생과 제7차 솔베이 물리학 회의

'원자핵의 구조와 특성'이란 주제로 개최된 1933년의 제7차 솔베이 물리학 회의는 1911년의 첫 솔베이 회의 및 1927년의 제5차 솔베이 물리학 회의와 더불어 특히 눈에 띄는 중요한 회의다. 제7차 솔베이 회의도 1911년의 회의처럼 근본적인 발견이 해당 분야를 개척하고 변화시킨 직후에 열렸으며, 그동안 얻은 지식을 통합하고 해결책을 공론화하는 역할을 했다. 특히 약 40명의 참가자들은 거의 같은 수의 실험물리학자와 이론물리학자로 이루어졌는데, 그중 6명은 이미 노벨상을 수상했고 14명은 나중에 수상자가 되었다. 랑주뱅은 개회사에서 젊은 물리학자들의 역할과 국제 협력에 대해 이렇게 언급했다.

"유럽과 미국의 모든 곳에서 온 최고 수준의 젊은이들이 여기 우리와 함께 있습니다. 현대 물리학에서 국제적 협력에 대한 우리의 희망을 가장 잘 보여주는 것은 우리가 희망을 거는 모든 나라의 젊은이들이 여기 참가했다는 것입니다. … 새로운 물리학에는 젊은 물리학자가 필요합니다."

실제로 13~14개국에서 온 참석자 중에는 블래킷Patrick Blackett(1897~1974), 보테, 채드윅, 콕크로프트, 이레네 퀴리Irène Joliot-Curie(1897~1956) 부부, 페

르미, 로렌스Ernest Lawrence(1901~1958), 월턴 등 낯선 이름들이 있었다. 이 젊은이들은 새로 등장한 핵물리학의 창시자들이었다. 한편, 당시의 비극적 정치 상황도 솔베이 회의에 영향을 미치고 있었다. 과학위원회 위원들 중 아인슈타인은 베를린이 아니라, 벨기에의 해안 휴양지 르코크쉬르메르Le Coq-sur-Mer에서 온 물리학자로 적혀 있었다. 그는 먼저 벨기에로 망명했다가, 솔베이 회의가 열릴 무렵에는 이미 미국의 프린스턴에 가 있었다. 비극적 선택을 한 에렌페스트를 추모하는 순간도 있었다. 개회사에서 랑주뱅은 이렇게 말했다.

"이제 우리는 여기에 없는 사람들에 대해서도 생각해야 합니다. … 아인슈타인은 미국으로 가기로 한 약속을 지켜야 했습니다. … 폴 에렌페스트도 생각해야 합니다. … 한 달 전 그가 내렸던 비극적인 결정을 알았을 때 우리 모두를 짓눌렀던 고통스러운 감정은 무엇과도 비길 수 없습니다.

여기 있는 많은 사람들은 그의 학생이었고 모두 그의 친구였습니다. … (1927년) 그가 참석했던 회의는… 아마도 생각의 충돌, 심지어 생각의 혼란이 최고조에 달했던 회의였을 것입니다. 기존 개념과 새로운 개념을 연결하려고 많은 노력을 기울인 에렌페스트는… 어떤 면에서 이런 회의의 정신을 나타냈습니다. 어느 날, … 그가 아름다운 손 글씨로 칠판에 써놓은, 바벨탑에서 사람들이 서로 다른 언어를 사용하게 되어 더 이상 서로의 말을 알아듣지 못하게 되었다는 성경 인용구를 기억합니다. 이렇게 그는 그림처럼 생생한 자신만의 방식으로 회의의 특징을 표현했습니다. 에렌페스트는 양자물리학이라는 드라마의 중심에 있었습니다."

1933년 10월 솔베이 회의가 열릴 무렵의 핵물리학은 여러 발견들이 이루어지면서 가장 빠르게 발전하는 분야였다. 러더퍼드가 1921년 제3차 솔베이 물리학 회의에서 예측했던 중성자의 존재를 1932년에 채드윅이 확인했으며, 그해 후반에는 디랙이 예측했던 양전자도 발견되었다. 그리고 원자의 분열에서 처음으로 반물질을 발견하는 소식도 전해졌다. 이러한 이유로 1932년은 종종 현대 물리학의 '기적의 해annus mirabilis'로 불린다.

솔베이 과학위원회는 1931년 10월에 로마에서 핵물리학을 주제로 한 학회가 열렸기 때문에 2년 후에 똑같은 주제로 회의를 개최하는 것을 다소 주저했다. 그러나 중성자와 양전자의 발견 등 빠르게 전개되는 이 분야의 발전은 이 결정이 매우 시의적절했음을 보여주었다. 랑주뱅이 "두 번째 층"이라고 언급한 새로운 시기의 시작이었다.

제7차 솔베이 회의의 형식은 이전의 솔베이 회의와 많이 달랐다. 여러 실험 그룹에서 공동 연구를 한 주요 연구자들을 모두 초대했기 때문에 참가자들의 수도 크게 증가했다. 따라서 원래 솔베이 회의가 의도했던 최고의 권위를 가진 과학자들만의 모임 성격은 줄어들었다. 내용 면에서도 실험 자료들, 특히 흥미로운 발견이나 새로운 연구에 사용된 최초의 양성자 가속기 등 기발한 기계 장치에 대한 수많은 사진이 상세하게 소개되었다. 이 모든 것은 새로운 과학이 형성되고 있음을 매우 분명하게 보여주었다. 양자역학은 전반적인 개념의 틀을 제공했고, 이제 이 새로운 과학은 자체적으로 연구에 필요한 실용적 도구를 발명하기 시작한 것이다.

토론에서도 변화가 있었다. 이전 회의에서도 마리 퀴리, 러더퍼드, 드 브로이, 브래그, 콤프턴과 같이 실험물리학자들이 항상 섞여 있었지만, 토론에서는 대개 이론적인 부분, 심지어 5차 솔베이 물리학 회의에서는 인식론적 문제가 토론의 중심이 되었다. 그러나 이번에는 그 역할이 바뀌었다. 하이젠베르크의 논문을 제외한 대부분의 중요한 논문은 실험물리학자가 발표했고, 그들의 논문은 활발한 토론을 촉진했다. 물론 이론물리학자, 특히 보어, 파울리, 디랙은 토론에 적극적으로 참여했다. 이런 측면에서 가장 최근에 건설된 양성자 가속기의 유형을 자세히 설명하면서 발표를 시작한 콕크로프트의 첫 번째 논문은 이런 특징을 잘 보여주었다.

콕크로프트가 발표한 「가속된 양성자에 의한 원소의 붕괴The disintegration of elements by accelerated protons」라는 제목의 보고는 먼저 러더퍼드와 그의 동료들이 알아낸 핵붕괴 현상에 대한 여러 결과들을 간략하게 언급했다. 러더퍼드의 제자였던 그는 월턴과 함께 고안한 고전압 장비로 가속시킨 고속의 양성자를 리튬 핵에 충돌시켜 얻은 새로운 결과를 자세히 설명했다. 이 실험으로 콕크로프트와 월턴은 1932년에 알파 입자를 생성하는 데 성공했다. 최초의 인공 핵붕괴 실험이었다. 그들은 이 업적으로 1951년에 노벨상을 수상했다.

이 연구의 중요성을 충분히 이해하려면 고전물리학으로는 양전하를 띤 입자가 어떻게 정전기적 반발력을 극복하고 양전하를 띤 원자의 중심에 도달할 수 있는지를, 또 핵 내부의 알파 입자가 어떻게 저절로 핵을 빠져나올 수 있는지를 이해할 수 없음을 상기할 필요가 있다. 콕크로프트에게 영감을 준 것은 가모프George Gamow(1904~1968)가 1928년에 발표한 '양자 터널링 효과quantum tunneling effect'에 의한 알파 입자의 자발적 붕괴 이론이었다.[124] 양자역학에서는 입자를 붙잡아두는 퍼텐셜 우물의 벽을 통과(터널링)하여 입자가 빠져나올 확률이 있다. 이 '터널링 효과'는 순수한 양자현상이다. 시간과 에너지 사이의 불확정성 관계 때문에 알파 입자는 짧은 시간 동안 충분한 에너지 변동이 생겨 정전기적 '전위 장벽'을 통과해 나올 수 있다.

'터널링 효과'를 알게 되자, 콕크로프트는 그가 처음 예상했던 것보다 훨씬 낮은 전압으로 가속시킨 양성자를 사용하여 핵붕괴를 유발할 생각을 해냈다. 가모프의 이론은 양성자의 전하가 알파 입자보다 적고 질량도 작기 때문에 같은 에너지의 알파 입자보다 더 쉽게 핵 속으로 뚫고 들어갈

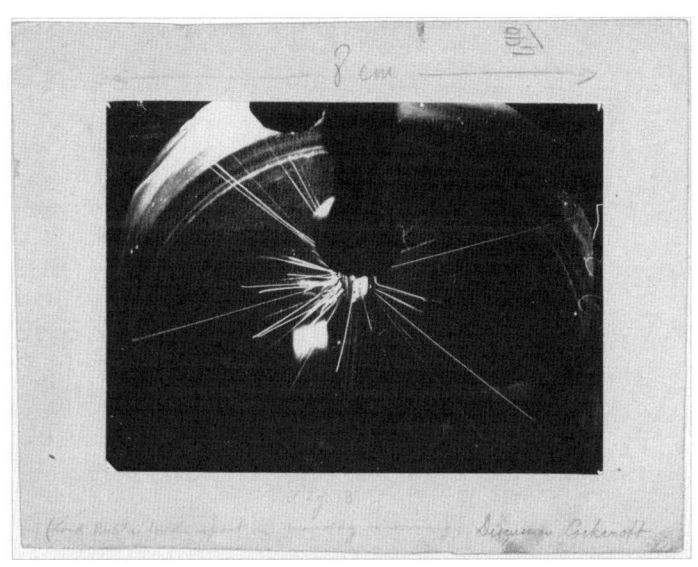

그림 7-2 콕크로프트의 보고에 이어진 토론에서 러더퍼드가 핵반응을 설명하기 위해 제시한 윌슨의 안개상자 사진
반대 방향으로 방출되는 여러 쌍의 입자가 보인다.

수 있음을 보여주었다. 콕크로프트는 양성자의 속도를 달리 하면서 측정한 충돌 단면적의 변화를 파동역학의 예측과 면밀하게 비교, 확인함으로써 자신들의 결과를 설명했다.

콕크로프트는 보고에서 "고전 이론에서는… 입자가 핵을 관통할 정도의 매우 높은 에너지를 가져야 했다"면서, 결과가 미약할 것으로 예상되었기 때문에 "당시에는 빠른 양이온 전류를 만드는 방법을 찾을 추동력이 거의 없었다. 그러나 파동역학, 특히 가모프의 이론이 제공하는 새로운 관점은 이 상황을 완전히 바꾸었다"라고 언급했다. 이것은 이론과 실험의 상호작용에 관한 훌륭한 예로서, 양자역학이 정립되자 기술 개발의 가능성이 생겨났고, 이는 다시 새로운 실험 결과로 이어진 것이었다.

보고서 발표 후에는 러더퍼드가 토론을 이끌었다. 그는 자신이 '현대 연

제7장 | 또 다른 도전 **369**

금술'이라고 부르던 핵물리학의 최근 발전이 그에게 큰 기쁨이 되었다고 말한 후, 그와 올리펀트Mark Oliphant(1901~2000)가 최근에 양성자와 중수소를 리튬에 충돌시켜 얻은 몇 가지 새롭고도 매우 흥미로운 결과에 대해 이야기했다. 이러한 실험은 지금까지 알려지지 않은 헬륨 동위원소의 존재에 대한 증거를 보여주었으며, 그 특성은 많은 주목을 받았다. 이 실험은 1934년 인공 핵융합 실험의 성공으로 이어졌다.

미국 물리학자로 유일하게 참가한 로렌스(1901~1958)는 사이클로트론cyclotron 입자가속기 구조를 자세히 설명한 후 버클리 그룹의 최근 연구에 대해 소개했다. 1930년대는 확실히 기술 개발의 새로운 시대였다. 사이클로트론 입자가속기는 미래의 핵물리학 연구에서 핵심적인 역할을 하게 된다.

중성자와 양전자의 발견

핵물리학에서 가장 중요한 또 다른 진전은 러더퍼드가 예측한 중성의 핵자를 확인한 것으로, 채드윅이 중성자를 발견한 것이다. 1933년 솔베이 회의에서 채드윅은 「α-입자의 비정상적 산란. α-입자에 의한 원소의 변환. 중성자Anomalous scattering of α-particles. Transmutation of elements by α-particles. The neutron」라는 제목의 논문을, 그리고 이레네 퀴리와 졸리오는 「α-선 영향하에서의 원자의 투과 방사선Penetrating radiation of atoms under the influence of α-rays」이란 논문을 발표했다. 그들은 중성자 발견에 관한 세부 사항들과 α-입자를 다른 핵과 충돌시켜 발생하는 핵반응에 대한 수많은 실험 결과에 대해 설명했다.

당시 러더퍼드가 이끄는 영국 캐번디시 연구소와 프랑스 마리 퀴리 라듐 연구소는 α-입자의 중요한 방사선원인 폴로늄(Po)*을 다룰 수 있었던 대표적 두 그룹이었다. 1930년에 보테와 그의 조수 베커Herbert Becker는 폴로늄에서 나온 a-선을 베릴륨(Be)에 쬐자 투과력이 강한 중성 방사선이 나오는 것을 관찰했다. 이 방사선의 에너지는 입사 a-입자의 운동에너지보다 높았기 때문에 어떤 종류의 핵붕괴에서 나왔을 것으로 예상할 수 있었다. 1931년 10월 로마에서 개최된 최초의 핵물리학 국제학회에 참석했던 이레네의 어머니 마리 퀴리는 보테의 실험에 대한 강의를 들었다. 여기서 그녀는 보어가 에너지와 운동량 보존법칙이 핵에서 유효한지 질문하는 것을 들었다. 파리로 돌아온 마리 퀴리는 이러한 내용을 딸과 사위에게 알렸고, 그들은 즉시 실험에 착수했다.

같은 실험을 계속하던 이레네 퀴리와 졸리오는 1931년 말에 이 특이한 방사선이 파라핀이나 물과 같이 수소를 포함하는 물질에서 양성자가 빠져 나오게 할 수 있다는 것을 관찰했다. 그들은 이 결과를 1932년 1월 18일에 과학 아카데미 회보에 발표하면서 이 현상을 '콤프턴 효과'로 해석했다. 즉, 미지의 방사선을 높은 에너지의 빛인 γ-선으로 해석했고, 이것이 분자 내의 수소 핵과 충돌하면서 양성자를 튕겨낸 것으로 생각했다.

채드윅이 러더퍼드에게 이 논문을 보여주자, 그는 퉁명스럽게 "엉터리야!"라고 단언했다. 사실, 콤프턴 효과에 의해 γ-선이 원자에서 전자를 때어내는 것은 비교적 쉽지만, 전자보다 2000배 이상 무거운 양성자를 빼내려면 상당한 양의 에너지가 필요하다. 중성자를 찾기 위한 여러 실험을 이미 수행했던 채드윅은 금방 이를 깨달았다. 그는 졸리오-퀴리 부부의 실험과 같은 실험을 하면서 원자핵의 되튐 에너지를 측정했다. 그는 마침내 미지의 방사선이 양성자와 비슷한 질량을 가진 입자임을 증명할 수 있었

- 폴로늄이라는 이름은 이 원소를 처음 발견한 마리 퀴리가 조국 폴란드의 해방을 희망하는 마음으로 지은 것이다. 폴란드는 그 당시 러시아와 프로이센, 오스트리아의 지배하에 있었다.

고, 1932년 2월 17일에 중성자의 존재 가능성에 대한 결과를 발표했다.[125] 프랑스 과학자들이 결과를 발표한 지 채 한 달도 지나지 않은 때였다. 채드윅은 1935년 중성자의 발견으로 노벨물리학상을 수상했다.

채드윅은 솔베이 회의 보고에서 "중성자의 흥미로운 특성 중 가장 놀라운 것은 큰 투과력이다. … 중성자의 질량은 다양한 원자에 전달되는 운동량 측정을 통해 양성자의 질량과 거의 동일하다는 것이 밝혀졌지만, 투과력은 중성자가 전하를 가질 수 없음을 바로 보여준다"면서 중성자를 감지하는 방법과 중성자의 질량을 정밀하게 측정하는 방법을 설명했다. 그는 중성자 질량의 상한선이 수소 원자의 질량이라고 하면서 양성자의 스핀이 1/2이고 중수소핵의 스핀이 1인 사실로부터 중성자의 스핀이 1/2일 것으로 추측했다. 이로부터 중성자가 양성자와 전자의 복합체가 아니라, 기본 입자일 가능성에 대해 논의했다. 만약 중성자가 양성자와 전자로 구성된다면 스핀이 0이 되어야 하기 때문이다.

페르미는 중성자의 발견에서 영감을 받았다. 무엇보다도 중성자가 정전기적 반발을 받지 않기 때문에 핵반응을 유발하는 데는 알파 입자보다 훨씬 더 좋은 투사체가 될 것임을 깨달았다. 그는 여러 원소에 중성자를 쏘아 넣어 나타나는 영향을 체계적으로 연구하여 몇 달 후 약 40개의 새로운 동위원소를 발견했다.

새로운 인공 동위원소 발견의 중요성은 말할 것도 없다. 동위원소는 핵의 특성 연구와 생의학적 응용에 필수적이었으며, 두 분야 모두 빠르게 발전했다. 헝가리 과학자 헤베시George de Hevesy(1885~1966)는 1935년 방사성 추적자를 이용하여 최초로 인의 대사 연구에 동위원소를 사용하는 실험을 했다. 페르미 연구팀은 1934년 가을에 또 다른 매우 중요한 발견을 했는데, 그들은 중성자가 파라핀을 통과하면서 속도가 느려진 후 목표에 도달하면 핵반응 속도가 증가한다는 것을 발견했다. 이 발견은 부분적으로는 우연한 행운이기도 했지만, 결국은 팀원들의 뛰어난 관찰 능력 덕분이었다. 이는 초기 핵 반응로의 개발이라는 중요한 결과를 가져왔다.

졸리오-퀴리 부부의 보고서는 중성자 발견과 관련된 자료뿐만 아니라, 여러 유익한 연구 결과들을 제시했다. 앤더슨의 양전자 발견한 이후, 양전자를 만들어내려는 활발한 시도가 있었는데, 그중 가장 주목할 만한 결과가 졸리오-퀴리 부부가 보여준 안개상자의 사진이었다. 이 사진은 "의심할 여지 없이 광자의 작용으로 한 지점에서 양전자와 음전자가 동시에 방출"되는 것을 보여주었다. 이것은 핵의 정전기장 내에서 광자가 양전자-음전자 쌍으로 변환된 것이었다. 그들은 또한 강한 폴로늄 방사선원에서 방출된 a-입자를 알루미늄 판에 쬐였을 때 양전자가 생성되는 것도 관찰했다고 발표했다. 그들은 이것이 a-입자와 알루미늄 핵이 반응하여 실리콘의 동위원소로 변환되면서 중성자와 양전자를 방출한 것으로 추론했다.

졸리오-퀴리 부부가 발표한 논문은 활발한 토론의 대상이 되었다. 블래킷은 앤더슨과 자신이 우주방사선 연구에서 양전자를 발견한 사실을 언급하면서 "실험실에서 쉽게 양전자를 생산할 수 있다는 것은 다행스러운 일"이라고 했다. 그리고 디랙의 전자에 대한 상대론적 양자론에 대해서도 "실험 결과는 본질적으로 디랙 이론의 정확성을 강력하게 뒷받침하고 있다"고 했다.

1928년에 디랙이 예측한 양전자가 실험적으로 발견된 것은 단순히 새로운 입자를 발견한 것 이상의 훨씬 더 큰 의미를 가진다. 바로 상대론적 양자론을 결정적으로 확인한 것이다. 그것은 엄청난 진전이었다. 회의 참가자들은 광자가 형성되고 사라지는 복사의 방출 및 흡수 과정과 유사하게 물질 입자의 생성 및 소멸을 설명하는 새로운 난세의 양사물리학이 시작되고 있음을 보게 된 것이다. 디랙의 바다에서 입자-반입자 쌍이 생성되고, 반입자는 입자와 반대의 전하와 스핀을 가진다는 개념은 이제 물질의 근본적인 속성이 되었다.

졸리오-퀴리 부부의 보고에 뒤이은 디랙의 '양전자 이론Théorie du positron'에 대한 발표에서 그는 "최근 양성 전자 또는 양전자의 발견은 전자의 음의 에너지 상태에 대한 이미 오래된 이론에 대한 관심을 다시 불러일으켰고, 지금까지 얻은 실험 결과는 이 이론의 예측과 일치했다"면서 "특수상대성이론에 따라 입자의 운동을 연구하게 되면 바로 음의 에너지에 대한 문제가 발생한다"고 이론의 어려움에 대해 설명했다. 그러고는 "음의 에너지 상태에 있는 전자는 우리의 경험과는 전혀 다른 대상이지만, 그럼에도 불구하고 이론적 관점에서 연구할 수 있다"고 서두를 떼었다.

그는 "두 가지 가능성이 우리에게 열려 있다. 우리는 음의 에너지 상태에 대한 물리적 의미를 찾아야 하거나, 아니면 상대론적 양자론이 양의 에너지 상태와 음의 에너지 상태 사이의 전환을 예측한다는 점에서 이론이 정확하지 않음을 인정하는 것이다"라고 하면서 양전자의 존재를 이렇게 설명했다

"우리는 주어진 양자 상태가 하나보다 많은 전자에 의해 점유될 수 없다는 파울리의 배타 원리를 사용하여 더 나은 결과를 얻을 수 있다. … 음의 에너지 상태는 거의 모두 전자가 점유하고 있으며, 모든 공간에 균일하게 분포하므로 관찰할 수 없다고 가정하자. 이러한 조건에서 … 음의 에너지가 비어 있는 상태는 일종의 구멍으로 관찰되어야 한다. 이 구멍이 양전자라고 가정하는 것이 가능하다. … 음의 에너지의 전자 분포에 생긴 구멍은 … 양의 에너지를 나타낸다. 더욱이, 모든 전자기장에서 이 구멍의 운동은 구멍을 채우는 데 필요한 전자의 운동과 정확히 동일하다. 이로부터 두 가지 결론을 도출할 수 있다. 첫째, 구멍의 운동은 전자의 운동을 기술하는 것과 유사한 슈뢰딩거의 파동함수로 표현할 수 있다. 둘째, 구멍이 양의 에너지를 가진 양전자와 같은 방식으로 장에서 행동한다는 것이다. 따라서 구멍은 보통의 양전하를 띤 입자의 모습과

정확히 동일하며 이를 양전자로 보는 것은 완전히 합리적이다."

디랙은 이것으로부터 양전자와 전자는 같은 질량, 같은 크기의 전하, 같은 스핀을 가져야 하며, 쌍으로 생성되고 소멸되어야 한다고 추론했다. 디랙의 보고에 이어진 토론에서 파울리는 자신의 배타 원리가 디랙의 이론에 어떻게 기여했는지를 상기시키면서 이론의 어려운 점을 지적했다.

"구멍 이론에서는 배타 원리가 핵심적인 역할을 하므로 저는 항상 매우 흥미롭게 보았습니다. 이전에 이 원리는 독립된 법칙으로, 그 타당성이 양자 이론의 다른 기초와는 관계없는 것이었는데, 음의 질량의 어려움을 피하기 위해 디랙 박사가 도입한 구멍 이론은 반대칭이 아닌 모든 파동함수를 제외하려고 하지 않았다면 불가능했을 것입니다. 그러나 무한 개념을 사용해야 하는 것으로 인해 이론의 일반적인 측면은 만족스럽지 않습니다. … 디랙 박사의 이론에 따르면 진공은 … 그 자체로 무한한 에너지를 가지고 있습니다. 우리는 구멍의 자체 에너지에 대해 명확하게 말할 수 있도록 이론이 수정되기를 바랍니다. 현재로서는 문제가 해결되지 않았으며, 분극 문제와 적절한 진공 에너지의 문제가 제기되는 것도 불만족스럽습니다."

이에 대해 디랙은 이 효과의 크기를 계산해 본 적이 없다고만 대답했다. 디랙의 과묵한 성격은 유명했다. 디랙은 질문을 받으면 한참을 생각한 다음에 '예' 또는 '아니오'로만 대답했고, "모르겠습니다"라는 대답도 자주 하곤 했다. 직접적인 질문에는 대답하지만 논리적인 관점에서 내답을 요구하지 않는 의견이나 진술에 대해서는 아무 대꾸도 하지 않았다. 한 일화에 따르면, 디랙의 강의를 들은 한 학생이 공식을 이해하지 못하겠다고 말했지만 디랙은 아무 말도 하지 않았다고 한다. 당황스러운 침묵이 흐른

후 질문에 답해 달라는 요청을 받자, 디랙은 "그것은 질문이 아니라, 그냥 그렇다는 것이잖아요"라고 퉁명스럽게 대꾸했다고 한다.

중성미자

솔베이 회의에서 가모프는 'γ-선의 기원과 핵에너지 준위'에 대해 보고했다. 감마선은 높은 에너지의 빛인데, 대부분의 방사성 물질은 다양한 에너지 준위와 강도의 감마선을 생성한다. 감마선 스펙트럼은 감마선을 방출하는 방사성 핵종을 포함한 물질의 고유한 특성을 반영한다. 회의에서는 방사성 과정의 많은 특징이 논의되었고, 가모프는 감마선 스펙트럼의 해석에서 알파선과 양성자의 자발방출 및 유도방출에 관한 자신의 이론과 알파선 스펙트럼의 미세구조와의 관계를 검토한 보고서를 발표했다.

가모프의 보고에 대한 열띤 토론에서 특별한 점은 베타 붕괴에서 관측되는 연속 스펙트럼의 특성에 관한 문제였다. 1914년 초에 채드윅은 베타 붕괴에서 나온 전자의 에너지 스펙트럼이 연속적이라는 사실을 발견했다.[126] 베타 붕괴가 당시 가정한 대로 단순한 전자 방출이라면 방출된 전자의 에너지는 잘 정의된 특정한 값을 가져야 했다. 그러나 관찰된 에너지 스펙트럼의 연속적 분포는 베타 붕괴 과정이 에너지 보존법칙에 위배되는 것처럼 보였다. 게다가, 이 과정에 관련된 핵스핀에 관한 연구는 각운동량 보존법칙과도 모순되는 것처럼 보였다.

보어는 에너지 보존법칙이 통계적 의미에서만 성립한다면 베타 스펙트럼을 설명할 수 있다고 제안했다. 반면에 파울리는 이런 어려움을 피하기 위해 대담한 아이디어를 도입했다. 소위 '중성미자'라고 하는 정지질량이 0이고 스핀이 1/2인, 투과력이 매우 강한 방사선이 베타 붕괴에서 전자와 함께 방출된다고 예측한 것이다. 파울리는 1930년 제6차 솔베이 회의에서 디바이에게 중성미자의 존재 가능성을 이야기했지만, "새로운 세금 같은 생각은 하지 않는 게 낫겠네"라며 부정적인 반응만 들었다. 그럼에도 불구하고 파울리는 솔베이 회의 직후인 1930년 12월에 튀빙겐에서 열리는 방사능 연구 회의에 편지를 보내면서 이 문제를 논의해 줄 것을 요청했다. 연구 회의 참석보다는 취리히에서의 무도회 참석을 선택했던 파울리는 편지에서 중성미자*의 존재에 대해 처음으로 이렇게 언급했다.

"스핀이 1/2이고 배타 원리를 따르며 빛의 속도로 이동하지 않는다는 점에서 광양자와는 매우 다른 전기적으로 중성인 입자가 원자핵에 존재할 가능성이 있습니다. 중성자의 질량은 전자 질량과 같은 정도여야 하며 어떤 경우에도 양성자 질량의 0.01보다 크지 않아야 합니다. 연속적인 베타 스펙트럼은 베타 붕괴에서 전자 외에도 중성자가 방출되어 중성자와 전자의 에너지 합이 일정하다는 가정을 하면 설명이 됩니다. … 아직 이 아이디어를 감히 출판하지는 못하고 … 실험적 증거를 찾을 가능성이 얼마나 되는지에 대한 질문을 드립니다. 저는 제 해결책이 거의 불가능해 보일 수 있다는 것을 인정합니다. … 하지만 대담하게 시도하지 않으면 아무것도 얻지 못합니다."

파울리는 연속적인 베타 스펙트럼과 관련하여 중성미자가 "에너지 보존법칙을 구해낼 수 있는 절박한 해결책"이라고 보았다. 베타 붕괴의 에너지 관계를 연구했던 엘리스Charles Ellis(1895~1980)와 모트Nevill Mott(1905~1996)는 전자 에너지의 최대 한계가 있으며, 이는 보어가 제안한 통계적 에너지 보존 개념이 성립하지 않음을 보여주었다. 모트는 토론에서 "베타선 스펙트럼의 상한에 대한 우리의 해석이 중성미자의 존재에 대한 가설

• 편지를 보낼 당시에 파울리는 중성미자를 '중성자'라고 불렀다.

과 잘 맞는다"고 했다. 중성미자에 대한 토론은 하이젠베르크의 보고 이후에 본격적으로 이루어졌다.

하이젠베르크는 「핵의 구조에 대한 일반적인 이론적 고려General theoretical considerations on the structure of the nucleus」라는 제목의 마지막 보고를 하면서 원자핵의 구조와 안정성에 대한 전반적 문제를 다루었다. 불확정성원리의 관점에서 그는 원자핵의 작은 공간 범위 내에 전자처럼 가벼운 입자가 존재한다고 가정하는 것에 대한 어려움을 지적했다. 그는 "핵을 묶는 힘은 확실히 핵 외부의 전자에 양자역학을 적용하는 데 도입된 쿨롱 힘과 다르다. … 가벼운 원자에서 쿨롱 힘은 아직 알려지지 않은 다른 핵 효과에 비해 부차적인 중요성만 가질 뿐이다"라고 언급했다.

하이젠베르크는 전자가 원자핵에 존재한다는 생각을 거부하는 여러 가지 이유를 나열한 후, 가모프의 모델을 적용하면 중성자의 발견 덕분에 특정 어려움이 해결될 수 있다고 지적했다. 그는 중성자의 발견이 핵의 구성 요소로 중성자와 양성자만을 고려하는 관점의 기초가 된다고 보았고, 이를 바탕으로 핵의 많은 특성을 설명했다. 그동안 러더퍼드 모형에서는 질소 원자핵이 양성자 14개, 전자 7개로 구성되어 핵스핀이 반정수가 되는 문제가 있었다. 반면에 기본 입자인 중성자가 반정수의 스핀을 가지면 질소 원자핵의 스핀이 1인 사실이 설명된다. 질량이 14이고 전하가 7이면, 중성자도 7개가 있어서 핵스핀은 정수가 된다.

특히 하이젠베르크의 해석은 중성자가 양성자로 변화하는 베타 붕괴에서 수반되는 에너지의 방출이 음전자와 '중성미자'가 생성되는 증거로 보아야 함을 의미했다. 사실, 이 방향으로의 획기적 발전은 페르미가 솔베이 회의 직후에 이루어냈다. 솔베이 회의 참석 후 로마로 돌아온 페르미는 물질과 전자기 복사의 상호작용에 대한 디랙의 상대론적 양자론에서 영감을 받아 베타 붕괴 이론을 개발했다.[127] 전자보다 더 작은 질량을 가진 것으로 예상된 중성미자는 거의 빛의 속도로 방출되었기 때문에 상대론적 양자론을 사용하는 것은 당연한 요구였다. 베타 붕괴에 대한 일관된 이론을 개발한 페르미의 이론은 첫 번째 형태의 약한 상호작용 이론이었고, 이는 이후의 발전에서 가장 중요한 지침이 되었다.

하이젠베르크의 마지막 발표에 이어진 토론에서, 파울리는 보어가 예전에 에너지와 운동량 보존법칙을 포기할 것을 제안한 것에 대해 완전히 반대한다면서 자신의 생각을 다음과 같이 피력했다.

"제 생각에 그 관점(보어의 가정)은 만족스럽지도 않고 그럴듯하지도 않습니다. 무엇보다 그 과정에서 전하가 보존되는데, 왜 전하 보존이 에너지와 운동량 보존보다 더 근본적인지 모르겠습니다. … 저는 이를 받아들이기 어렵습니다.

(패서디나 학회에서) 저는 다음과 같은 해석을 제안했습니다. 보존법칙은 여전히 유효하며, 베타 입자의 방출은 투과력이 매우 큰 중성 입자의 복사를 동반합니다. 그러나 지금까지 관측되지는 않았습니다. 단일 과정에서 핵이 방출하는 베타 입자와 중성 입자(또는 중성 입자들, 단 하나만 있는지 또는 여러 개가 있는지 모르기 때문에)의 에너지의 합은 베타 스펙트럼의 상한에 해당하는 에너지와 같습니다. 모든 기본 과정에서 에너지 보존법칙뿐만 아니라 운동량, 각운동량의 보존법칙과 통계적 성격이 모두 유효한 것은 말할 필요도 없습니다.

이러한 중성 입자의 특성과 관련하여… 페르미 박사는 무거운 중성자와 구별하기 위해 '중성미자'라는 이름을 제안했습니다. 중성미자의 자체 질량은 0일 가능성이 있으므로 광자처럼 빛의 속도로 전파되어야 합니다. 그러나 이들의 투과력은 같은 에너지를 가진 광자의 투과력을 훨씬 능가합니다. 실험을 통해 이 가설에 대한 직접적인 증거를 찾을 수는 없었지만, 중성미자가 스핀 1/2을 갖고 있으며 페르미 통계를 따르는 것 같습니다. 우리는 중성미자가 다른 물질 입자 및 광자와 상호 작용하는 것에 대해 아무것도 모릅니다."

토론에서 채드윅은 중성미자를 발견하기 위한 자신의 실험을 설명했다. 그리고 자신이 계산한 중성미자의 평균 에너지를 바탕으로 중성미자의 투과력이 매우 클 것이라면서, "중성미자가 존재한다면 검출하기가 매우 어려울 것이라는 것은 확실합니다"라고 말했다. 장 페랭의 아들인 프란시스 페랭Francis Perrin(1901~1992)은 상대론적 동역학을 적용했을 때 중성미자가 매우 작거나 무시할 수 있는 질량을 가지고 있다고 가정하면 베타선의 에너지 스펙트럼이 더 잘 설명된다고 지적했다.

토론을 이어가는 가운데 보어는 "이 문제를 해결하는 데 이론적 어려움이 따른다면, 어떤 관점을 선호하는지는 단순히 취향 문제일 뿐입니다. 새로운 실험 자료가 없는 한 보존법칙을 포기하지 않는 것이 현명합니다. 반면에 어떤 놀라움이 여전히 우리를 기다리고 있는지는 아무도 모릅니다"라고 말했다. 솔베이 회의의 보고서에 활력을 불어넣은 것은 바로 이런 보어와 같은 대가들의 솔직한 논평이었다.

지난 1932년 4월 보어의 코펜하겐 연구소에서 열린 연례 학술회의 폐막식에서는 젊은 물리학자들이 〈코펜하겐의 파우스트〉라는 촌극을 선보였는데, 이 촌극에서는 채드윅의 중성자 발견을 재치 넘치게 기념하는 동시에 파울리가 예견한 중성미자의 발견에 대한 기대를 동시에 표현했다. 그리고 파울리가 중성미자를 예견한 지 거의 25년 후인 1956년에 마침내 라이너스Frederick Reines(1918~1998)와 코완Clyde Cowan Jr.(1919~1974)이 최초의 중성미자 상호작용을 직접 관찰했다.[128]

1933년 제7차 솔베이 물리학 회의는 1900년에 '잉태'된 양자물리학이 '완성'을 향해 달려가고 있음을 보여주었다. 양자역학에 새로운 지평이 열리기 시작한 것이다. 물리학자들은 양자역학이라는 이론을 사용할 수 있었고, 이를 바탕으로 원자물리학과 양자화학, 그리고 핵물리학과 입자물리학 분야를 열어나가고 있었다. 이런 면에서 제7차 솔베이 물리학 회의는 1911년 첫 솔베이 회의에서 시작한 양자론에서 양자역학에 이르기까지 단계적으로 원자물리학이 구축되던 시대의 종말을 알리는 회의였으며, 동시에 새로운 시대의 새벽을 알리는 회의가 되었다.

    1933년 이후의 솔베이 회의는 제2차 세계대전 이후에나 열릴 수 있었다. 그리고 성격도 바뀌기 시작했다. 사실 1932년 양전자의 발견으로 반입자와 반물질에 대한 해석과 이해가 급진적으로 변화한 후, 물리학의 기초에 그와 같은 급진적 변화를 가져올 만한 다른 큰 어려움은 나타나지 않았다. 새로운 문제를 해결하기 위해 사용되었던 솔베이 회의의 방법도 더 이상 그렇게 효과적인 방법이 될 수가 없었다. 또 다른 변화는 나치즘의 부상과 그에 따른 전쟁, 그리고 유럽의 황폐화로 인해 연구의 중심지가 미국으로 옮겨졌다는 것이다.

제8장

얽힘의 수수께끼와 양자정보기술

프린스턴의 아인슈타인과 EPR 논문

보어는 양자역학이 아무리 이상하더라도 세계를 있는 그대로 표현한다는 사실을 실험이 보여준다고 했다. 반면에 아인슈타인은 오히려 실험은 양자역학이 실제 세계를 올바로 표현하지 못한다는 사실을 보여준다고 했다. 그래서 그는 실험에 진정한 의미를 두려고 하지 않았다. 그는 자신이 믿었던 정상우주를 만들기 위해 중력장 방정식에 우주 상수를 임의로 넣었던 실수를 경험삼아 실험보다 직관이 우월하다는 확신을 굳히고 있었다.

아인슈타인의 이러한 태도는 1933년 미국으로 이주하기 얼마 전 옥스퍼드 대학교에서 한 '이론물리학의 방법에 관하여On the method of theoretical physics'라는 강의에서 드러난다. 그는 이 강의에서 "경험은 쓸모 있는 수학적 개념을 선택하는 데 도움이 될 수 있지만, 경험이 개념의 근원이 될 수는 없다. 물론 경험은 물리학의 수학적 구성이 유용한지 여부를 판단하는 유일한 기준이지만, 진정한 창의적 원리는 수학에 있다. 따라서 어떤 의미에서 순수한 사고가 실제 세계를 이해하려 했던 고대인들의 이상을 실현할 수 있다고 생각한다"라며 물리 이론에서 실험보다 수학의 중요성을 강조했다.

1933년 10월 프린스턴으로 온 아인슈타인은 그동안 중단되있던 통일장 이론을 다시 연구하기 시작했다. 아인슈타인은 양자역학의 일관성을 받아들이기는 했지만, 여전히 이론의 완전성에 대한 의심을 거두지 않았다. 그는 일반상대성이론과 전자기학을 통합하려는 통일장이론 연구에서 양자물리학이 저절로 나올 것으로 믿었다. 그의 이런 희망은 1935년 7월에 발표한 논문 「일반상대성이론에서의 입자 문제The Particle Problem in the General Theory of Relativity」에서 연구의 목적을 "물질 및 전기에 관한 원자론적 이론의 가능성을 조사한다"고 밝힌 데서 엿볼 수 있다.

보어와 아인슈타인의 논쟁은 아인슈타인이 1935년에 5월 ≪피지컬 리뷰≫에 발표한 논문에서 정점을 이루었다. 아인슈타인과 포돌스키Boris Podolsky(1896~1966), 로젠Nathan Rosen(1909~1995)이 함께 발표한 「물리적 실재에 대한 양자역학적 설명이 완전하다고 볼 수 있는가?Can Quantum-Mechanical Description of Physical Reality be Considered Complete?」[129]란 논문의 제목은 자못 도전적이다. 'EPR 역설'로 유명한 이 논문에서 제시한 사고실험은 양자역학의 완전성에 대한 아인슈타인의 반박 중 가장 훌륭한 것으로 널리 알려져 있다.

1932년에 매사추세츠 공과대학교Massachusetts Institute of Technolog: MIT에서 박사학위를 받은 로젠은 당시 아인슈타인의 조수로 일하고 있었다. 그는 1931년에 최초로 수소 분자의 구조를 계산했다. 여기서 그는 수소 분자 안의 두 전자가 서로 얽혀 있기 때문에 개별 전자에 대한 파동함수들로는 설명할 수 없고, 하나의 '얽힌' 파동함수로 설명해야 한다고 지적했다.[130] 전자는 개별적으로는 명확한 양자 상태를 갖지 않았고, 오직 쌍으로만 순수한 양자 상태를 가질 수 있었다. 양자역학의 중심 개념인 '얽힘'에 관한 최초의 논문이었다. 로젠에게서 '얽힌' 파동함수의 기이한 속성을 들은 아인슈타인은 포돌스키와 함께 아이디어를 다듬기 시작했다. 당시 영어에 서툴렀던 아인슈타인은 "언어 문제 때문에" 포돌스키에게 논문을 쓰도록 했고,* 로젠은 필요한 대부분의 수학적 계산을 했다. 아인슈타

- 아인슈타인은 EPR 논문 출판 직후인 1935년 6월 19일 슈뢰딩거에게 보낸 편지에서 이러한 사실을 적었다.

인은 일반적인 관점과 그 의미에 대한 설명을 넣었다.

EPR 논증의 유명한 사고실험은 상관관계가 있는, 서로 '얽힌' 두 입자에 관한 것이다. 어떤 위치에서 두 개의 동일한 입자를 특정한 양자 상태, 즉 '얽힌' 상태로 준비하여 서로 완벽하게 상관되도록 한다. 양자역학에 따르면, 이 두 입자는 함께 단일 양자 상태를 구성하므로 하나의 파동함수로 표현할 수 있다. 이제 두 입자를 아주 멀리 분리시키는데, 그렇더라도 서로 얽혀 있기 때문에 한 입자의 위치나 운동량을 측정하면 다른 두 번째 입자를 직접 측정하지 않고도 그 입자의 위치나 운동량을 정확히 알 수 있다. 얽힌 입자는 너무 밀접하게 연결되어 있어서 하나의 객체로 생각할 수 있다.

이러한 상관관계는 입자가 충분히 멀리 떨어져 신호가 빛보다 빠르게 전달되지 않는 한 측정의 영향이 직접 미칠 수 없을 만큼 먼 경우에도 지속된다. 아인슈타인은 이를 합리적으로 설명할 수 있는 유일한 방법에 대해 논의했는데, 쌍을 구성하는 각 입자는 분리되는 순간에 이미 결정된 속성을 가지고 있다고 보는 것이다. 그리고 이 속성이 측정 결과를 결정한다고 보았다. 그러나 양자 이론에서는 얽힌 입자를 별도로 설명하지 않기 때문에 아인슈타인은 양자 이론이 불완전하다고 결론지었다.

포돌스키는 이 사고실험을 수학적 형식으로 표현했지만, 바둑돌을 사용하여 쉽게 설명해 보면 이렇다. 상자 안에 검은 바둑돌과 흰 바둑돌이 있다고 가정해 보자. 상자에 다른 바둑돌이 들어가지 않도록 하면, 이제 검은 바둑돌과 흰 바둑돌이 들어 있는 상자는 단일계를 구성한다. 이제 한 친구가 임의로 바둑돌을 고르면, 남은 돌의 색은 보지 않아도 자동으로 결정된다. 이것이 EPR의 핵심이다. 즉, 관찰이라는 행위를 통해 계를 '교란' 하지 않고도 남은 바둑돌의 색을 알 수 있고, 이는 엄연한 사실이다.

겉보기에 간단해 보이지만, 이것은 양자역학의 완전성에 대한 치명적 무기일 수가 있었다. 코펜하겐 해석에서는 물리량은 측정을 통해서만 알 수 있다고 본다. 그러나 EPR 사고실험에서는 모든 측정이 한 입자에 대해서만 이루어지기 때문에 다른 입자의 운동량이나 위치가 측정의 영향을 전혀 받지 않고 정확히 결정될 수 있다. EPR 논문에서는 직접 측정하지 않고도 결정되는 입자의 속성은 이 입자가 갖고 있는 실제적인 물리적 성질이며, 이를 '물리적 실재의 요소 element of physical reality'라고 표현했다.

≪뉴욕 타임스 The New York Times≫ 신문은 EPR 논문이 게재되기 직전인 1935년 5월 4일에 "아인슈타인이 양자 이론을 공격하다"라는 제목의 뉴스를 내보냈다. 포돌스키의 해설을 인용한 이 기사는 물리학자 콘돈 Edward Condon(1902~1974)의 논평도 함께 실었는데, 콘돈은 "논쟁의 많은 부분은 물리학에서 '실재'라는 단어에 어떤 의미를 부여할 것인가에 달려 있다"고 했다. 논문이 발표되기도 전에 논문에 대한 중요한 논평이 나온 것이다. 이에 아인슈타인은 화를 냈다. 그는 신문사가 논문에 관한 정보를 무단으로 사용했다면서 "과학적 문제는 적절한 포럼에서만 논의하는 것이 변함없는 나의 관례이며, 이러한 문제와 관련된 어떠한 것도 세속 언론에 미리 게재해서는 안 된다"라는 항의 편지를 써 보냈다. 이런 태도는 오늘날 중요 논문이 학술지에 게재되기 전에 언론에 미리 노출되지 않게 하는 '엠바고 embargo' 전통이 되었다.

EPR 논증은 먼저 물리 이론은 물리적 실재의 모든 요소에 상응하는 것들을 갖고 있어야 한다는 '이론의 완전성 조건'을 확립한 다음, 적어도 한 가지 특별한 경우에 양자역학이 필요조건을 충족하지 못한다는 것을 보여주려고 했다. 그런데 완전성 조건을 적용하려면 적어도 '물리적 실재의 요소'가 존재하기 위한 충분조건이 필요하다. 따라서 EPR 논문은 '물리적 실재의 기준'을 제시한다.

"어떤 식으로든 계를 교란하지 않고 어떤 물리량의 값을 확실하게(즉, 확률 1로) 예측할 수 있다면, 이 물리량에 해당하는 물리적 실재의 요소는 존재한다."

EPR 논증은 이렇게 '실재의 기준'을 제시하여 양자역학이 설명하지 못하는 '물리적 실재의 요소'가 존재한다는 것을 보여줌으로써 양자역학이 불완전하다는 것을 증명하려고 했다. 간단히 말하면, 물리적 실재의 요소에 해당하는 제품은 있는데 목록(물리 이론)에 제품 이름이 없으면 목록은 불완전하다는 논리였다. 이렇게 EPR 논문은 처음으로 '실재'를 검증 가능한 가설로 접근했다는 점에서 의미가 있다.

논증에 사용된 도구는 보존법칙과 같은 간단한 물리법칙이었다. 아인슈타인은 에너지와 운동량에 관한 보존법칙 때문에 멀리 떨어진 두 개의 양자 입자가 특정 물리적 속성을 공유해야 하는 상황을 상상했다. 보어와 하이젠베르크조차도 에너지와 운동량 보존법칙을 부정할 수 없었기에, 아인슈타인은 이러한 보존법칙을 이용하여 양자역학의 모순점을 지적하려고 했다.

EPR 논문의 불완전성 논증은 두 계의 위치나 운동량 사이의 엄격한 상관관계(얽힘)를 기반으로 한다. 충돌 등의 사건을 통해 상관관계를 갖도록 준비된 두 개의 입자를 생각하면, 두 입자의 위치 또는 운동량은 입자 쌍에 대한 전체 파동함수 안에서 서로 연결된다. 이렇게 "준비된" 양자계에서는 첫 번째 입자의 위치를 관찰하면 두 입자가 아무리 멀리 떨어져 있더라도 두 번째 입자의 위치를 정확하게 결정할 수 있다. 마찬가지로 첫 번째 입자의 운동량을 측정하면 두 번째 입자의 운동량을 정확하게 결정할 수 있다. 그래서 "실재에 대한 우리의 기준에 따르면, 첫 번째 경우에는 위치(P)를 실재의 요소로 간주해야 하니, 두 번째 경우에는 운동량(Q)을 실재의 한 요소로 간주해야 한다"라면서 두 번째 입자의 위치나 운동량이 물리적 실재의 요소에 상응한다고 했다.

논증의 첫 단계에서 그들은 파동함수로 표현되는 양자역학적 서술에 대해 요약하고, 비가환 연산자로 표현된 두 개의 물리량 중 하나에 대해 정확히 알아내면 다른 하나에 대해서는 전혀 알 수 없다는 불확정성원리를 지적했다. EPR 논문에서는 이에 대해 "(1) 파동함수로 주어진 실재에 대한 양자역학적 서술이 완전하지 않거나, (2) 두 물리량에 해당하는 연산자가 교환되지 않을 때 두 양은 동시에 실재를 가질 수 없다"는 논리를 폈다. 여기서 만약 양자역학적 서술이 완전하다면 완전성의 조건에 따라 교환되지 않는 두 연산자에 해당하는 두 물리량이 동시에 실재로서 서술되어야 하며, 따라서 둘 다 예측 가능해야 한다. 이것은 양자 이론과 모순된다.

하이젠베르크의 불확정성원리는 입자의 위치와 운동량을 동시에 측정하는 것이 불가능하다고 한다. 그러나 이들 값이 측정이라는 명확한 조건에서만 결정될 수 있다고 하더라도, 둘 다 확실한 값을 가져야 한다는 것이 아인슈타인의 주장이었다. 즉, 얽힌 계에서는 비가환 연산자를 가진 두 개의 물리량, 즉 위치와 운동량이 동시에 실재의 요소를 가질 수 있다고 보았다. 따라서 "(1)의 부정은 다른 유일한 대안 (2)의 부정으로 이어진다. 따라서 우리는 파동함수로 주어진 물리적 실재에 대한 양자역학적 서술이 완전하지 않다는 결론을 내릴 수밖에 없다"고 주장했다. 그러면서 "파동함수가 물리적 실재를 완전하게 서술하지 못한다는 것을 보여주었지만, 그러한 서술이 존재하는지는 열린 질문으로 남겨 두고자 한다. 그러나 그러한 이론이 가능하다고 믿는다"고 끝을 맺었다.

EPR 논문이 발표되자 슈뢰딩거는 1935년 6월 7일에 "저는 ≪피지컬 리뷰≫에 방금 실린 논문에서 교수님께서 공개적으로 독단적인 양자역학의 뒷덜미를 움켜쥐었다는 사실을 보고 매우 기뻤습니다"라는 축하 편지를 보냈다.[131] 그런데 아인슈타인은 6월 19일의 답신에서 논문이 자신의 의도만큼 잘 작성되지 못했다며 "현학적 서술 때문에 핵심 요점이 묻혀버렸다"고 불만을 토로했다. 그의 불만은 한 물체의 상태가 공간적으로 분리된 다른 물체에서 수행된 측정 유형에 따라 달라질 수 없다는 '분리 원리'의 근본적인 역할이 논문에서 모호해진 것이었다.

EPR 논증에는 암묵적으로 '분리 가능성'의 가정이 포함된다는 점에 유의해야 한다. 아인슈타인은 모든 물리계는 관찰자와는 상관없는 명확한 속성을 가지고 있으며, 이 속성은 관찰을 통해 드러난다고 믿었다. 그는 이것을 그냥 가정한 것이 아니라 '분리 가능성'이라는 더 깊은 가정을 근거로 삼았다. 논문에서는 "측정 시점에⋯ 두 계가 더 이상 상호 작용하지 않는다면, 첫 번째 계에 수행된 어떤 측정의 결과로 두 번째 계에서의 변화가 실제로 일어날 수 없다"고 표현했다.

여기에 덧붙여 공간의 특정 영역에서 발생하는 사건이 즉시, 빛보다 빠르게, 다른 곳의 다른 사건에 영향을 줄 수 없다는 '국소성'도 EPR 논증의 중요한 요소다. 양자역학의 코펜하겐 해석에 따르면, 각 입자는 측정될 때까지 개별적으로 불확실한 상태에 있지만, 측정되는 시점에 한 입자의 상태가 확실해진다. 얽힌 계에서는 정확히 같은 순간에 다른 입자의 상태도 확실해진다. 이것이 역설로 간주되는 이유는 빛의 속도보다 빠르게 두 입자 사이에 신호가 전해지는 것처럼 보이고, 이는 아인슈타인의 특수상대성이론과 모순되기 때문이다. 아인슈타인의 이러한 세계관을 '국소적 실재론'이라고 일컫는다.

따라서 상호작용이 없는 두 입자계에서 입자 A에 대한 측정이 멀리 떨어져 있는 입자 B의 독립적인 물리적 실재의 요소에 즉시 영향을 미치는 것은 상상할 수 없는 일이었다. 아인슈타인은 다른 두 곳에서의 사건 사이에 상관관계가 있을 수 있다는 것을 받아들이는 데는 어려움이 없었다. 그가 받아들일 수 없었던 것은 한곳에서의 개입이 다른 곳의 사건에 즉시 영향을 미칠 수 있다는 것이었다. 아인슈타인이 "귀신같은 원격작용-spooky action at a distance"이라고 부른, 신비롭고 즉각적인 원격작용은 이런 역설적 상황을 말하는 것이었다. 양자역학에서는 얽힌 입자에 관한 사고

실험의 역설적 결과를 설명하는 개념이 없기 때문에 아인슈타인은 양자역학이 완전하지 않다고 주장했다.

아인슈타인은 국소성과 분리 가능성을 포함한 '분리 원리separation principle'가 EPR 논증의 명확한 특징이 되기를 원했다. 분리 원리와 양자역학의 완전성은 양립할 수 없다. 따라서 양자역학이 불완전하다는 것을 보여주려는 EPR 논문은 분리 원리를 가정해야만 했다. 아인슈타인의 논의는 결국 양자역학이 불완전하거나 아니면 비국소적이어야 하는 것이었다.

그렇지만 양자역학은 아인슈타인의 분리 원리를 위반한다. 이는 '얽힘' 때문이다. 벨은 나중에 국소성과 얽힘의 상관관계가 서로 모순됨을 밝혔다. 아인슈타인의 마지막 위대한 발견인 '얽힘'의 문제는 매우 심오하고 반직관적이며, 골치 아픈, 그러나 대단히 흥미를 불러일으키는 문제였다. 과거에 상호작용한 두 개의 상관된 입자는 '교란'이 없는 한 나누어질 수 없는 전체로 행동하며, 공간적으로 멀어져도 원격작용 없이 상관관계를 갖는 신비한 성격을 가지고 있었다.

EPR 논문에 대한 보어의 답변

EPR 논문이 발표되자 코펜하겐학파 물리학자들은 충격을 받았다. 파울리는 하이젠베르크에게 편지로 "이런 재앙은 언제든 일어날 수 있다."며 아인슈타인의 또 다른 도전을 우려했다. 그러면서 물리학계의 혼란이 더 커지기 전에 즉각적인 반박을 하라고 촉구했다. 결국 하이젠베르크가 답장을 초안하여 사본을 파울리에게 보냈다. 하지만 보어가 이미 코펜하겐 해석을 지켜내기 위한 준비를 하고 있었기에 하이젠베르크는 논문 출판을 보류했다.

보어와 함께 코펜하겐에 있었던 로젠펠트는 아인슈타인의 공격이 "청

천벽력처럼 우리에게 닥쳐왔다"고 회상했다. 보어는 더 놀랐다. 보어는 즉시 다른 모든 일을 제쳐두고 EPR 논문에 대한 철저한 검토를 시작했다. 흥분한 보어는 로젠펠트에게 답변 초안을 받아쓰라고 했지만, 그는 곧 아인슈타인이 전개한 주장이 독창적이면서도 미묘하다는 것을 깨달았다. 그는 "아니, 이건 아니야, 다시 해야 해"라고 중얼거리며 주저하기 시작했고, 이런 일이 한동안 계속되었다. 보어가 아인슈타인의 논문이 게재되었던 학술지에 같은 제목으로 응답 논문을 보내기까지 6주가 걸렸다.

보어는 EPR 논문에 대한 응답 논문을 마무리할 무렵인 6월 29일에 학술지 ≪네이처≫에 보낸 「양자역학과 물리적 실재Quantum mechanics and physical reality」라는 글에서 자신의 주장을 간략하게 요약했다.[132] 이번에도 ≪뉴욕 타임스≫ 신문은 보어가 아인슈타인에게 도전장을 내밀었다면서 기사 헤드라인에 "보어와 아인슈타인의 다툼-실재의 근본적 본질에 대한 논란을 시작하다"란 제목을 달아 7월 28일에 배포했다.

보어가 7월 13일에 접수한 응답 논문[133]은 10월 15일 ≪피지컬 리뷰≫에 게재되었다. 보어의 답변은 단호하게 양자역학적 서술이 완전하다는 것이었다. 그러나 EPR 논증에서 오류를 찾을 수 없었던 보어는 양자역학이 불완전하다고 제시한 아인슈타인의 논거가 충분히 강력하지 않다고 주장하는 것 외에는 할 수 있는 것이 없었다. 보어는 단순히 불완전성 주장의 주요 구성 요소인 '물리적 실재의 기준'을 거부함으로써 코펜하겐 해석에 대한 방어를 시작했다.

그의 반론은 양자 현상을 다룰 때 관찰 대상과 측정 장치 사이의 상호작용 때문에 이 둘을 명확히 구별할 수 없다는 것을 말하는 것이었다. 보어의 반론은 "어떤 식으로든 계를 교란하지 않고"라는 '실재의 기준'이 양자역학의 문제에 적용될 때 생기는 '본질적 모호성'에 초점을 맞추었다.

"실재의 기준에 관한 진술에서 "어떤 식으로든 계를 교란하지 않고"라는 표현의 의미는 모호하다. 물론 앞에서 고려한 경우, 측정의 마지막 결정적 단계에서 관찰 중인 계에 역학적 교란이 있을 여지는 없다. 그러나 이 단계에서도 본질적으로 계의 미래 행동에 대한 가능한 예측 유형을 정의하는 바로 그 조건에 미치는 영향에 관한 문제가 남아 있다. 이 조건은 '물리적 실재'라는 용어가 적절하게 적용될 수 있는 모든 현상들의 서술에 내재된 요소이기 때문에 양자역학적 서술이 본질적으로 불완전하다는 결론을 내린 저자들의 주장을 정당화할 수 없음을 알 수 있다. 반면에 양자 이론적 서술의 특징은… 관찰 대상과 측정 장치 사이의 유한하고 통제할 수 없는 상호작용을 포함한 모든 가능성을 합리적으로 고려한다는 것이다."

보어는 EPR 사고실험이 입자의 위치와 운동량을 동시에 측정하도록 고안되지 않았기 때문에 하이젠베르크의 불확정성원리에 도전하려고 하는 것이 아님을 잘 알고 있었다. 보어는 입자 A를 관찰하는 것이 입자 B에 '역학적 교란'을 줄 수 없다는 데 동의했으며, 또한 원격작용의 가능성도 배제했다. 그러나 보어는 그것이 입자 B가 갖는 독립적인 실재의 요소를 의미하지 않는다고 주장했다. 보어는 입자 B에 직접적인 물리적 교란이 없더라도 입자 B의 '물리적 실재의 요소'는 측정 과정에서 일어나는 입자 A와 측정 장치의 상호작용에 의해 영향을 받는다고 보았다.

아쉽게도 보어의 반론은 명확하지 않았다. 보어의 반론은 읽기도 어렵고 이해하기도 어려웠다. 보어의 논문 본문에는 불확정성원리를 표현한 식 외에는 단 하나의 방정식이나 그림도 없었고, 오직 보어 특유의 철학적 논증 방식으로 EPR 가정 중 하나에 오류가 있었음을 보여주려고 했다. 나중에 양자역학의 정당성을 증명할 수 있는 방법을 제공한 벨도 보어의 EPR에 대한 반론이 무엇을 의미하는지 이해하지 못했다고 말했다. '실재의 조건'이 갖는 본질적 모호함을 지적하며 다소 불분명하게 EPR 논문에 반론을 폈던 보어는 3년 후에 자신의 생각을 비교적 명확한 방식으로 표현했다.

"원자물리학의 역설에 대한 해명은 객체와 측정 장치 사이의 불가피한 상호작용이 관찰 수단과 무관한 원자 객체의 거동에 대해 말할 수 있는 절대적 한계를 만든다는 사실을 밝혀냈다.

우리는 여기서 자연철학에서 완전히 새로운 인식론적 문제에 직면하게 되는데, 지금까지 경험에 대한 모든 서술은 언어의 일반적 관습에 내재된 가정, 즉 객체의 거동을 관찰 수단과 명확히 구별할 수 있다는 것에 기반을 두었다. 이 가정은 모든 일상 경험에서 완전히 입증되었을 뿐만 아니라, 고전물리학의 전체 기반을 구성하기도 한다. … 그러나 원자 과정과 같은 현상을 다루려고 하면, 측정하려는 객체와 … 측정 장치 사이의 상호작용에 의해 결정되는 특성으로 인해, 우리는 객체에 관해 어떤 종류의 지식을 얻을 수 있는지에 대한 질문을 좀 더 자세히 검토해야 한다. 이와 관련하여, 한편으로는 재현 가능하고 소통 가능한 조건에서 지식을 얻기 위한 모든 물리적 실험의 목적에 이르려면 측정 장치의 구성 및 조작에 대한 모든 서술뿐만 아니라 실제 실험 결과에 대한 서술도 고전물리학의 용어로 세련되게 다듬어진 일상적인 개념을 사용할 수밖에 없다는 것을 깨달아야 한다. 다른 한편으로는 바로 이러한 상황은 원리적으로 고전물리학의 범위를 벗어나는 현상에 관한 실험 결과가 객체의 독립적 성질에 대한 정보를 주는 것으로 해석될 수 없고, 오히려 측정 장치와 객체의 상호작용이 본질적으로 포함되는 명백한 상황과 내재적으로 연결되어 있음을 이해하는 것도 마찬가지로 중요하다."[134]

1949년에 보어는 1935년의 논문에서 "표현의 비효율성"이 있었음을 인정하고[107] 그가 지적했던 '본질적 모호성'을 명확히 하려고 노력했다. 양자 이론에서 입자의 속성은 측정 장치와 상호 작용할 때만 '실재'로 드러난다. 측정 행위 이전에는 어느 것이든 '실재'라고 말할 수 없다. 측정 대상과 측정 장치는 얽힌 쌍을 이루며, 어느 쪽도 독립적인 실재로 취급할 수 없다. 보어는 A에 대한 측정이 "계의 미래 행동에 대한 가능한 예측 유형을 정의하는 바로 그 조건"에 영향을 미친다고 주장한다. 즉, 측정 과정은 관측하려는 물리량을 정의하는 조건에 필수적으로 영향을 미친다는 것이다. 양자 현상의 서술에 "내재된 요소"인 이 조건이 영향을 받으면 EPR 논증은 정당화될 수 없다는 것이 보어의 반론이었다.

　이 점을 명확하게 하려고 보어는 양자역학적 측정을 고전물리학의 측정과 비교했다. 고전 법칙에 실험의 중요성을 부여하려면 계와 연관된 모든 부분의 정확한 상태를 결정할 수 있어야 한다. 이를 위해서는 측정 대상과 측정 장치 사이의 상관관계를 알아야 한다. 거시적 계를 다루는 고전물리학에서는 측정 대상과 측정 장치 사이의 상호작용에도 불구하고 두 계는 적절한 개념적 분석을 통해 구별할 수 있다. 반면 미시적 계를 다루는 양자물리학에서는 그런 구별이 불가능하다. 측정 대상과 측정 장치는 분리될 수 없는 단일체를 구성한다. 보어는 측정 대상과 측정 장치와의 상호작용을 제어할 수 없기 때문에 양자 현상을 이해하는 데 있어 인과적 시공간 개념을 적용할 수 없는 상황이 발생한다고 언급한다. 이 고전적인 인과성의 이상에 대한 포기는 보어 논문의 핵심 주장으로서, 실재에 대한 사고방식을 재고하도록 강요한다.

　EPR에 대한 보어의 답변에서 핵심은 '얽힘'과 '분리 가능성'의 문제다. 보어의 관점에서는 A와 B가 분리되기 전에 한 번 상호 작용했기 때문에, 그들은 영원히 단일계의 일부로 얽혀 있어서 두 개의 독립적인 개별 입자로 취급될 수 없다. 전체 계의 파동함수는 두 입자 A와 B가 가질 수 있는 가능한 양자 상태의 중첩으로 표현되고, 이 양자 상태들은 모든 지점에 동시에 존재한다. 입자 A의 물리량에 대한 측정이 이루어지는 순간 전체 파동함수가 단일 상태로 붕괴하면서 입자 B의 물리량도 잘 정의된 값을 가지게 된다. 즉, A에서 운동량을 측정하는 것은 사실상 B에 대한 직접적인 측정과 같고, 따라서 잘 정의된 B의 운동량이 결정된다. 이렇게 원격작용은 일어나지 않는다는 것이다.

얽힘은 두 사람이 옆으로 나란히 서서 맞닿은 쪽의 발목을 묶고 세 발처럼 하여 함께 뛰는 이인삼각二人三脚 경기의 상황으로 비유해 볼 수 있다. 발목을 묶는 끈이 얽힘을 만드는 역할을 한다. 이제 두 사람의 발목을 묶은 끈을 제거하고도 원래의 박자대로 잘 맞추어 발을 내딛는다고 생각하자. 다른 방해만 없으면 두 사람이 아무리 멀리 떨어져 있어도 한 사람이 내딛는 발을 보면 다른 사람의 어느 발이 땅에 닿고 있는지를 알 수 있다. 이 과정에서는 어떤 상호작용도 없고 신호의 교환도 없다. 단지 두 사람이 발을 맞추어 뛰던 박자를 공유하고 있기에 생기는 상관관계만 존재할 뿐이다.

얽힘 현상은 A에 일어나는 일이 B에 즉각적으로 영향을 미칠 수 없다는 '국소성'과 A와 B가 서로 독립적으로 존재한다는 '분리 가능성'을 위반한다. 국소성과 분리 가능성은 관찰자와는 상관없는, 독립적 실재를 믿었던 아인슈타인에게는 핵심적인 두 개념이었다. 보어는 그러한 방식을 추구해서는 안 되며, 어떻게든 그러한 상관관계가 나타난다는 사실을 받아들여야 한다고 보았다. 명시적이지는 않았지만, 보어는 이렇게 아인슈타인이 의도한 주장의 밑바닥에 있는 '국소성' 또는 '분리 가능성'의 가정을 직접적으로 겨냥했다.

보어의 답변 논문이 나온 이후, EPR 논증에서 사용했던 암묵적 기정과 형식에 불만이 있었던 아인슈타인은 1935년과 1949년 사이에 많은 편지와 논문을 통해 자신의 EPR 논증 내용을 정확하게 전달하려고 했다. 이 문제는 21세기 초의 이론물리학자들에게 초미의 관심 사항이 되었는데, EPR 논문의 의미는 처음에는 철학적 문제로, 더 최근에는 양자정보에 대한 잠재적인 기술적 응용과 관련되어 많은 논의를 불러일으켰다.

얽힘의 등장과 슈뢰딩거의 고양이

슈뢰딩거를 제외하고 대부분의 물리학자들은 보어와 아인슈타인 사이의 논쟁에 주의를 기울이지 않았다. 왜냐하면 상충되는 견해는 양자역학에 대한 해석에만 영향을 미칠 뿐 측정 결과를 정확하게 예측하는 능력과는 상관이 없었기 때문이다. EPR 논문 이후 아인슈타인은 1935년 6월 19일에 슈뢰딩거에게 편지를 보내면서 물리학은 "실재에 대한 서술"에 불과하지만, 그 서술이 "완전할 수도 있고, 불완전할 수도" 있다고 썼다. 그는 뚜껑이 닫힌 두 개의 상자 중 하나를 열어 공을 찾는 비유를 들어 완전성의 개념을 설명하고, '분리 원리'라고 하는 국소적 인과관계의 직관적 개념을 제시했다.

상자 뚜껑을 열고 안을 들여다보는 것은 '관찰'을 하는 것이다. 첫 번째 상자 안을 들여다보기 전에 공이 상자 안에 있을 확률은 50%다. 상자가 열린 후에는 공이 상자 안에 있거나, 없거나 둘 중의 하나로 결정된다. 하지만 아인슈타인은 실제로 공은 항상 두 상자 중 하나에 있다고 말한다. 그래서 그는 "공이 첫 번째 상자에 있을 확률은 1/2이다"라는 진술이 실재에 대한 완전한 서술인지 묻는다.

아인슈타인에게 완전한 서술은 "공이 첫 번째 상자에 있다(또는 없다)"라는 것처럼 명확한 상태를 보여주는 방식이어야 했다. 보어가 주장하는 것과 같이 "상자를 열기 전에는 공이 두 상자 중 어느 하나에 있다고 할 수 없다. 뚜껑을 여는 순간에만 어느 한 상자 안에 공이 있음이 결정된다"라는 해석은 그에게 터무니없는 것이었고, 따라서 1/2의 확률로 첫 번째 상자에 공이 들어 있다고 하는 것은 실재에 대한 불완전한 서술이라고 보았다. 여기서 아인슈타인이 말하고자 한 핵심은 공간적으로 분리된 두 상자는 독립적인 실제 상태를 갖고 있으며, "두 번째 상자의 모든 내용은 첫 번째 상자에서 일어나는 사건과 무관하다"는 것이다. 그는 이 '분리 원리'를 양자역학에 대한 불완전성 논증의 기초로 삼았다.

아인슈타인은 1935년 8월 8일에도 비슷한 내용의 편지를 썼다. 그는 양자역학의 불완전성을 보여주기 위해 더욱 기발한 생각을 해냈는데, 미래의 어느 시점에 저절로 폭발하게 되는 불안정한 화약통을 고려해 보라고 했다. 처음에 파동함수는 잘 정의된 상태, 즉 폭발하지 않은 화약통을 서술한다. 하지만 어느 시점 후 파동함수는 "아직 폭발하지 않은 것과 이미 폭발한 것이 섞인 상태를 서술한다"면서 아인슈타인은 슈뢰딩거에게 "어떻게 해석하든 이 파동함수가 실제 상황을 올바르게 서술한 것으로 볼 수 없다"라고 했다. 왜냐하면 실제로 통은 폭발했거나 폭발하지 않은 두 상태 중의 하나지 "폭발한 것과 폭발하지 않은 것 사이의 중간 상태"는 없기 때문이다.

아인슈타인과 1935년 6월과 8월 사이에 주고받은 편지에서 자극을 받은 슈뢰딩거는 1935년 11월 29일과 12월 13일 사이에 양자역학적 상호작용에 관한 3부작 논문을 발표했다. 슈뢰딩거도 보어와 마찬가지로 두 입자가 상호 작용한 후에 형성된 단일계에서 두 입자가 떨어진 거리와 관계없이 한 입자에서의 모든 변화는 다른 입자에 영향을 미친다는 것을 받아들였다. 슈뢰딩거는 아인슈타인에게 쓴 편지에서 '페르슈렌쿵Verschränkung'이라는 용어를 사용했는데, 나중에 영어로 'entanglement(얽힘)'로 번역되었다. '얽힘'은 EPR 논증의 핵심 속성으로서 상호 작용한 후 분리되는 두 입자 사이의 상관관계를 기술하는 용어로 쓰이게 된다. 그는 1935년 11월에 《자연과학》에 광범위하면서도 철학적인 논문을 발표했는데, 여기서 파동함수의 붕괴라는 개념을 사용하여 EPR 논증을 확장했다. 이 결과는 오늘날 '슈뢰딩거의 고양이'로 알려져 있다.

슈뢰딩거는 「양자역학의 현재 상황Die gegenwartige Situation in der Quantenmechanik」 이란 논문의 한 단락에서 고양이의 운명에 대해 서술했다.[135] "고양이가 강철 방에 갇혀 있고, 상자에는 위험한 장치(고양이가 직접 건드릴 수는 없도록 해야 함)가 있다." 위험한 장치는 방사선을 내는 원자에 의해 작동되는 망치가 독약이 든 유리병을 깨뜨릴 수 있도록 고안되었다. 원자가 붕괴되어 방사선을 방출하면 가이거 계수기가 망치를 작동시켜 독약이 든 유리병을 깨뜨리게 되어 고양이가 죽게 된다. 방사성 물질의 양이 매우 적어서 한 시간 안에 원자 한 개가 붕괴될 수도 있지만, 같은 확률로 어느 원자도 붕괴되지 않을 수도 있다. 그렇게 되면 "전체 계의 파동함수는 살아 있는 고양이와 죽은 고양이가 같이 섞여 있거나 스며들어 있는 것으로 서술할 것이다"라고 했다. 그러면서 다음과 같은 언급을 덧붙였다.

"이는 원래 원자 영역에 국한되었던 불확정성이 거시적 불확정성으로 변환된 전형적 예인데, 이는 직접 관찰을 통해 해결될 수 있다. 이는 우리가 실재를 표현하는 "모호한 모형"을 순진하게 유효한 것으로 받아들이지 않도록 한다. 그 자체로는 불분명하거나 모순되는 것이 없다. 흔들리거나 초점이 맞지 않은 사진과 구름과 안개 무리를 찍은 사진은 차이가 있다."

슈뢰딩거와 상식에 따르면, 고양이는 방사성 붕괴가 있었는지 여부에 따라 죽거나 살아 있는 것 중 어느 하나다. 하지만 보어의 주장에 따르면, 관찰 행위만이 붕괴가 있었는지 여부를 결정할 수 있기 때문에 고양이가 죽었는지 살았는지 여부를 결정하는 것은 이 관찰뿐이다. 그때까지 고양이는 양자 연옥, 즉 살아 있기도 하고 동시에 죽어 있기도 한 중첩 상태에 있다. 슈뢰딩거는 이런 식의 서술이 물리계의 실제 상태를 올바로 표현하는 것인지에 대해 의문을 제기하고, 관찰 행위가 있을 때만 작동하는 양자 이론의 문제점을 드러냈다.

아인슈타인은 자신이 언급했던 불안정한 화약통이 고양이로 변한 슈뢰딩거의 논문을 보고 기뻐했다. 그는 편지에서 이렇게 표현했다.

"실재는 실험적으로 확립된 것과는 별개의 것이네. 그들의 해석은 방사성 원자와 독약, … 상자 속의 고양이로 구성된 자네의 계에 의해 가장 우아하게 반박되네. 이 계에는 살아 있는 고양이와 죽어 있는 고양이가 모두 들어 있지. 고양이가 살아 있는 것 또는 죽어 있는 것은 관찰 행위와 별개의 것이라는 것은 아무도 의심하지 않네."

아인슈타인은 살아 있는 고양이와 죽은 고양이를 모두 포함하는 파동함수는 "실제 상태를 서술하는 데 사용될 수 없다"고 단언했다.

슈뢰딩거는 아인슈타인의 국소성 원리를 전적으로 받아들이지 않았지만, 그렇다고 그것을 거부할 준비도 되어 있지 않았다. 대신 그는 '얽힘의 풀림'에 관한 주장을 내놓았다. 중첩은 파동의 특성이다. 중첩된 파동함수는 어떤 유형의 측정이 이루어지면 붕괴되어 특정한 상태로 변한다. 얽힘은 단지 중첩의 특별한 경우였고, 슈뢰딩거는 이 특별한 경우의 중요성을 인식했다. 두 입자가 얽힌 상태에 있을 때, 한 부분 A 또는 B에 대한 모든 측정은 얽힘을 깨고 둘 다 다시 서로 독립적이게 된다는 것이다. EPR 사고실험에서 '귀신같은 원격작용'이 일어난 것처럼 보인 것은 얽힘 때문에 아인슈타인의 '분리 원리'가 적용되지 않았기 때문이다.

슈뢰딩거의 고양이 사고실험은 또한 일상의 거시적 세계의 한 부분인 측정 장치와 미시적 양자 세계의 한 부분인 측정 대상 사이의 경계를 어디에서 그어야 할지에 대한 어려움을 부각시켰다. 보어에게는 고전적 세계와 양자적 세계 사이에 명확한 '차이'가 없었다. 관찰자와 관찰 대상 사이의 끊어지지 않는 연결에 대한 그의 관점을 설명하기 위해 보어는 지팡이를 짚은 시각장애인의 예를 들었다. 시각장애인은 지팡이를 사용하여 주변 세계에 대한 정보를 얻으므로 지팡이는 시각장애인의 일부로서 분리될 수 없다고 보어는 주장했다. 보어는 실험자가 미시적 물리 입자의 어떤 속성을 측정하려고 할 때도 같은 것이 적용된다고 했다. 관찰자와 관찰 대상은 측정 행위를 통해 긴밀하게 얽혀 있어서 어디가 시작이고 어디가 끝인지를 말할 수 없다고 했다.

슈뢰딩거는 1936년 3월 영국에서 보어를 만났다. 보어는 친절하고 정중했지만, 거듭해서 슈뢰딩거의 고양이에 대해 "끔찍하다"고 말했다. 그리고 아인슈타인과 라우에, 슈뢰딩거 같은 사람들이 양자역학에 타격을 입히려는 것을 "대반란"이라고 하면서 "자연에게 '실재'에 대한 선입견을 강요하고 있다"고 말했다. 내면적 확신에 찬 보어는 자신의 입장을 바꾸려 하지 않았고, 아인슈타인과 슈뢰딩거도 확고부동하게 코펜하겐 해석에 반대했다.

아이러니하게도, 양자 이론의 불완전성을 논증하려고 했던 아인슈타인의 EPR 역설과 슈뢰딩거의 고양이는 오늘날에는 모두 잘 확립된 양자 도구가 되었다. 이제 얽힌 입자는 양자정보이론의 핵심 도구이며, 물리학자들은 양자컴퓨터와 같이 결국 거시적 세계의 물리학과 합쳐질 수 있는 슈뢰딩거 고양이의 점점 더 큰 형태를 만들려 하고 있다.

실재와 측정의 문제, 그리고 철학적 믿음

코펜하겐 해석의 관점은 실재를 구성하는 데 있어서 인간이든 기계 장치든 관찰자에게 특권적인 위치를 부여한다. 그러나 모든 물질은 원자로 구성되므로 양자역학의 법칙에 따라야 한다. 그러면 관찰자나 측정 장치가 어떻게 특권적인 위치를 가질 수 있을까? 코펜하겐 해석에서는 측정 장치가 무엇으로 구성되어 있는지 선험적으로 알고 있다고 가정한다. 거시적 측정 장치라는 고전적 세계가 이미 존재하고 있었다는 가정은 해결할 수 없을 것 같은 질문을 던진다. 만약 현재 측정 장치가 어떻게 구성되어 있는지에 대한 지식이 없다면 이론은 더 이상 자기 일관성을 갖지 못하게 된다. 이것이 측정의 문제다.

아인슈타인과 슈뢰딩거는 이 문제를 양자역학이 전체적인 세계관으로서 완전하다고 볼 수 없는 명백한 증거라고 믿었다. 양자역학적 계산은 얽힌 상태를 만들어내는 반면, 물리적 측정은 파동함수의 붕괴를 통해 얽힌 상태를 깨뜨리고 독립적인 상태로 분리시킨다. 슈뢰딩거는 상자 속 고양이를 통해 이를 강조하려고 했다. 양자역학의 수학에는 파동함수가 어떻게, 언제 붕괴되는지 명시하는 것이 없기 때문에 코펜하겐 해석에서 측정은 설명되지 않은 과정으로 남아 있다. 측정을 구성하는 것이 무엇인지, 또는 측정 기준에 대한 지식이 무엇인지를 가정할 수 없기 때문에 물리적 측정 문제를 해결하려면 반드시 현재 이론을 넘어서야 했다.

하지만 보어의 관점에서 보면 EPR 사고실험에는 더 이상 설명이 전혀 필요하지 않았다. 멀리 떨어진 얽힌 입자들 간의 상관관계가 아무리 신비롭게 보이더라도, 입자의 속성은 측정된 대로만 알 수 있다. 보어는 단순히 측정이 실제로 이루어질 수 있다고 말함으로써 문제를 해결하려고 했고, 어떻게 이루어지는지에 대한 설명은 제시하지 않았다. 보어가 보기에 그들의 실수는 파동함수를 너무 문자 그대로 받아들이는 것이었다. 파동함수가 실재하지 않기 때문에 파동함수의 '붕괴'도 없고 '귀신같은 원격작용'도 없었다.

측정에 관해서 벨은 1989년 8월에 '불확정성원리' 62주년을 기념하는 회의에서 "'측정'에 반대하여"라는 제목의 강연을 했다. 벨은 "가장 근본적인 물리 이론인 양자역학이 오로지 실험 결과에 관한 것이라는 생각은 실망스러운 것"이라고 하면서, "실험은 수단일 뿐이다. 목표는 여전히 세상을 이해하는 것이다. 양자역학을 하찮은 실험실 작업에만 국한시키는 것은 위대한 임무를 배신하는 것이다"라고 덧붙였다.[136]

EPR 논문이 발표된 이후 보어와 아인슈타인은 더 이상 양자역학의 해석 문제로 깊이 있는 논쟁을 하지 않았다. 아인슈타인은 오히려 대화를 회피하는 경향을 보였다. 양자역학의 해석에 대한 그들의 생각은 '실재'에 대한 철학적 믿음으로 바뀌었다. 보어는 양자역학이 자연에 대한 완전한 근본 이론이라고 믿었고, 그 위에 자신의 철학적 세계관을 구축했다. 그는 "물리학의 과제가 '자연이 어떤 것인가'를 알아내는 것이라고 생각하는 것은 잘못된 것이다. 물리학은 우리가 자연에 대해 무엇을 말할 수 있는가에 관한 것이다"라고 선언했다.

반면에 아인슈타인은 다른 접근 방식을 선택했다. 그의 양자역학에 대한 평가는 인과적이고 관찰자와 독립적인 '실재'의 존재에 대한 흔들리지 않는 믿음에 기반을 두고 있었다. 결과적으로 그는 결코 코펜하겐 해석을 받아들일 수 없었다. 아인슈타인은 "과학의 유일한 목적은 그것이 무엇이냐를 알아내려는 것이다"라고 주장했다.

보어에게는 이론이 먼저고 그 다음에 철학적 입장, 즉 이론이 실재에 대해 말하는 내용을 이해하기 위한 해석이 나왔다. 아인슈타인은 과학 이론의 기초 위에 철학적 세계관을 구축하는 것이 위험하다고 생각했다. 새로운 실험적 증거에 비추어 볼 때, 이론이 부족하다고 판명되면 그 이론을 뒷받침하는 철학적 입장도 함께 무너진다. 아인슈타인은 "다른 동료들은 대부분 사실에서 이론을 보지 않고, 이론에서 사실을 본다. 그들은 한때 받아들였던 개념적 그물에서 벗어날 수 없고, 그 속에서 우스꽝스럽게 허우적거릴 뿐이다"라는 말로 자신의 입장을 표현했다.

아인슈타인은 "물리학에서는 어떠한 지각 행위와도 무관하게 존재하는 실제 세계를 가정하는 것이 기본이다. 하지만 우리는 그것을 모른다"고 했다. 이러한 입장은 증명될 수 없는 실재에 대한 '믿음'이었다. 아인슈타인은 인간의 이성으로 실재의 본질에 다가갈 수 있다는 확신을 '종교적'이라고 표현하는 것보다 더 나은 표현은 없다면서 "이런 믿음이 없으면 과학은 영감이 없는 경험주의로 타락한다"라고 했다.[137] 아인슈타인은 1936년 「물리학과 실재Physics and reality」라는 제목의 논문에서 양자 이론이 물리학에 쓸모 있는 기초를 제공할 수 없을 것처럼 보인다고 하면서 물리학자가 스스로 철학자가 되어야 하는 이유를 설명했다.

"과학자는 흔히 철학에 무지한 사람들로 언급된다. … 그렇다면 물리학자가 철학을 철학자에게 맡겨두는 것이 왜 옳지 않은가? 물리학자가 의심의 물결이 덮치지 못할 정도로 잘 확립된 기본 개념과 기본 법칙의 엄격한 체계를 가지고 있다고 믿는 때에는 실제로 그렇게 하는 것이 옳을 수 있다. 하지만 물리학의 기초 자체가 지금처럼 문제가 된 때에는 그렇지 않다. 경험이 우리를 더 새롭고 견고한 기초를 찾도록 강요하는 현재와 같은 시기에 물리학자가 이론적 기초에 대한 비판적 고찰을 철학자에게 그냥 맡겨둘 수 없다. 왜냐하면 물리학자 자신이 가장 잘 알고, 신발의 어느 곳이 발을 불편하게 하는지를 더 확실하게 느끼기 때문이다. 새로운 기초를 찾으려면, 물리학자는 자신이 사용하는 개념이 얼마나 옳은 것이고 필요한 것인지를 스스로 명확히 하려고 노력해야 한다."[138]

실재에 대한 코펜하겐 해석을 거부했던 아인슈타인은 많은 사람이 생각했던 것처럼 보수적인 늙은이가 아니었다. 아인슈타인은 양자역학이 당시로는 최고의 이론임을 인정했다. 그렇지만 양자역학은 실제 사물을 불완전하게 나타낸다고 보았기에 이를 바꾸려고 필사적인 노력을 했다. 그는 관찰자와 무관한 실재, 즉 고전물리학의 존재론을 결코 포기하지 않았지만, 고전물리학과 단호하게 결별할 준비가 되어 있었다. 그는 고전물리학의 개념이 새로운 개념으로 대체되어야 한다고 확신했다.

반면에 보어는 거시적 세계가 고전물리학의 개념으로 설명되기 때문에 그것을 넘어서려고 하는 것은 시간 낭비라고 했다. 고전적 개념을 유지하려고 했던 보어는 상보성이라는 틀을 개발했다. 측정 장치와 독립적으로 존재하는 근본적인 물리적 실재는 없다고 본 보어는 고전적 개념을 사용해야만 하는 양자 이론의 역설에서 벗어날 수 없다고 했다. 고전적 개념을 유지하려는 보어와 하이젠베르크의 생각을 두고 아인슈타인은 이를 '신경안정제 철학tranquilizing philosophy'이라고 불렀다. 아인슈타인은 코펜하겐의 해석이 제시한 것보다 더 급진적인 혁명을 원했기에 보어와의 논쟁에서 접점을 찾을 수 없었다.

1939년 1월, 보어는 4개월 동안 프린스턴의 연구소에서 방문 교수로 머물렀다. 두 사람은 여전히 따뜻하고 우호적인 관계를 유지했지만, 양자 실재에 대한 논쟁은 하지 않았다. 아인슈타인은 이미 그 문제를 더 이상 논의하고 싶지 않다는 의사를 밝혔고, 보어는 이에 대해 매우 불만스러워했다. 보어가 머무는 동안 아인슈타인은 통일장이론 연구에 대한 강의를 단 한 번만 했다. 청중석에는 보어도 있었는데, 아인슈타인은 양자물리학이 통일장이론에서 도출될 수 있기를 바란다고 말했다. 그는 '분리 가능성'과 '국소성'에 기반을 두고 양자역학이 불완전한 이론임을 증명하려고 했으나 결국 실패하고 말았다.

1935년 이후 아인슈타인과 보어는 양자 이론의 완전성과 이를 보장하는 데 있어서 얽힘의 역할에 관한 문제를 여러 번 다루었다. 보어는 다소 반복적인 대응을 한 반면, 아인슈타인은 새로운 성찰을 거듭하면서 자신이 주장하는 '분리 가능성'의 뿌리를 이해하려고 더 깊이 파고들었다. 그는 마침내 분리 가능성과 국소성 사이의 차이를 발견했고, 이렇게 얻은 통찰력을 1948년 철학 학술지 ≪변증법Dialectica≫에 「양자역학과 실재Quanten-Mechanik und Wirklichkeit」라는 제목의 논고에서 명확한 용어로 제시했다.

아인슈타인은 물리학의 개념에 대해 말하면서 두 가지 기본적인 주장을 했다. 그는 물리학에서 가정하는 '사물things'에 대한 실재론적 태도를 유지하려면 "공간적으로 멀리 떨어진 사물들이 상호 독립적인 존재"임을 가정하는 것이 필수적이라고 하면서 "그러한 깨끗한 분리 없이는 물리적 법칙이 어떻게 공식화되고 검증될 수 있을지 알 수 없다"라고 했다. 그리고 공간적으로 분리된 두 사물의 독립성이 갖는 특징은 "국소 작용의 원리principle of local action", 즉 "하나에 대한 외부 영향이 다른 하나에 즉각적으로 영향을 미치지 않는 것"이라고 주장했다.

분리 가능성에 대한 아인슈타인의 깊은 철학적 성찰과 양자역학에 대한 평생의 불안은 그가 1949년 보른에게 쓴 긴 편지에서 가장 분명하게 표현되어 있다. 그는 자신의 물리적 실재에 대한 건고한 믿음을 표현하면서 "미래 물리학의 핵심적인 특징은 무엇이어야 하는가?"라고 묻고는 이렇게 말한다.

"나는 우리가 물리적 실재에 집중해야 한다는 것의 의미를 설명하고 싶네. … 우리가 존재한다고 생각하는 것('실재')은 어떻게든 시간과 공간에 국한되어야 하네. 즉, 공간의 한 부분 A에 있는 실재는 (이론적으로) 공간의 다른 부분 B에 있는 실재로 여겨지는 것과 어떻게든 독립적으로 '존재'해야 하네. … 따라서 B에 실제로 존재하는 것은 공간 A 부분에서 수행된 측정 유형에 따라 달라져서는 안 되네. 또한 A에서 수행된 어떤 측정과도 독립적이어야 하네.

이 생각을 그대로 적용하면 양자 이론적 서술이 물리적 실재를 완전하게 표현한 것으로 보기는 어렵네. 그런데도 그것이 완전한 것이라고 한다면, B의 물리적 실재가 A의 측정으로 인해 갑자기 변한다고 가정해야 하네. 나의 물리적 본능은 이를 단호하게 거부하네. 만약 공간의 다른 부분에 존재하는 것이 독립적이고 실제적인 존재라는 가정을 포기한다면, 나는 물리학이 무엇을 설명하는지 전혀 알 수 없네."

아인슈타인은 분리 가능성의 원리를 고집했다. 이는 일반상대성이론과 같은 장이론에서 근본적인 원칙일 뿐만 아니라, 물리학의 일관된 존재론적 토대를 구축하는 데에도 필요한 것이었다. 반면에 보어는 양자 이론의 완전성을 고집했으며, 얽힘을 불일치의 원천이 아니라 상보성이라는 철학적 개념을 적용할 대상으로 보았다. 그들의 충돌은 독단적인 고집쟁이와 노망난 노인 사이의 다툼이 아니라, 진리를 추구하는 단호한 두 철학자 사이의 의견 대립이었다. 두 사람 모두 분리 가능성과 얽힘이 부딪치는 곳에서 진리를 찾아내려고 했다.

제2차 세계대전과 물리학의 전환점

1936년에 '우주방사선과 원자물리학Cosmic Radiation and Atomic Physics'이란 주제로 개최하기로 했던 제8차 솔베이 물리학 회의는 나치즘의 부상으로 인한 불확실성이 커지자 1939년으로 연기되었다. 많은 유대계 독일 물리학자들이 나치의 탄압을 피해 흩어졌고, 안정된 일자리도 잃어버렸기 때문이었다. 이런 혼란 가운데 '소립자와 상호작용Elementary Particles and Interactions'이란 주제로 1939년 회의가 어렵게 조직되었지만, 제2차 세계대전의 발발로 인해 다시 연기되었다. 이렇게 계속 연기된 여덟 번째 솔베이 물리학 회의는 새로운 변화의 징후였는지도 모른다.

1939년 1월에 오토 한Otto Hahn(1879~1968)과 슈트라스만Friedrich Straßmann(1902~1980)은 우라늄을 중성자로 때렸을 때 우라늄 원자량의 약 절반인 원소인 바륨(Ba)의 동위원소가 생성되는 것을 발견했다.[139] 한과 함께 연구하다가 나치 정권을 피해 도망쳐야 했던 여성 핵물리학자 마이트너Lise Meitner(1878~1968)는 이것이 우라늄의 핵분열로 인한 것이라고 해석하고,[140] 핵분열 때 발생하는 대량의 에너지를 아인슈타인의 유명한 질량-에너지 등가 공식 $E=mc^2$로써 설명했다. 이들의 논문은 과학계를 충격에 빠뜨렸다. 핵분열이 엄청난 에너지를 방출하는 동시에 추가적인 중성자를 방출하고, 그 중성자가 또 다른 핵분열을 유발하는 연쇄반응을 일으키면 상상을 초월하는 에너지가 방출될 수 있기 때문이었다.

전쟁이 발발하자 핵분열 연쇄반응이 나치 독일의 신무기 제조에 응용될 것이라는 우려가 생겼다. 사실 하이젠베르크는 독일의 핵폭탄 제조 계획의 책임을 맡게 되었다. 미국으로 도피한 많은 유럽 과학자들은 평화주의자였던 아인슈타인을 앞세워 미국 루스벨트 대통령에게 핵폭탄을 만들 것을 촉구했다. 결국 핵폭탄 제조를 위한 '맨해튼 프로젝트'가 진행되었고, 오펜하이머의 지휘하에 많은 정상급 과학자들이 로스알라모스에 모여 연쇄 핵반응에 대한 연구와 핵폭탄 제조에 필요한 수많은 기술적 문제를 해결하기 시작했다. 극비에 진행된 이 계획은 원자핵과 관련된 연구 결과를 더 이상 공개적으로 발표하지 못하게 금지했다. 오늘날은 군사적·경제적 이유로 이러한 태도를 취하는 것이 거의 자연스럽게 보이지만, 이는 그 당시의 과학적 관행과는 완전히 다른 태도였다.

비극이 시작되었다. 핵분열물질을 추출하고 모으는 거대한 작업이 미국 전역에서 진행되었다. 연쇄반응을 일으킬 수 있는 기폭장치를 비롯한 기술적 문제들도 해결되었다. 독일은 1945년 5월에 이미 항복했지만 일본의 항전은 계속되었다. 연합국 정상들은 포츠담 회담의 마지막 날인 1945년 7월 26일에 일본에 대한 항복 요구와 전후 처리 방안을 담은 포츠담 선언을 발표했다. 일본이 이를 거부하자, 마침내 히로시마와 나가사키에 핵폭탄이 투하되었다. 1945년 8월 6일과 9일, 일본의 두 도시가 핵폭탄 평가 시험장이 되어버린 것이다.

이때부터 물리학자가 지식을 활용하는 데 어떤 윤리적 기준을 적용해야 하는지에 대한 의문이 제기되기 시작했다. 괴테가 『파우스트』를 통해 이야기하고자 바로 그것이었다. 과학과 기술의 진보가 인간의 고통을 증가시킨다면 지식은 과연 어떤 의미가 있는가? 오펜하이머는 수많은 인명 피해를 낳은 핵폭탄 제조 책임에 대한 양심적 고통에 시달려야 했다.

전쟁은 보어와 하이젠베르크의 관계에도 영향을 주었다. 제2차 세계대전이 한창이던 1941년에 하이젠베르크는 독일문화 대사로서 코펜하겐의 독일문화 연구소에서 강연을 했다. 이 코펜하겐 방문에서 보어와 하이젠베르크의 만남이 있었다. 여기서 하이젠베르크가 핵폭탄 개발에 대한 이야기를 꺼냈는데, 그 동기에 대한 두 사람의 기억이 달랐다. 어쨌든 보어는 그 만남 후에 기분이 언짢았던 것은 분명하다.

하이젠베르크는 보어와의 만남에서 과학자들이 핵무기 개발에 참여하는 것이 도덕적으로 허용될 수 있는지를 논의하려 했지만, 그 의도가 정확하게 전달되지 않아 대화가 어색하게 끝났다고 회고했다. 그러나 스위스 저널리스트인 로버트 융크Robert Baum-Jungk(1913~1994)가 1956년에 출판한 책『천 개의 태양보다 더 밝은Brighter than a Thousand Suns』에 담긴 그의 회고는 보어를 격노하게 했다. 보어는 곧 하이젠베르크에게 보낼 편지를 썼다. 편지의 강한 어조 표현을 몇 번 수정하기도 했지만, 그는 끝내 편지를 보내지는 않았다. 보어는 그 후에도 계속 침묵했고, 1962년 보어가 죽은 후 가족들이 봉인해 두었던 이 편지는 2002년 2월에 공개되었다.

"자네가 책의 저자에게 보낸 편지에서 얼마나 많은 기억이 자네를 속였는지 보고 매우 놀랐다는 것을 말하고 싶네. … 나는… 우리 대화의 모든 단어를 기억하네. … 자네는 모호하게 표현했지만, 자네의 책임하에 독일은 원자무기를 개발하기 위해 모든 힘을 쏟고 있으며… 세부 사항에 대해 말할 필요가 없다고 했네. 나는 아무 말도 하지 않고 자네 말을 들었네. (인류에게) 중요한 문제가 쟁점이 되었기 때문이었네. … 나의 침묵과 엄숙함이 원자폭탄을 만들 수 있다는 자네의 말에 충격을 받은 것으로 받아들여질 수 있었다는 것은 매우 기묘한 오해며… 내가 충격을 받은 것처럼 보인 것이 있었다면 … 독일이 맨 처음으로 핵무기를 만들기 위해 엄청난 노력을 기울이고 있다는 소식 때문이었네."[141]

하이젠베르크는 1943년 10월에 네덜란드 동료에게 소련이 유럽을 지배하는 것보다는 독일의 지배가 더 나을 것이고 말한 적이 있었다. 그는 보어에게도 그런 말을 하고 싶었던 걸까? 보어가 대화를 중단한 것은 하이젠베르크가 연합국 과학자들의 핵무기 제조 가능성에 대해 보어의 의중을 떠보려는 의도를 의심했는지도 모른다.[142]

그러나 이 만남의 성격은 여전히 모호한 상태로 남아 있다. 하이젠베르크는 핵무기 개발에 엄청난 재원과 기술이 필요하기 때문에 원리적으로는 가능하지만 실제로는 어려울 것이라는 전망을 나치 관계자들에게 이야기했다고 주장했다. 그리고 1947년에 보어를 방문하여 1941년의 만남에 대해 이야기하는 가운데 두 사람의 기억이 모두 정확하지 않다는 사실을 확인했으며, 자신이 이야기하고자 한 중요한 부분은 보어가 전혀 기억하지 못했다고 적었다.[70]

다른 한편에서는 거대한 집단적 노력이 물리학의 진보에 큰 역할을 함을 인식했다. 맨해튼 프로젝트와 영국의 레이더radar 연구는 물리학자와 공학자, 그리고 다양한 기술 분야의 전문가들이 한자리에 모여 긴밀히 협력하고, 대규모 팀으로 협업하는 방법을 가르쳤다. 그들은 또한 정치가들에게 이런 유형의 협업이 얼마나 효과적인지, 그리고 연구 절차와 팀을 구성하는 일에 있어 상당한 수준의 자율권을 과학자들에게 주는 것이 얼마나 필요한지를 보여주었다. 따라서 이 접근 방식은 전쟁이 끝난 후에도 계속되었다.

버클리의 로렌스가 세운 방사선 연구소Radiation Laboratory는 정부의 대규모 지원 정책의 혜택을 받은 대표적인 기관으로서 1950년대 초에는 세계에서 가장 활발한 소립자 연구의 중심지가 되었다. 고에너지 양성자 가속기와 그곳에서 개발된 새로운 고성능 검출기는 여러 새로운 입자를 발견하는 데 기여했다. 동부 해안의 여러 대학이 공동으로 설립한 브룩헤이븐 국립연구소Brookhaven National Laboratory와 중서부의 아르곤 국립연구소Argonne National Laboratory 설립은 대규모 협력의 효율성을 확인해 주었다. 1930년대에 버클리 로렌스 연구실에서 한 사람이 1년에 걸쳐 1000달러의 비용으로 사이클로트론을 혼자서 제작했던 시절과 비교하면 상황은 크게 달라졌다.

유럽에서는 1954년에 12개국이 제네바에 CERN(유럽 입자물리학 연구소 Conseil Européen pour la Recherche Nucléaire)을 설립하기로 결정했다. 이 결정은 여러 과학적·정치적 이유로 이루어졌는데, 결정적인 요인은 전쟁으로 인한 파괴였다. 가장 중요한 고려 사항 중 하나는 과학을 중심으로 통합된 유럽을 건설하고자 하는 열망이었다. CERN은 또한 최첨단 연구를 할 수 있도록 가능한 최고 성능의 기계를 만들고자 했던 젊은 세대 과학자들의 목표를 실현한 것이기도 하다. 이번에는 처음부터 독일 과학자들, 특히 하이젠베르크가 준비 논의에 포함되었다. 제1차 세계대전 이후에 독일에 부과되었던 터무니없는 봉쇄에서 교훈을 얻었던 것이다.

숨은 변수 이론과 벨의 부등식

제2차 세계대전이 종식되자 물리학의 중심은 전쟁으로 황폐화된 유럽 대륙에서 대담하고 실용적인 미국으로 옮겨갔다. 당대 양자역학의 주인공들도 물리학의 선두에서 서서히 사라지는 듯했다. 사실 EPR 논문 출판 후 처음 20년 동안 얽힘은 큰 관심을 끌지 못했다. 보어와 아인슈타인, 슈뢰딩거 등 소수 물리학자들의 논쟁은 얽힌 상태를 둘러싼 양자역학의 이상하고 반직관적인 특성을 이해하려는 노력을 잘 보여준다. 그렇지만, 대부분의 물리학자들은 양자 이론을 적용하는 데 집중했고, EPR 역설이나 얽힘에 관한 질문은 틈새 관심 분야로만 남아 있었다.

EPR 논증과 얽힘의 문제가 다시 관심을 끌게 된 데에는 봄의 역할이 컸다. 1947년 프린스턴 대학교의 조교수가 된 봄은 그곳에서 양자역학에 관한 강의를 진행했다. 이 강의는 1951년 『양자 이론quantum theory』이란 이름의 고전적 교과서로 출판되었다. 봄은 이 책을 "보어의 심오하고 미묘한 해석을 더 잘 이해하기 위해" 썼다고 하면서 양자역학에 대한 코펜하겐 해석을 명확히 설명했다. 하지만 책의 집필을 마칠 무렵부터 그는 코펜하겐 해석에 대해 의문을 가지기 시작했다. 그리고 양자역학이 불완전하다고 생각한 아인슈타인과의 대화는 그의 생각을 극적으로 바꾸었다.

봄은 1951년 7월에 두 편의 논문을 ≪피지컬 리뷰≫에 투고했는데,[143] 하나는 양자 이론의 기초에 관한 것이고, 다른 하나는 양자 측정 문제에 대한 가능한 해결책에 관한 것이었다. 그는 관찰되지 않은 '숨은 변수'가 존재한다는 가정하에 결정론적 양자 이론을 만들고, 양자역학에 대한 새로운 해석을 제시했다. 숨은 변수 이론은 얽힘의 기이한 현상을 설명하면서 입자의 행동에 '인과성'을 회복하려고 했다.

봄은 1952년 1월에 출판된 첫 번째 논문의 서두에 "양자 이론에 대한 일반적인 해석은 자기 일관성이 있지만, 측정 결과를 확률적으로만 결정하는 파동함수로 개별 계의 세부 사항을 가장 완전하게 서술할 수 있다는, 실험적으로 검증할 수 없는 가정을 포함한다"는 언급으로 시작했다. 그리고 코펜하겐 해석이 "개별 계의 행동을 양자 수준에서 정확하게 개념화할 수 있다는 생각조차 포기할 것을 요구"한다고 비판한 후, "추가 요소나 매개변수를 포함"하면 그러한 생각의 포기를 요구하지 않으면서 "모든 과정을 양자 수준에서 인과적이고 연속적으로 상세히 서술할 수 있게 하는" 방식도 가능하다고 했다. '숨은 변수'는 이러한 추가 요소나 매개변수를 말하는 것이었다. 간단히 말하면 '숨은 변수 이론'은 양자역학이 완전하지 않을 수 있으며, 양자역학의 확률적 특성은 아직 관찰되지 않은 알려지지 않은 요인의 영향 때문일 수 있다는 관점에서 출발한다.

봄은 먼저 불확정성원리를 중심에 둔 코펜하겐 해석에 대해 자세히 다룬 후에 "슈뢰딩거 방정식에 대한 새로운 물리학적 해석"이란 별도의 단원을 마련하여 자신의 논리를 전개했다. 봄은 '양자역학적 포텐셜'을 도입하여 이를 슈뢰딩거의 파동방정식과 연관시켰다. 양자역학적 포텐셜에서 유도되는 'ψ-장field'은 슈뢰딩거 방정식을 만족하며, 모든 곳에서 유한하고 연속적이며 단일 값을 가진다. 봄의 주장에 따르면, ψ-장은 전자기장이 전하에 힘을 작용하는 방식과 유사한, 그러나 똑같지는 않은 방식으로 입자에 힘을 작용한다.

두 번째 논문에서는 '숨은 변수'를 이용하여 입자의 위치와 운동량을 동시에 원리적으로 정확히 측정할 수 있으며, 이로써 불확정성원리가 위반될 수 있음을 보여주었다. 실제 측정에서는 결과가 불확정성원리에 의해 제한되는 정밀도로 얻어지지만, 이러한 제한은 측정 장치가 계를 예측 불가능하고 제어할 수 없는 방식으로 교란하기 때문이지 해석의 개념적 구조에 내재되어 있는 것은 아니라고 주장했다. 또한 폰노이만이 양자역학과 논리적으로 연결될 수 있는 숨은 변수 이론은 있을 수 없다는 증명[121]도 너무 제한적인 가정에 입각한 것이라고 비판하며 봄 자신의 이론에는 해당하지 않는다고 했다. 폰노이만의 증명은 나중에 틀렸음이 밝혀졌다.[144]

봄의 해석에 따르면, 입자의 행동은 '길잡이파동'에 의해 결정된다. 드브로이가 물질파 이론을 제시하면서 길잡이파동을 제안했을 때, 그는 파동이 실제 물리적 입자의 운동을 인도하거나 조종하는 역할을 한다고 했다. 봄은 길잡이파동을 슈뢰딩거의 파동함수와 연관시켜 이러한 통찰력을 구체화했다. 측정되기 전의 입자의 상태를 확률적으로 서술하는 코펜하겐 해석과는 반대로 입자는 항상 확실한 위치를 갖는다. 입자는 실제로 입자이며, 특정 방식으로 관찰될 때뿐만 아니라 항상 입자라고 제안했다.

입자를 관찰하려는 모든 시도는 길잡이파동을 교란하여 입자의 행동을 바꾼다. 봄은 이렇게 불확정성원리에 형이상학적 의미가 아닌 온전한 물리적 의미를 부여하려고 했다.

봄의 관점에서 길잡이파동에 해당하는 파동함수는 붕괴되지 않고 양자역학적 퍼텐셜을 통해 실제 아원자 입자를 특정 궤적으로 인도하는 데 더 직접적인 역할을 한다. 이 방식의 서술은 슈뢰딩거 방정식을 통한 양자역학의 예측과 동일하지만, 더 직관적이고 결정론적인 모습을 보여주며 파동-입자의 이중성 문제를 해소할 수 있었다. 유명한 이중 틈새 실험에서 두 개의 틈새를 통과하는 전자 또는 광자의 흐름은 간섭무늬를 만들어내는데, 이는 입자가 아닌 파동에서만 발생할 수 있다. 그러나 봄의 해는 틈새 중 하나를 통과하는 각 입자가 복잡한 경로로 인도하는 길잡이파동을 타고 이동하여 간섭무늬처럼 보이는 입자 무리를 형성한다는 것이다.

중요한 점은 길잡이파동이 먼 거리에 걸쳐 여러 입자에 영향을 미칠 수 있다는 '비국소성non-locality'을 포함한다는 것이다. 그는 "'양자역학적' 힘은 ψ-장이 매개하여 한 입자에서 다른 입자로 제어할 수 없는 교란을 즉시 전달한다고 말할 수 있다"고 함으로써 양자역학이 국소적이 아닐 수 있다고 했다. 즉, 한 입자의 상태가 아무리 멀리 떨어져 있어도 즉시 다른 입자에 영향을 미칠 수 있다는 개념을 포함한다. 이 결과는 EPR 논문과는 모순되지 않지만, '국소적 실재론local realism'을 주장했던 아인슈타인의 생각과는 다른 것이었다.

비국소성은 양자 이론의 핵심이다. 이는 파동함수의 일부가 파동함수의 다른 부분과 비인과적으로 연결되어 있다는 것을 의미한다. 아인슈타인은 근본적으로 인과성에 집착했기 때문에 양자 이론의 비국소성은 그가 가장 싫어하는 것이었다. 물리계에서 한 입자의 양자 상태를 다른 모든 입자와 독립적으로 정의할 수 없다는 것은 그에게는 죄악이었다. 그러나 봄의 숨은 변수 이론은 아인슈타인이 반대했던 확률론적 특성은 없앨 수 있었지만, 비인과성은 제거할 수 없었다.

'숨은 변수' 개념은 처음에는 무시되었지만, 아인슈타인을 비롯한 일부 물리학자는 양자역학이 불완전하며, '숨은 변수'가 양자역학의 진정한 본질을 이해하는 데 중요한 열쇠가 될 수 있다고 생각했다. 드브로이의 '길잡이파동 이론'에 기반을 둔 봄의 '숨은 변수 이론'은 '드브로이-봄 이론'이라고 부르기도 하는데, 사실 이는 양자역학이 더 완전하고 결정론적인 이론이 될 수 있다는 아인슈타인의 이상을 실현하려는 진지한 시도라고 볼 수 있다. 아인슈타인에게 EPR 역설은 얽힌 입자가 처음부터 고정된 속성, 즉 실재를 가지고 있다고 가정함으로써만 해결될 수 있었다.

그러나 이 실재는 관찰할 수 없는 '숨은 변수'로 특징지어지는 속성이었다. 물리 세계를 이해하는 보어의 관점은 관찰과 실험으로 측정할 수 있는 것에 기초한 이론의 중요성을 강조한다. 자연에서 관찰된 불확정성은 근본적이며, 현재 과학 지식의 부족을 반영하지 않는다는 것이 코펜하겐 해석의 관점이다. 따라서 측정할 수 없는 양으로서의 '숨은 변수'라는 개념을 거부한다.

봄은 1957년 자신의 저서인 『현대 물리학에서의 인과성과 우연Causality and Chance in Modern Physics』에서 숨은 변수 개념을 더욱 자세히 설명했다. 또한 봄과 아로노프Yakir Aharonov(1932~)는 EPR 사고실험을 원래의 운동량-위치 기반에서 전자의 스핀을 기반으로 더 간단하게 재구성했다. 그리고 양자 이론의 얽힘 현상이 물질의 실제 속성을 나타낸다는 것을 명확하게 경험적으로 증명할 수 있다고 했다.[145] 봄이 입자의 스핀을 기반으로 얽힘 상태를 재구성한 것은 나중에 벨이 EPR 역설을 검증하는 방법을 발견하는 데 결정적인 영향을 주었다.

문제는 보어와 아인슈타인의 해석이 모두 동일한 실험적 예측을 했다는 것이다. 이러한 문제를 해결할 명확한 방법이 없었기 때문에 1940년대와 1950년대의 많은 연구자들은 그러한 근본적인 질문을 무의미하거나 심지어 어울리지 않는다고 여기고 옆으로 제쳐두었다. 매우 비철학적인 시대였다. 사실 양자역학은 모든 현상을 잘 설명했기 때문에 이 문제에 신경을 쓰는 사람은 거의 없었다. 이것은 미국 물리학자 머민N. David Mermin (1935~)이 "닥치고 계산이나 해!"라고 묘사한 태도였으며,* 특히 실용주의적인 미국에서 지배적이었다.

이러한 태도에 결정적인 변화를 준 것은 CERN의 물리학자 벨이었다. 벨은 표준 양자역학과 숨은 변수 이론을 구별하는 방법을 발견함으로써 '잠자는 숲속의 미녀'인 EPR 논문을 잠에서 깨우는 역할을 했다. 벨은 대학 시절부터 EPR 역설에 매력을 느끼고 오랫동안 양자역학의 근본적인 질문에 관심을 기울였다. 벨은 양자역학의 의미에 무관심한 물리학자들에게 실망하기도 했지만, 보어를 무조건 추종하는 사람들을 더 싫어했다. 벨은 EPR 논문과 보어의 혼란스러운 답변 모두 근본적인 문제를 건드리지는 못했다고 생각했다. 양자 이론에 내재된 확률적 특성과 비국소성은 실제적인 것인가, 아니면 숨은 변수 이론이 암시하듯이 불완전한 지식의 산물일 뿐인가?

벨은 양자역학에 대한 철학적 논쟁을 좀 더 경험적으로 바꾸고 싶었다. 그는 양자역학이 아인슈타인의 '국소적 실재론'의 개념과 서로 통할 수 있는지를 실험적으로 검증할 수 있는 방법을 찾으려 했다. 그리고 마침내 1964년에 자신의 분석 결과인 '벨의 부등식' 정리를 발표했다.[146] 벨의 논문은 창간되자마자 바로 폐간된, 알려지지 않은 학술지인 ≪물리학Physics≫에 발표되어 전혀 관심을 받지 못했지만, 이때부터 비국소성, 비분리성, 얽힘의 문세는 다시 수면 위로 떠오르기 시작했다.

---

* 이 표현을 파인먼이 했다는 이야기도 있으나, 머민은 이 부분을 2004년에 확실히 했다[참조: N. David Mermin, "Could Feynman Have Said This?," *Physics Today* 57, 10-11 (2004)].

처음에 벨은 아인슈타인이 옳고, 숨은 변수가 양자역학의 문제에 대한 답을 제시하여 보어가 틀렸다는 것을 보여줄 수 있을 것이라고 생각했다. 벨은 1964년 미국에서 안식년을 보내면서 봄이 제시한 반대 스핀을 가진 두 개의 얽힌 입자계를 기반으로 EPR 역설을 검증하는 방법을 찾으려 했다. 그는 양자역학이 불완전하고, 얽힌 두 입자의 상태가 알려지지 않은 매개변수, 즉 '국소적 숨은 변수'에 의해 결정된다면, 두 입자에 관한 사건의 통계적 예측이 소위 '벨의 부등식Bell's inequality'을 따를 것이라는 것을 발견했다.

벨의 부등식은 두 개의 얽힌 입자에 대한 측정 사이의 상관관계가 어떤 수준 아래로 제한된다는 것인데, 실험적으로 검증할 수 있다. 만약 실험을 통해 벨의 부등식이 성립함을 보인다면 이는 EPR 논증이 옳고, 벨의 부등식을 만족하지 않으면 표준 양자역학이 옳다는 의미다. 아인슈타인이 '실재'를 검증 가능한 가설로 바꾸었다면, 벨은 '숨은 변수'에 대한 가정도 검증될 수 있음을 보여주었다. 벨의 발견은 아인슈타인과 보어의 인식론적 논쟁을 실험물리학의 영역으로 옮기게 되었다.

벨의 획기적인 발견은 궁극적으로 양자역학이 '국소적 실재론'과 양립할 수 없음을 보여준 것이다. 그의 분석은 완전히 일반적이어서 모든 '국소적 숨은 변수' 이론은 벨의 부등식을 만족해야 했다. 그러나 양자역학 계산에서 얻은 사건 확률은 벨의 부등식을 만족하지 않았다. 얽힌 입자들은 상식적으로 생각하는 것보다 훨씬 더 깊은 상관관계를 가지고 있었기 때문에 모든 국소적 숨은 변수 이론은 양자역학과 양립할 수 없었다. 벨은 논문에서 봄의 '비국소적' 숨은 변수 이론을 언급하면서 "양자역학의 예측을 정확히 재현하는 그러한 이론의 특징"은 명백히 "비국소적인 구조"를 가지고 있다고 했다. 양자역학은 완전하든 완전하지 않든지 간에 비국소적이어야 한다는 것을 확고히 보여준 것이다.

두 번째 양자혁명의 씨앗

　제2차 세계대전 후에는 양자역학의 해석 문제가 젊은 물리학자들의 관심 밖으로 밀려났다. 디랙이 "많은 사람이 (형이상학적 난제에 대해) 전혀 걱정하지 않고 길고 풍요로운 삶을 살고 있다"고 말한 것처럼, 새 세대의 물리학자들은 처음부터 양자 이론을 다루는 방법을 배웠다. 그리고 양자역학을 이용해 문제를 푸는 방법에 집중했다.

　전자의 파동성 개념을 바탕으로 1930년대에 전자현미경을 발명한 이래, 금속 및 반도체의 성질을 이용하려는 연구를 통해 최초의 트랜지스터가 발명되었다. 1947년 벨 연구소의 쇼클리William Shockley(1910~1989) 바딘John Bardeen(1908~1991), 브래튼Walter Brattain(1902~1987)은 반도체를 샌드위치 형태로 끼우면 한 방향으로의 전류를 조절할 수 있는 장치를 만들 수 있다는 것을 깨달았다. 트랜지스터의 발명은 전자 제품의 소형화를 이끌면서 전자공학의 급속한 발전을 이루어냈다.

　양자 현상을 이용한 또 다른 가시적이고 중요한 발명품은 레이저였다. 레이저의 원리인 유도방출은 이미 아인슈타인의 1917년 논문에서 이론적 토대가 제시되었지만, 1950년대에 물리학자들은 적절한 에너지의 몇 개의 광자를 특정 종류의 원자에 충돌시켜 처음의 광자와 같은 에너지를 가진 더 많은 광자를 방출하는 장치를 개발했다. 이 효과는 광자를 폭포 물줄기처럼 방출하여 자연에서는 볼 수 없는 안정적이고 직선적인 빛줄기를 만들어냈다. 오늘날 레이저는 레이저 포인터에서 바코드 스캐너, 생명을 구하는 의료 기술에 이르기까지 다양한 용도로 사용되고 있다.

　트랜지스터와 레이저는 모두 원자의 양자화 된 에너지 준위에 대한 이해를 바탕으로 한다. 이를 첫 번째 양자 혁명이라고 흔히 말하는데, 이것이 지칭하는 것은 물질 입자가 파동처럼 행동하기도 하고, 빛 파동이 때로는 입자처럼 행동한다는 이중성의 개념을 새로운 기술 혁명으로 연결시켰다는 것이다.

원자시계와 의료용 단층촬영에 사용되는 핵자기 공명과 같은 다른 기술도 개발되었다. 이 모든 장치는 양자 세계에 대한 연구를 통해 가능해졌다. 이렇게 과학자들은 양자역학에 대한 이해를 바탕으로 처음으로 고전 세계에서 사용할 수 있는 새로운 도구를 만들어냈다. 그러나 우리는 이런 장치에서 양자 현상의 신비를 전혀 느끼지 못한다. 그 이유는 첫 번째 양자혁명이 양자역학을 충분히 활용하지 않기 때문이다. 트랜지스터와 같은 발명품은 양자역학에 대한 지식이 필요했지만, 장치 자체는 섬세한 양자 상태를 다루는 것이 아니어서 고전적인 방식에 가깝게 설명할 수 있다.

양자역학의 가장 두드러진 특징은 양자 상태의 '중첩'과 '얽힘'이라고 할 수 있는데, 이러한 특성은 실제로 접근하기 매우 어렵다. 그러나 이런 특성을 이용하려는 기술이 최근에 개발되기 시작하면서 전 세계적인 관심이 집중되고 있다. 양자정보기술quantum information technology이라고 부르는 이 새로운 기술은 양자전산quantum computing과 양자통신quantum communication 분야를 통칭한다, 양자정보기술에서 파생된 양자탐지quantum sensing 기술을 포함하기도 한다. 전 세계의 연구실과 기업이 양자과학과 응용 분야의 발전에 집중하면서, 소위 '두 번째 양자혁명'이라고도 부르는 양자공학quantum engineering 분야가 형성되기 시작한 것이다.

누군가는 양자역학은 아무나 할 수 없지만, 양자공학은 누구나가 할 수 있다고 한다. 양자 중첩과 양자 얽힘을 어떻게 이용할 것인가의 문제는 어려운 양자역학을 이해하는 것과는 전혀 다른 영역의 문제라는 의미다. 양자공학에서는 양자 입자의 특성을 활용하는 방법을 찾는데, 원자나 전자, 광자와 같은 단일 양자 입자와 이들의 결맞은coherent* 양자 상태를 다룬

• 결맞음은 파동이 간섭현상을 보이게 하는 성질을 말한다. 두 개 이상의 파동이 합해질 때 두 파동의 위상에 따라 상쇄 또는 보강간섭이 일어나는데, 결맞음이 잘 될수록

다. 이런 방식은 전자공학, 화학, 재료과학에서 불순물을 재료에 살짝 집어넣거나 다른 조건을 변경하는 등 양자역학을 응용하는 대부분의 분야에서 하는 방식과 다르다. 양자공학은 간단한 양자 상태의 단일 양자 입자를 준비하고 이러한 상태를 신중하게 조작하고 이들의 상태를 추적한다.

양자정보기술의 가능성은 흥미롭게도 EPR 논문이 제기한 역설적 현상에 관심을 두었던 소수의 물리학자들의 연구에서 그 씨앗이 마련되었다. 물리학자들 중의 일부는 여전히 '실재란 무엇인가?'라는 간단하지만 근본적으로 답할 수 없는 심오한 질문을 붙잡고 있었다. 우리는 입자가 존재한다는 것을 알고 있으며, 양자역학은 측정할 때에만 입자의 속성을 알 수 있다고 한다. 양자 상태를 측정하는 행위 자체가 측정 대상의 속성을 바꾸어버리거나 결정할 수 있다는 양자역학의 이론은 관찰자의 행동과 관계없는 객관적 실재가 근본적으로 존재하지 않는 것처럼 보인다.

컬럼비아 대학교에서 천체물리학을 공부하던 클라우저John Clauser(1942~)는 천체물리학 대신 이러한 양자 이론의 기초에 대해 깊이 생각했다. 그는 아인슈타인의 EPR 논문이 실제로 옳을 수도 있다고 생각했고, 그것을 확인하고 싶었다. 그가 보기에 아인슈타인의 생각은 매우 명확한 반면, 보어의 생각은 다소 모호하고 이해하기 어려웠다. 1967년 도서관에서 벨의 논문을 우연히 발견한 그는 얽힘에 대한 예측이 실험적 증거를 보지 않고는 받아들일 수 없을 만큼 기괴하다고 생각했다. 벨의 부등식에 대한 실험적 검증이 실질적으로 어렵다는 사실도 금방 깨달았다. 왜냐하면 부등식의 예측에 대한 실험적인 부분이 모호했기 때문이었다.

실험의 근본적인 중요성을 인식한 클라우저는 실험적으로 검증할 수 있는 유사한 부등식을 구성하는 방법을 생각하기 시작했고, 벨에게 자신의 생각을 편지로 전했다. 아무도 관심을 보여주지 않는 자신의 논문을 검

간섭현상이 잘 일어난다. 양자 중첩에서 중요한 역할을 한다.

중하려는 학생의 편지에 벨은 격려의 답장을 보냈다. 1969년 클라우저는 곧 개최될 미국 물리학회에 자신의 생각을 초록으로 제출했는데, 보스턴 대학교의 철학자이자 물리학자인 시모니Abner Shimony(1928~2015)가 이를 보았다. 시모니도 벨의 논문을 우연히 읽고 얽힘 현상을 자세히 살펴보려던 중이었다. 대학원생 혼Michael Horne(1943~2019)과 함께 벨의 부등식을 검증할 수 있는 실험을 고안하고 있던 시모니는 클라우저에게 힘을 합칠 것을 제안했고, 클라우저는 이에 즉시 동의했다.

그들은 보스턴에서 만나 검증에 필요한 실험을 진행하고 있던 하버드의 대학원생 홀트Richard Holt와 합류했다. 그리고 곧 실험적 검증에 적용할 수 있는 새로운 유형의 벨 부등식을 고안했다.[147] 그 결과는 클라우저-혼-시모니-홀트의 첫 글자를 딴 'CHSH 부등식' 또는 '일반화된 벨 부등식'으로 알려지게 되었다. 그들은 광자의 편광* 상태를 이용했다. 원자의 전자가 높은 에너지 상태로 들떴다가 낮은 에너지 상태로 되돌아올 때, 여러 단계를 거치면서 광자 쌍을 방출한다. 이때 나오는 광자 쌍의 편광 방향은 결정되지 않으나, 같은 편광 상태로 얽히게 된다. 얽힘의 문제는 이제 이론물리학자들에게서 실험물리학자들의 손으로 넘어가게 되었다.

개념적 돌파구를 찾은 클라우저는 양자 얽힘을 만들어낼 수 있는 장치[148]가 있던 버클리에 박사 후 연구원으로 자리를 잡았다. 이미 하버드에서 연구를 진행하고 있던 홀트에 비해 늦었지만, 클라우저는 CHSH 부등식을 검증할 방법을 찾기 시작했다. 양자역학의 정확성을 믿었던 칼텍의 파인먼은 클라우저의 생각을 양자역학에 대한 불신이라고 비난했지만, 버클리의 타운스Charles Townes(1915~2015)** 교수는 그를 지지하고, 대학원생

- * 빛은 전자기파로서 빛의 진행 방향에 수직한 방향으로 전기장과 자기장이 진동하는 파동이다. 전기장과 자기장도 서로 수직한 방향으로 진동하는데, 편광은 전기장의 진동방향으로 정의된다.
- ** 타운스는 레이저처럼 강력한 결맞은(coherent) 마이크로파를 발생시키는 MASER

인 프리드먼Stuart Freedman(1944~2012)을 실험에 합류하게 했다.

클라우저와 프리드먼은 칼슘 원자의 다단천이atomic cascade에서 방출된, 편광으로 얽힌 광자 쌍을 생성한 다음 분리된 광자들의 편광 상태를 측정하여 두 편광 상태 사이의 상관관계를 찾아내려고 했다. 그들은 먼저 편광판이 특정한 각도로 서로 틀어져 있을 때 양자역학 예측이 국소적 숨은 변수 이론의 예측과 크게 다르다는 것을 이론적으로 보여주었다. 그리고 200시간 분량의 편광 측정 데이터를 수집하여 높은 통계적 정확도로 CHSH 부등식을 위반한다는 것을 발견했다. 즉, 광자가 생성된 순간부터 특정한 방향으로 편광을 가지고 있다고 가정하는 국소적 실재론은 실험 결과와 일치하지 않았다. 얽힘의 존재를 실험적으로 규명한 것이다. 1972년에 발표된 「국소적 숨은 변수 이론의 실험적 검증Experimental Test of Local Hidden-Variable Theories」이란 제목의 논문[149]은 국소적 숨은 변수 이론이 양자역학의 결과를 설명할 수 없음을 실험적으로 밝힌 최초의 결과였다. 이들의 연구는 양자역학의 기초에 대한 관심을 다시 불러일으켰다.

클라우저-프리드먼 실험은 결론이 아니라 시작에 불과했으며, 더 심층적인 검증으로 나아가는 문을 여는 것이었다. 사실 클라우저-프리드먼 실험에서 광자의 편광 상태를 알아내는 편광판은 '고정'되어 있었고, 편광판 사이의 거리는 3m를 조금 넘는 정도여서 숨은 변수 이론으로도 설명할 수 있는 '허점loophole'이 있었다.

양자역학에서 얽힌 광자는 공간적으로 분리되더라도 측정 순간에 어떤 편광을 취할지 '즉시 결정'하기 때문에 편광 측정 결과 사이에 높은 상관관계가 있어야 한다. 그러나 숨은 변수가 있어서 빛의 속도로 광자에게 편광판의 방향을 미리 일려주면 그러한 즉각적인 결정 없이도 동일한 상관관

(Microwave Amplification by Stimulated Emission of Radiation)의 개발로 노벨물리학상을 수상했다.

계를 얻을 수 있다. 따라서 클라우저의 실험은 양자역학의 근본적인 특성인 비국소성은 검증할 수 없었다. 이를 '국소성 허점'이라고 한다.

아스페Alain Aspect(1947~)는 이 '국소성 허점'을 해결하려고 했다. 클라우저가 벨의 논문을 우연히 발견하면서 그의 인생이 바뀌었던 것처럼, 프랑스 물리학자 아스페의 삶도 그러했다. 대학을 졸업하고 아프리카에서 3년간 자원봉사를 하던 아스페는 틈틈이 양자역학을 공부하면서 EPR 사고실험에 매료되었다. 그가 읽은 양자역학 교과서에는 보어가 모든 것을 해결했다는 식의 서술이 없었다. 1974년 귀국한 그는 클라우저의 논문을 읽고 아직 중요한 실험이 남아 있음을 깨달았다. 그리고 제네바에서 벨을 만나 의견을 물었다. 벨은 대학원생 아스페의 미래를 망칠 수도 있는 어려운 실험을 시도하려는 그를 염려하면서도 그의 용기를 격려했다.

아스페는 비국소성 조건에서 CHSH 부등식을 검증하기 위해 거의 10년이 걸리는 철저하고 체계적인 연구를 시작했다. 얽힌 두 광자가 반대 방향으로 이동하는 동안 어떻게든 서로 신호를 주고받을 가능성을 없애기 위해 아스페가 고안한 방법은 두 편광판을 충분히 멀리 떨어뜨려 놓고, 광자가 검출기에 도달하기 직전에 재빨리 편광판의 방향을 바꾸는 것이었다. 아인슈타인의 '분리 가능성의 원리'를 염두에 둔 방식이었다. 숨은 변수가 실제로 존재한다면 편광 정보를 제대로 전달할 수 없을 것이고, 따라서 결과는 절반의 확률로 상관관계가 있을 것이다. 반면에 양자역학이 옳다면 결과는 훨씬 더 큰 상관관계를 보여줄 것이다. 즉, CHSH 부등식을 위반하게 될 것이다.

아스페는 레이저와 컴퓨터 등 최신 기술 혁신을 이용하여 CHSH 부등식을 검증할 준비를 마쳤다. 그는 레이저로 칼슘 원자를 들뜬 상태로 만든 뒤, 이들이 바닥상태로 떨어질 때 굉장히 많은 얽힌 광자 쌍을 방출하는 강력한 광원을 사용했다. 이를 통해 아스페는 클라우저가 수백 시간이 걸렸던 실험을 100초 안에 수행할 수 있었다. 아스페는 매우 많은 자료를 얻음으로써, CHSH 부등식이 만족되지 않는 정도를 훨씬 높은 정확도로 검증할 수 있었는데,[150] 그의 검증 실험은 지금까지 수행된 실험 중 가장 엄격한 것이었으며, 양자역학의 비국소적 특성을 완전히 입증한 최초의 결과였다.

아스페의 연구로 벨 부등식 검증 실험에 큰 진전이 있었지만, 아직 많은 실험적 '허점'들이 해결되지 않은 채 남아 있었다. 아스페의 박사학위 논문 심사위원 중 한 명이었던 벨이 이를 지적했다. 아스페의 실험에서는 입력 신호가 주기성을 띠고 있어서 원리적으로 상대방의 상태를 알 수 있는 '국소성 허점'이 여전히 남아 있었던 것이다. 또한 얽힌 광자 쌍들이 이동하는 동안 손실이 생겨 대부분 사라지고 일부의 광자 쌍만이 검출기에 기록되는 '검출효율 허점detection-efficiency loophole'의 문제도 있었다. 이는 벨 부등식이 성립하는 결과를 초래할 수도 있었다.

그러나 그 이후 몇 년 동안 추가적인 개선을 통해 아스페의 원래 결과가 확인되었다.[151] 가능한 모든 허점이 해결된 실험은 아니었지만, 벨을 포함하여 대부분의 물리학자들은 벨의 부등식이 성립하지 않음을 받아들였다. 이로써 EPR의 국소적 숨은 변수 이론은 틀렸으며, 양자역학이 승리한 것으로 판명되었다. 클라우저와 아스페의 실험은 물리학자들에게 얽힘의 중요성을 깨닫게 했고, 양자 얽힘은 이제 받아들여야 할 실재가 되었다.

클라우저와 아스페의 결과는 물리적 실재의 '분리 가능성'과 '국소성'의 두 가정 중 하나를 포기해야 한다는 것을 의미한다. 어느 것을 포기해야 할까? 벨은 '국소성'을 포기해야 한다고 보았고, 국소적 실재론을 주장한 아인슈타인의 세계관은 유지될 수 없다는 것을 인정했다. 그러면서도 그는 "사람들은 세상에 대해 실재론적 관점을 취하려 하고, 세상이 관찰되지 않을 때에도 실제로 존재하는 것처럼 이야기하고 싶어 한다"고 말했다. 1990년 10월 62세의 나이에 뇌출혈로 사망한 벨은 "양자 이론은 결국 더 나은 이론으로 대체될 일시적인 방편일 뿐"이라고 확신했다. 양자 현상은 여전히 표준 양자역학의 관점에서 해석할 수도 있고, '비국소적' 숨은 변수 이론의 틀 안에서 해석할 수도 있다. 비국소적 숨은 변수 이론이 실재론적 세계관을 구해낼 수 있을까?

여러 광자의 얽힘과 양자 텔레포테이션

벨 부등식의 실험적 검증은 대개 두 입자 사이의 얽힘을 이용했지만, 오스트리아 물리학자 차일링거Anton Zeilinger(1945~)는 세 개 이상의 입자들의 얽힘에 관한 포괄적인 작업을 했다. 오랫동안 사람들은 벨이 이미 두 스핀 계에서 국소적 실재론과 양자론이 양립할 수 없음을 완전히 보였다고 생각했다. 그래서 차일링거 연구진이 세 개 이상의 입자가 포함된 얽힌 계가 실제로는 국소적 실재론을 훨씬 더 확실하게 위배함을 보이자 많은 사람들은 놀랐다.

1980년대 초반에 차일링거는 그린버그Daniel Greenberger(1964~), 혼과 함께 중성자 간섭계에 관한 연구를 시작했다. 중성자는 입자지만 물질파로 행동하기 때문에 간섭 효과를 보인다. 차일링거는 1976년 벨이 조직한 양자역학의 기초에 관한 학술회의에 참석하여 중성자의 반직관적 양자 현상*에 대해 발표했다. 차일링거는 이 회의에 참석할 때만 해도 양자 얽힘에 대해서는 전혀 알지 못했지만, 여기서 벨의 부등식 정리, EPR 역설, 얽힘 등에 관해 처음 듣고 매력을 느끼기 시작했다. 양자광학 분야의 동향에 대해 알지 못했던 그는 1985년 EPR 논문 50주년이 되던 해의 학회 참석을 계기로 혼과 함께 수행하던 중성자 간섭계 실험을 벨의 정리와 결합하려

---

* 중성자가 360도 회전하면 양자 상태가 바뀌고, 다시 360도를 회선하면 원래 상태로 되돌아오는 현상으로 스핀 1/2인 입자의 양자적 특성이다.

는 시도를 시작했다. 그 뒤 1987년 슈뢰딩거 탄생 100주년 기념 학술회의에서 벨을 다시 만난 후 차일링거는 양자광학으로 연구 방향을 돌렸다.

1986년에 완성된 그린버그-혼-차일링거GHZ 정리는 그린버그의 직관에서 시작되었다. 그는 차일링거에게 "세 개의 얽힌 입자계가 있다면 어떨까요? 세 입자의 얽힘에는 어떤 차이나 새로운 것이 있을까요?"라고 물었는데, 이 질문은 '부등식이 없는 벨의 정리Bell's theorem without inequalities'라는 결과로 이어졌다. 이는 GHZ 얽힘 상태를 이용한 실험적 결과가 국소적 실재론과는 일치하지 않음을 더 확실하게 확인할 수 있게 했다.

GHZ 정리는 원리적으로 단 한 번의 측정으로 벨 부등식의 위반을 찾아낼 수 있는 방식이어서 양자역학의 비국소성에 대한 주장을 더욱 강력하게 뒷받침할 수 있었다. 그들은 국소적 숨은 변수 이론과 양자역학이 서로 양립할 수 없다는 것을 통계적 상관관계가 아닌 완벽한 상관관계를 통해 검증했다. 출판되지 않고 있던 GHZ 정리는 그린버그가 1988년에 학술회의에서 처음 발표한 뒤, 그 이듬해에 출판되었다.[152] 처음의 GHZ 정리는 4개의 입자가 얽힌 상황을 고려했다. 이후 1989년에 하이젠베르크를 기념하는 학회에서 그린버그의 발표를 들은 머민이 3개의 얽힌 입자계에도 적용할 수 있음을 확인했다.[153] 그리고 같은 해에 GHZ 정리의 세 사람은 시모니와 함께 그들의 아이디어를 명확하게 한 논문을 발표[154]함으로써 많은 사람들이 GHZ 정리를 받아들이게 되었다.

그러나 실험실에서 GHZ 얽힘 상태를 만들어내는 일은 쉽지 않았고, 빨리 성과를 얻을 수 있는 일도 아니었다. 결과를 얻기까지 거의 10년이 걸렸다. 차일링거 연구진은 얽힌 광자 쌍을 얻기 위해 기존의 원자 기체를 사용하는 대신, 큰 에너지의 광자를 두 개의 낮은 에너지를 가진 광자로 변환*하는 비선형 결정을 사용하여 얽힌 광자 쌍을 준비했다. 이 발전된

• 비선형 결정에서 발생하는 자발적 매개변수 하향변환(Spontaneous Parametric Down

광원으로 GHZ 정리 검증 실험의 완성도를 높여갔고, 마침내 1998년에 국소성 허점 해결에 성공했다.[155] 그들은 초고속으로 난수를 발생시켜 편광 방향을 무작위로 재빠르게 변화시켰는데, 양자난수 생성에서부터 편광 측정의 전 과정이 100ns 내에 이루어졌다. 이는 어떤 정보가 빛의 속도로 반대편 광자 검출기에 전달될 때까지 걸리는 시간(600ns, 약 200m 거리)에 비해 충분히 짧은 시간이므로, 국소성 허점 문제로부터 완전히 벗어날 수 있었다.

차일링거 연구진이 GHZ 얽힘 상태의 실험적 검증을 진행하는 동안 IBM의 베넷Charles Bennett(1943~)은 1993년에 얽힘을 핵심 양자정보 자원으로 사용하여 입자의 양자 상태를 다른 입자로 옮기는 것이 가능하다고 제안했다.[156] 얽힌 쌍의 입자가 반대 방향으로 이동하다가 그중 하나가 세 번째 입자를 만나 얽히게 되면 흥미로운 일이 일어난다. 이들은 새로운 얽힘 상태에 들어간다. 세 번째 입자는 원래 상태를 잃게 되지만, 그 속성은 이제 원래 얽힌 입자 쌍의 다른 편 입자에 반영되고, 새로운 얽힘 과정에 대한 정보를 알려주면 세 번째 입자의 양자 상태를 복원해 낼 수 있다. 얽힘이 양자정보의 전송을 가능하게 한 것이다. 알려지지 않은 세 번째 입자의 양자 상태를 한 입자에서 다른 입자로 전송하는 이러한 방식을 양자 순간이동, 또는 양자 텔레포테이션quantum teleportation이라고 한다.

베넷의 논문이 나온 이후 양자정보 처리에 대한 이론적 연구는 빠른 진전이 있었다. 그러나 새로운 제안을 실험적으로 구현하는 데는 많은 어려움이 있어 느리게 진행되었다. 특히 세 개 이상의 양자 얽힘 상태를 만드는 것이 당시에는 불가능했다. 차일링거는 자신의 실험 장치로 이 효과를 실험적으로 시연할 수 있다는 것을 깨닫고, 빠르게 실험 장치를 재정비했다. 그리고 마침내 1997년에 제안된 조건을 충족하는 양자 텔레포테이션

Conversion)이라는 과정을 이용하는 방법이다.

을 처음으로 시연했다.[157] 이탈리아와 영국이 공동으로 진행한 연구에서도 양자 텔레포테이션에 성공하여 먼저 논문을 제출했지만[158] 검토 지연으로 인해 차일링거의 논문 이후에 출판되었다.

양자 텔레포테이션 과정에서 요구되는 조건은 입자의 상태에 대한 정보를 획득하지 않아야 한다는 것이다. 양자역학은 임의의 알려지지 않은 양자 상태를 똑같이 복제하는 것을 금지한다. 이를 '복제불가정리no-cloning theorem'라고 하는데,[159] 복제를 위해 정보를 획득하는 순간 입자의 상태를 나타내는 파동함수가 붕괴하여 특정한 상태로 바뀌기 때문이다. 즉, 양자 텔레포테이션은 양자 상태가 가진 정보를 측정이라는 과정 없이, 즉 양자 상태의 손상 없이 온전히 그 정보를 전달하는 새로운 개념의 정보 전송이다. 여기서 얽힘 현상은 핵심적인 자원이며, 양자정보의 전송 가능성은 양자전산이나 양자통신 등 새로운 정보처리기술 분야를 여는 계기가 되었다.

양자 텔레포테이션에 대해 오해해서는 안 되는 부분이 있다. 양자 얽힘을 이용해 한 장소에서 다른 장소로 의도적으로 즉시 유용한 정보를 전달하는 것은 불가능하다. 왜냐하면 얽힌 쌍의 한 입자를 측정하면 완전히 무작위적인 결과가 나오기 때문이다. 따라서 의도적인 정보 전달은 불가능하다. 단지 얽힌 입자의 상관관계를 통해 멀리 있는 입자에 대한 가능한 측정 결과의 확률만을 알 수 있을 뿐이다.

양자 텔레포테이션은 차일링거 연구진이 이후 30년 동안 추구한 얽힘에 대한 다양한 양자 응용 연구의 하나에 불과했다. 다음 단계는 두 쌍의 얽힌 입자를 사용하는 것이었다. 각 쌍에서의 한 입자가 만나 특정한 방식으로 얽히면, 각 쌍의 다른 입자는 서로 접촉한 적이 없음에도 불구하고 얽힐 수 있다. 이를 '얽힘 교환entanglement swapping'이라고 하는데, 차일링거 연구진은 이를 1998년에 처음 시연했다.[160]

이제 얽힌 광자 쌍은 광섬유를 통해 반대 방향으로 전송될 수 있으며 양자 네트워크에서 신호를 전달하는 기능을 할 수 있다. 두 쌍 사이의 얽힘은 이러한 네트워크 연결망 사이의 거리를 늘일 수 있게 한다. 광자가 중간에 흡수되거나 속성을 잃기 전에 광섬유를 통해 전송될 수 있는 거리에는 한계가 있다. 일반적인 빛 신호는 그 과정에서 증폭할 수 있지만, 얽힌 쌍에서는 그런 방식을 쓸 수 없다. 광증폭기는 빛을 검출하고 측정해야 하는데, 그러면 얽힘이 사라진다. 그러나 얽힘 교환은 얽힘 상태를 건드리지 않고도 더 먼 거리로 원래 상태를 전송할 수 있는 방법을 제공했다.

2013년에는 검출효율 허점 문제를 해결하기 위해 광자 검출효율이 90%가 넘는 새로운 유형의 검출기*를 활용했다. 그 결과 73% 이상의 높은 시스템 효율을 달성할 수 있었고, 이는 검출효율 허점 문제를 해결하는 데 필요한 효율인 2/3보다 높은 수치다. 그렇지만 국소성 허점과 검출효율 허점 문제를 동시에 해결하는 것은 매우 어려운 일이었다. 2년 후인 2015년에 차일링거 연구진은 마침내 '국소성 허점'과 '검출효율 허점'의 두 가지 문제를 하나의 실험에서 동시에 해결하는 데 성공했다.[161] 같은 시기에 미국 표준연구소NIST와[162] 네덜란드 델프트Delft 공과대학교에서도[163] 벨 부등식의 실험적 검증과 연관된 주요 허점들을 동시에 해결하는 데 성공했다. 그들은 국소적 숨은 변수 이론을 확실히 포기해야 한다는 것을 독립적으로 확인함으로써 양자 얽힘에 관한 수십 년간의 실험적 노력을 마무리했다.

과학자들은 여전히 얽힘이라는 겉보기에 기괴한 현상이 어떻게 발생하는지에 대해 논쟁하고 있지만, 이는 실험을 거쳐 검증된 실제 원리다. 이러한 결과의 가장 중요한 점은 양자역학이 옳다는 것을 다시 한 번 확인하

---

* 새로운 검출기는 '초전도 나노선 단일광자 검출기(superconducting nanowire single photon detector)'라고 부르는데, 광자가 들어가면 초전도 특성이 순간적으로 없어지는 현상을 이용한다.

는 것에 그치는 것이 아니라, 얽힘 상태의 확대와 분배를 통해 양자정보를 다루거나 전송하는 새로운 기술을 탄생시켰다는 것이다. 양자역학이 불완전한 이론임을 논증하기 위해 제시했던 아인슈타인의 얽힘 개념이 아이러니하게도 양자 암호화 및 양자 네트워크와 같은 양자정보 체계의 확고한 기반이 된 것이다. 2022년 노벨물리학상이 클라우저, 아스페, 차일링거 세 사람에게 수여된 것은 양자정보과학의 발전이 인류의 미래에 큰 영향을 미칠 수 있음을 인정한 것이었다.

양자 르네상스

1970년대부터 개발되기 시작한 실험 기술은 1990년대까지 계속되면서 양자 현상에 대한 근본적인 실험의 '골드러시'를 이루었다. EPR 논증은 실재론, 숨은 변수 해석, 완전성, 측정과 같은 양자역학의 형이상학적 문제와 관련이 있었지만, 1980년대 이후 많은 학자들은 매우 다른 이유로 얽힘 연구를 부활시켰다. 양자 텔레포테이션이 시연되면서 얽힘에 대한 인식도 바뀌기 시작했다. 그들 중의 일부는 양자역학이 왜 그렇게 이상한지에 대한 질문을 제쳐두고, 양자역학의 이상한 속성을 활용하는 방법을 찾기 시작했다. 그들의 노력은 양자전산, 양자통신, 양자센싱과 같은 새로운 분야를 탄생시켰다. 이때부터 양자 얽힘은 설명해야 할 대상에서 새로운 기술의 자원으로 바뀌었다.

이 새로운 분야의 많은 연구자들은 '얽힘'과 '중첩'의 양자 개념을 사용하여 기존 시스템에서는 불가능한 방식으로 정보를 부호화하고, 전송하고 처리할 수 있다는 것을 깨달았다. 중요한 새로운 결과는 정보 자체가 정보를 저장하고 처리하는 데 사용되는 물리법칙과 독립적이지 않다는 것이다. 더욱이 이를 뒷받침하는 기술적 발전으로 연구자들은 개별 양자계를 매우 정밀하게 다루는 놀라운 방법을 알게 되었다. 이러한 제어 기술은 이제 물리학자들이 양자역학의 새로운 근본적인 측면을 다룰 수 있도록 함으로써 양자 세계에 대한 우리의 호기심을 더욱 자극하고 있다.

그렇다면 정보의 전송과 처리가 양자 법칙에 의해 지배될 때 무슨 일이 일어날까? 먼저 양자 암호화를 생각할 수 있다. 이는 무작위성, 중첩, 그리고 두 입자의 얽힘을 적용하여 정보를 전송하고, 물리법칙에 의해 도청이 불가능하도록 한다. 편광으로 얽힌 광자 쌍은 비밀 정보를 공유하려는 두 사람에게 분배된다. 얽힌 광자의 편광을 개별적으로 측정하면 완전히 무작위적인 결과가 나온다. 그러나 두 사람이 동일한 편광 방향을 따라 측정을 하면 각 얽힌 쌍 내에서는 결과가 항상 같다. 따라서 많은 광자 쌍을 두 사람이 무작위로 측정하여 결과를 얻고, 결과가 동일한 것들을 골라내어 이를 공유하여 비밀 열쇠key로 사용할 수 있다. 즉, 비밀 정보를 전송할 때 이 비밀 열쇠로 부호화하고, 수신자도 이 비밀 열쇠로 복호화함으로써 안전한 통신을 할 수 있다. 도청자가 정보를 탈취할 목적으로 중간에서 얽힌 쌍의 광자를 건드리면 얽힘이 깨어지므로 도청 사실을 금방 알아챌 수 있다. 이러한 양자정보과학의 응용은 이미 실험실 환경을 벗어나 금융기관이 사용할 수 있을 정도의 실용화 단계로 발전했다. 남은 과제는 더 높은 정보 전송률을 달성하고 더 먼 거리를 연결하는 것이다.

마찬가지로 GHZ 실험은 여러 개 입자를 얽히게 하는 거대한 분야를 열었고, 이는 양자 전산에 필수적이다. 양자전산은 기본적인 양자 현상을 활용하여 전례 없는 속도로 계산을 수행할 수 있게 한다. 심지어 큰 소인수 분해나 빠른 자료 검색과 같이 기존 컴퓨터로는 쉽게 풀 수 없는 복잡한 문제를 해결할 수도 있다. 양자전산의 핵심 개념은 양자역학의 규칙에 따라 양자컴퓨터라는 물리적 계에 정보를 부호화하여 입력하고 처리하는 것이다.[164]

양자정보기술의 개발 과정은 과학자와 기술자가 얽힘과 관련된 단일 양자 상태의 동작을 제어하는 방법을 배우는 과정으로 볼 수 있다. 따라서 현재 많은 연구는 기존 컴퓨터의 정보 저장 장치나 논리게이트logic gate와 유사한 양자회로를 구성하는 데 요구되는 신뢰할 수 있는 양자 비트quantum bit 또는 '큐비트qubit'*를 만들어내는 데 많은 노력을 기울이고 있다.

고전적 정보의 기본은 0과 1의 2진수 단위로 표현되는 고전적 '비트bit, binary digit'이다. 반면에 양자정보기술의 새로운 특징은 '큐비트'를 기반으로 한다. 큐비트는 양자계가 서로 다른 상태의 중첩 상태에 있을 수 있음을 이용하는 것인데, '0'과 '1'의 상태를 동시에 가질 수 있음을 의미한다. 큐비트의 구현에는 여러 방법이 제안되고 있다. 일반적으로 광자, 전자, 포획 이온trapped ion, 초전도 회로superconducting circuit, 원자 등의 양자 입자를 조작하는 방법이 동원된다. 완전한 양자 알고리즘은 신뢰할 수 있는 큐비트가 구현되어야만 가능하다.

기본적으로 고전적 비트와 큐비트 사이에는 많은 차이점이 있다. 고전적 비트는 0과 1에 해당하는 두 개의 개별 상태로 정보를 표현하는 반면에 큐비트는 0과 1의 두 상태뿐만 아니라, 이들 값이 섞여 있는 중첩 상태로도 나타낼 수 있다. 따라서 큐비트는 고전적 비트보다 훨씬 더 많은 정보 집합체라고 볼 수 있다. 예를 들어, 어떤 함수의 값이 0이 되는 해를 찾는 작업을 생각해 보자. 고전적인 컴퓨터에서는 입력 값을 하나씩 바꾸면서 계산하여 결과가 0이 되는 경우를 찾는다. 10비트 계산을 한다고 하면 0에서 1023에 해당하는 이진수를 하나씩 넣어보면서 계산한다. 그러나 10큐비트의 양자컴퓨터는 $2^{10}=1024$개의 중첩 상태가 있어서, 이 중첩 상태들에 대한 계산이 독립적으로 한꺼번에 이루어지면서 단 한 번 만에 결

- '큐비트'라는 단어는 1995년 미국의 슈마허(Benjamin Schumacher)가 양자 비트를 설명하기 위해 만들어냈다.

과를 얻어낼 수 있다는 이야기다. 이를 '양자병렬성quantum parallelism'이라고 한다.

양자병렬성은 많은 가능성을 열어준다. 현재 급성장하는 양자전산 분야는 얽힌 양자 상태를 이용하여 병렬 계산을 수행하므로 어떤 종류의 계산은 기존의 슈퍼컴퓨터를 사용하는 것보다 훨씬 더 빠르게 할 수 있다. 큰 수를 소인수분해하는 것과 같은 복잡한 문제를 처리할 때 고전적 비트는 많은 양의 정보를 표현하고 저장하기 위해 많은 비트 수가 필요하다. 그러나 양자컴퓨터는 적은 수의 큐비트로도 훨씬 더 많은 양의 데이터를 처리할 수 있다. 여러 입자로 구성된 양자계의 시뮬레이션에서도 계산 속도가 비슷하게 향상될 것으로 예상한다. 그러나 어떤 문제에서는 전혀 이점이 없을 수도 있다.

고전적 비트와 큐비트의 또 다른 중요한 차이로 고전적 비트는 마음대로 무한대로 복사할 수 있는 반면, 큐비트는 복제불가정리가 적용된다. 그리고 고전적 비트는 빛의 속도보다 작은 범위에서 정보 신호를 전송할 수 있지만, 얽힘과 양자 텔레포테이션을 사용하는 큐비트에는 이러한 제한이 사라지는 듯 보인다. 큐비트는 신호의 직접 전송이 아니라, 얽힘의 상관관계를 이용하기 때문이다. 그만큼 빠른 연산이 가능한 반면, 정보를 저장하고 처리하는 정교한 기술이 필요하다.

그리고 큐비트를 이용하여 사용 가능한 정보를 전송하고 수신하려면 어떤 종류의 측정을 수행할지를 지정해야 한다. 이는 중첩된 여러 상태의 어느 하나를 선택하는 문제와 관계가 있다. 고전적인 정보는 단순히 빛의 깜박임만으로도 송수신이 가능하다면, 양자 정보는 중첩된 여러 상태를 기반으로 하므로 매우 큰 유연성과 함께 복잡성도 존재한다.

양자컴퓨터의 속도와 효율성에도 불구하고 이 장치가 아직 사용되지 않는 데에는 이유가 있다. 양자컴퓨팅에는 몇 가지 제한과 해결해야 할 과제가 있다. 첫째, 장치의 엄청난 복잡성이다. 가장 큰 어려움은 주변 환경에 대한 취약성이다. 큐비트는 열이나 전자기의 간섭에 매우 민감하기 때문에 얽힘과 중첩의 양자 상태가 쉽게 깨진다. 뿐만 아니라 얽힘 상태를 유지할 수 있는 시간도 매우 짧다. 양자 상태의 깨짐은 오류를 유발하여 양자컴퓨터의 효율적이고 빠른 계산 능력에 영향을 미친다. 마치 입력한 내용이 달라지거나 없어져서 엉뚱한 결과가 출력으로 나오는 것과 같다. 따라서 가능한 한 오랫동안 이러한 얽힘 상태를 보존하기 위해 많은 주의를 기울여야 한다.

이 때문에 장치를 만드는 데는 극저온 상태를 유지하는 등 복잡한 공학적 기술이 필요하다. 과학자들은 또한 이러한 오류의 영향을 최소화하기 위해 오류 수정 방법을 설계해야 한다. 현재 양자전산은 아직 초기 단계에 있다. 더 안정적인 큐비트를 만들고, 큐비트 수를 늘리고, 오류 수정 방법을 개선하고, 새로운 알고리즘과 응용프로그램을 개발하는 지속적인 연구가 필요하다.

양자정보를 다루는 양자정보기술의 발전에는 다양한 관심 집단의 지적 전통이 관련되어 있다. 양자역학의 형이상학적 문제를 연구하는 물리학자들의 전통뿐만 아니라, 일반 전산, 알고리즘 및 복잡성에 몰두한 수학자와 컴퓨터 과학자, 더 나은 통신 코드로 채널 용량을 늘리려는 정보 이론학자, 단일 원자를 걸러내고 조작하는 실험 원자물리학자, 레이저 회로를 설계하는 광전자 기술자들이 서로 다른 단계에서 양자공학의 역사에 등장했다.

정보는 본질적으로 고전적이지만, 양자 큐비트를 통해 전송하고 처리할 수 있다. 사실, 모든 정보는 측정 장비의 특성을 조정하고 측정 결과와 관련된 서시석 신호를 관찰하는 고전적 수준에서만 통신될 수 있다. 그래서 어떤 면에서 양자정보라는 개념은 없다고 할 수 있다. 그러나 정보를 양자 개념으로 취급하고, 이 정보를 개별 양자계에 부호화하는 접근 방식은 새로운 통찰력을 줄 수 있다. 이런 분야를 우리는 현재 '양자정보이론

quantum information theory'이라고 부른다.

정보 이론은 수학과 컴퓨터 과학의 혼합체로서 양자 얽힘과 더불어 두 번째 양자혁명의 또 다른 중요한 요소다. 사실, 양자정보과학은 1990년대 초에 양자 인수분해 및 양자 검색과 같은 특정 알고리즘이 개발된 후에야 출발하기 시작했다. 베넷이 양자 텔레포테이션의 가능성을 제시한 직후인 1994년, 수학자 쇼어Peter Shor(1959~)는 양자역학의 기초에 대한 새로운 통찰력과 정보 이론을 결합하여 큐비트의 얽힘을 이용한 빠른 소인수분해 알고리즘을 소개했다.[165]

쇼어 알고리즘은 양자전산의 가치를 가장 명확하게 보여준 초기 사례로서, 양자 르네상스를 일으키는 계기가 되었다. 쇼어 알고리즘은 양자정보라는 전체적인 개념을 만들어냈고, 새로운 양자 기술이 기존의 고전적 기술에 비해 훨씬 뛰어난 성능을 가질 수 있는 가능성을 제시하여 전반적인 연구를 활성화했다.

양자물리학과 양자정보기술은 동전의 양면과 같다. 양자물리학은 개념적으로 새로운 응용 연구를 가능하도록 영감을 주고, 양자정보기술은 새로운 근본적인 질문을 풀어가는 도구 상자를 제공한다. 새로운 기술은 종종 이전에는 제기되지 않았던 질문을 던지는 경우가 있다. 그 이유는 기술의 발전이 그 전에는 가능하지 않았던 새로운 것들을 상상하고 탐구하도록 자극하기 때문이다.

양자전산 분야의 연구자들은 양자역학이 '저 밖에 존재하는 무언가'가 아니라, 단지 우리가 갖고 있는 '정보'에 관한 것이라는 관점을 제시한다. 차일링거는 "실재와 실재에 대한 우리의 지식, 실재와 정보는 구분할 수 없다"라는 태도를 취하며, "우리가 실재에 대해 가지고 있는 정보를 사용하지 않고는 실재를 언급할 방법이 없다"라고 주장한다.[166] 고전적 세계관에서 실재는 이미 모든 속성을 지니고 있어서 관찰에 앞서, 관찰과는 관계없는 속성에 대한 개념이지만, 새롭게 부상한 양자역학의 관점에서는 실재와 정보의 개념이 동등한 위치에 있다. 하나는 다른 하나를 함축하며, 어느 하나만으로는 세계를 완전히 이해하기에는 충분하지 않다는 것이다. 양자정보기술이 발달하면 아인슈타인이 가정했던 '실재'란 무엇이고, 그것을 어떻게 설명할 것인가의 근본적인 질문에 대해서도 더 큰 통찰력을 얻게 될 것으로 기대한다.

얽히고 연결된 우주

얽힘은 분리할 수 없는 일체성을 설명하는 매우 아름다운 개념이 되었다. 얽힘 현상을 검증하는 실험에서는 얽힌 입자 쌍을 준비해야 했지만, 원리적으로 반드시 그럴 필요가 없다. 일반적으로 두 입자가 상호 작용하면 양자 상태는 얽히게 된다. 실험적으로 중성자와 양성자와 같은 큰 입자를 포함하여 물질의 두 입자는 멀리 떨어진, 전혀 상관없는 곳에서 만들어질 수도 있다. 이 입자들이 충돌하여 상호작용을 하면 분리된 후에도 오랜 시간 동안 서로 얽히게 된다. 이제 그들은 하나의 양자계가 된다. 이러한 면에서 얽힘은 개별 입자들을 서로 연결하는 실과 같다. 얽힌 계에서 입자는 개별 구성 요소가 아니라 더 높은 차원에서 새롭게 형성된 단일 객체처럼 행동하여 구성 입자 그 자체보다 더 큰 무언가가 된다.

다른 입자와의 추가 상호작용은 얽힘을 멀리, 넓게 퍼뜨린다. 이는 여러 큐비트의 상태가 공간적 제한이 없이 양자역학적으로 서로 연결될 수 있다는 것을 의미한다. 얽힘은 수백, 수백만, 심지어 그 이상의 입자 사이에서도 발생할 수 있다. 두 개의 얽힌 입자라는 개념이 당혹스러운 만큼, 더 많은 입자가 얽히게 되면 상황은 더욱 복잡해진다. 예를 들어 생물체와 같은 경우에는 두 개가 아니라 수백 개의 원자나 분자 또는 그 이상이 얽히게 되며, 그러면서도 여전히 하나의 통합된 물체처럼 작동한다.

이런 현상은 자연 전체, 생물종의 원자와 분자, 금속 및 기타 물질 내에서도 발생하는 것으로 볼 수 있다. 여러 입자들은 얽혀서 전혀 다른 성질의 복합체를 형성한다. 모든 복합체에서는 거의 모든 상태가 얽혀 있다고 볼 수 있다. 결정 내부의 원자들은 원리적으로 결정에 대한 파동함수에 의해 모두 얽혀 있다. 얽힌 입자는 서로 직접 접촉하지 않고도 그 자체로 완전한 새로운 개체가 된다. 여러 입자가 얽힌 계에서 전체는 부분의 합보다 크다.

영국의 철학자 화이트헤드Alfred Whitehead(1861~1947)는 사물들의 밀접한 관계성을 강조하면서 물리학이 유기체적 관점에서 완전히 다시 써져야 한다고 주장했다. 그는 시공간상에서 확실한 위치를 가진 독립적 개체는 존재하지 않는다고 하면서, 모든 자연은 과정과 사건 안에 살아 있는 존재라고 했다. 일어나는 모든 사건의 총체는 한곳에서 갈라졌다가는 다른 곳에서 모여드는 흐름과 영향의 형태이며, 특정 공간에서의 부피 또는 특정 시간의 경과는 본질적으로 모든 공간의 부피 또는 모든 시간의 경과를 포함한다고 했다.

화이트헤드의 유기체적 우주에서 광자, 전자와 같은 기본 입자에서부터 인간과 은하에 이르기까지 모든 것은 자체에 가치와 목적이 내재해 있는 유기체이다. 유기체는 환경과의 관계성 안에서 자신을 완전하게 만드는 일관된 활동의 터전이다. 따라서 자아와 타자의 실현과 유지는 완전히 얽혀 있다. 우리가 경험하는 모든 것은 우리 존재 안에 얽혀 있으며, 우리 자신은 우리가 관계 맺는 모든 것 속에 퍼져 있다.

인간은 어느 누구도 혼자가 아니다. 우리는 고립된 원자가 아니라, 상호작용 안에서 서로를 지지하고 영향을 주며, 보완하는 존재들이다. 우리 각자는 궁극적으로 우주에 있는 모든 것에 의해 지지를 받는다. 이 얽힌 우주에서 우리 동료 인간이나 지구의 동료 생명체에게 폭력을 행사하는 것은 우리 자신에게 폭력을 행사하는 것과 다름없다. 그리고 우리 자신을 이롭게 하는 가장 효과적인 방법은 다른 존재들을 이롭게 하는 것이다. 무엇보다 우리는 자연과 교류하며 정보를 획득하는 관찰자로서 단순한 수동적 존재가 아니다. 우리는 관찰과 측정을 통해 실재를 만드는 존재로서, 끊임없이 전개되는 창조 드라마에 참여하는 주체이다.

우주적 사건의 진행 방향을 결정하는 열역학 제2법칙, 즉 '엔트로피' 증가 법칙은 물리학의 영역을 넘어 에너지 환경이 어떻게 사회와 문화, 정치와 경제, 세계관과 가치관에 영향을 미치는지를 설명하는 데에도 적용되고 있다.[167] 물리학에서 엔트로피 개념은 무질서의 정도를 나타내는 것으로, 자연적인 변화는 고립계의 경우 이용 가능한 에너지가 감소하는 방향, 또는 무질서도가 증가하는 방향으로 진행된다는 것이다. 절제되고 통제되지 않은 에너지 소비는 결국 무질서도가 최대가 되는 시간을 앞당겨 우주를 열적 죽음에 이르게 한다.

이제 '얽힘'의 개념도 자연과 관련하여 인류가 어떻게 자리매김을 하고 질서를 유지해 나갈 것인지 논의하는 데 유용한 개념이 되고 있다. 얽힘은 인간과 자연의 관계를 중재하고 이해하는 방법을 제공한다. 인간이 지구적 존재가 되는 방법은 얽힘의 조건을 수용하는 것이다. 얽힘은 "함께 존재"하고 "여럿이 하나로 존재"하는 혁신적이고 근본적인 방식이다.[168] 인간, 생명, 물질, 지구가 얽혀 하나를 이룬다는 방식으로 생각을 바꾸어 정리하면 "지구와의 깊은 얽힘을 존중하는" 새로운 행동과 담론을 위한 공간이 열린다.

생태적 얽힘은 서로에게 영향을 주며 서로의 생존 조건을 바꾼다. 인간은 의심할 여지 없이 자연의 일부이며, 인간의 행위는 자연에 영향을 주기도 하고 되놀려받기도 한다. 자연에 대한 인간의 행위와 관련된 책임이나 생태 감수성 등의 개념은 얽힌 전체의 극히 한 부분일 뿐이다. 우리가 양자역학의 관점에서 진정으로 얽힌 존재라면, 무엇과 어떻게 얽힐지 선택할 수 없다. 우리는 그저 얽혀 있을 뿐이다. 이것이 사실이라면, 우리는 생존과 행복과 마찬가지로 죽음, 파괴, 재앙 등과도 똑같이 얽혀 있어야 한다. 우리는 우리의 의지대로 얽힘을 풀 수도 없다. 왜냐하면 모든 순간에 끊임없이 환경과 상호작용을 하면서 삶을 영위해 나가기 때문이다. 모든 존재와 물질이 이렇게 얽혀 있다면, 우리의 선택은 어떤 의미를 가지는 것일까?

사실 얽힌 상태는 환경이 조금만 바뀌어도 쉽게 없어지거나 깨질 수 있다. 양자 상태를 관찰하는 행위 자체만으로도 얽힘을 파괴할 수 있다. 그만큼 얽힘이란 현상은 매우 취약한 특성을 가지고 있다. 그래서 섬세하게 다루고 조작해야 한다. 마찬가지로 인간과 인간, 인간과 자연과의 상호관계도 섬세하고 예민한 감각으로 보살펴야 한다. 우주의 모든 것이 얽혀 있다는 관점에서 우리의 조그만 행위가 전체의 균형과 조화를 깨뜨릴 수 있다는 생각을 하면, 우리의 선택은 좀 더 관대하고 현명해질 수 있을 것이다.

참고문헌 및 논문

P. Marage and G. Wallenborn, *The Solvay Councils and the Birth of Modern Physics* (Birkhaüser, Basel, Switzerland, 1999).

M. Kumar, *Quantum: Einstein, Bohr, and the great debate about the nature of reality* (W. W. Norton & Company, Inc. New York, 2007).

1. A Pais, *Niels Bohr's Times: In Physics, Philosophy, and Polity* (Oxford, 1991). https://mathshistory.st-andrews.ac.uk/Biographies/Ehrenfest/
2. D. van Delft, "Paul Ehrenfest's final years," *Physics Today* 67, 41 (2014).
3. M. Klein, *Paul Ehrenfest Vol.1 The making of a theoretical physicist* (Amsterdam, 1985).
4. G. E. Uhlenbeck, S. Goudsmit, and G. H. Dieke, "Paul Ehrenfest," *Science* 78, 377 (1933).
5. 조지 가모프, 『물리학을 뒤흔든 30년』, 김정흠 옮김(전파과학사 1994).
6. G. Vanpaemel, "The organization of science in the 19th centry," in *The Solvay Councils and the Birth of Modern Physics* edited by P. Marage and G. Wallenborn (Birkhaüser, Basel, Switzerland, 1999).
7. W. Thomson, *Baltimore Lectures on Molecular Dynamics and the Wave Theory of Light, Appendix B* (1904).
8. J. Perrin, "Mouvement brownien et réalité moléculaire," *Annales de chimie et de physique* 18, 5 (1909).
9. J. Perrin, *Les atomes, coll. Champs* (Flammarion, Paris 1991).
10. E. Johnson, "The Perils of Being Paul Ehrenfest, a Forgotten Physicist and Peerless

Mentor," *The MIT Press Reader* (1 June, 2019).
https://thereader.mitpress.mit.edu/paul-ehrenfest-forgotten-physicist/

11. A. Einstein, *Out of My Later Years* (Philosophical Libray Inc., New York, 1950).
12. M. Planck, Wissenschaftliche Selbstbiographie (Leipzig, Barth, 1948); 영문 번역 *Scientific Autobiography and Other Scientific Papers* (New York, Philosophical Library, 1949).
13. P. Ehrenfest, "Über die Physikalische Voraussetzungen der Theorie der irreversibility Planckschen Strahlungsvorgänge," *Wiener Berichte* 114 (1905); P. Ehrenfest, "Zur Planckschen Strahlungstheorie," *Physikalische Zeitschrift* 7 (1906).
14. 로이드 모츠 외,『물리이야기』, 차동우 외 옮김(전파과학사, 1992)에서 재인용.
15. H. Poincaré, "Sur la dynamique de l'électron," *Rendiconti del circolo matematico di Palermo*, 21, 129 (1906).
16. H. A. Lorentz, "Electromagnetic phenomena in a system moving with any velocity smaller than that of light," *Proc. Royal Acad. Amsterdam*. 6, 809 (1904).
17. H. A. Lorentz, *The theory of electrons and its applications to the phenomena of light and radiant heat* (Leipzig, B. G. Teubner, 1916).
18. D. Delft, "Albert Einstein in Leiden," *Physics Today*, 4, 57 (2006).
19. P. Ehrenfest, "Welche Züge der Lichtquantenhypothese spielen in der Theorie der Wärmestrahlung eine wesentliche Rolle?" *Annalen der Physik* 36, 91 (1911).
20. M. Klein, "Not by discoveries alone: The centennial of Paul Ehrenfest," *Physica A: Statistical Mechanics and its Applications* 106, 3 (1981).
21. A. Einstein, "A Brief Outline of the Development of the Theory of Relativity," *Nature* 106, 782 (1921).
22 Albert Einstein to Heinrich Zangger, *Physics Today* 58, 18 (2005).
https://doi.org/10.1063/1.2138403
23. Letter from Einstein to Hilbert (Nov. 18, 1915) *CPAE*, vol. 8A, doc. 148.
https://einsteinpapers.press.princeton.edu/vol8a-doc/273
24. Letter from Hilbert to Einstein (Nov. 19, 1915) *CPAE*, vol. 8A, doc. 149.
https://einsteinpapers.press.princeton.edu/vol8a-doc/274
25. Letter from Schwarzschild to Einstein (Dec. 22, 1915) *CPAE*, vol. 8A, doc. 169.
https://einsteinpapers.press.princeton.edu/vol8a-doc/296
26. A. Einstein, *Relativity: The Special and the General Theory* 〔독일어 원제: *Über die spezielle und die allgemeine Relativitätstheorie* (Methuen & Co Ltd, 1916)〕.
27. A. Einstein, "Ether and the Theory of Relativity," *CPAE*, vol. 7, doc. 38.

https://einsteinpapers.press.princeton.edu/vol7-trans/177

28. 김재영, 「에테르와 상대성 이론」, 물리학과 첨단기술 7/8월호, 37-39 (2017).
29. P. Zeeman and A. D. Fokker, H. A. Lorentz *Collected Papers*, vol. 3 (The Hague : Martinus Nijhoff, 1936).
30. F. Berends and F. Lambert, "Einstein's witches' sabbath: the first Solvay council on physics," *Europhysics News* 42 (5), 15 (2011).
31. S. Foucart, "Au Metropole un "sabbat de sorcieres" " in *le Monde*, 31 July 2015.
32. E. Rutherford, "Conference on the Theory of Radiation" *Nature* 88, 82 (1911).
33. A. Haas, "Über eine neue theoretische Bestimmung des elektrischen Elementarquantums und des Halbmessers des Wasserstoffsatom," *Physikalisches Zeitschrift* 11, 537 (1910); "Der Zusammenhang der Planckschen elementaren Wirkungsquantums mit den Grundgrössen der Elektronentheorie," *Jahrbuch der Radioaktivität und Elektronik* 7, 261 (1910).
34. Letter from Einstein to Besso (Sep. 11, 1911) *CPAE*, vol. 5, doc. 283.
https://einsteinpapers.press.princeton.edu/vol5-doc/370
35. Letter from Einstein to Besso (Oct. 21, 1911) *CPAE*, vol. 5, doc. 296.
https://einsteinpapers.press.princeton.edu/vol5-doc/387
36. Letter from Einstein to Besso (Dec. 26, 1911) *CPAE*, vol. 5, doc. 331.
https://einsteinpapers.press.princeton.edu/vol5-doc/430
37. F. A. Lindemann to his father, 4 November 1911, Lorentz & the Solvay conferences.
https://lorentz.leidenuniv.nl/history/Solvay/solvay.html
38. Letter from Einstein to Zangger (Nov. 15, 1911) *CPAE*, vol. 5, doc. 305.
https://einsteinpapers.press.princeton.edu/vol5-doc/399
39. H. Poincare, "Sur la théorie des quanta," *J. Phys.* (Paris) 2, 5 (1912).
40. A, Einstein, "H. A. Lorcntz, his creative genius and his personality" in *H. A. Lorentz: Impressions of His Life and Work*, edited by G. L. de Haas-Lorentz (North-Holland Publishing Company. Amsterdam, 1957).
41. W. Isaacson, *Einstein: His Life and Universe* (Simon & Schuster, New York, 2007).
https://www.themarginalian.org/2016/04/19/einstein-curie-letter
42. Letter from Einstein to Zangger (Nov. 7, 1911) *CPAE*, vol. 5, doc. 303.
https://einsteinpapers.press.princeton.edu/vol5-doc/395
43. J. J. Thomson, "On the structure of the atom," *Phil. Mag.* 7, 237 (1904); J. J. Thomson, *Electricity and Matter* (Constable & Co. London, 1904).
44. M. Born, "Über das Thomsonsche Atommodell," *Physikalische Zeitschrift* 10, 1031

(1909).

45. E. Geiger and E. Marsden, "On a Diffuse Reflection of the α-Particles," *Proc. Roy. Soc. A* 82, 495 (1909).
46. J. J. Thomson, "On the structure of the atom," *Phil. Mag.* 26, 792 (1913).
47. E. Rutherford, "The scattering of α and β particles by matter and the structure of the atom." *Phil. Mag.* 21, 669 (1911).
48. W. Röntgen, "On a New Kind of Rays." *Nature* 53, 274 (1896).
49. F. Laue and S. Knipping, ber. Bayer. Akademie d. Wiss. 8. Juni (1912).
50. M. Eckert, "Disputed discovery: The beginnings of X-ray diffraction in crystals in 1912 and its repercussions," *Z. Kristallogr.* 227, 27 (2012).
51. W. L. Bragg. "The Diffraction of Short Electromagnetic Waves by Crystals," *Proceedings of the Cambridge Philosophical Society* 17, 43 (1913).
52. H. E. Armstrong, "Poor Common Salt!," *Nature* 120, 478 (1927).
53. H. Kragh, "The Early Reception of Bohr's Atomic Theory (1913-1915): A Preliminary Investigation," Research Publications on Science Studies, Centre for Science Studies, University of Aarhus. (July 2010).

    https://css.au.dk/fileadmin/reposs/reposs-009.pdf
54. N. Bohr, "On the constitution of atoms and molecules, part I," *Phil. Mag.* 26, 1 (1913); "On the constitution of atoms and molecules, part II," *Phil. Mag.* 26, 476 (1913); "On the constitution of atoms and molecules, part III," *Phil. Mag.* 26, 857 (1913).
55. J. W. Nicholson, "The Constitution of the Solar Corona II," *Monthly Notices of the Royal Astronomical Society* 72, 677 (1912).
56. https://www.nobelprize.org/uploads/2018/06/bohr-lecture.pdf
57. "Physics at the British Association," *Nature* 92, 304 (1913).

    https://doi.org/10.1038/092304b0
58. J. Jeans, *Report on Radiation and the Quantum-Theory* (London: The Electrician, 1914). https://archive.org/details/cu31924012330407
59. P. A. Schilpp, *Albert Einstein: Philosopher-Scientist*, The Library of Living Philosophers (MJF Books, New York, 1949).

    https://archive.org/details/albert-einstein-philosopher-scientist/page/n1/mode/2up
60. N. Bohr, "The spectra of hydrogen and helium," *Nature* 95, 6-7 (1915).
61. J. Franck and G. Hertz, "Über Zusammenstöße zwischen Elektronen und Molekülen des Quecksilberdampfes und die Ionisierungsspannung desselben," *Verh. Dtsch.*

Phys. Ges. (in German) 16, 457 (1914).

62. N. Bohr, "On the quantum theory of radiation and the structure of the atom," *Phil. Mag.* 30, 394 (1915).

63. *The Solvay Councils and the Birth of Modern Physics*. 1999, Edited by P. Marage and G. Wallenborn (Birkhauser Verlag, Berlin).

64. A. Sommerfeld, "Zur Quantentheorie der Spektrallinien," *Annalen der Physik* 51, 1 (1916).

65. N. Bohr, "On the quantum theory of line spectra," D. Kgl. Danske Vidensk. Selsk. Skrifter, Naturvidensk. og Mathem. Afd. 8. Række, IV.1, 1-3 (1918).
https://www.gutenberg.org/ebooks/47167

66. P. Ehrenfest, "Adiabatische Invarianten und Quantentheorie," *Annalen der Physik* 51, 327 (1916).

67. R. Millikan, "A Direct Photoelectric Determination of Planck's *h*," *Phys. Rev.* 7, 355 (1916).

68. R. Millikan, "Albert Einstein on His Seventieth Birthday," *Rev. Mod. Phys.* 21, 343 (1949).

69. M. Jammer, *The Conceptual Development of Quantum Mechanics* (Tomash Publishers, American Institute of Physics, 1989), p. 208.

70. E. Einstein, "Über die Entwicklung unserer Anschauungen über das Wesen und die Konstitution der Strahlung," *Physikalische Zeitschrift* 10, 817-825 (1909).

71. 베르너 하이젠베르크, 『부분과 전체』, 유영미 옮김(서커스, 2023).

72. W. Pauli, "Remarks on the History of the Exclusion Principle," *Science* 103, 213 (1946).

73. N. Bohr, H. A. Kramers, and J. C. Slater, "Über die Quantentheorie der Strahlung," *Zeit. Phys.* 24, 69 (1924).

74. Letter from Einstein to Born (Apr. 29, 1924) *CPAE*, vol. 14, doc. 240.
https://einsteinpapers.press.princeton.edu/vol14-trans/267

75. L. de Broglie, "A tentative theory of light quanta," *Phil. Mag.* 47, 446-458 (1924).

76. L. de Broglie, "Quanta de lumière, diffraction et interférence," *Comptes Rendus de l'Académie des Sciences* 177, 507 (1923); L. de Broglie, "Ondes et quanta," *Comptes Rendus de l'Académie des Sciences*, 177, 630 (1923); L. de Broglie, "Waves and Quanta," *Nature*, 112, 540 (1923).

77. C. Davisson and C. H. Kunsman, "The Scattering of low Speed Electrons by Platinum and Magnesium," *Phys. Rev.* 22, 242 (1923).

78. K. von Meyenn and E. Schucking, "Wolfgang Pauli," *Physics Today* 54, 43 (2001).
79. W. Pauli, "Exclusion principle and quantum mechanics," *Nobel Lecture*, December 13 (1946).
80. W. Pauli, "Remarks on the History of the Exclusion Principle," *Science* 103, 213 (1946).
81. W. Pauli, "Über die Gesetzmäßigkeiten des anomalen Zeemaneffektes," *Z. Physik* 16, 155-164 (1923). https://doi.org/10.1007/BF01327386
82. E. C. Stoner, "The distribution of electrons among atomic levels," *Phil. Mag.*, 48, 719 (1924).
83. W. Pauli, "Über den Zusammenhang des Abschlusses der Elektronengruppen im Atom mit der Komplexstruktur der Spektren," *Zeitschrift für Physik* 31, 765-783 (1925).
84. S. Seth "Zweideutigkeit about "Zweideutigkeit": Sommerfeld, Pauli, and the methodological origins of quantum mechanics," *Studies in History and Philosophy of Modern Physics* 40, 303 (2009).
85. Pauli to Sommerfeld, 6 December 1924 in *Scientific Correspondence with Bohr, Einstein, Heisenberg a.o.*, edited by Karl von Meyenn (Springer, 2005).
86. Bohr to Pauli, 22 December 1924 in S*cientific Correspondence with Bohr, Einstein, Heisenberg a.o.*, edited by Karl von Meyenn (Springer, 2005).
87. W. Gerlach, O. Stern, "Das magnetische Moment des Silberatoms," *Zeitschrift für Physik* 9, 353 (1922).
88. G. E. Uhlenbeck and S. Goudsmit, "Ersetzung der Hypothese vom unmechanischen Zwang durch eine Forderung bezüglich des inneren Verhaltens jedes einzelnen Elektrons," *Naturwissenschaften* 13, 953 (1925).
89 L. H. Thomas, "The motion of the spinning electron," *Nature* 117, 514 (1926).
90. W. Heisenberg, "Über Quantentheoretische Umdeutung kinematischer und mechanischer Beziehungen," *Zeitschrift für Physik* 33, 879-893 (1925).
91. M. Born and P. Jordan, "Zur Quantenmechanik," *Zeitschrift für Physik* 34, 858-888, 1925.
92. M. Born, W. Heisenberg and P. Jordan, "Zur Quantenmechanik II," *Zeitschrift für Physik* 35, 557-615, 1926.
93. W. Heisenberg, "Über die Spektra von Atomsystemen mit zwei Elektronen," *Zeitschrift für Physik* 39, 499 (1926).
94. E. Schrödinger, "Quantisierung als Eigenwertproblem," *Annalen der Physik* 384,

361-376 (1926).

95. E. Schrödinger, "Über das Verhältnis der Heisenberg-Born-Jordanschen Quantenmechanik zu der meinem," *Annalen der Physik* 384, 734-756 (1926).

96. P. A. M. Dirac, "The fundamental equations of quantum mechanics," *Proc. Roy. Soc.* (London) A109, 642 (1925).

97. P. A. M. Dirac, "Quantum Mechanics and a Preliminary Investigation of the Hydrogen Atom," *Proc. Roy. Soc.* (London) A110, 561-579 (1926).

98. P. A. M. Dirac, "The Physical Interpretation of the Quantum Dynamics," *Proc. Roy. Soc.* (London) A113, 621-641 (1927). (Rec. December 2, 1926).

99. W. Heisenberg, *Physics and Beyond* (New York 1971), l87.

100. M. Born, "Quantenmechanik der stoßvorgänge," *Zeitschrift für Physik* 38, 803 (1926).

101. Letter from Einstein to Born (Dec. 4, 1926) *CPAE*, vol. 15, doc. 426. https://einsteinpapers.press.princeton.edu/vol15-doc/766

102. Letter from Pauli to Heisenberg, 19 October 1926 in *The Historical Development of quantum Theory* Vol. 6, Part 1: *The Completion of quantum Mechanics 1926-1941* (Springer, Berlin, 2000).

103. M. Fierz, V. Weisskopf, eds., *Theoretical Physics in the Twentieth Century*, (Interscience, New York, 1960)

104. W. Heisenberg, "Über den anschaulichen Inhalt der quantentheoretischen Kinematik und Mechanik," *Zeitschrift für Physik* 43, 172-198 (1927).

105. G. Holton, "Werner Heisenberg and Albert Einstein" *Physics Today* 53, 38 (2000).

106. E. H. Kennard, "Zur Quantenmechanik einfacher Bewegungstypen," *Zeitschrift für Physik*, 44, 326-352(1927); H. Weyl, *Gruppentheorie und Quantenmechanik*. (Leipzig, S. Hirzel. 1928)

107. Letter from Pauli to Heisenberg, 16 May 1927, A. Pais, *Niels Bohr's Times, in Physics, Philosophy, and Polity* (Clarendon Press, Oxford, 1991).

108. Letter from Einstein to Lorentz (June 17, 1927) *CPAE*, vol. 16, doc. 8. https://einsteinpapers.press.princeton.edu/vol16-doc/161

109. N. Bohr, "Discussion with Einstein on Epistemological Problems in Atomic Physics," from *Albert Einstein: Philosopher-Scientist*, edited by P. Schilpp (Cambridge University Press, 1949).

110. Letter from Einstein to Weyl (Apr. 26, 1927) *CPAE*, vol. 15, doc. 514. https://einsteinpapers.press.princeton.edu/vol15-doc/919

111. Letter from Einstein to Sommerfeld (Nov. 9, 1927) *CPAE*, vol. 16, doc. 83. https://einsteinpapers.press.princeton.edu/vol16-doc/253
112. 디랙과의 대화(1969년 3월 28일). J. Mehra, "The Golden Age of Theoretical Physics: P. A. M. Dirac's Scientific Work from 1924 to 1933." https://doi.org/10.2172/4661346
113. P. A. M. Dirac, "The Quantum Theory of Emission and Absorption of Radiation," *Proc. Roy. Soc.* (London) A114, 243-265 (1927). (Rec. February 2, 1927).
114. P. Jordan and E. Wigner, *Z. Phys.* 47, 631 (1928).
115. W. Heisenberg and W. Pauli, "Zur Quantendynamik der Wellenfelder," *Zeitschrift für Physik*, 56, 1-61 (1929); ibid, 59, 168 (1930).
116. P. A. M. Dirac, "The Quantum Theory of the Electron (I)," *Proc. Roy. Soc.* (London) A117, 610-624 (1928). (Rec. January 2, 1928); "The Quantum Theory of the Electron. Part II," *Proc. Roy. Soc.* (London) A118, 351-361 (1928).
117. P. A. M. Dirac, "A Theory of Electrons and Protons" *Proc. Roy Soc.* (London) A126, 360-365 (1930).
118. J. R. Oppenheimer, "On the Theory of Electrons and Protons," *Phys. Rev.* 35, 562 (1930).
119. A. Einstein, "Kosmologische Betrachtungen zur allgemeinen Relativitätstheorie," *Sitzungsberichte der Königlich Preußischen Akademie der Wissenschaften* (Berlin), Seite 142-152 (1917).
   영문 번역 https://einsteinpapers.press.princeton.edu/vol6-trans/433
120. A. Einstein, "Spielen Gravitationsfelder im Aufbau der materiellen Elementarteilchen eine wesentliche Rolle?," *Sitz. König. Preuss. Akad.* 349-356 (1919).
121. G. Lemaître, "The Beginning of the World from the Point of View of Quantum Theory," *Nature*. 127, 706 (1931).
122. D. Howard, "Einstein on Locality and Separability," *Studies in the History and Philosophy of Science* A16, 171-201 (1985).
123. J. von Neumann, *Mathematishe Grundlagen der Quanten-mechanik*. (Verlag Julius-Springer, Berlin, 1932); 영문 번역: Princeton University Press (1955).
124. G. Gamow, "Zur Quantentheorie des Atomkernes," *Zeitschrift für Physik* 51, 204 (1928).
125. J. Chadwick, "Possible Existence of a Neutron," *Nature* 129, 312 (1932).
126. J. Chadwick, "Intensitätsverteilung im magnetischen Spectrum der β-Strahlen von radium B+C," *Verhandlungen der Deutschen Physikalischen Gesellschaft* 16, 383

(1914).

127. E. Fermi, "Tentativo di una teoria dei raggi β," *La Ricerca Scientifica* (in Italian). 2. (1933); E. Fermi, "Tentativo di una teoria dei raggi β," *Il Nuovo Cimento* (in Italian) 11, 1 (1934).

128. L. Cowan, Jr., F. Reines, F. B. Harrison, H. W. Kruse, and A. D. McGuire, "Detection of the Free Neutrino: a Confirmation," *Science* 124, 103 (1956).

129. A. Einstein, B. Podolsky, and N. Rosen, "Can quantum-mechanical description of physical reality be considered complete?" *Physical Review* 47, 779 (1935).

130. N. Rosen, "Normal state of the hydrogen molecule," *Phys. Rev.* 38, 2099 (1931).

131. W. Moore, *Schrödinger: Life and Thought* (Cambridge: Cambridge University Press, 1989); Letter from Schrödinger to Einstein, 7 June 1935.

132. N. Bohr, "Quantum mechanics and physical reality," *Nature* 136, 65 (1935).

133. N. Bohr, "Can quantum-mechanical description of physical reality be considered complete?," *Physical Review* 48, 696702 (1935).

134. N. Bohr, "Natural Philosophy and Human Cultures," In *Comptes Rendus du Congrès International de Science, Anthropologie et Ethnologie* (Copenhagen, 1938), Reprinted in Nature 143, 268-272 (1939).

135. E. Schrödinger, "Die gegenwartige Situation in der Quantenmechanik," *Naturwissenschaften* 23, 807-812 (1935).

136. J. Bell, "Against measurements," *Physics World* 3, 33 (1990).

137. A. Einstein, *Letters to Solovine, with an introduction by Maurice Solovine* (New York, Citadel Press, 1993).

138. A. Einstein, "Physics and reality," *J. Franklin Inst.* 221, 349 (1936).

139. O. Hahn and F. Strassmann "Über den Nachweis und das Verhalten der bei der Bestrahlung des Urans mittels Neutronen entstehenden Erdalkalimetalle," *Naturwissenschaften* 27, 11-15 (1939).

140. L. Meitner and O. R. Frisch, "Disintegration of Uranium by Neutrons: A New Type of Nuclear Reaction". *Nature* 143, 239 (1939).

141. 보어가 하이젠베르크에게 보낸 편지 초안(발송되지는 않음), 1957. https://archon.nbi.dk/tms/heisenberg/facs01/1/facs_and_texts.html

142. D. Cassidy, "A Historical Perspective on Copenhagen," *Physics Today* 53, 28-32 (2000).

143. D. Bohm, "A Suggested Interpretation of the Quantum Theory in Terms of "Hidden" Variables. I," *Phys. Rev.* 85, 166 (1952); D. Bohm, "A Suggested Interpretation of

the Quantum Theory in Terms of "Hidden" Variables. II," *Phys. Rev.* 85, 180 (1952).
144. J. Bell, "On the problem of hidden variables in quantum mechanics," *Rev. Mod. Phys.* 38, 447-452 (1966).
145. D. Bohm and Y. Aharonov, "Discussion of Experimental Proof for the Paradox of Einstein, Rosen, and Podolsky," *Phys. Rev.* 108, 1070 (1957).
146. J. Bell, "On the Einstein Podolsky Rosen Paradox," *Physics* 1, 195-200 (1964).
147. J. Clauser, M. Horne, A. Shimony, R. Holt, "Proposed experiment to test local hidden-variable theories," *Phys. Rev. Lett.* 23, 880 (1969).
148. C. A. Kocher and E. D. Commins, "Polarization Correlation of Photons Emitted in an Atomic Cascade," *Phys. Rev. Lett.* 18, 575 (1967).
149. S. Freedman, J. Clauser, "Experimental Test of Local Hidden-Variable Theories," *Phys. Rev. Lett.* 28, 938 (1972).
150. A. Aspect, P. Grangier and G. Roger, "Experimental Tests of Realistic Local Theories via Bell's Theorem," *Phys. Rev. Lett.* 47, 460 (1981); A. Aspect, J. Dalibard, and G. Roger, "Experimental Test of Bell's Inequalities Using Time-Varying Analyzers," *Phys. Rev. Lett.* 49, 1804 (1982).
151. A. Aspect, "Bell's Inequality Test: More Ideal Than Ever," *Nature* 398, 189 (1999).
152. D. M. Greenberger, M. A. Horne and A. Zeilinger, in *Bell's Theorem, Quantum Theory, and Conceptions of the Universe*, edited by M. Kafatos (Kluwer, Dordrecht, Netherlands, 1989).
153. N. D. Mermin, "Quantum mysteries revisited," *American Journal of Physics* 58, 731 (1990).
154. D. M. Greenberger, M. A. Horne, A. Shimony and A. Zeilinger, "Bell's theorem without inequalities," *American Journal of Physics* 58, 1131 (1990).
155. G. Weihs, T. Jennewein, C. Simon, H. Weinfurter, and A. Zeilinger, "Violation of Bell's Inequality under Strict Einstein Locality Conditions," *Phys. Rev. Lett.* 81, 5039 (1998).
156. C. Bennett et al., "Teleporting an unknown quantum state via dual classic and Einstein-Podolsky-Rosen channels," *Phys. Rev. Lett.* 70 , 1895 (1993).
157. D. Bouwmeester, J.-W. Pan, K. Mattle, M. Eibl, H. Weinfurter and A. Zeilinger, "Experimental quantum teleportation," *Nature* 390, 575-579 (1997).
158. D. Boschi, S. Branca, F. De Martini, L. Hardy, S. Popescu, "Experimental Realization of Teleporting an Unknown Pure Quantum State via Dual Classical and Einstein-

Podolsky-Rosen Channels," *Phys. Rev. Lett.* 80, 1121 (1998).

159. W. K. Wootters and W. H. Zurek, "A single quantum cannot be cloned," *Nature* 299, 802-803 (1982); D. Dieks, "Communication by EPR devices," *Phys. Lett.* A 92, 271 (1982); J. Park, "The concept of transition in quantum mechanics," *Foundations of Physics* 1, 23 (1970).

160. J.-W. Pan, D. Bouwmeester, H. Weinfurter, and A. Zeilinger, "Experimental Entanglement Swapping: Entangling Photons That Never Interacted," *Phys. Rev. Lett.* 80, 3891-3894 (1998).

161. M. Giustina et al., "Significant-Loophole-Free Test of Bell's Theorem with Entangled Photons," *Phys. Rev. Lett.* 115, 250401 (2015).

162. L. K. Shalm et al., "Strong Loophole-Free Test of Local Realism," *Phys. Rev. Lett.* 115, 250402 (2015).

163. B. Hensen et al., "Loophole-free Bell inequality violation using electron spins separated by 1.3 kilometres," *Nature* 526, 682 (2015).

164. M. Aspelmeyer and A. Zeilinger, "A quantum renaissance," *Phys. World* 21, 22 (2008). https://physicsworld.com/a/a-quantum-renaissance/

165. P. Shor, "Algorithms for quantum computation: discrete logarithms and factoring," Proceedings 35th Annual Symposium on Foundations of Computer Science, IEEE Computer Society, 124134 (1994).

166. A. Zeilinger, "A Foundational Principle for Quantum Mechanics," *Foundations of Physics*, 29, 631 (1999); A. Zeilinger, "The message of the quantum," *Nature* 438, 743 (2005).

167. 제레미 리프킨, 『엔트로피』, 김명자·김건 옮김(동아출판사, 1992).

168. A. Burke, S. Fishel, A. Mitchell, S. Dalby and D. Levine, "Planet politics: A manifesto from the end of IR," *Millennium: Journal of International Studies*, 44, 499-523 (2016).

찾아보기

인명

가모프(George Gamow)　368~369
가이거(Hans Geiger)　216
갈릴레이(Galilei, Galileo)　29, 45
거머(Lester Germer)　221, 224
게를라흐(Walther Gerlach)　238
고든(Walter Gordon)　338
괴테(Johann Wolfgang von Goethe)　22, 25~26, 409
그로스만(Marcel Grossmann)　59
그린버그(Daniel Greenberger)　426~427

네른스트(Walther Nernst)　60, 80, 91
노르트슈트룀(Gunnar Nordström)　64
뇌터(Amalie Noether)　362
뉴턴(Isaac Newton)　27, 42, 65, 68

데이비슨(Clinton Davisson)　221, 223~224
델브뤼크(Max Delbrück)　24
돌턴(John Dalton)　32
드브로이(Louis de Broglie)　19, 197, 221~225, 252, 289, 302, 307~309
드시터(Willem de Sitter)　56, 343
디랙(Paul Dirac)　19, 199, 257~263, 322~324, 336~337, 339~341, 351, 364~365, 367, 373~378
디바이(Peter Debye)　252

라부아지에(Antoine-Laurent de Lavoisier)　83
라이프니츠(Gottfried W. Leibniz)　68
란데(Alfred Lande)　207, 233~234, 239
랑주뱅(Paul Langevin)　21, 91, 97, 118, 165, 221, 301, 349, 365~366
러더퍼드(Ernest Rutherford)　40
렌츠(Wilhelm Lenz)　174
로렌스(Ernest Lawrence)　366, 370, 411~412
로렌츠(Hendrik Lorentz)　36, 44~46, 50, 52, 101
로젠(Nathan Rosen)　319, 386
로젠펠트(Léon Rosenfeld)　353
르메트르(Georges Lemaître)　342, 344~345
린데만(Frederick Lindemann)　96

마이컬슨(Albert Michelson)　27
마이컬슨-몰리(Michelson-Morley)　40
마이트너(Lise Meitner)　408
마흐(Ernst Mach)　32
맥스웰(James Maxwell)　27
머민(N. David Mermin)　417, 427
멘델레예프(Dmitri Mendeleev)　135
모트(Nevill Mott)　377

몰리(Edward Morley)　29
미에(Gustav Mie)　64
민코프스키(Hermann Minkowski)　60, 64
밀리컨(Robert Millikan)　97

바딘(John Bardeen)　419
바이스(Pierre Weiss)　91
바이츠만(Chaim Weizmann)　164
반데르발스(Johannes van der Waals)　54
베넷(Charles Bennett)　428
베소(Michele Besso)　55
벨(John Bell)　325, 392, 394, 403, 412, 416~418, 425
보른(Max Born)　17, 112
보스(Satyendra Bose)　167~168, 197~198, 210, 217, 224~225, 228~231, 247~250, 255~256, 259, 265, 268~270, 277, 282, 308~309, 313, 325, 362, 407
보어(Niels Bohr)　17, 22, 24, 113, 115, 136~153, 164~165, 169~171, 175~179, 187~191, 199~217, 230~232, 241~243, 263, 274~277, 281, 288, 290~302, 304~305, 314~317, 320~322, 324~325, 327~330, 347~349, 352~355, 376, 392~397, 401~404, 406, 410, 411
보테(Walther Bothe)　216
볼츠만(Ludwig Boltzmann)　27, 30~31, 40
볼타(Alessandro Volta)　295
봄(David Bohm)　309, 413~416, 418
브래튼(Walter Brattain)　419
브릴루앙(Marcel Brillouin)　97
빈(Wilhelm Wien)　40, 84

솔베이(Ernest Solvay)　80, 82, 98, 105
쇼어(Peter Shor)　436
쇼클리(William Shockley)　419
슈뢰딩거(Erwin Schrödinger)　19, 154, 198, 225, 250, 252~257, 264~266, 268, 270, 273~275, 277, 284, 292, 302, 307, 312, 337, 348, 359, 390, 398~403
슈바르츠실트(Karl Schwarzschild)　67
슈타르크(Johannes Stark)　169
슈트라스만(Friedrich Straßmann)　408
스턴(Otto Stern)　238
스토니(George Stoney)　37
시모니(Abner Shimony)　422, 427

아로노프(Yakir Aharonov)　416
아리스토텔레스(Aristoteles)　28
아스페(Alain Aspect)　425
아인슈타인(Albert Einstein)　17, 33~35, 39~41, 45~47, 52, 55~61, 63~70, 73, 78~82, 87, 89~91, 93~98, 101~103, 162~168, 186, 197~198, 202~205, 212~218, 241, 276~280, 301~306, 316~321, 325, 327~331, 342~345, 347~350, 352~359, 385~393, 397~399, 403~408, 418
애스턴(Francis Aston)　182
앤더슨(Carl Anderson)　341
에딩턴(Arthur Eddington)　56, 69
에렌페스트(Paul Ehrenfest)　17, 20~21, 24, 31, 34~35, 39, 47~51, 99, 148, 176~180, 187~188, 211, 240~241, 312, 359~360, 364, 366
에발트(Paul Ewald)　123
엘리스(Charles Ellis)　377
엘사세르(Walter Elsasser)　224
오네스(Heike K. Onnes)　53
오펜하이머(Julius Oppenheimer)　255
올리펀트(Mark Oliphant)　370
요르단(Pascual Jordan)　249, 259
울렌벡(George Uhlenbeck)　51, 240~241
월턴(Ernest Walton)　336, 368
윌슨(Charles Wilson)　200

찾아보기　**453**

장거(Heinrich Zangger) 62
제이만(Pieter Zeeman) 53
조머펠트(Arnold Sommerfeld) 50, 91
졸리오-퀴리 부부 371, 373
진스(James Jeans) 92

차일링거(Anton Zeilinger) 426~430, 436
채드윅(James Chadwick) 23, 25, 183, 370~372, 376, 380

켈빈 경 톰슨(William Thomson) 27
콕크로프트(John Cockcroft) 336, 368~369
콤프턴(Arthur Compton) 168, 213~216, 219, 221
퀴리, 마리(Marie Skłodowska-Curie) 84, 371
퀴리, 이레네(Irène Joliot-Curie) 370~371
퀴리, 피에르(Pierre Curie) 40
크라메르스(Hendrik Kramers) 191
크로니히(Ralph Kronig) 239, 243
클라우저(John Clauser) 421~424
클라인, 마틴(Martin Klein) 99
클라인, 오스카(Oskar Klein) 205, 338
클라인, 펠릭스(Felix Klein) 48~49
키르히호프(Gustav Kirchhoff) 54

타운스(Charles Towne) 422
타탸나(Tatyana Afnasyeva) 48
톰슨, 조지프(Joseph J. Thomson) 36, 40, 70, 92, 111~114, 140, 181, 225
톰슨, 조지(George Thomson) 225

파울러, 알프레드(Alfred Fowler) 152
파울러, 랄프(Ralph Fowler) 200, 257~258
파울리(Wolfgang Pauli) 19, 23~24, 198, 210~212, 225~249, 256, 282~283, 309, 351, 375~379

패러데이(Michael Faraday) 36
페랭, 장(Jean Perrin) 34
페랭, 프란시스(Francis Perrin) 380
페르미(Enrico Fermi) 23, 255, 260, 372, 378~379
포돌스키(Boris Podolsky) 319, 386~388
폰노이만(John von Neumann) 257, 414
푸앵카레(Henri Poincaré) 43~45, 49, 93, 98
프랑크(James Franck) 152
프리드만, 알렉산드르(Alexander Friedman) 344
프리드먼, 스튜어트(Stuart Freedman) 423
플랑크(Max Planck) 27, 37, 40
플뤼커(Julius Plücker) 36
피츠제럴드(George Fitz Gerald) 43, 45
피커링(Edward Pickering) 152

하스(Arthur Haas) 92
하이젠베르크(Werner Heisenberg) 19, 40, 154, 198~199, 207~209, 226~227, 230~231, 244~249, 254~259, 262~265, 273~295, 309, 315, 324~325, 337, 350, 378~379, 409~411
한, 오토(Otto Hahn) 408
허블(Edwin Hubble) 342, 345
헤르츠, 구스타프(Gustav Hertz) 152
헤르츠, 하인리히(Heinrich Hertz) 28
헤베시(George de Hevesy) 372
호우트스미트(Samuel Goudsmit) 240~241
혼(Michael Horne) 422, 426
홀트(Richard Holt) 422
화이트헤드(Alfred Whitehead) 438
휠러(John Wheeler) 72
힐베르트(David Hilbert) 48, 63~68, 199, 205, 211, 249

용어

가역적 31
각운동량의 양자화 91
간섭 효과 123, 202, 329, 426
강자성 350
개별성 296
개요 논문 59, 64
거대과학 26
검출효율 허점 425, 430
결맞은 양자 상태 420
결정론 30, 265, 269, 277, 309, 314, 322
고등연구소 359, 361, 364
고유함수 261~262
고전 양자론 110, 154, 176, 190, 211, 220, 239, 244
고전물리학 27, 30, 90, 95
고전역학 27~28, 37, 41, 58, 77, 139, 146~147, 189, 191, 203, 239, 245, 251, 284, 291
고전적 개념 299
공간 양자화 172, 238
공간의 변형 42
공변성 60, 62, 64
과학혁명 54
관성
   관성계 45
   관성력 58
   관성질량 58
관찰 296~297, 387, 398
광양자
   광양자 가설 78, 94
   광양자 이론 41, 48, 89, 213, 215
광자 79, 168, 216~217, 221, 223, 261, 287, 329, 337, 338, 341, 352, 356~358, 373, 379, 422~424, 427, 430, 432
광전효과 97

광흡수 스펙트럼 89, 97
교란 287, 296~298, 322, 387~388, 392~394, 414~415
교환적분 350
국소
   국소 시간 43
   국소 작용의 원리 407
   국소성 307, 319, 352, 356, 391~392, 397, 406, 425
   국소성 원리 401
   국소성 허점 424~425, 428, 430
   국소성의 원리 357
   국소적 숨은 변수 이론 418, 423, 425, 427, 430
   국소적 실재론 415, 417~418, 423, 425~427
궤도 껍질 209
귀신같은 작용 319
그린버그-혼-차일링거 정리 427
근일점 57
기계론 27, 30
기적의 해 41
길이 수축 43, 45
길잡이파동 414~415
   길잡이파동 이론 203, 307, 309

논리실증주의 326

다단천이 423
대응원리 179, 187~191, 195, 203, 206, 220, 234, 236~237, 239, 246, 294
대폭발 이론 342
도구주의자 326
동시성 44
동위원소 135, 181~182, 184, 370, 372~373, 408
두 번째 양자혁명 419~420, 436
뒬롱-프티 법칙 81

드브로이-봄 이론 309, 416
등가원리 58
디랙
    디랙 방정식 339
    디랙의 바다 335, 340, 373

레이저 166, 419, 424
로렌츠 변환 44~45

마그네톤 91
마녀들의 안식일 95, 98
마리 퀴리 라듐 연구소 370
마이컬슨-몰리 실험 44
만유인력 법칙 65
맨해튼 프로젝트 409, 411
메피스토펠레스 23
모건 원고 46
무질서 31
물리적 실재의 요소 388~389, 391, 394
물리학의 전환기 26
물리학의 황금기 198, 335
물질 30, 36, 43
    물질의 구조 36, 64, 105, 110, 120, 125, 129, 137, 139
물질파 19
    물질파 이론 98, 185, 197, 221, 223~224, 238, 252, 414
미세구조 91, 169, 170~175, 182, 241~242, 249, 376
    미세구조 상수 174
미시 세계 30
미적분학 68

반대칭 261~262, 375
반도체 419
반입자 19, 340, 373
반정수 233, 261, 378
발푸르기스의 밤 25
방사선 36, 39
방사성 붕괴 23, 104, 270, 400
베타 원리 154, 198, 229, 234~237, 239, 244, 261, 374~375, 377
베타 붕괴 23, 376~379
벨의 부등식 417~418, 421~422, 425, 430
보른 규칙 269
보손 198
보스-아인슈타인 분포 198
보스-아인슈타인 통계 199, 261~262, 358
보어
    보어 축제 205, 211
    보어-아인슈타인 논쟁 300, 302, 304~306, 327
    보어-조머펠트 모형 211
    보어-조머펠트 이론 149, 169, 173, 232~233, 238, 250
    보어의 원자 모형 138, 145, 148, 166, 169~170, 176, 236, 264
    보어의 원자론 92, 122, 154
복사 36
    복사의 양자 구조 89, 94, 166, 168
    복사의 흡수와 방출 38
복제불가정리 429, 434
볼츠만 관계 92
볼프스켈 강연 63, 205
부등식이 없는 벨의 정리 427
분리 가능성 352, 356, 392, 397, 406, 425
    분리 가능성의 원리 356~357, 408, 424
분리 원리 392, 399, 401
분자진동 89
불연속성 39~38, 90, 93, 97, 99~100, 103, 110, 147, 251, 254, 265, 276, 290~291, 293, 296
불확정성 19

불확정성원리　40, 199, 249, 276, 278, 282~284, 286, 288, 290~293, 298, 300, 317, 329, 353, 355, 357, 378, 390, 414~415
브라운 운동　33~34, 41
브래그의 법칙　129, 131~133
블랙홀　72
비가역적　31, 315, 325
비가환성　258, 287
비결정론　204, 302, 311, 349, 353
비국소성　415, 417, 424, 427
비국소적 숨은 변수 이론　418
비열　81, 89, 97
비트　433~434
빛스펙트럼　29

사고실험　49, 286, 306, 317, 327~329, 352~353, 357, 386, 394, 401
사이클로트론　370
산업혁명　29
상관관계　285, 319, 358, 387~389, 391~392, 396~397, 399, 418, 423~424, 434
상대론적 양자론　338, 351, 373~374, 378
상대론적 우주론　56
상대성원리　29, 45
상대성이론　28, 30, 41, 45
상대속도 법칙　29
상보성 원리　99, 277, 292, 294~295, 298~299, 321, 329
생태적 얽힘　439
서행변화 가설　176, 178
서행변화 원리　179, 239
서행불변량　177
선스펙트럼　19, 53, 101, 117, 140~141, 143, 145, 151~152, 169~170, 172, 187, 206, 265
선택 규칙　233
솔베이 회의

제1차 솔베이 회의　49, 55, 60, 80, 86, 97, 100, 102, 109, 118~119, 136, 139, 141, 166, 172, 180, 222
제2차 솔베이 물리학 회의　110, 113, 115, 118, 123, 128~129, 147, 150, 158
제3차 솔베이 물리학 회의　159, 179~181, 187
제4차 솔베이 물리학 회의　218, 219, 351
제5차 솔베이 물리학 회의　134, 161, 203, 225, 263, 270, 297, 300~301, 304, 307, 327, 342, 365
제6차 솔베이 물리학 회의　304, 347, 349, 359
제7차 솔베이 물리학 회의　21, 365, 380~381
제8차 솔베이 물리학 회의　408
쇼어 알고리즘　436
수성 궤도의 근일점　60, 65~66
수성의 근일점 이동　40
숨은 변수 이론　309, 358, 413~415, 417, 423
슈뢰딩거
　슈뢰딩거의 고양이　360, 399, 402
　슈뢰딩거의 파동방정식　250~251, 253~254, 266, 414
슈타르크 효과　168~170, 172~174, 182, 206
스턴-게를라흐의 실험　238, 244
스핀　51, 235, 238~239, 241~242, 244, 249, 256, 261, 268, 339, 350~351, 372~373, 375, 377~378, 416, 426
　스핀-궤도 결합　242
시간 지연　43, 45
시공간 개념　41, 46
시공간의 변형　68, 72
실재　19, 237, 265, 280, 303, 308~309, 311, 314~316, 324~326, 329, 349, 359, 388-390, 393, 396, 401~402, 404, 407, 416, 425, 436

실재론　407
　　실재의 기준　388~389, 393
　　실재주의　280
실증주의　32, 245, 280
쌍생성　341

아보가드로수　33~34
아보가드로의 분자설　83
안개상자　200, 281
알파 입자 후방산란　84, 104~105, 110, 113, 115
양성자 가속기　367
양자　37
　　양자 가설　48, 77, 89, 98~99
　　양자 네트워크　429, 431
　　양자 순간이동　428
　　양자 알고리즘　433
　　양자 암호화　431~432
　　양자 얽힘　319, 431, 436
　　양자 원자　140~141, 143, 151, 222~223
　　양자 이론　18~19, 28, 48, 81, 86, 90, 136, 150, 167, 175~177, 189~190, 195~196, 203, 220, 222, 259, 285, 296, 303, 307, 316, 320, 322, 336, 346~347, 349, 358, 360, 387, 415, 417
　　양자 전산　432
　　양자 텔레포테이션　426, 428~429, 434
　　양자 현상　203, 298, 315, 393, 396
　　양자 확률　270
　　양자공학　420
　　양자광학　426~427
　　양자뜀　143, 147, 173, 204, 206, 251, 254, 265, 270, 274, 276~277, 297, 313
　　양자론　39, 41
　　양자물리학　30
　　양자병렬성　434
　　양자역학　17, 19, 27, 30, 32, 37, 103, 168, 176, 191, 196, 198, 217, 236, 239, 245, 248~249, 262~263, 269, 282, 284, 295, 298, 309, 322, 337
　　양자역학의 물리적 해석　262, 274, 276
　　양자역학의 해석 문제　301, 307, 336
　　양자장　337
　　양자장 이론　199, 337~338
　　양자전산　420, 429, 431, 436
　　양자정보과학　431~432, 436
　　양자정보기술　420~421, 432~433, 435
　　양자정보이론　435
　　양자탐지　420
　　양자통계　198
　　양자통신　420, 429
　　양자화　18, 32, 38, 40, 77, 80, 91, 141, 168, 172~173, 177, 199, 202, 223, 239, 254, 337~338, 419
양전자　336, 340~341, 367, 373~375
얽힌 광자 쌍　423~425, 427, 429, 432
얽힘　319, 347, 358, 360, 386, 389, 392, 396~397, 399, 401, 408, 413, 416, 420~423, 426, 429~435, 437, 439
　　얽힘 교환　429~430
에너지
　　에너지 등분배 법칙　87
　　에너지 양자　38~39, 78, 93~94
　　에너지의 분포　30
에렌페스트 콜로키움　51
에테르　28, 41, 43~44, 46~47, 57, 72~73
　　에테르파　36
엔트로피　27, 31, 439
　　엔트로피 증가 법칙　31, 33, 439
역동적 시공간　30
역학적 변환 가능성의 원리　178
연산자　259
연속적인 베타 스펙트럼　377

연쇄반응　409
열 정리　81
열역학　27
　　열역학 제2법칙　31, 49, 439
　　열역학 제3법칙　81
열적 요동　31
예수회　97
완벽한 상관관계　27
완전성　307, 385~390, 398, 406, 408
우주 상수　343~344
원자　30, 32
　　원자 모형　92
　　원자론　30, 33~34
　　원자물리학　22
　　원자의 구조　92, 105, 109~111, 116, 119, 121, 139, 154, 180~181, 197
　　원자의 양자 이론　139, 141, 143~144, 187
　　원자핵　84, 105, 110, 114, 116, 118~119, 135, 137, 141, 145, 180~183, 223, 241, 336, 350, 378
유기체적 우주　438
유도방출　166
음극선　36
음의 에너지　19, 339~341, 374
이중성　19, 339
인공 핵변환　26, 184, 335
인공 핵붕괴　368
인과론　27, 143, 203, 296~297, 314, 320, 322~323, 349
일반공변성　65
일반상대성이론　42, 55, 57, 63, 65, 68, 70, 342, 347
일반화된 벨 부등식　422
일식 관측　69
일함수　79
입자　18

입자-반입자 쌍　373

자기 양자수　232~233
자발방출　166
자발적 매개변수 하향변환　427
자외선 파탄　78
작용양자　37~38, 77~80, 88, 90~94, 102, 138~140, 234, 293, 315
적색편이　345
전자　36~37
전자기파　28, 36, 38, 42
전자기파 이론　53
전자기학　27, 36
전자의 회절 현상　224~225
전자현미경　225
전하　36
절대공간　30, 44~45, 56
절대시간　30, 44~45, 56
정상 궤도　188, 222~223, 252
정상상태　339
제1차 세계대전　55
제2양자화　337~338
제동 복사　121
제이만 효과　53, 84, 101, 149, 169, 180, 182
　　정상 제이만 효과　170, 232
　　비정상 제이만 효과　228, 230, 232, 233~235, 239, 244, 249
주기율표　112, 135, 139, 157, 181~182, 198, 209, 235~236, 268
중력　58, 68
　　중력장 방정식　60, 62~63, 65~67, 70, 72
　　중력질량　58
중성미자　23, 376, 378~379
중성자　23~25, 119, 183, 185, 336~367, 370, 372~373, 377~379, 408~409, 426
중성자별　72

중첩 289, 396, 400~401, 420, 431~432, 433, 435
진공 19
진동 36
질량-에너지 등가원리 41
질량분석기 182
짜임새 공간 312

초전도
   초전도 나노선 단일광자 검출기 430
   초전도 현상 84, 104, 185
   초전도 회로 433
   초전도성 53
총 각운동량 339
최소작용의 원리 63
취소 불가능성 324
측정 287, 297~298
   측정의 문제 300, 402~403

캐번디시 연구소 23, 200, 370
켤레 285, 358
코모 회의 297, 300, 305, 314
코펜하겐 해석 201, 299, 301, 314~315, 326, 331, 347, 353~354, 359, 361, 387, 391, 402~403, 413
코펜하겐의 파우스트 22, 24
콤프턴 효과 196, 214~215
큐비트 433~437

터널링 효과 368
톰슨의 원자 모형 110, 112, 117, 139~140
통계역학 27, 32, 37
통계적 상관관계 427
통일장이론 74, 349, 385, 406
트랜지스터 419··420
특성 복사 121

특수상대성이론 41, 44~46, 60
특임교수 57

파동 18, 38
파동-입자 이중성 94, 103, 168, 197, 199, 203, 221, 223, 238, 252, 275~277, 283, 288, 290, 298, 307, 310, 321
파동묶음 267, 268, 289, 318, 325
파동방정식 19
파동역학 154, 198~199, 250, 254, 256, 260, 262, 264, 266, 270, 275~276, 290, 312, 352, 369
파동함수 199, 251, 254, 260~261, 266~270, 277, 299, 308, 311, 317, 323, 339, 358, 386~387, 389~390, 396, 399, 401, 403, 438
   파동함수의 고유치 309
   파동함수의 붕괴 309, 311, 319, 325, 399, 403
파우스트 23, 26, 409
퍼텐셜 우물 368
페르미-디랙 통계 199~220, 260, 262
페르미온 198, 261
편광 121, 422~424, 428, 432
포획 이온 433
폴로늄 370
프랑크-헤르츠 실험 153~154
플랑크 상수 37~38, 78, 81, 89, 98
피커링-파울러 선 142, 152

해밀턴 역학 253
핵무기 410~411
핵물리학 335, 365, 370
핵분열 408, 409
핵스핀 378
행렬 19
   행렬역학 154, 198~199, 205, 231, 237, 244,

248~249, 254~257, 262, 264, 276, 279, 281, 288, 290, 310
허블-르메트르 법칙   342
허블-르메트르 상수   342
허점   423
화학혁명   83
확률   265, 268~269, 277, 285
   확률 파동   265, 269~270, 308
   확률론적 해석   264, 277, 282, 299, 321
흑체복사   29~30, 32, 37~38, 48
   흑체복사 법칙   88, 93, 99, 197
   흑체복사 이론   39, 48, 77~79, 87, 171

〈숫자·영문〉

93인의 성명서   55
BKS 이론   215~217
CHSH 부등식   422, 424~425
EPR 논증   357, 387~389, 391~392, 396~397, 399, 413, 418, 431
EPR 역설   386, 402, 416, 418
EPR 이론   319
GHZ 얽힘 상태   427~428
GHZ 정리   428
q-수   259
X-선 결정학   129, 134~135
X-선 분광학   129, 171
X-선 회절   123~125, 128~130

지은이

윤 종 걸

서울대학교 자연과학대학 물리학과를 졸업하고 서울대학교 대학원에서 물리학(고체물리학) 박사학위를 받은 후 수원대학교 물리학과 교수 및 수원대학교 대학원장을 역임했다. 강유전체의 상전이 현상과 물성, 산화물 반도체 박막 연구와 차세대 메모리 소자 개발을 위한 기초 연구를 수행하면서 *Nature Nanotechnology*를 비롯한 세계적 학술지에 140여 편의 논문을 발표했다. 저서로는 『강유전체: 물성과 응용』(서울대학교 출판부, 2017, 공저), 『과학의 창으로 본 생각과 논리의 역사』(한울엠플러스, 2022)가 있다. 현재 (주)쿼드의 연구소장으로 양자소자 개발연구를 수행하고 있다.

한울아카데미 2613

양자 논쟁의 중심에서
솔베이 회의와 세기의 지성들

지은이 **윤종걸** | 펴낸이 **김종수** | 펴낸곳 **한울엠플러스(주)** | 편집 **조인순**

초판 1쇄 인쇄 **2025년 10월 20일** | 초판 1쇄 발행 **2025년 11월 10일**

주소 **10881 경기도 파주시 광인사길 153 한울시소빌딩 3층**
전화 **031-955-0655** | 팩스 **031-955-0656**
홈페이지 **www.hanulmplus.kr** | 등록번호 **제406-2015-000143호**

ⓒ 윤종걸, 2025.
Printed in Korea.
ISBN 978-89-460-7613-6 93400 (양장)
　　　 978-89-460-8403-2 93400 (무선)

※ 책값은 겉표지에 표시되어 있습니다.
※ 무선제본 책을 교재로 사용하시려면 본사로 연락해 주시기 바랍니다.
※ 이 책에는 나눔체(네이버, 무료 글꼴)가 사용되었습니다.